Philosophische Anthropologie und Religion

Philosophische Anthropologie

―

Herausgegeben von
Hans-Peter Krüger and Gesa Lindemann

Wissenschaftlicher Beirat:
Richard Shusterman (Philadelphia) und Gerhard Roth (Bremen)

Band 13

Philosophische Anthropologie und Religion

Religiöse Erfahrung, soziokulturelle Praxis
und die Frage nach dem Menschen

Herausgegeben von
Moritz von Kalckreuth

DE GRUYTER

Gedruckt mit freundlicher Unterstützung der Potsdam Graduate School und der Provinzial-Sächsischen Genossenschaft des Johanniterordens.

ISBN 978-3-11-152367-5
e-ISBN (PDF) 978-3-11-073997-8
e-ISBN (EPUB) 978-3-11-074002-8
ISSN 2191-9275

Library of Congress Control Number: 2022933748

Bibliografische Information der Deutschen Nationalbibliothek
Die Deutsche Nationalbibliothek verzeichnet diese Publikation in der Deutschen Nationalbibliografie; detaillierte bibliografische Daten sind im Internet über http://dnb.dnb.de abrufbar.

© 2024 Walter de Gruyter GmbH, Berlin/Boston
Dieser Band ist text- und seitenidentisch mit der 2022 erschienenen gebundenen Ausgabe.

www.degruyter.com

Vorbemerkungen und Danksagungen

Die Konzeption des vorliegenden Bandes entstand im Rahmen der Tagung *Religiöses Erleben und die Frage nach der Conditio humana*, die im April 2019 an der Universität Potsdam stattfand. Bei dieser Veranstaltung kamen Kolleg*innen aus der Philosophie, Theologie, Soziologie und Religionswissenschaften zusammen, um über Fassungen religiöser Erfahrung, religiöser Praxis und dem Verhältnis zur Frage nach dem Menschen zu diskutieren. Die Intuition des Tagungsprojekts, dass es in diesem Themenfeld weit mehr zu untersuchen gebe als die Frage, ob der Mensch ‚prinzipiell' religiös verfasst sei oder nicht, wurde dabei schnell eingelöst. In der Tat ergaben sich interessante Fragen und Diskussionen, sodass es nahe lag, einen Sammelband zu konzipieren. Dieser Band hatte zudem die Aufgabe, eine gewisse Lücke in der Forschungsliteratur zur Philosophischen Anthropologie zu füllen: Zwar erscheinen immer mal wieder Arbeiten, die die Religion im Zusammenhang mit der Philosophischen Anthropologie thematisieren – insbesondere bei Max Scheler, aber auch bei Helmuth Plessner oder Arnold Gehlen oder andere Autoren – einen Sammelband, der sich komplett dieser Thematik widmet, hatte es jedoch schon länger nicht mehr gegeben. Umso deutlicher wird dies im Vergleich mit dem strukturell ähnlichen Pragmatismus, dessen Verhältnis zu Religion und Religiosität Gegenstand einer lebhaften Forschungsdebatte ist. Es lag somit nahe, mit Forschung zur Philosophischen Anthropologie ‚nachzuziehen'.

Für die Durchführung der Tagung und das Erscheinen dieses Bandes bin ich einigen Personen und Institutionen zum Dank verpflichtet: Allen voran danke ich der Universitätsgesellschaft Potsdam e.V., der Potsdam Graduate School und der Provinzial-Sächsischen Genossenschaft des Johanniterordens für die Gewährung großzügiger Zuschüsse zu den Tagungs- und Publikationskosten. Ferner danke ich dem Institut für Philosophie und hier insbesondere Hans-Peter Krüger für die Möglichkeit, das Tagungsprojekt in Potsdam durchführen zu dürfen. Hans Joas, Jörg Lauster und Michael Gabel danke ich für ihre Vorträge, die anregenden Rückfragen und Diskussionsbeiträge, von denen gerade auch der wissenschaftliche Nachwuchs außerordentlich profitiert hat. Ferner sei allen Autor*innen für ihre Beiträge gedankt – und hier noch einmal besonders den Kolleg*innen, die sich mitunter recht kurzfristig bereit erklärten, mit eigenen Beiträgen für Ausfälle einzuspringen. Meinem Potsdamer Kollegen Thomas Ebke danke ich für so manchen Ratschlag und das eine oder andere offene Ohr. Sophie von Kalckreuth danke ich für die Unterstützung bei der Korrektur der verschiedenen Beitragsmanuskripte.

Erfurt, Januar 2022.

Inhalt

Moritz von Kalckreuth
Religiöses Erleben, soziokulturelle Vermittlung und die Frage nach dem Menschen
    Systematische Einleitung —— 1

Íngrid Vendrell Ferran
Emotionale Tiefe und die Spielarten der affektiven Intentionalität
    Eine Anwendung auf die Philosophie der Religion —— 31

Aleksandr Koltsov
Phänomenologie des religiösen Erlebnisses
    Die „Aufzeichnungen" von Adolf Reinach als Entwurf eines glaubenden Denkens —— 55

Vladislav Serikov
Religion, religiöses Gefühl und artikulierte Religionskultur —— 75

Magnus Schlette
Naturalisierung des Heiligen
    Die Transzendenz-Immanenz-Dichotomie als Gegenstand religionsanthropologischer Forschung —— 97

Katia Hansen
Religiosität als Differenzerfahrung
    Zur Korrelation von Freiheit und Transzendenz bei Kierkegaard und Plessner —— 127

Wolf-Andreas Liebert
Lost in Enlightenment
    Zur sprachlichen Darstellung von Erwachenserlebnissen in spätmoderner informeller Religiosität —— 155

Moritz von Kalckreuth
Das Wertproblem und die religiösen Werte – eine Bestandsaufnahme —— 181

Georg Kalinna
Lokalisierung und Apologetik
Die Bedeutung von Wolfhart Pannenbergs Rezeption der
Philosophischen Anthropologie für die theologische Anthropologie
der Gegenwart —— 211

Gerald Hartung
Person und Welt
Zum Verhältnis philosophischer und theologischer
Anthropologie —— 231

Evrim Kutlu
Eine ‚neue' Metaphysik
Das Verhältnis von Mensch und Gott in Max Schelers
Spätphilosophie —— 251

Wolfgang Gantke
Der lebensphilosophische Unergründlichkeitsgedanke und seine Bedeutung für die philosophische Anthropologie —— 273

Personenverzeichnis —— 285

Sachverzeichnis —— 291

Moritz von Kalckreuth
Religiöses Erleben, soziokulturelle Vermittlung und die Frage nach dem Menschen

Systematische Einleitung

Zugänge zu Religion und Religiosität

In seinem Aufsatz über die „Idee des Menschen" weist Max Scheler darauf hin, dass der Mensch nicht ohne weiteres auf eine Definition zu bringen sei: Er sei nicht einfach ‚nur' Geistwesen, sondern auch biologische Gattung und Werkzeugwesen – zumal er auch als Geistwesen nicht nur als ‚Vernunftwesen', sondern auch als liebendes Wesen, fühlendes Wesen und als das Hier und Jetzt „transzendierende" Wesen verstanden werden könne (vgl. Scheler 1955, 186). Entsprechend hält Scheler fest: „Er hat zu viele Enden" (ebd., 175). Mit der Religion scheint es sich grundsätzlich ähnlich zu verhalten: Religion und religiöse Praxis begegnen uns regelmäßig in den Nachrichten, in Romanen, Filmen und Musik, in Kirchen oder religiösen Vereinigungen in der eigenen Nachbarschaft, bei Freizeitaktivitäten wie Meditation oder Yoga, bei Festen wie Weihnachten oder Hochzeiten, als Symbole an Ketten oder gar tätowiert. Obwohl Religion damit in unserer alltäglichen Lebenspraxis nicht gerade unterrepräsentiert ist, fällt es auch hier keineswegs leicht, die ganze Bandbreite einschlägiger Phänomene auf eine bündige Definition von Religion oder Religiosität zu bringen. Wie bei vielen anderen philosophischen und wissenschaftlichen Problemen lässt sich also auch hier sagen, dass sich das Selbstverständliche genauer betrachtet als erstaunlich vielschichtig und kompliziert herausstellt. Entsprechend verwundert es nicht, dass das wissenschaftliche Interesse an Religion und Religiosität entgegen des in der Öffentlichkeit gerne konstatierten ‚Rückzugs' der Religion aus dem gesellschaftlichen Leben größer denn je zu sein scheint: So erscheinen jedes Jahr neue Grundlagenwerke, historische Darstellungen und eine kaum zu überblickende Anzahl von Arbeiten zu Detailfragen.

Es wäre reichlich viel verlangt, an dieser Stelle wirklich alle möglichen Zugänge zur Religion darstellen zu wollen. Stattdessen begnügen wir uns mit einigen älteren und jüngeren ‚Klassikern' und Alternativen. Ein (zumindest im westlichen, monotheistisch geprägten Kulturkreis) naheliegender Zugang bestünde zunächst einmal in der Frage nach *Gott* und seiner *Erkenntnis*. In der Tat wurde seit Platon und Aristoteles über Thomas von Aquin, Luther, Descartes, Leibniz, Kant, Hegel und Schleiermacher, ferner Nietzsche, Ritschl und Barth bis heute immer wieder über begriffliche Bestimmungen Gottes (bzw. des Göttlichen oder Absoluten), sein Verhältnis zum Sein der Welt, zum Menschen und zur Geschichte nachgedacht (vgl. Burkert et al. 1974; Zinser et al. 2008). Dabei wurde oftmals angenommen, dass die Vernunft das entscheidende Vermögen zum Begreifen des Göttlichen (und uns Menschen womöglich sogar eben dafür verliehen) sei.[1] Umgekehrt wurden Religiosität oder Glauben bis heute immer wieder als bloße Erkenntnisakte aufgefasst und als (ungesichertes) ‚Vermuten' oder ‚Meinen', dass etwas Göttliches existiere oder existieren könnte, einem gesicherten ‚Wissen' gegenüber gestellt.[2]

Religion und Religiosität erschöpfen sich offenkundig nicht in Erkenntnisakten, sondern gehen auch mit sehr unterschiedlen *Erlebnissen*, *Erfahrungen* und *Gefühlen* einher. Entsprechend kann ein Zugang zu dem gesamten Themenkomplex der Religion auch darin bestehen, derartige „religiöse Erfahrungen" zu beschreiben und auszulegen. Dieser Zugang – der im vorliegenden Band eine herausgehobene Rolle spielt – soll in den weiteren Abschnitten dieser Einleitung noch genauer thematisiert werden. Da sich die Diskussion jedoch auf die im 20. Jahrhundert entwickelten Ansätze beschränken wird, sei an dieser Stelle zumindest angemerkt, dass die Erlebnisdimension von Religion bereits vorher eine Rolle spielte: Abgesehen davon, dass sich Denker wie Rudolf Otto gerne auf Friedrich Schleiermachers Überlegungen zum Gefühl in den Reden *Über die Religion* oder auch auf Nikolaus Ludwig von Zinzendorf und dessen Begriff des „*sensus numinis*" berufen (Otto 1932, 6), wäre hier an die lange Tradition der Mystik zu erinnern.

Im Laufe des letzten Jahrhunderts sind zu den beiden gerade genannten Zugängen zur Religion noch weitere hinzugekommen, die sich auf verschiedene ‚Tatsachen' berufen: So gab es insbesondere zu Beginn des 20. Jahrhunderts bedeutende Versuche, Religion ausgehend von unserer sozialen und kulturellen Praxis zu thematisieren. Dabei wurden etwa von Émile Durkheim kollektive Praktiken der Ekstase untersucht (Durkheim 1981), Ernst Troeltsch entwickelte in seinen berühmten *Soziallehren* eine Typologie sozialer Gruppierungen innerhalb der Kirche (Troeltsch 1912) und Wilhelm Dilthey stellte sich die Frage, inwiefern sich Religionen und Weltanschauungen im geistigen Leben einer Epoche aus-

---

[1] In den vergangenen Jahren ist insbesondere Holm Tetens mit dem Anliegen angetreten, eine solche „rationale Theologie" zu aktualisieren. Vgl. Tetens 2015a; Tetens 2015b. Siehe zur Frage nach einer rationalen Theologie ohne Metaphysik auch Dalferth/Hunsiker 2014.
[2] Siehe hierzu die kürzlich erschienene Philosophiegeschichte von Jürgen Habermas (Habermas 2019).

drücken oder sich auf andere Bereiche des geschichtlichen Lebens auswirken (Dilthey 1911).³ Besonders wirkmächtig waren auch Max Webers Untersuchungen zu den Wechselwirkungen von Religion einerseits und gesellschaftlichen Prozessen sowie der wirtschaftlichen Ordnung des Kapitalismus andererseits, woraus Kategorien wie „Rationalisierung", „Bürokratisierung" und „Entzauberung" hervorgingen (Weber 1920/1921; Weber 1972).⁴ Zuletzt haben im Laufe der letzten Jahrzehnte insbesondere die von Karl Jaspers geprägte Rede von den „Achsenzeit" (Jaspers 1957, 14–32) sowie das Narrativ der Säkularisierung Karriere gemacht.⁵

Obwohl man vermutlich all diesen Denkern und ihren Kategorien bzw. ‚Narrativen' heute aus der Perspektive historischer Quellenanalyse oder vergleichender Kulturforschung die eine oder andere Einseitigkeit attestieren kann, ist dabei doch ziemlich unstritig, dass diese Kategorien nach wie vor einen wichtigen Beitrag zum inter- und transdisziplinären Austausch leisten, indem sie Ausgangspunkte anbieten, von denen aus die hoch spezialisierten Disziplinen miteinander ins Gespräch kommen können.⁶ Ergänzt werden die Diskurse rund um die ‚großen' Narrative durch Fachdebatten wie beispielsweise die interdisziplinäre Ritualforschung (vgl. Stollberg-Rilinger 2013) – ganz zu schweigen von zahlreichen Einzelstudien aus der Religions- und Kirchengeschichte (vgl. u. a. Angenendt 2004).

Eine weitere Möglichkeit, sich der Religionspraxis ausgehend von ‚Tatsachen' zu nähern, besteht in einer Analyse der *Sprache*. Hier ließe sich beispielsweise aus der Perspektive einer Sprachphilosophie untersuchen, was sich im Bereich der Religionspraxis oder -theorie sinnvoll sagen lässt, inwiefern sich die Bedeutungen der Ausdrücke von anderen Formen des Sprechens unterscheiden (z. B. alltägli-

---

3 Zu Durkheim siehe exemplarisch Bogusz/Delitz 2013; Joas 2017, 115–157. Mit Blick auf den Forschungsstand zu Troeltsch siehe Graf 2014, 215–265; Bienert 2014, 92–189; Joas 2017, 169–201; Polke 2020, 17–31. Neben den hier genannten Denkern wäre u. a. Georg Simmel zu nennen (Bohr et al. 2021) sowie mit Blick auf die soziologische Forschung der letzten Jahrzehnte die Konzeption von Niklas Luhmann (Luhmann 2002). Zur Theoriegeschichte der wissenschaftlichen Betrachtung von Religion im 19. und 20. Jahrhundert siehe auch Eßbach 2019, 657–820.
4 Vgl. allgemein Müller/Sigmund 2020. Für eine grundlegende Kritik an Webers Kategorie der Entzauberung siehe Joas 2017, 240–253; für verschiedene Positionierungen siehe auch Schlette et al. 2022.
5 Vgl. zur Debatte um Achsenzeit exemplarisch Bellah/Joas 2012. Zur Debatte um die Säkularisierung siehe u. a. Taylor 2009; Deuser/Kleinert/Schlette 2015.
6 Siehe u. a. Graf/Voigt 2010; Bochinger/Rüpke 2017; Assmann 2018; Fuchs et al. 2019. Auch Wolfgang Eßbach setzt sich in seiner jüngst abgeschlossenen Religionssoziologie mit verschiedenen Idealtypen und Narrativen auseinander, zeigt dabei aber gleichsam auf, wie viele Phänomene sich abseits der geradlinigen Erklärungsmuster beschreiben lassen. Vgl. Eßbach 2014; Eßbach 2019. Siehe dazu auch Kalckreuth 2021b.

chen oder wissenschaftlichen) bzw. welche „Sprachspiele" (mit Wittgenstein gesprochen) vorkommen (Schneider 2008). Ebenso ließe sich aus einer kultur- und sprachwissenschaftlichen Perspektive untersuchen, auf welche Weise religiöse Erlebnisse, Gefühle usw. beschrieben werden (vgl. Lasch/Liebert 2017) oder was ‚heilige' Sprachen auszeichnet (Bennett 2018). Fasst man die Frage etwas weiter und fragt allgemein nach kulturellen Ausdrucksformen von Religion, ließe sich ferner an Literatur, Film, Kunst und Musik denken.[7] Da außerdem in vielen religiösen Praktiken besondere Dinge und Kultgegenstände, Orte, Gebäude oder Schriften eine große Rolle spielen, verwundert es nicht, dass Religion und religiöse Praxis ausgehend von derartigen „heiligen" Dingen, Orten, Schriften usw. untersucht werden (vgl. Kohl 2003; Bultmann et al. 2005; Moser/Feldman 2014).[8]

Zuletzt eröffnen natürlich auch die Naturwissenschaften einen Zugang zur Religion, wobei sie sich auf verschiedene Untersuchungsgegenstände beziehen: Aus der Perspektive der Paläontologie oder Verhaltensbiologie bietet sich etwa die Frage an, ob die religiöse Praxis in der Naturgeschichte eine Rolle gespielt haben könnte (z. B. durch einen Beitrag bei der Weiterentwicklung von kooperativem Verhalten) und inwiefern eine solche Rolle durch konkrete Funde nahegelegt wird (vgl. Rossano et al. 2016).[9] Zudem gibt es mittlerweile eine Vielzahl von Forschungsarbeiten, die das Verhältnis von Religion zu Neurowissenschaften und weiteren Disziplinen thematisieren (vgl. u. a. Bulkeley 2005; Becker 2009).

Angesichts der Mannigfaltigkeit religiöser Phänomene überrascht es nicht, dass sich ein Großteil der Forschungsbeiträge zu einer prinzipiellen Kompatibilität der einzelnen Zugänge bekennt: Aus der Perspektive einer protestantischen Theologie spricht nichts dagegen, wenn jemand anders die Wechselwirkungen von Religion und Gesellschaft oder heilige Orte untersucht. Schwierig wird das Miteinander der Zugriffe dann, wenn behauptet wird, dass der eigene Zugang zugleich *der einzige Zugang* sei, oder wenn der Anspruch vertreten wird, dass die eigene Forschung die *einzige Funktion* von Religion offenlege. Im Kontext naturgeschichtlicher Forschung könnte eine solche Zuspitzung darin bestehen, Religion *ausschließlich* als eine in der Evolution bewährte Konstruktion zur (vorwissenschaftlichen) Erklärung von Naturphänomenen oder zur Bewältigung des Wissens um die eigene Sterblichkeit aufzufassen.[10] Auf der Seite der Soziologie

---

[7] Vgl. Kleinert/Brandt 2010; Mäder 2012.
[8] Siehe mit Blick auf den „Material turn" in den Kulturwissenschaften auch Morgan 2021.
[9] Michael Tomasello, dessen Schriften zur Naturgeschichte des Menschen im Laufe der letzten Jahre breit rezipiert wurden, ist mit Blick auf Schlussfolgerungen zur Religion auffallend zurückhaltend. Vgl. Tomasello 2014; Tomasello 2016.
[10] An dieser Stelle gebietet allerdings die Fairness, darauf hinzuweisen, dass sich gerade populärwissenschaftliche Bücher oftmals an der gesellschaftlichen Diskussion in den Vereinigten

oder der politischen Theorie könnte eine Zuspitzung hingegen darin bestehen, anzunehmen, dass die Religion *prinzipiell* die Funktion erfülle, Gemeinschaft herzustellen oder die politische Ordnung zu legitimieren.[11]

Religiöse Erfahrungen und das Heilige

Zu Beginn des 20. Jahrhunderts erschienen gleich zwei wegweisende Texte, die sich mit religiösen Erfahrungen befassen: Zum einen das berühmte Buch *The Varieties of Religious Experience* von William James, zum anderen das Buch *Das Heilige* von Rudolf Otto. So unterschiedlich beide Ansätze *en detail* sein mögen, so muss man doch beiden einen nachhaltigen Einfluss zusprechen. William James entwickelt auf der Basis verschiedener Erzählungen von Erweckungserlebnissen usw. eine Theorie religiöser Erfahrung. Berühmt ist dabei seine Bestimmung von Religion als „*feelings, acts and experiences of individual men in their solitude, so far as they apprehend themselves to stand in relation to whatever they may consider the divine*" (James 1907, 31; Hervorhebung im Original – MvK).[12] Religion wird also ausgehend von bestimmten Erfahrungen und dem dabei erlebten Bezug zu etwas

---

Staaten orientieren und sich damit eigentlich gegen einen religiösen Fundamentalismus und Kreationismus richten, den man der akademischen Theologie oder der religiösen Praxis in Deutschland und vielen anderen Ländern kaum attestieren kann. Natürlich gibt es aber auch naturwissenschaftlich informierte, reduktionistische Theorien innerhalb der Philosophie, die Religion für prinzipiell unvereinbar mit einem naturalistischen Weltbild halten. Siehe etwa Dennett 2016; für eine kritische Auseinandersetzung Tetens 2013. Zum Verhältnis von naturwissenschaftlicher Ontologie und Religion siehe zudem Pihlström 2013. Zur völlig berechtigten Frage, was sich nun eigentlich hinter dem Etikett ‚Naturalismus' verbirgt und was die verschiedenen Fassungen für eine religiöse Lebenshaltung bedeuten, siehe Jung 2017, 23–33.

11 Eine solche Vorstellung einer Funktion von Religion scheint besonders bei Varianten der „Nationalreligion" implizit mitzulaufen oder wird sogar explizit zugewiesen. Vgl. Eßbach 2014, 498–560.

12 Siehe auch Joas 2017, 63–84. In den Beiträgen des vorliegenden Bandes wird James nur am Rande erwähnt. Das liegt zum einen daran, dass sich die einschlägigen Autoren aus der Philosophischen Anthropologie, Phänomenologie, Theologie usw. hauptsächlich mit Ottos berühmten Buch auseinandergesetzt haben (wenn überhaupt), während der amerikanische Pragmatismus in Deutschland aufgrund von Vorurteilen zunächst kaum rezipiert wurde (vgl. dazu Gabel/Müller 2015). Zum anderen ist aber auch festzuhalten, dass die pragmatistische Religionsphilosophie im Anschluss an James, Royce, Dewey etc. gerade im Laufe der letzten Jahre so intensiv erforscht wurde, dass sich die Beiträge des vorliegenden Bandes guten Gewissens auf europäische Konstellation und die dort herausgearbeiteten systematischen Probleme konzentrieren können. Zur pragmatistischen Religionstheorie siehe u. a. Seibert 2009; Deuser et al. 2016; Joas 2017; Jung 2017; Polke 2021; Kalinna 2021.

Göttlichem begriffen – wodurch sie sich beschreiben lässt, ohne die metaphysische Frage nach der Existenz Gottes stellen zu müssen. Darüber hinaus vertritt James die Auffassung, dass es nicht etwa *ein* spezifisch religiöses Gefühl gebe, sondern dass verschiedene Gefühle eine religiöse Dimension haben können – so könne es etwa *religiöse* Angst, Liebe, Scheu oder Freude geben (vgl. ebd., 27).

Rudolf Otto versteht religiöse Erfahrungen als Erfahrungen des *„Numinosen"* (Otto 2014, 6).[13] Im Gegensatz zu dem Begriff des *Heiligen*, der nach seiner Auffassung zwar den Begriff des Numinosen als ein Moment in sich enthält, aber zudem auch eine begriffliche und sittliche Dimension aufweist, kann das Numinose nicht begriffen, sondern lediglich *erlebt* und auf dieser Grundlage be- bzw. umschrieben werden (vgl. ebd., 7). Ausgehend vom „Kreaturgefühl", i. e. einem Gefühl der „schlechthinnigen Abhängigkeit" (ebd., 12) beschreibt Otto die Erfahrung des Numinosen als Erfahrung eines *„Mysterium tremendum"* – eines „schauervollen Geheimnisses" (ebd., 13).[14] Das numinose Objekt ist Mysterium, indem es ein „Wunderding" ist, also etwas, was mithilfe der Kategorien, denen wir uns üblicherweise im Alltag und in der Wissenschaft bedienen, gar nicht verstanden werden kann (ebd., 28). Vielmehr ist es etwas „Überweltliches", das die erlebende Person einerseits bedrängt und mit „Scheu" erfüllt, andererseits aber auch fasziniert und anzieht (ebd., 14–37, 41–45).[15] Zuletzt besteht die Verbindung zu begrifflichen Bestimmungen (etwa im Rahmen der Theologie) darin, dass die Erfahrung des Numinosen in einem zweiten Schritt interpretiert und ausgelegt wird – dabei kann es auch zu einer Ableitung von Prinzipien für die Lebensführung kommen (vgl. ebd., 134).

Von Beginn des 20. Jahrhunderts bis heute wurden zahlreiche weitere Ansätze zur Bestimmung religiöser Erfahrungen entwickelt, die teils an Otto anschlossen, sich teils in Konkurrenz zu ihm sahen oder aber ganz ohne eine Rezeption seiner Arbeiten auskamen.[16] Unter den verschiedenen philosophischen Ansätzen sollen hier zwei kurz dargestellt werden: die Phänomenologie Max Schelers und die Neue Phänomenologie von Hermann Schmitz. Max Scheler rezipiert Ottos Werk im Rahmen seiner Religionsphilosophie und hält es (trotz methodologischer Einwände) für einen entscheidenden Beitrag zu einer Wesensphänomenologie religiöser Akte, weil das Ergriffensein der menschlichen Person durch das Heili-

---

13 Vgl. zu Rudolf Otto Lauster 2014; Gantke/Serikov 2015; Gantkle/Serikov 2017.
14 Mit Blick auf das Kreaturgefühl und die damit implizierte Abhängigkeit dürfte klar sein, dass die religiöse Erfahrung als etwas Unverfügbares gedacht wird. Siehe zum Abgrenzung Gottes und des Glaubens von etwas Verfügbarem Bultmann 1954, 33 sowie zur heutigen Debatte um Unverfügbarkeit Rosa 2018.
15 Vgl. Otto 1932, 212–240.
16 Siehe auch Steinbock 2007; Deuser 2014.

ge im Begriff des Numinosen und im Kreaturgefühl angemessen artikuliert werde (vgl. Scheler 1954, 280–285).[17] Scheler folgt Otto, wenn er den Glaube als „Einsetzung der ganzen Person" für ein sie bedingendes „Glaubensgut" auffasst (ebd., 263). Dabei gestattet es seine eigene Philosophie der Person, die Tiefe des Ergriffenseins durch das Heilige genauer zu artikulieren.[18] Allerdings schließt Scheler nicht einfach an Otto an, sondern kann auch auf seine bereits in den Jahren zuvor eine ausgearbeitete ‚Grammatik' der Gefühle zurückgreifen: Hier weisen die „geistigen Gefühle" wie etwa „Seligkeit", „Heiterkeit" und „Verzweiflung" eine religiöse bzw. weltanschauliche Dimension auf, weil sich in ihnen die Person zu sich selbst und zur Welt als sinnhafter Ganzheit positioniert (vgl. Scheler 2014, 356).[19] Als weitere religiöse Gefühle versteht Scheler etwa Demut, Ehrfurcht oder Reue, wobei es ihm darum geht, die entsprechenden Erlebnisgehalte so zu formulieren, dass diesen antiquiert scheinenden Gefühlen wieder neues Leben eingehaucht werden kann (vgl. Scheler 1954, 29–59; Scheler 1955, 15–31).[20]

Hermann Schmitz schlägt einen grundlegend anderen Weg ein: Vor dem Hintergrund seines Versuchs, ein umspannendes System auf der Grundlage von – insbesondere leiblichem – Erleben von Gegenwart zu entwerfen, interessiert ihn Ottos Versuch, Religiosität ausgehend vom Erleben zu beschreiben (Schmitz 1977, 74).[21] Er schließt nun an die Theorie des Numinosen an, indem er darauf hinweist, dass sich das Gefühl des Numinosen durch eine „Autorität" auszeichnen müsse, die „unbedingten Ernst" verkörpere (ebd., 87). Religion wird somit anhand des „Betroffenseins" durch „göttliche Atmosphären", die eine solche Autorität unbedingten Ernstes aufweisen, verstanden (ebd., 11). Da das Göttliche für Schmitz aber nur als Atmosphäre aufweisbar ist und das Erleben dieser Atmosphäre seiner Auffassung nach keine Rückschlüsse auf die Existenz von etwas Göttlichem im ontologischen oder metaphysischen Sinne zulässt, lehnt er jede Rede von einem personalen Gott o. ä. ab und bezeichnet sie als Versuch einer „Entlastung" der Individuen durch eine Strukturierung und Verdichtung des religiösen Erlebens

---

17 Zu Schelers Religionsphilosophie siehe u. a. Gabel 1998; Seibert 2014. Mit Blick auf den Forschungsstand zu Scheler insgesamt sei auf das demnächst erscheinende Scheler-Handbuch verwiesen (Schloßberger 2023).
18 Siehe dazu auch Kalckreuth 2021a, 244–247, 261.
19 Vgl. u. a. Vendrell Ferran 2008, 150–154; De Monticelli 2015, 150–157. In der Terminologie Hartmut Rosas ließe sich hier vermutlich von besonderen, d. h. existenziellen Weltbeziehungen bzw. von „Resonanz" sprechen. Vgl. Rosa 2016.
20 Vgl. Joas 2015; Kalckreuth 2021a, 247–250.
21 Siehe für eine Zusammenfassung inklusive Bilanz Schmitz 2016. Für verschiedene religionsphilosophische Perspektiven im Anschluss an Schmitz siehe Blume 2007; Lauterbach 2014; Puchta 2021.

(vgl. ebd., 176–179). Schmitz folgt Otto also in Bezug auf die Beschreibung des Numinosen, erteilt der theologischen Anreicherung des Heiligen aber eine klare Absage.

Interessant ist an dieser Stelle, dass Scheler und Schmitz zwei grundlegend verschiedene Antworten auf die Frage anbieten, wie sich eine religiöse Erfahrung anfühlt: Schmitz scheint sich die göttlichen Atmosphären als eine Art Spektakel des leiblichen Erlebens vorzustellen, die uns überwältigen und dabei mit einer unbedingten Autorität auf uns wirken. Bei Scheler hingegen zeichnen sich die geistigen, d. h. religiösen Gefühle dadurch aus, dass sie sich jedem unserer Akte und Lebensvollzüge aufprägen, ohne besonders intensiv erlebt zu werden (vgl. Scheler 2014, 356). In diesem Sinne fühlt jemand, der selig ist, kein Feuerwerk leiblicher Euphorie o. ä., sondern ist in jedem seiner Lebensvollzüge mit sich und der Welt ‚im Reinen'.[22] Wichtig ist an dieser Stelle, dass der Umgang mit diesen zwei Fassungen natürlich nicht auf ein Entweder-Oder hinauslaufen muss: Zwar ist unbenommen, dass sich Menschen auf religiöse Erfahrungen im Sinne von Schmitz berufen (auch bei Otto und James werden ähnliche Erfahrungen beschrieben), jedoch scheint Schelers Ansatz einen guten Vorschlag dafür zu liefern, wie sich religiöse Erlebnis in einem Gefühl oder einer Haltung etwas diskreter verstetigen könnte.[23]

Warum soll nun die Rede von religiösen Erfahrungen und Gefühlen attraktiv sein? *Erstens* fällt auf, dass sie es gestattet, religiöse Lebenshaltungen als eine persönliche Bindung und Einsetzung zu begreifen: Wenn ich an Gott bzw. eine heilige oder metaphysische Macht glaube, dann ist das nicht dasselbe, wie wenn meine Kollegin glaubt, ihren Kater Levi gerade im Garten gehört zu haben. Letzteres ist lediglich eine nicht verifizierte epistemische Überzeugung, dass etwas der Fall ist. Ausgehend von Theorien des Heiligen oder der religiösen Erfahrung wären Glauben oder eine religiöse Lebenshaltung so zu verstehen, dass ich durch etwas Heiliges bzw. Numinoses so fundamental und nachhaltig ergriffen werde, dass ich bereit bin, mich selbst für dieses Heilige einzusetzen. Hans Joas spricht in diesem Zusammenhang von Prozessen der „Selbsttranszendenz", „Selbstbildung" und „Idealbildung" (Joas 2017, 72, 81, 170). *Zweitens* mögen Theorien der religiösen Erfahrung zwar auf sprichwörtlich dünnes Eis geraten, wenn sie den Anspruch erheben, den ‚Wesenskern' *aller* Religiosität herausgearbeitet zu haben – worin ja auch ein klassischer Einwand gegen Otto seitens der empiri-

---

22 Siehe hierzu auch Kalckreuth 2021a, 241–243.
23 Hierzu passt eine Überlegung von Matthew Ratcliffe, der die Ansicht vertritt, man könne religiöse Erfahrungen eventuell als einen Umschlag existenzieller Gefühle verstehen: Die überwältigende Ergriffenheit entspräche dabei dem Moment des Umschlags, während das ‚neue' existenzielle Gefühl womöglich dem entspräche, was Scheler beschreibt. Vgl. Ratcliffe 2008, 269.

schen Religionsforschung besteht (vgl. Michaels 2001; Gantke/Serikov 2015). Jedoch kann man ihnen eine gewisse Flexibilität schwerlich absprechen: Die hier beanspruchten Kategorien sind so weit gefasst, dass sie uns nicht auf klassisch bekenntnisreligiöse (oder gar christliche, katholische oder protestantische) Religionspraxis festlegen, sondern auch für konfessionslose, säkulare Formen von Religiosität offen sind.[24] Dies ist insofern wichtig, als Religion heute (anders als zu Zeiten des dt. Kaiserreichs) offenkundig nicht auf den Nenner zweier christlicher Konfessionen und des Judentums gebracht werden kann, sondern neben Islam und Buddhismus verschiedene Formen von ‚Spiritualität' o. ä. umfasst, die zumindest als Kandidaten für Religiosität angesehen und in diesem Sinne systematisch betrachtet und mit tradierten Formen religiösen Lebens verglichen werden können.[25]

Soziokulturelle Vermittlungen und begriffliche Auslegungen – Hermeneutik und Theologie

Otto weist darauf hin, dass auf das Erleben des Numinosen selbst eine begriffliche Auslegung folgt: Wenn wir eine solche Erfahrung gemacht haben, so wollen wir offenkundig verstehen, was uns da eigentlich ergriffen hat. Zumeist nimmt diese Auslegung und Artikulation ihren Anfang innerhalb der eigenen religiösen „Lebensform" (Polke 2018, 332) bzw. „Religionskultur" (Seibert 2014, 84). So bietet beispielsweise eine christliche Lebensform zweifellos verschiedene Möglichkeiten, derartige Erfahrungen zu beschreiben und einzuordnen.[26] Dabei zeigt dieses Beispiel auch gleich den geschichtlichen und kulturell-relativen Charakter derartiger Interpretationen: So verzichtet beispielsweise der heutige landeskirchlich geprägte Protestantismus in Deutschland auf bestimmte Interpretationsfiguren wie z. B. das Wirken des Teufels oder dämonischer Mächte, die vor einigen Jahrhunderten noch Bestandteil vieler christlicher Lebensformen waren und es teilweise auch heute noch sind. Kurz gesagt: Religionskulturen bzw. religiöse Le-

---

[24] Hans Joas spricht in diesem Zusammenhang von Formen einer „religiösen Revitalisierung", die sich neben der Säkularisierung vollziehen können. Vgl. Joas 2017, 254. Wolfgang Eßbach arbeitet in seiner jüngst abgeschlossenen Religionssoziologie detailliert heraus, welche Formen säkularer bzw. konfessionsloser Religiosität im Laufe der Moderne unter bestimmten sozialen, politischen und ökonomischen Bedingungen entstehen. Vgl. Eßbach 2014; Eßbach 2019.
[25] Zum Thema der Spiritualität vgl. u. a. Höllinger/Tripold 2012; Streib/Keller 2015.
[26] Mit Ernst Cassirer könnte man hier auch von einer „symbolischen Form" sprechen. Vgl. Cassirer 1977. Siehe auch Becker/Orth 2011; Polke 2021, 45–140. Zu Ernst Cassirer und seiner Kulturphilosophie des Menschen siehe Hartung 2003; Wunsch 2014.

bensformen sind von großer Bedeutung für die Auslegung religiöser Erfahrungen, sind aber selbst keine sprichwörtlichen Felsen in der Brandung, sondern unterliegen historischem und kulturellen Wandel.

Aus der Perspektive einer systematischen Auseinandersetzung mit religiösen Erfahrungen ergibt sich die Konsequenz, dass sich religiöse Erfahrungen nicht einfach losgelöst von den Religionskulturen und Lebensformen thematisieren lassen, in denen sie artikuliert und symbolisch vermittelt werden (vgl. Jung 2017, 33–47; Joas 2017, 15, 62). Diese Einbeziehung kann etwa als Darstellung religiöser Praktiken und ihrer Geschichte im Rahmen einer Religionssoziologie bzw. Religionsgeschichte oder auch im Rahmen einer Kultur- und Geschichtsphilosophie erfolgen. Als Beispiel für eine solche Artikulation werden oftmals die Werke Ernst Troeltschs angeführt (vgl. Joas 2017, 165–200).[27] Alternativ zu dem Versuch, eine solche Verknüpfung selbst zu leisten, können sich Theorien der religiösen Erfahrung auch damit behelfen, sich für einen solchen Anschluss offen zu halten, u. a. indem sie auf die Pluralität möglicher Auslegungen in den Lebensformen und Kulturen hinweisen oder den eigenen historischen Standpunkt kenntlich machen.

Neben einer religionswissenschaftlichen oder religionsphilosophischen Auseinandersetzung mit religiösen Erfahrungen und Gefühlen stellt sich natürlich auch die Frage nach dem Verhältnis zur Theologie: Otto selbst vertritt die Auffassung, dass die Beschreibung des Numinosen im Begriff des Heiligen mit begrifflich-theologischen Überlegungen zusammenkommt, sieht also (anders als etwa Hermann Schmitz) keinen Anlass, theologische Forschung zu marginalisieren. Dennoch ist bekannt, dass einige der großen Theologen seiner Zeit – Karl Barth, Rudolf Bultmann und Ernst Troeltsch – sein Buch über *Das Heilige* mit eher geringer Begeisterung rezipiert oder aber explizit kritisiert haben (vgl. Barth 2009, 456; Wittekind 2014; Bienert 2014, 69). Gerade Barth sieht in der Rede vom Numinosen und ‚einer' begrifflichen Auslegung eine Beliebigkeit am Werk, die mit seinen Vorstellungen von *dem* Glauben nicht vereinbar ist (vgl. Barth 1932, 140). Bultmann hingegen räumt zwar ein, dass sich Ottos Kategorien „für die Interpretation anderer religionsgeschichtlicher Phänomene als höchst fruchtbar erwiesen haben", hält sie aber für ungeeignet, um „Person und Verkündigung Jesu zu interpretieren" (Bultmann 1937, 19). Er resümiert: „Einfach gesprochen: Gott ist für die biblische Religion nicht eine numinose Sphäre, sondern Person." (ebd., 19).[28]

---

27 Aus der Perspektive protestantischer Theologie wäre hier auch das in Deutschland eher unbekannte Werk von H. Richard Niebuhr zu nennen. Siehe Kalinna 2021, 26–31.
28 Siehe zur Darstellung seiner eigenen Position Bultmann 1954, 26–37.

Auch wenn die theologische Rezeption von Ottos Werk(en) hier nicht *en detail* nachverfolgt werden soll, so könnten die genannten Stellungnahmen doch insofern interessant sein, als sich in ihnen vielleicht ein grundsätzlicher ‚Richtungsstreit' protestantische Theologie zu Beginn des 20. Jahrhundert ausdrückt: Ähnlich wie die Philosophie sucht auch die Theologie angesichts neuer wissenschaftlicher Disziplinen und Debatten nach Wegen, sich neu zu positionieren (vgl. Pannenberg 1997; Lauster 2014, 599–613). Die Verwendung breiterer Kategorien wie des Numinosen oder der religiösen Erfahrung bietet dabei die Möglichkeit, die theologische Forschung in Richtung einer Religionswissenschaft zu öffnen. Ein weiterer Vorschlag besteht darin, die systematische Behandlung theologischer Inhalte mit einer Erforschung der Religionspraxis und ihrer Geschichte zu verknüpfen, wie es Troeltsch versucht (vgl. Joas 2017, 165–200; Polke 2021, 29). Im Falle Troeltschs scheint diese Historisierung jedoch mit einer gewissen Abschwächung der traditionell theologischen Systematik einherzugehen, etwa indem er sich von der Lehre eines kommenden Reichs in der Eschatologie distanziert (vgl. Troeltsch 1910a, 624–631).[29] So gesehen verwundert es auch nicht, dass sich auf der anderen Seite Theologen wie Barth bemüßigt fühlen, die herausgehobene Position Gottes und des Glaubens gegen Relativierungsversuche zu verteidigen.[30]

Bis heute haben verschiedene Ansätze explizit oder implizit versucht, eine dezidiert theologische Systematik mit der Rede von religiösen Erlebnissen und einer historischen Selbstverortung zu verbinden.[31] So befasst sich etwa Paul Tillich in seiner Systematischen Theologie mit theologischen Fragen im Sinne der „methodische[n] Auslegung christlichen Glaubens" (Tillich 1987, 38), aber auch mit emotionalen Phänomenen wie dem „Mut" als einer Selbst- und Weltbejahung

---

29 Siehe auch Troeltsch 1910b. Die Hinweise auf die von Troeltsch verfassten Lemmata in der ersten Auflage der *Religion in Geschichte und Gegenwart* verdanke ich Maren Bienert und dem von ihr und Georg Kalinna in Hildesheim durchgeführten Workshop über „Troeltsch als Dogmatiker".
30 Jörg Lauster weist darauf hin, dass es der liberalen Theologie (zu der sowohl Otto als auch Troeltsch zu rechnen seien) letztlich darum gehe, „dass die Relativierung der je eigenen religiösen Ausdrucksformen aus der Begegnung mit dem absoluten Grund der Religion selbst hervorgeht" (Lauster 2008, 298). Gegenstand der Relativierung ist also nicht der Glaube an Gott, sondern die historischen Ausdrucksformen in Dogma, Kirche, und Schriften. Vgl. ebd., 298. Letztlich besteht das Problem wohl darin, dass gerade in Frage steht, ob bestimmte Denkfiguren wie das „kommende Reich Gottes" nun essentielle Glaubensgehalte sind oder aber – wie Troeltsch schreibt – von mythischem Ballast befreit werden müssen (vgl. Troeltsch 1910a, 625–628) Für Rudolf Bultmanns Kritik an der Liberalen Theologie siehe insbesondere Bultmann 1954, 1–25.
31 Leider fehlt im vorliegenden Band die katholische Perspektive. Interessant wäre hier die Frage, ob sich im Anschluss an Theologen wie Romano Guardini und Karl Rahner ein Programm konstruieren ließe, das mit den Ansätzen der liberalen Theologie ins Gespräch treten könnte.

(vgl. Tillich 2015).[32] Diese Verbindung erweist sich insofern als fruchtbar, als die theologischen Kategorien einen Rahmen liefern, in dem die eigenen Erfahrungen und Gefühle artikuliert und gedeutet werden können, während umgekehrt die Erfahrungs- und Erlebnisgehalte verhindern, dass die theologischen Begriffe ihren Bezug zum Leben und der Existenz verlieren. Zudem weist er darauf hin, dass in der Theologie und Religionsphilosophie *sowohl* die Frage nach historischen Kulturformen der Religion *als auch* Frage nach einem hinter diesen Formen liegenden „Sinngrund" gestellt werden kann (Tillich 1964, 32 f.), ebenso wie die Theologie nicht nur auf ‚ewige Fragen', sondern auch auf Probleme ihrer Zeit antwortet (vgl. Tillich 1987, 11–15). Hier zeigt sich gewiss ein Vorzug der Verklammerung von Theologie, einer Phänomenologie von Erlebnissen oder Gefühlen und einer Diskussion religiöser Praxis: Es lässt sich fragen, welche religiösen Ausdrucksformen oder Artikulationen von Erlebnissen und Glaubensinhalten zeitgemäß sind bzw. wie eine religiöse Lebenshaltung hier und heute aussehen soll.[33]

Letzten Endes stellt sich allerdings noch eine grundlegende Frage, die über die Kontroversen einzelner Autoren hinausreicht: Im Rahmen der Theorien von Troeltsch, Otto, Tillich oder auch Joas lassen sich eine Beschreibung religiöser Erfahrungen, ihre ‚lebenspraktische' Auslegung in der Kultur oder Lebensform, ihre theologisch-systematische Auslegung sowie deren Relativierung oder Historisierung in Gestalt einer Religionsgeschichte, -soziologie oder -philosophie zusammenbringen. Ist diese Verbindung nun aber ein rein theoretisches Projekt, das nur verschiedene Weisen der wissenschaftlichen Reflexion über Religion (wie eingangs beschrieben) zusammenzuführen beabsichtigt? *Oder* besteht tatsächlich der Anspruch, eine solche Zusammenführung von Erleben und Relativierung des eigenen Standpunkts und der eigenen Glaubenshaltung *in der religiösen Praxis* verorten zu wollen?

Zwischen beiden Möglichkeiten besteht ein tiefgreifender Unterschied, den man sich nicht nur aus systematischen Gründen, sondern wohl auch aus intellektueller Redlichkeit klar machen sollte.[34] In ersterem Fall wäre die Historisierung lediglich ein Projekt der Intellektuellen, die wissenschaftlich über Religion

---

32 Siehe zu Tillichs Theologie exemplarisch Bayer 2008; Fritz 2018. Zur Thematik von Angst, Mut und Tod als einer „Brücke" zur Philosophischen Anthropologie siehe Scholz 2021, 99–116.
33 Georg Kalinna hebt die Anschlussfähigkeit der Theologie von H. Richard Niebuhr hervor, der auf der einen Seite nach dem Verhältnis von Glauben und „seinen historisch variablen Sozialformen" fragt, andererseits aber auch von der Verantwortung des Menschen als Grenze der Relativierbarkeit ausgeht (Kalinna 2021, 28).
34 Zur Thematik der intellektuellen Redlichkeit im Verhältnis zur wissenschaftlichen Reflexion über Religiosität siehe Hartung/Schlette 2012.

reden. Die zur Historisierung nötige Distanzierung von religiösen Erfahrungen und Bindungen wäre dabei insofern unproblematisch, als es um eine Distanzierung von etwas ginge, was ohnehin aus einer Beobachterperspektive untersucht wird. Zugleich wäre aber auch klar, dass dieser Ansatz nicht unmittelbar dazu dienen sollte (oder könnte), Probleme der faktischen Religionspraxis zu lösen, da es ihm in erster Linie um die wissenschaftliche Beschreibung von Religionspraxis ginge. Im letzterem Fall bestünde hingegen der Anspruch an die konkrete religiöse Praxis, gegenüber den eigenen religiösen Gefühlen und Glaubensinhalten genug Distanz zur historischen und kulturellen Relativierung aufzubringen, wobei sich die Frage stellt, ob ein solcher Vermittlungsprozess aus einer Teilnehmerperspektive wirklich möglich wäre, *ohne* dass die eigenen Glaubensbindungen ihre Wirksamkeit und Verbindlichkeit in der Lebensführung verlieren oder die eigene Religionspraxis intellektuell überfrachtet würde.

Das Fragen nach dem Menschen – Philosophische Anthropologie

Im Laufe der letzten Jahrzehnte wurde mehr als einmal darauf hingewiesen, dass es mehrere Lesarten von philosophischer Anthropologie gibt: Zum einen kann philosophische Anthropologie als eine *Philosophie des Menschen*, also als eine philosophische Disziplin, verstanden werden (vgl. Fischer 2000). In diesem Sinne ließe sich beispielsweise nach der Anthropologie des Aristoteles, der Anthropologie Descartes' oder allgemeiner von einer mittelalterlichen, frühneuzeitlichen oder modernen Anthropologie sprechen (Hartung 2008).[35] Zum anderen wird eine bestimmte „Denkrichtung" oder philosophische Tradition des 20. Jahrhunderts als „Philosophische Anthropologie" bezeichnet (Fischer 2008), wobei in der Forschung darüber gestritten wird, worin das Spezifikum dieser Denkrichtung besteht und wer genau dazu gehören könnte.[36] Besonders einflussreich sind die

---

35 Dem sehr ähnlich ist die Frage nach verschiedenen Menschenbildern. Vgl. Zichy 2017.
36 So hat etwa Joachim Fischer vorgeschlagen, Philosophische Anthropologie anhand der Perspektive von einem „seitlichen Beobachtungspunkt" (Fischer 2008, 522) zu verstehen, der beim biologischen Leben ansetzt und auf dem Umweg über die Kategorien des Lebendigen zum Geist und zur Kultur gelangt, wobei auch „Monopole des Menschen" herausgearbeitet werden (vgl. ebd., 523–525). Ausgehend von dieser Fassung wären zumindest Max Scheler, Helmuth Plessner und Arnold Gehlen als Protagonisten dieser Denkrichtung zu bezeichnen, ferner versucht Fischer, Erich Rothacker, Adolf Portmann und Paul Alsberg einzubeziehen (vgl. ebd., 526–573). Demgegenüber hat Hans-Peter Krüger von dem Doppelschritt einer „anthropologischen Kritik der Phi-

Positionen Max Schelers und Helmuth Plessners, die auch wegen der verschiedenen interdisziplinären Anschlüsse nachfolgend genauer dargestellt werden sollen.

Max Scheler beginnt sein berühmtes Büchlein *Die Stellung des Menschen im Kosmos* von 1928 mit dem Hinweis, dass es verschiedene „Ideenkreise" mit jeweils eigenen Zugängen zum Menschen gebe, die miteinander konkurrieren (vgl. Scheler 2018, 13).[37] Dabei habe die Ausdifferenzierung neuer Wissenschaften wie der Biologie, Psychologie oder Soziologie die Widersprüche zwischen einzelnen Zugängen zum Menschen nicht etwa aufgehoben, sondern vielmehr verstärkt, sodass sich der Mensch noch nie so „problematisch" gewesen sei wie in der Gegenwart (ebd., 14). Scheler untersucht nun, inwiefern sich zwei verschiedene Fragerichtungen – nämlich die Frage nach der naturwissenschaftlichen Verortung des Menschen innerhalb des biologischen Lebens und nach dem lebensweltlichen Zugang des Menschen zu sich selbst als Geist- und Kulturwesen – zusammenbringen lassen (vgl. ebd., 14–16). Dabei gelangt er zu dem Schluss, dass sich die verschiedenen Verhaltensweisen, die mit Lebendigkeit korrelieren, auch im Menschen aufweisen lassen, dass aber der Mensch zusätzlich ein weiteres „Prinzip" aufweise, das nicht nur „*außerhalb*" des Lebens stehe, sondern „allem Leben überhaupt entgegengesetzt[.]" sei (ebd., 46). Dieses Prinzip wird Geist genannt und umfasst nicht nur Vernunft, sondern auch Liebe, Hass und bestimmte emotionale und religiöse Akte (vgl. ebd., 46 f.). Leben und Geist werden also letztlich als zwei verschiedene metaphysische Kategorien verstanden, die nicht ineinander überführbar sind, die aber im Menschen zusammenkommen und sich verschränken (vgl. ebd., 76–82).

Trotz der Popularität dieses kurzen Abrisses zur Philosophischen Anthropologie ist zu bedenken, dass ihr ein reichhaltiges Gesamtwerk vorausgeht, in dem Scheler u. a. die Person und ihre Korrelation zur Welt, die verschiedenen geistigen Akte, emotionale Phänomene und ihr Verhältnis zur Leiblichkeit ausführlich untersucht (vgl. Schloßberger 2019). Die kurzen Ausführungen in der *Stellung des Menschen im Kosmos* weisen demgegenüber so manche Schlagseite auf. Allerdings besteht eine bedeutsame Erweiterung des Spätwerks darin, dass er hier die unterschiedlichen Verhaltenskorrelate zur Lebendigkeit herausarbeitet und in diesem Zusammenhang auch verschiedene verhaltensbiologische Forschungsergebnisse in seine Überlegungen einbezieht. Zudem führt er hier neue Überle-

---

losophie" und einer „philosophischen Kritik der Anthropologie" (Krüger 2019, 395 f.) gesprochen – womit er deutlich höhere Ansprüche stellt.

37 Zu Schelers Philosophischer Anthropologie siehe Wunsch 2014, 75–88; Henckmann 2018; Schloßberger 2023.

gungen zum Verhältnis von Mensch und Gott sowie eine Metaphysik des Weltgrundes aus.[38]

Als besonders anschlussfähig gilt heutzutage die Philosophische Anthropologie Helmuth Plessners. Plessner versteht sein Werk *Die Stufen des Organischen und der Mensch* als Versuch, die Lebendigkeit des Menschen so zu artikulieren, dass verständlich wird, warum sich der Mensch in der Geschichte (also dem „geistigen Leben" Diltheys) immer wieder neu ausdrückt und auslegen muss (vgl. Plessner 1975, 26).[39] Ausgehend von der naturphilosophischen These, dass es verschiedene Weisen der Realisierung von Lebendigkeit – die „Positionalitäten" – gebe, beschreibt er im letzten Kapitel seines Werkes die Positionalität des Menschen als „exzentrische Positionalität" (ebd., 289): Der Mensch zeichne sich durch eine „Gebrochenheit" aus, die sich in der „Außenwelt, Innenwelt und Mitwelt" realisiere und mit der der Mensch in seiner Lebensführung umgehen müsse (vgl. ebd., 289–308). So hält er fest: „Der Mensch lebt nur, indem er ein Leben führt." (ebd., 310) Damit ist gemeint, dass das Verhalten eines Lebewesens, das sich als gebrochen erlebt, nicht von vornherein feststeht, sondern dass es selbst immer wieder nach Möglichkeiten suchen müsse, mit der eigenen Situation umzugehen. Die Lebensführung zeichnet sich dabei strukturell durch drei Grundgesetze aus, nämlich das der „natürlichen Künstlichkeit", dem zufolge die Natürlichkeit des Menschen darin besteht, auf künstliche Mittel angewiesen zu sein (vgl. ebd., 309–321), ferner das Gesetz der „vermittelten Unmittelbarkeit", dem zufolge die Herstellung unmittelbarer Erfahrung immer ein leibliches oder symbolisches Medium voraussetzt (vgl. ebd., 321–341) und das Gesetz des „utopischen Standorts", dem zufolge der Mensch in seiner Lebensführung auch zur Welt als sinnhafter Ganzheit Stellung beziehen muss (vgl. ebd., 341–346).

Auch für Plessner ist grundsätzlich klar, dass der Mensch nicht nur ein Lebewesen, sondern auch ein geschichtliches Kultur- und ein soziales Wesen ist. Entsprechend belässt er es nicht bei der Frage nach biologischen „Ermöglichungsbedingungen" (Krüger 2019, 35) und Vollzugsweisen, sondern fragt auch nach geistesgeschichtlichen und sozialen Bedingungen, die erfüllt sein müssen, damit der Mensch sein Leben als menschliche Person führen kann.[40] So braucht es etwa Gemeinschaft und Gesellschaft sowie die Einnahme sozialer Rollen,

---

38 Siehe hierzu Kutlu 2019; Raulet 2020, 107–133.
39 Mit Blick auf Plessners Naturphilosophie siehe als Forschungsstand die Beiträge im Band „Klassiker auslegen" (Krüger 2017). Siehe zudem Wunsch 2014, 100–117; Krüger 2019, 23–142 sowie das in Vorbereitung befindliche Plessner-Handbuch (Fischer 2025).
40 Insbesondere Hans-Peter Krüger hat die „Ermöglichungsbedingungen personalen Lebens" intensiv erforscht. Siehe Krüger 2019.

um die Würde der menschlichen Person zu schützen (vgl. Plessner 1981, 58–94; Plessner 1983a, 194–205), ferner den Begriff der Unergründlichkeit, um die Fraglichkeit des Menschen in der Geschichte zu verteidigen und offen zu halten (Plessner 1983b).[41] Zuletzt schließt die Notwendigkeit, in der Lebensführung ein Gleichgewicht herstellen zu müssen, auch die Möglichkeit ein, dass die Herstellung eines solchen Gleichgewichts misslingt, weil uns eine Situation überfordert. Damit hat sich Plessner in seiner Studie über *Lachen und Weinen* befasst, wobei insbesondere nicht-bedrohliche Situationen, in denen unser Verhalten an seine „Grenzen" stößt, behandelt werden (Plessner 1982; Plessner 1983a, 205–209).[42]

Mit Blick auf die Frage nach der Religion und der religiösen Erfahrung wurde bereits auf Schelers Religionsphilosophie und seine Theorie geistiger Gefühle hingewiesen. Plessners Gesamtwerk scheint auf den ersten Blick weniger ergiebig zu sein, was Religion angeht: In den *Stufen* stellt er an der Textstelle zum „utopischen Standort" eine Geborgenheit im Glauben dem Geist gegenüber: Zwischen dem „Definitivum" des Glaubens als einer Quelle von „Schicksal" und „Heimat" und dem in der Kultur wirkenden Geist der Weltoffenheit und offenen Zukunft bestehe demnach eine „absolute Feindschaft", indem sich jede Person zwischen dem Geist und einem „Sprung in den Glauben" entscheiden müsse (Plessner 1975, 342). Gerade angesichts der differenzierten Vermittlungen in den Lebenssphären, wie sie Plessner für gewöhnlich thematisiert, erscheint dieser Gegensatz auffällig schroff.[43] Ansonsten verweist Plessner in seinem umfangreichen Aufsatz über die „*conditio humana*" auf Rudolf Ottos Lehre vom Numinosen: Die Vielfalt religiöser Sinndeutungen, die in das menschliche Verhältnis zur Welt und zu sich selbst einfließen, sei nicht einfach durch die Angst vor dem Tod oder die Vorstellung von Religion als ‚Überbau' von Herrschaftsstrukturen zu verstehen (vgl. Plessner 1983a, 209–214). Entsprechend sei es übereilt, die Kritik an konfessionellen Dogmen für eine Verabschiedung von religiösen Sinndeutungen aus unseren Weltverhältnissen zu nehmen (vgl. ebd., 214).[44] Zuletzt lassen sich Plessners Überlegungen zur Möglichkeit von Gemeinschaft auf religiöse Gemeinschaftsformen übertragen: Eine zu große Rückhaltlosigkeit kann der menschlichen Person den Raum zur Lebensführung und zur Realisierung ihrer Würde nehmen,

---

41 Siehe zum Rollenspiel Krüger 2019, 261–365. Zur Frage nach der Würde menschlicher Personen siehe Schürmann 2014, 137–150. Für eine performative Sozialphilosophie im Anschluss an Plessner siehe Felgenhauer 2022.
42 Siehe u. a. Krüger 2019, 71–77.
43 Für die theologische bzw. religionsphilosophische Diskussion von Plessners Anthropologie siehe u. a. Schirrmacher 2000; Wilwert 2011; Meyer-Hansen 2013.
44 Siehe hierzu auch den Beitrag von Hans-Peter Krüger in Schlette et al. 2022.

weshalb es neben dem Leben in Gemeinschaften immer auch die Gesellschaft und die damit verbundene Sphäre des Privaten braucht (Plessner 1981, 42–78).

Es gibt zwei Vorurteile über die Philosophische Anthropologie, die insofern wichtig sind, als sie die Grundlage verschiedener Einwände bilden. *Erstens* könnten der in den Klassiker-Texten durchgeführte Mensch-Tier-Vergleich und die Rede von „Monopolen" des Menschen (Fischer 2008, 525) so verstanden werden, als sei ein solcher Vergleich das eigentliche Geschäft der Philosophischen Anthropologie.[45] Damit ginge auch der Verdacht einher, es gehe der Philosophischen Anthropologie genau genommen darum, die Wesensverschiedenheit von menschlichem und nichtmenschlichem Leben zu verteidigen (und damit explizit oder implizit nichtmenschliches Leben abzuwerten). Genau genommen besteht ihr Anliegen aber darin, den biologischen und naturwissenschaftlichen Zugang zum Menschen zu unserer Selbstgegebenheit als menschliche Person ins Verhältnis zu setzen.[46] Ein gutes zeitgenössisches Beispiel für ein ähnliches Verfahren stellt die Arbeit von Michael Tomasello dar: Im Rahmen einer empirischen Verhaltensforschung werden Verhaltensweisen von Schimpansen und Kleinkindern untersucht, wobei empirisch ausgewertet werden kann, zu welchem Zeitpunkt der Entwicklung sich beide Gruppen ähnlich verhalten und ab welchem Alter die Kinder Verhaltensweisen entwickeln, die sich signifikant unterscheiden (vgl. Tomasello 2014).[47] Auf dieser Basis interpretiert Tomasello, dass Menschen eine „gemeinsame" sowie eine „kollektive" Intentionalität aufweisen (ebd., 56, 141). Zwar werden auf diese Weise zweifellos Unterschiede von Menschenaffen und Menschen bestimmt, dies ermöglicht jedoch auch die Würdigung spezifischer Formen von Intentionalität, wie sie bei Menschenaffen vorkommen (vgl. ebd., 21–54). Die Beschreibung menschlichen Verhaltens in biologischen Kategorien versteht sich insgesamt als Alternative zu einer Reduktion der eigenen Lebendigkeit auf etwas Materielles oder Physisches (etwa in der analytischen Philosophie) oder aber zu einer romantischen Verklärung des eigenen Seins als Lebewesen.[48]

Zweitens wird der Philosophischen Anthropologie oftmals vorgeworfen, durch die mehr oder willkürliche Setzung einer essentialistisch gedachten ‚Natur' oder eines ‚Wesens' des Menschen die Geschichtlichkeit menschlichen Lebens

---

45 Eine solche Vorstellung lässt sich wohl auch bei Wolfhart Pannenberg herauslesen. Vgl. Pannenberg 1983.
46 Vgl. Wunsch 2014, 265–300; Wunsch 2018.
47 Tomasellos Forschungen wurden in den Arbeiten zur Philosophischen Anthropologie breit rezipiert. Siehe u. a. Wunsch 2016; Krüger 2019, 190–210. Siehe zudem Böhnert/Köchy/Wunsch 2016/18.
48 Vgl. Wunsch 2014, 278–284.

zu verkennen.⁴⁹ Dieser Einwand mag bei manchen philosophischen Theorien des Menschen durchaus zutreffen, muss aber kein grundlegendes Problem einer Philosophischen Anthropologie sein: Wie schon gesagt, versteht Plessner den Menschen als ein Lebewesen, das mit seiner eigenen „Fraglichkeit" in der Kultur, Gesellschaft und Geschichte umgehen muss (Plessner 1983b).⁵⁰ Philosophische Anthropologie ist demnach nicht ohne eine Kultur- und Geschichtsphilosophie zu haben. Etwas strittiger dürfte der Fall Schelers sein, wobei aber auch hier Einiges gegen einen platten Essentialismus spricht: Abgesehen davon, dass er selbst in seinem Spätwerk das Miteinander von Leben und Geist als historischen, offenen Prozess versteht, entwickelt er in seinen phänomenologischen Schriften eine Theorie geschichtlicher Vorzugsordnungen und Moralen, wobei er auch historische und gesellschaftliche Auswirkungen auf unseren Aktvollzug darstellt (vgl. Scheler 1955, 114–147; Scheler 2014, 306–329).⁵¹ Seine Metaphysik emotionaler und religiöser Akte ist also mit einer Kulturkritik verbunden, genau wie sich auch mit Plessner gesellschaftliche oder historische Entwicklungen kritisieren lassen, die dem Menschen den Raum zum Personsein und zur Entfaltung seiner Würde nehmen.

Zuletzt ist noch auf einen fruchtbaren Anschluss an die Philosophische Anthropologie der letzten Jahre zu verweisen: Sowohl Scheler als auch Plessner verstehen Ihre Ansätze als Beiträge zur Philosophie der menschlichen *Person* (vgl. Plessner 1975, 28, 293; Scheler 2018, 49 f.). Entsprechend haben sich im Zuge der Debatte um Personalität verschiedene Beiträge auf die Philosophische Anthropologie berufen, um eine Engführung von Personalität auf Rationalität zu kritisieren und in Opposition dazu leibliche, mitweltliche und politische Dimensionen des Personseins herauszuarbeiten.⁵² Auf diese Weise bietet eine Philosophie der menschlichen Person auch einen „Rahmen" (Krüger 2019, 143) bzw. „Hintergrund" (Kalckreuth 2021, 295 f.), um verschiedene Einzelphänomene zu thematisieren, ohne sie auf die Lesarten naturwissenschaftlicher oder konstruktivistischer Zugänge zu beschränken. In diesem Sinne werden etwa Emotionen, Lachen und Weinen etc. als sinnvolle Momente eines personalen Lebenszusammenhangs verstanden, anstatt sie als Kausalfolgen verschiedener ‚hard facts' wie neuro-

---

49 Siehe etwa Horkheimer 1988; Foucault 1980. Siehe auch Rölli 2015. Gerard Raulet sprach bereits vor einigen Jahren sehr treffend von einem „Anthropologieverdacht" (für einen Nachdruck vgl. Raulet 2020, 9–36).
50 Siehe dazu insbesondere Schürmann 2014; Krüger 2019, 462–505.
51 Zur Geschichtsphilosophie in Schelers Spätwerk siehe Schloßberger 2019, 67. Siehe zudem Raulet 2020, 189–211; Kalckreuth 2021, 230–233.
52 Vgl. u. a. Wunsch 2014, 286–300; Edinger 2017; Krüger 2019; Schürmann 2021; Kalckreuth 2021.

wissenschaftlich beschreibbarer Prozesse oder genetischer Informationen zu begreifen (vgl. Krüger 2019, 143–149, 211–253).[53]

Philosophische Anthropologie und Religionsforschung – Fragen und Perspektiven

Nachdem die verschiedenen Zugänge, Themen und Probleme rund um religiöse Erfahrungen, Gefühle und Praktiken einerseits sowie zur Philosophischen Anthropologie andererseits mehr oder weniger ausführlich dargestellt wurden, sollen nun Überschneidungen, Konvergenzpunkte und möglichen Forschungsperspektiven ausgelotet werden. Zunächst einmal ist zu vergegenwärtigen, dass die Verbindung von Theorien religiöser Erfahrung und religiöser Praktiken, die Systematisierung von Glaubensgehalten in der Theologie und zuletzt eine Artikulation in Hermeneutik oder Religionsgeschichte einander ergänzen, aber auch kritisch herausfordern können: Hier ließe sich u. a. fragen, wie die religiöse Erfahrung auf eine möglichst offene Weise beschrieben werden kann, inwiefern sie religiöser Praktiken als Vermittlung bedarf, welche religiösen Praktiken unserer religiösen Erfahrung und theologisch darstellbaren Glaubensgehalten angemessen sind und welche Kategorien sich für eine Historisierung eignen oder sich ihr verschließen (Joas 2017; Jung 2017; Schlette et al. 2022).[54]

Zudem ist ein Zusammenhang von Beschreibungen religiöser Erfahrungen und den Fassungen von menschlichen Personen zu beobachten: Wenn wir versuchen, verschiedenen religiöse Erlebnisse, Gefühle und Bindungen zu beschreiben, so besteht ein wichtiges Moment dieser Beschreibungen darin, zu sagen, was diese Erfahrungen mit uns als menschlichen Personen machen, also wie sie uns ergreifen, wie sie langfristig in uns wirken und unserer Lebensführung eine neue Richtung geben. Derlei kann mit Attributen der Erfahrung selbst (z. B. ‚absolut', ‚schlechthinnig', ‚tief', ‚hoch' usw.) zwar angedeutet werden, besonders deutlich

---

[53] Siehe auch für eine ähnliche Position Fuchs 2020.
[54] So fragt etwa Christian Polke in seinem neuen Buch nicht nur nach zeitgemäßen Formen des Theismus im Sinne systematischer Theologie, sondern auch nach religiösen Praktiken, die mit solchen Auffassungen korrespondieren. Vgl. Polke 2021, 247–317. Für die Frage nach einer zeitgemäßen theologischen Ethik unter Berücksichtigung religiöser Lebensformen siehe Kalinna 2021. Das Verhältnis von Religionspraxis und Glaubensinhalten betrifft auch die Religionsgeschichtsschreibung: Reicht es aus, eine Religionsgeschichte als Geschichte von Praktiken und symbolischen Vermittlungsfiguren zu schreiben, oder ist sie primär eine Geschichte von Glaubensinhalten? Und wenn sie *Beides* ist, wie sollen die beiden Dimensionen zusammengeführt werden? Siehe dazu Markschies 2022.

wird es aber dann, wenn eine Theorie der menschlichen Person als „Rahmen" oder „Hintergrund" fungiert: So ließen sich etwa mit Scheler gesprochen religiöse Bindungen als etwas verstehen, was uns auf eine Weise ergreift, dass wir uns in unserem Personsein als durch die Bindung bestimmt erleben und durch sie zu neuen Selbst- und Weltverhältnissen finden – was einen tiefgreifenden Einsatz in der Lebensführung rechtfertigt (vgl. Kalckreuth 2021, 261–267, 295 f.).[55]

Umgekehrt stellt die Beschreibung religiöser Erfahrungen natürlich auch Anforderungen an eine Theorie der Person oder des Menschen: Wenn der Anspruch erhoben wird, mit einer solchen Theorie alle Aspekte der Lebensrealität menschlicher Personen einzuholen, dann sollte sie zu derartigen Erfahrungen etwas zu sagen haben. Ein Ansatz, der beispielsweise ‚nur' die Unterscheidung von physische Prozessen und Gedanken (als mentale Zustände) kennt, wird Schwierigkeiten haben, mit dem Niveau der Beschreibungen religiöser Erfahrungen mithalten zu können. Im Falle des religiösen Lebensbereichs fällt etwa auf, dass die menschliche Person in ihm als unvertretbar und einzigartig angesprochen wird (vgl. Kalckreuth 2019). Somit stellt sich die Frage, wie diese Intuition (die wir auch aus anderen Lebensbereichen kennen, etwa aus der Freundschaft oder Liebe) auf der Basis einer Theorie der Person systematisch eingeholt werden kann bzw. ob es dafür einer Erweiterung der begrifflichen Ressourcen bedarf.[56] An dieser Stelle liegt auch ein gewisses Potential für den Austausch von Philosophischer und theologischer Anthropologie: Wenn konkrete Einzelphänomene wie das Angesprochensein als Person, das Gewissen o. ä. sowohl Teil des personalen Lebenszusammenhangs als auch theologisch einschlägig sind, dann können ausgehend von den konkreten Phänomenen die verschiedenen Zugänge miteinander ins Gespräch gebracht werden. Ein solcher Austausch hat den Vorteil, dass der gemeinsame Bezug auf konkrete Phänomene ein Aneinander-Vorbeireden erschwert und zudem ein Ungleichgewicht in der gegenseitigen Rezeption verhindert.[57]

---

[55] Für die Diskussion der Frage, ob Plessners Kategorie der Grenze des Verhaltens zu einem Verständnis von Religiosität beitragen kann, siehe den Beitrag von Hans-Peter Krüger in Schlette et al. 2022.

[56] Hier wäre auch zu fragen, inwiefern sich unser Verständnis von Leben und Tod von Personen durch den Bezug auf die religiöse Praxis verändert. Diese Frage ist jüngst von Anna Scholz untersucht worden. Vgl. Scholz 2021.

[57] Obwohl diese Linie im vorliegenden Band nicht explizit weiterverfolgt werden kann, sei hier noch kurz auf das Potential theologischer Ethik verwiesen: Hier finden sich Phänomene aus dem personalen Lebenszusammenhang – man denke etwa an Phänomene wie Vertrauen, Verantwortung, Schuld oder andere Regungen des Gewissens – die in der Philosophie der Gegenwart marginalisiert oder auf Urteile reduziert werden. Vgl. Schaede/Moos 2014 sowie zur Thematik der

Zuletzt bietet die Kombination von einer Untersuchung religiöser Praktiken und einer Theorie der menschlichen Person oder ihrer Lebensführung vielleicht auch die Möglichkeit, bestimmte Phänomene normativ einschätzen und ggf. kritisieren zu können. Hier könnte man etwa an Praktiken wie Yoga, Meditation usw. oder an Schlagwörter wie ‚Achtsamkeit' denken, wie sie in unserer Gesellschaft heute vielleicht sogar häufiger anzutreffen sind als ein klassischer Gottesdienstbesuch. Gerade vor dem Hintergrund der Frage nach dem Entzauberungsnarrativ, der Säkularisierung usw. wäre es von großem Interesse, näher bestimmen zu können, ob derartige Praktiken nun eigentlich als ‚religiös' anzusehen sind oder nicht. Dafür braucht es jedoch einen glaubwürdigen Maßstab. Der Vorschlag einer Verbindung beider Theorien könnte darin bestehen, dass es neben einem numinosen Erlebnis auch noch eine tiefgreifende Wirkung auf die personale Lebensführung braucht. Ein bloßes Entspannungsgefühl oder ein ‚Abschaltenkönnen' von Karriere usw. wären demnach zu wenig. Mit Scheler ließe sich die Problematik dahingehend zuspitzen, dass zu fragen wäre, ob es uns um den Einsatz für etwas außerhalb unserer selbst und um eine Öffnung zur Welt, oder aber um unser eigenes Bedürfnis nach Spiritualität und seine (oftmals kommerziell vermittelte) Befriedigung ginge.

Ein weiter gefasstes Themenfeld, in dem Religionsforschung und Philosophische Anthropologie zusammenkommen, betrifft die Frage nach Welt- und Selbstverhältnissen: Wie oben ausgeführt, denkt Scheler geistige (also religiöse) Gefühle als Phänomene, in denen sich das Verhältnis zu sich selbst und zur Welt ausdrückt. Plessner hingegen geht es um die Frage nach den „Ermöglichungsbedingungen" (Krüger 2019, 257) des Vollzugs von Personsein, was einschließt, genug Raum für die Lebensführung in Gemeinschaft und Gesellschaft zu haben und seine Würde performativ realisieren zu können. Auf der Seite der Religionsforschung kann gefragt werden, unter welchen Bedingungen religiöse Praktiken die Erfahrung von Heiligkeit ermöglichen bzw. worin etwaige Ermöglichungsbedingungen ihrer Artikulation in einer Religionskultur oder religiösen Lebensform bestehen. Zudem interessiert auch hier – mit Hartmut Rosa gesprochen – die Frage nach gelingenden Weltbeziehungen (Rosa 2016).[58]

Zuletzt sollte im Laufe der Darstellungen deutlich geworden sein, dass sowohl eine anspruchsvolle Philosophische Anthropologie als auch eine breit angelegte Religionsforschung an einer reflexiven Selbstverortung in Kultur und Geschichte interessiert sind. Dabei stellt sich allerdings immer die Frage, inwieweit die ho-

---

Verantwortung Kalinna 2021, 75–129. Entsprechend bedauerlich ist das überschaubare Interesse vieler Philosoph*innen an theologischer Ethik und Theologie im Allgemeinen.
58 Siehe auch Lindemann 2014.

norigen Absichten einer solchen Selbsthistorisierung überzeugend umgesetzt werden: Philosophische Anthropologie und Religionsforschung im Anschluss an Denker wie Troeltsch oder Tillich könnten hier in den Austausch darüber treten, was eigentlich eine erfolgreiche Selbstreflexion kennzeichnet und in welchem Verhältnis sie ggf. zu phänomenologischer Beschreibung, theologischer Exegese und Auslegung oder anderen Methoden steht.

Die weiteren Beiträge dieses Bandes

Nach diesem Überblick über einige Forschungsperspektiven dürfte klar sein, dass die Beiträge des vorliegenden Bandes nur einen kleinen Teil der skizzierten Fragen und Perspektiven abdecken können. Angesetzt wird bei verschiedenen Fassungen religiöser Erfahrungen und Gefühle: So wird sich *Íngrid Vendrell Ferran* mit der Frage auseinandersetzen, welchen Beitrag klassisch-phänomenologische Denkfiguren wie intentionales Gerichtetsein beim Verständnis der Tiefendimension religiöser Gefühle leisten können. Im Anschluss wird *Aleksandr Koltsov* die phänomenologische Religionsphilosophie skizzieren, die Adolf Reinach in seinen „Notizen" entwickelt hat und dabei analysieren, wie Erlebnis, Glauben und Denken systematisch zusammenwirken. Schließlich wird *Vladislav Serikov* aus einer teils philosophischen, teils religionswissenschaftlichen Perspektive untersuchen, wie das von Rudolf Otto in die Diskussion eingeführte „Numinose" in verschiedenen religiösen Erlebnissen der Hingabe und in bestimmten Gefühlen erfahren werden kann und in welcher Relation die verschiedenen Auslegungen in den Religionskulturen zu diesen Erfahrungen stehen.

Innerhalb des Buches markiert dieser Beitrag den Übergang von der Beschreibung religiöser Erfahrungen zu ihrer Auslegung und begrifflichen Schematisierung. In den beiden nachfolgenden Texten werden zwei Begriffe vorgestellt, die geeignet sein könnten, religiöse Erfahrungen auszulegen und zu systematisieren: Zum einen der Begriff der Transzendenz, den *Magnus Schlette* in seinem Beitrag problematisiert. Dabei werden auch Möglichkeiten der Naturalisierung und der interdisziplinären Erforschung von Heiligem und Transzendenz ausgelotet. Zum anderen der Begriff der „Differenz", mit dem sich *Katia Hansen* auseinander setzt. Dabei vertritt sie auch die Auffassung, dass die Rede von der Differenzerfahrung einen Brückenschlag zwischen dem Denken Sören Kierkegaards und Helmuth Plessners ermöglicht. *Wolf Andreas Liebert* erschließt einen gänzlich anderen Zugang zur Frage nach der Artikulation religiöser Erfahrungen: In seinem Beitrag führt er eine Analyse der sprachlichen Darstellung von religiösen Erwachenserzählungen der Gegenwart durch und arbeitet wiederkehrende Muster und Narrative heraus. Mein eigener Beitrag (*Moritz von Kalckreuth*) wird sich schließlich mit der Frage befassen, was mit der (oftmals recht unkritischen) Rede von „religiösen Werten" gemeint ist und welche Phänomene sich damit überhaupt sinnvoll darstellen lassen. Die Behandlung dieser Frage setzt allerdings eine gewisse Verständigung über das philosophische Wertproblem voraus.

Die beiden nachfolgenden Beiträge lassen sich als Verhältnisbestimmung von philosophischer und theologischer Anthropologie begreifen: Dabei untersucht *Georg Kalinna*, inwiefern der Mensch als Naturwesen in der theologischen Anthropologie thematisiert wird bzw. thematisiert werden kann. *Gerald Hartung* setzt bei der Theorie der menschlichen Person an, wie sie von Max Scheler formuliert und in der Philosophischen Anthropologie weiter ausgearbeitet wird, um über die Ontologie Nicolai Hartmanns und seine Rezeption bei Wolfhart Pannenberg einen Austausch mit der theologischen Anthropologie zu vermitteln.

Die letzten beiden Beiträge zeigen auf, inwiefern der Bezug auf Heiligkeit oder Gott einen neuen Zugang zu unserem Verhältnis zur Welt und belebten Natur ermöglichen kann. *Evrim Kutlu* arbeitet heraus, inwiefern bereits Schelers Wertphilosophie, vor allem aber seine späte Metaphysik und die darin entwickelte Idee eines werdenden Gottes einen Umbruch im Verhältnis des Menschen zur Welt fundieren könnte, woraus sich Potentiale für eine ökologische Ethik ergeben. Im Beitrag von *Wolfgang Gantke* hingegen wird danach gefragt, auf welche Weise der von Plessner und der Lebenshermeneutik formulierte Gedanke einer „Unergründlichkeit des Lebens" geeignet sein könnte, die Natur als etwas Unverfügbares zu begreifen.

Literatur

Adair-Toteff, Christopher (2021): Ernst Troeltsch and the Spirit of Modern Culture. A Social-Political Investigation, Berlin / Boston.
Angenendt, Arnold (2004): Das Offertorium. In liturgischer Praxis und symbolischer Kommunikation, in: Althoff, Gert (Hg.): Zeichen – Rituale – Werte, Münster, 71–150.
Assmann, Jan (2018): Achsenzeit. Eine Archäologie der Moderne, München.
Barth, Hans-Martin (2009): Naturalismus, Darwinismus und das Heilige nach Rudolf Otto. Zugleich ein Beitrag zur Vorgeschichte von Das Heilige, in: Neue Zeitschrift für systematische Theologie und Religionsphilosophie 51 (4), 445–460.
Barth, Karl (1932): Die Kirchliche Dogmatik, Bd. I/1. Die Lehre vom Wort Gottes. Prolegomena zur kirchlichen Dogmatik, Zürich.
Bayer, Oswald (2008): Grundzüge der Theologie Paul Tillichs, kritisch dargestellt, in: Neue Zeitschrift für systematische Theologie und Religionsphilosophie 50 (3), 325–348.
Becker, Patrick (2009): In der Bewusstseinsfalle? Geist und Gehirn in der Diskussion von Theologie, Philosophie und Naturwissenschaften, Göttingen.

Becker, Patrick (2017): Jenseits von Fundamentalismus und Beliebigkeit. Zu einem christlichen Wahrheitsverständnis in der (post-)modernen Gesellschaft, Freiburg.
Becker, Ralf / Orth, Ernst Wolfgang (Hg.) (2011): Religion und Metaphysik als Dimensionen der Kultur, Würzburg.
Bellah, Robert / Joas, Hans (2012): The Axial Age and its consequences, Cambridge (MA).
Bennett, Brian P. (2018): Sacred Languages of the World, Oxford.
Bienert, Maren (2014): Protestantische Selbstverortung. Die Rezensionen Ernst Troeltschs, Berlin / Boston.
Blume, Anna (Hg.) (2007): Was bleibt von Gott? Beiträge zur Phänomenologie des Heiligen und der Religion, Freiburg / München.
Bochinger, Christian / Rüpke Jörg (Hg.) (2017): Dynamics of Religion. Past and Present, Berlin / Boston.
Bogusz, Tanja / Delitz, Heike (Hg.) (2013): Émile Durkheim. Soziologie – Ethnologie – Philosophie, Frankfurt a. M.
Böhnert, Martin / Köchy, Kristian / Wunsch, Matthias (Hg.) (2016/18): Philosophie der Tierforschung, Freiburg / München.
Bohr, Jörn et al. (Hg.) (2021): Georg Simmel Handbuch. Leben – Werk – Wirkung, Stuttgart.
Bulkeley, Kelly (2005): The Wondering Brain: Thinking about Religion with and beyond Cognitive Neuroscience, London.
Bultmann, Christoph, et al. (Hg.) (2005): Heilige Schriften. Ursprung, Geltung und Gebrauch, Münster.
Bultmann, Rudolf (1937): Reich Gottes und Menschensohn, in: Theologische Rundschau 9 (1), 1–35.
Bultmann, Rudolf (1954): Glauben und Verstehen. Gesammelte Aufsätze, Bd. 1, Tübingen.
Burkert, Walter et al. (1974): Gott, in: Ritter, Joachim et al. (Hg.): Historisches Wörterbuch der Philosophie, Bd. 3, Basel, 721–814.
Cassirer, Ernst (1977): Die Philosophie der symbolischen Formen. Zweiter Teil: Das mythische Denken, Darmstadt.
Dalferth, Ingolf / Hunsiker, Andreas (2014): Gott denken – Metaphysik oder Metaphysikkritik? Zu einer aktuellen Kontroverse in Theologie und Philosophie, Tübingen.
De Monticelli, Roberta (2015): The Sensibility of Reason: Outline of a Phenomenology of Feeling, in: Thaumàzein 3, 139–159.
Dennett, Daniel (2016): Den Bann brechen: Religion als natürliches Phänomen, Berlin.
Deuser, Hermann (2014): „Sacred Canopies". Zur Kosmologie des Heiligen, in: Journal für Religionsphilosophie 3, 38–48.
Deuser, Hermann / Kleinert, Markus / Schlette, Magnus (Hg.) (2015): Metamorphosen des Heiligen: Struktur und Dynamik von Sakralisierung am Beispiel der Kunstreligion, Tübingen.
Deuser, Hermann et al. (Hg.) (2016): The Varieties of Transcendence. Pragmatism and the Theory of Religion, New York.
Dilthey, Wilhelm (1911): Die Typen der Weltanschauung und ihre Ausbildung in den metaphysischen Systemen, in: Frischeisen-Köhler, Max (Hg.): Weltanschauung. Philosophie und Religion, Berlin, 3–51.
Durkheim, Émile (1981): Die elementaren Formen des religiösen Lebens, Frankfurt a. M.

Edinger, Sebastian (2017): Das Politische in der Ontologie der Person. Helmuth Plessners Philosophische Anthropologie im Verhältnis zu den Substanzontologien von Aristoteles und Edith Stein, Berlin / Boston.
Eßbach, Wolfgang (2014): Religionssoziologie. Bd. 1: Glaubenskrieg und Revolution als Wiege neuer Religionen, Paderborn.
Eßbach, Wolfgang (2019): Religionssoziologie, Bd. 2: Entfesselter Markt und Artifizielle Lebenswelt als Wiege neuer Religionen, Paderborn.
Felgenhauer, Katrin (2022): Fremdes *zwischen* uns. Die Frage nach sozialer Integration und die Idee performativer Sozialphilosophie, Paderborn.
Fischer, Joachim (2000): Exzentrische Positionalität. Plessners Grundkategorie der Philosophischen Anthropologie, in: Deutsche Zeitschrift für Philosophie 48 (2), 265–288.
Fischer, Joachim (2008): Philosophische Anthropologie. Eine Denkrichtung des 20. Jahrhunderts, Freiburg / München.
Fischer, Joachim (Hg.) (2025): Helmuth Plessner Handbuch. Leben – Werk – Wirkung, Stuttgart.
Foucault, Michel (1980): Die Ordnung der Dinge. Eine Archäologie der Humanwissenschaften, Frankfurt a. M.
Fritz, Martin (2018): Letzte Sorge, letzte Zuversicht. Religionstheoretische Grundlagen und religionssoziologische Implikationen von Tillichs „Der Mut zum Sein", in: International Yearbook for Tillich-Research 13, 133–177.
Fuchs, Martin et al. (Hg.) (2019): Religious Individualisation. Historical Dimensions and Comparative Perspectives, Berlin / Boston.
Fuchs, Thomas (2020): Verteidigung des Menschen. Grundfragen einer verkörperten Anthropologie, Berlin.
Gabel, Michael (1998): Religion als personales Verhältnis. Max Schelers religionsphilosophischer Entwurf, in: Brose, Thomas (Hg.): Religionsphilosophie. Europäische Denker zwischen philosophischer Theologie und Religionskritik, Würzburg, 257–280.
Gabel, Michael / Müller, Matthias (2015): Erkennen, Handeln, Bewähren: Phänomenologie und Pragmatismus, Nordhausen.
Gantke, Wolfgang / Serikov, Vladislav (2015): Das Heilige als Problem der gegenwärtigen Religionswissenschaft, Frankfurt a. M.
Gantke, Wolfgang / Serikov, Vladislav (Hg.) (2017): 100 Jahre „Das Heilige". Beiträge zu Rudolf Ottos Grundlagenwerk, Frankfurt a. M.
Graf, Friedrich Wilhelm (2014): Fachmenschenfreundschaft. Studien zu Troeltsch und Weber, Berlin / Boston
Graf, Friedrich Wilhelm / Voigt, Friedemann (Hg.) (2010): Religion(en) deuten. Transformationen der Religionsforschung, Berlin.
Habermas, Jürgen (2019): Auch eine Geschichte der Philosophie: Band 1: Die okzidentale Konstellation von Glauben und Wissen. Band 2: Vernünftige Freiheit. Spuren des Diskurses über Glauben und Wissen, Berlin.
Hartung, Gerald (2003): Das Maß des Menschen. Aporien der philosophischen Anthropologie und ihre Auflösung in der Kulturphilosophie Ernst Cassirers, Weilerswist.
Hartung, Gerald (2008): Philosophische Anthropologie, Stuttgart.
Hartung, Gerald / Schlette, Magnus (Hg.) (2012): Religiosität und intellektuelle Redlichkeit, Tübingen.

Henckmann, Wolfhart (2018): Einleitung. In: Max Scheler: Die Stellung des Menschen im Kosmos. Kritische Neuausgabe. Hamburg, *11–*302.

Höllinger, Franz / Tripold, Thomas (2012): Ganzheitliches Leben: Das holistische Milieu zwischen neuer Spiritualität und postmoderner Wellness-Kultur, Bielefeld.

Horkheimer, Max (1988): Bemerkungen zur philosophischen Anthropologie, in: Ders.: Gesammelte Schriften, Bd. 3, Frankfurt a. M., 249–276.

James, William (1907): The Varieties of Religious Experience. A Study in Human Nature, New York.

Jaspers, Karl (1957): Vom Ursprung und Ziel der Geschichte, Frankfurt a. M.

Joas, Hans (2015): „Evidenz oder Evidenzgefühl. Max Schelers Phänomenologie und ihr religiöser Anspruch", in: Gabel, Michael / Müller, Matthias (Hg.): Erkennen – Handeln – Bewähren. Phänomenologie und Pragmatismus, Nordhausen, 191–210.

Joas, Hans (2017): Die Macht des Heiligen. Eine Alternative zu der Geschichte von der Entzauberung, Berlin.

Jung, Matthias (2017): Symbolische Verkörperung. Die Lebendigkeit des Sinns, Tübingen.

Kalckreuth, Moritz von (2019): Wie viel Religionsphilosophie braucht es für eine Philosophie der Person?", in: Neue Zeitschrift für systematische Theologie und Religionsphilosophie 61 (1), 67–83.

Kalckreuth, Moritz von (2021a): Philosophie der Personalität. Syntheseversuche zwischen Aktvollzug, Leiblichkeit und objektivem Geist, Hamburg.

Kalckreuth, Moritz von (2021b): Was liegt zwischen Bekenntnis und religiöser Indifferenz? Rezension zu: Eßbach, Wolfgang: Religionssoziologie, in: Jahrbuch interdisziplinäre Anthropologie 8, 219–228.

Kalinna, Georg (2021): Der Mensch als antwortendes Wesen. Gedanken zur gegenwärtigen Verantwortungsethik, Zürich.

Kohl, Karl-Heinz (2003): Die Macht der Dinge. Geschichte und Theorie sakraler Objekte, München.

Krüger, Hans-Peter (Hg.) (2017): Helmuth Plessner: Die Stufen des Organischen und der Mensch. Klassiker auslegen, Berlin / Boston.

Krüger, Hans-Peter (2019): Homo Absconditus. Helmuth Plessners Philosophische Anthropologie im Vergleich, Berlin / Boston.

Kutlu, Evrim (2019): Person – Wert – Gott. Das Verhältnis von menschlicher Person und werdendem Gott im Hinblick auf Werteverwirklichung in der Spätphilosophie Max Schelers, Nordhausen.

Lasch, Alexander / Liebert, Wolf-Andreas (Hg.) (2017): Handbuch Sprache und Religion, Berlin / Boston.

Lauster, Jörg (2008): Liberale Theologie. Eine Ermunterung, in: Neue Zeitschrift für systematische Theologie und Religionsphilosophie 50 (3), 291–307.

Lauster, Jörg (2014): Die Verzauberung der Welt. Eine Kulturgeschichte des Christentums, München.

Lauster, Jörg et al. (Hg.) (2014): Rudolf Otto. Theologie – Religionsphilosophie – Religionsgeschichte, Berlin / Boston.

Lauterbach, Johanna (2014): „Gefühle mit der Autorität unbedingten Ernstes". Eine Studie zur religiösen Erfahrung in Auseinandersetzung mit Jürgen Habermas und Hermann Schmitz, Freiburg / München.

Lindemann, Gesa (2014): Weltzugänge. Die mehrdimensionale Ordnung des Sozialen, Weilerswist.
Luhmann, Niklas (2002): Die Religion der Gesellschaft, Frankfurt a. M.
Mäder, Marie-Therese (2012): Die Reise als Suche nach Orientierung. Eine Annäherung an das Verhältnis zwischen Film und Religion, Marburg.
Markschies, Christoph (2022): Christentumsgeschichte theologisch. Geschichte, Gegenwart und Zukunft einer akademischen Disziplin, München.
Meyer-Hansen, Ralf (2013): Apostaten der Natur. Die Differenzanthropologie Helmuth Plessners als Herausforderung für die theologische Rede vom Menschen, Tübingen.
Michaels, Axel et al. (Hg.) 2001: Noch eine Chance für die Religionsphänomenologie?, Bern.
Morgan, David (2021): The Thing about Religion. Introduction to the Material Study of Religions, Chapel Hill (NC).
Moser, Claudia / Feldman, Cecelia (Hg.) (2014): Locating the Sacred. Theoretical Approaches to the Emplacement of Religion, Oxford.
Müller, Hans-Peter / Sigmund, Steffen (Hg.) (2020): Max Weber Handbuch. Leben – Werk – Wirkung, Stuttgart.
Otto, Rudolf (1932): Das Gefühl des Überweltlichen, München.
Otto, Rudolf (2014): Das Heilige. Über das Irrationale in der Idee des Göttlichen und sein Verhältnis zum Rationalen, Neuausgabe mit einem Nachwort von Hans Joas, nach dem Text von 1936 mit den letzten Korrekturen Rudolf Ottos, München.
Pannenberg, Wolfhart (1983): Anthropologie in theologischer Perspektive, Göttingen.
Pannenberg, Wolfhart (1997): Problemgeschichte der neueren evangelischen Theologie in Deutschland. Von Schleiermacher bis zu Barth und Tillich, Göttingen.
Plessner, Helmuth (1975): Die Stufen des Organischen und der Mensch. Einleitung in die philosophische Anthropologie, Berlin / New York.
Plessner, Helmuth (1981): Grenzen der Gemeinschaft. Eine Kritik des sozialen Radikalismus, in: Ders.: Gesammelte Schriften, Bd. V. Macht und menschliche Natur, Frankfurt a. M., 7–133.
Plessner, Helmuth (1982): Lachen und Weinen. Eine Untersuchung der Grenzen menschlichen Verhaltens, in: Ders.: Gesammelte Schriften, Bd. VII. Ausdruck und menschliche Natur, Frankfurt a. M., 201–387.
Plessner, Helmuth (1983a): Die Frage nach der Conditio humana, in: Ders.: Gesammelte Schriften, Bd. VIII. Conditio humana, Frankfurt a. M., 136–217.
Plessner, Helmuth (1983b): Homo absconditus, in: Ders.: Gesammelte Schriften, Bd. VIII. Conditio humana, Frankfurt a. M., 353–366.
Polke, Christian (2018): Lebensformen. Vom Stoff der Ethik, in: Zeitschrift für Theologie und Kirche 115 (3), 329–360.
Polke, Christian (2021): Expressiver Theismus. Vom Sinn personaler Rede von Gott, Tübingen.
Puchta, Jonas (2021): „Du bist mir noch nicht demüthig genug". Phänomenologische Annäherungen an eine Theorie der Demut, Freiburg / München.
Ratcliffe, Matthew (2008): Feelings of Being. Phenomenology, Psychiatry and the Sense of Reality, Oxford.
Raulet, Gérard (2020): Das kritische Potenzial der philosophischen Anthropologie. Studien zum historischen und aktuellen Kontext, Nordhausen.
Rölli, Marc (Hg.) (2015): Fines Hominis? Zur Geschichte der philosophischen Anthropologiekritik, Bielefeld.

Rosa, Hartmut (2016): Resonanz. eine Soziologie der Weltbeziehung, Berlin.
Rosa, Hartmut (2018): Unverfügbarkeit, Wien / Salzburg.
Rossano, Matt et al. (2016): The Ritual Origins of Humanity, in: Jahrbuch interdisziplinäre Anthropologie 3, 3–125.
Schaede, Stephan / Moos, Thorsten (Hg.) (2014): Das Gewissen, Tübingen.
Scheler, Max (1954): Gesammelte Werke, Bd. 5. Vom Ewigen im Menschen, Bern.
Scheler, Max (1955): Gesammelte Werke, Bd. 3. Vom Umsturz der Werte, Bern.
Scheler, Max (2014): Der Formalismus in der Ethik und die materiale Wertethik. Neuer Versuch der Grundlegung eines ethischen Personalismus, Hamburg.
Scheler, Max (2018): Die Stellung des Menschen im Kosmos. Kritische Neuausgabe, Hamburg.
Schirrmacher, Freimut (2000): Der natürlichere Mensch. Helmuth Plessners religionsanthropologische Systematik in ihrer Bedeutung für die theologisch-anthropologische Urteilsbildung, Würzburg.
Schloßberger, Matthias (2019): Phänomenologie der Normativität. Entwurf einer materialen Anthropologie im Anschluss an Max Scheler und Helmuth Plessner, Bern.
Schloßberger, Matthias (Hg.) (2023): Max Scheler Handbuch. Leben – Werk – Wirkung, Stuttgart [im Erscheinen].
Schmitz, Hermann (1977): System der Philosophie, Bd. 3. Der Raum. Teil IV: Das Göttliche und der Raum, Bonn.
Schmitz, Hermann (2016): Ausgrabungen zum wirklichen Leben. Eine Bilanz, Freiburg / München.
Schneider, Hans-Julius (2008): Religion, Berlin / New York.
Scholz, Anna (2021): Name und Erinnerung. Anthropologische und theologische Perspektiven auf Personalität und Tod, Leipzig.
Schürmann, Volker (2014): Souveränität als Lebensform. Plessners urbane Philosophie der Moderne, Paderborn.
Schürmann, Volker (2021): Geistiges Sein und Parteilichkeit, in: Dzwiza-Olsen, Erik-Norman / Speer, Andreas (Hg.): Philosophische Anthropologie als interdisziplinäre Praxis, Paderborn, 137–153.
Seibert, Christoph (2009): Religion im Denken von William James. Eine Interpretation seiner Philosophie, Tübingen.
Seibert, Christoph (2014): Religion aus eigenem Recht. Zur Methodologie der Religionsphilosophie bei Max Scheler und William James, in: Neue Zeitschrift für systematische Theologie und Religionsphilosophie 56 (1), 64–88.
Steinbock, Anthony (2007): Phenomenology and Mysticism. The Verticality of Religious Experience, Bloomington.
Stollberg-Rilinger, Barbara (2013): Rituale, Frankfurt a. M.
Streib, Heinz / Keller, Barbara (2015): Was bedeutet Spiritualität? : Befunde, Analysen und Fallstudien aus Deutschland, Göttingen.
Taylor, Charles (2009): Ein säkulares Zeitalter, Frankfurt a. M.
Tetens, Holm (2013): Der Glaube an die Wissenschaften und der methodische Atheismus. Zur religiösen Dialektik der wissenschaftlich-technischen Zivilisation, in: Neue Zeitschrift für systematische Theologie und Religionsphilosophie 55 (3), 271–283.
Tetens, Holm (2015a): Gott denken. Ein Versuch über rationale Theologie, Stuttgart.
Tetens, Holm (2015b): Der Gott der Philosophen. Überlegungen zur Natürlichen Theologie, in: Neue Zeitschrift für systematische Theologie und Religionsphilosophie 57 (1), 1–13.

Tillich, Paul (1964): Die Frage nach der Zukunft der Religion, in: Ders.: Gesammelte Werke, Bd. V. Die Frage nach dem Unbedingten. Schriften zur Religionsphilosophie, Stuttgart, 32–36.
Tillich, Paul (1987): Systematische Theologie. Bd. I, Berlin / New York.
Tillich, Paul (2015): Der Mut zum Sein, Berlin / Boston.
Tomasello, Michael (2014): Eine Naturgeschichte des menschlichen Denkens, Berlin.
Tomasello, Michael (2016): Eine Naturgeschichte der menschlichen Moral, Berlin.
Troeltsch, Ernst (1910a): Eschatologie IV: dogmatisch, in: Schiele, Friedrich Michael et al. (Hg.): Die Religion in Geschichte und Gegenwart. Handwörterbuch in gemeinverständlicher Darstellung. Erste Auflage, Bd. 3, Tübingen, 622–632.
Troeltsch, Ernst (1910b): Glaube, dogmatisch, in: Schiele, Friedrich Michael et al. (Hg.): Die Religion in Geschichte und Gegenwart. Handwörterbuch in gemeinverständlicher Darstellung. Erste Auflage, Bd. 3, Tübingen, 1438–1447.
Troeltsch, Ernst (1912): Gesammelte Schriften, Bd. 1. Die Soziallehren der christlichen Kirchen und Gruppen, Tübingen.
Vendrell Ferran, Íngrid (2008): Die Emotionen. Gefühle in der realistischen Phänomenologie, Berlin.
Weber, Max (1920/21): Gesammelte Aufsätze zur Religionssoziologie, 3 Bde., Tübingen.
Weber, Max (1972): Wirtschaft und Gesellschaft. Grundriss der verstehenden Soziologie, Tübingen.
Wilwert, Patrick (2011): Religion und ihre Bedeutung für Philosophie und Wissenschaft bei Max Scheler und Helmuth Plessner, in: Becker, Ralf / Orth, Ernst Wolfgang (Hg.): Religion und Metaphysik als Dimensionen der Kultur, Würzburg, 154–166.
Wittekind, Folkert (2014): Transzendenz und Mystik. Bultmanns Rezeption von Ottos Religionsphilosophie, in: Lauster, Jörg et al. (Hg.): Rudolf Otto. Theologie – Religionsphilosophie – Religionsgeschichte, Berlin / Boston, 235–249.
Wunsch, Matthias (2014): Fragen nach dem Menschen. Philosophische Anthropologie, Daseinsontologie und Kulturphilosophie, Frankfurt a. M.
Wunsch, Matthias (2016): Was macht menschliches Denken einzigartig? Zum Forschungsprogramm Michael Tomasellos, in: Jahrbuch interdisziplinäre Anthropologie 3, 259–288.
Wunsch, Matthias (2018): Vier Modelle des Menschseins, in: Deutsche Zeitschrift für Philosophie 66 (4), 471–487.
Zinser, Hartmut et al. (2008): Gott, in: Betz, Hans-Dieter et al. (Hg.): Religion in Geschichte und Gegenwart, Handwörterbuch für Theologie und Religionswissenschaft, 4. Aufl., Bd. 3, Tübingen, 1098–1142.

Íngrid Vendrell Ferran
Emotionale Tiefe und die Spielarten der affektiven Intentionalität

Eine Anwendung auf die Philosophie der Religion

Abstract: After motivating the topic, I turn to classical and contemporary approaches to "emotional depth". I argue that despite their descriptive power, none of the existing accounts adequately captures the depth of affective religious experiences. Next, I present and critically assess Kurt Stavenhagen's neglected account of the depth of religious feelings. In particular, I explore his concept of "specific depth". I then proceed to develop my own account according to which emotional depth is a phenomenal quality which depends on the intentional structure of a feeling. In particular, I argue that the feature of depth is explainable in terms of the specific ways in which a feeling is directed toward an object (directedness) and evaluatively presents it (evaluative presentation). Drawing on this idea, I examine three varieties of affective intentionality and distinguish between emotions, sentiments, and moods. I then apply my model to explain the depth of affective religious experiences.

Keywords: Religious feeling; religious emotion; religious sentiment; religious mood; intentionality; emotional depth; Kurt Stavenhagen

1 Einleitung

Ein großer Teil religiöser Erfahrungen sind affektiver Natur. Die Furcht vor der eigenen Endlichkeit, die Freude angesichts des Gedankens, dass Gott uns liebt, die Liebe zu Gott, die Verehrung des Heiligen, die Gelassenheit im Gebet oder die Heiterkeit des Gottesdienstes sind Beispiele für affektive religiöse Erlebnisse, die wir aus eigener Erfahrung kennen oder die uns zumindest nicht fremd sind. Diese religiösen Erfahrungen lassen uns nicht unberührt. Niemand wird sie als hohl oder oberflächlich bezeichnen. Ganz im Gegenteil, wir beschreiben sie vielmehr als „tief": Wir sprechen von einer „tiefen" Furcht und einer „tiefen" Freude, einer „tiefen" Liebe, Verehrung und Heiterkeit. Was genau aber ist mit „tief" gemeint? Obwohl in der heutigen Literatur einige Autorinnen und Autoren wie etwa Ruth Rebecca Tietjen anerkennen, dass die Tiefe ein zentrales Merkmal religiöser Gefühle ist (Tietjen 2021), mangelt es an einer grundlegenden Analyse dieses Phänomens. Vor diesem Hintergrund geht es mir in diesem Beitrag darum, eine akkurate Analyse der „emotionalen Tiefe" zu erarbeiten, die sich dann auf den konkreten Fall der religiösen Erfahrungen anwenden lässt.

Ich möchte meine Analyse *ex negativo* beginnen, indem ich die emotionale Tiefe von zwei ähnlichen Phänomenen unterscheide. Erstens soll Tiefe nicht im Sinne von *Intensität* verstanden werden. Wir können eine sehr intensive Wut gegen eine von uns geliebte Person empfinden, ohne dass wir dabei die tiefe Liebe für diese Person in Frage stellen. Im Vergleich zu der Liebe fühlt sich die Wut in diesem Fall oberflächlich an. Darüber hinaus kann ein Mensch eine tiefe Verehrung für Gott empfinden, obwohl er diese Verehrung nicht immer gleich intensiv verspürt. Zweitens sollte Tiefe nicht mit *Dauer* verwechselt werden. Wenn wir z. B. konzentriert beim Lesen sind, und eine geliebte Person uns mit einer kurzen Frage unterbricht, werden wir wahrscheinlich eine tiefe Liebesregung verspüren. Diese wird aber nur von kurzer Dauer sein, weil wir nach unserer Antwort womöglich zu unserer Lektüre zurückkehren werden.

Wenn die Tiefe nicht mit Intensität und mit Dauer zu verwechseln ist, wie ist sie dann zu verstehen? Aus verschiedenen Gründen gibt es keine einfache Antwort auf diese Frage. Obwohl die Erforschung des Affektiven in den letzten Jahrzehnten exponentiell zugenommen hat, gibt es nur sehr wenige Ansätze, die sich mit dem Thema der „emotionalen Tiefe" beschäftigen. Während sich die Gefühlsforschung analytischer Provenienz vor allem auf Themen wie Kognition und Rationalität konzentriert hat, haben phänomenologische Ansätze den Akzent auf die Leiblichkeit gelegt. Aspekte wie die emotionale Tiefe, die zu der Phänomenalität und dem „Wie es ist" der Erfahrung gehören, haben dagegen viel weniger Aufmerksamkeit erhalten.

Eine zweite Schwierigkeit für die Erforschung der emotionalen Tiefe besteht darin, dass „Tiefe" eine Metapher ist, die mit verschiedenen Bedeutungen verwendet werden kann. Genauer gesagt ist die „Tiefe" ein Wort, das wir uns aus der Sprache der Räumlichkeit ausleihen, um dann einen Aspekt des Erlebens bzw. des „Wie es ist" der Erfahrung zu beschreiben. Allerdings gibt es keinen Konsens darüber, welcher phänomenale Aspekt der Erfahrung damit gemeint ist und wie dieser Aspekt sich erklären lässt. Kurzum: Es mangelt an Klarheit auf der Ebene der Beschreibung und auf der Ebene der Explikation.

Wie ich im nächsten Abschnitt zeigen werde, beziehen sich die einschlägigen Beiträge über Tiefe nicht nur einen einzigen, sondern verschiedene Aspekte des phänomenalen Charakters oder des „Wie es ist" der Erfahrung.[1] Darüber hinaus kann hinsichtlich der Ebene der Erklärung festgehalten werden, dass die vor-

---

[1] Bereits Theodor Lipps und Moritz Geiger haben auf die Mehrdeutigkeit des Begriffes hingewiesen. Siehe etwa Geiger 1913.

handenen Ansätze Tiefe immer im Zusammenhang mit anderen Momenten der Erfahrung erklären. In der Tat kann das „Wie es ist" einer Erfahrung nicht isoliert von anderen Momenten gedacht werden. Zu diesen Aspekten gehören u. a. die Objekte, auf die sich die Erfahrung richtet, der Kontext, in dem die Erfahrung erlebt wird, die Bedeutsamkeit der Situation für das Subjekt, der Charakter oder die momentane psychische Verfassung des Erlebenden. Je nachdem, auf welches dieser Momente sich ein Beitrag konzentriert, wird daraus ein anderes Erklärungsmodell resultieren.

Welche Bedeutung von Tiefe soll nun in diesem Beitrag untersucht werden (Beschreibung)? Und mit welchem anderen Moment der Erfahrung hängt sie zusammen (Explikation)? Die Tiefe, die mich in diesem Beitrag interessiert, lässt sich als Erleben *absoluter Bedeutsamkeit* beschreiben, wie es typischerweise bei religiösen affektiven Erfahrungen der Fall ist. Diesen Aspekt religiöser Erfahrungen versuchen wir in Worte zu fassen, wenn wir von Erfahrungen der Transzendenz sprechen, bei denen man das Gefühl hat, in einem Erlebnis mit etwas verbunden zu sein, das das menschliche Fassungsvermögen übersteigt, mystisch usw. ist. Um dieses Erleben absoluter Bedeutsamkeit zu erklären, werde ich mich auf eine Analyse des Grundmerkmals affektiver Erfahrungen konzentrieren: *ihre Intentionalität*. Genauer gesagt werde ich von der Idee einer für alle affektiven Phänomene kennzeichnenden Intentionalität ausgehen. Ich werde also den Gedanken einer *affektiven Intentionalität* (einer Intentionalität, von der es verschiedene Spielarten gibt) verwenden, um die emotionale Tiefe zu erklären.

Um mein eigenes Modell von emotionaler Tiefe zu entwickeln, werde ich in diesem Aufsatz wie folgt vorgehen. Im nächsten Abschnitt werde ich klassische und zeitgenössische Beiträge zu diesem Thema diskutieren (Abschnitt 2). Diese Beiträge werde ich in zwei Gruppen einteilen, je nachdem, ob sie die Tiefe als *konstitutive* oder als *momentane* Eigenschaft verstehen. Mein Ziel ist zu zeigen, dass keiner dieser Ansätze geeignet ist, um die emotionale Tiefe religiöser Erfahrungen vollständig zu erklären. Danach werde ich mich einem heute in Vergessenheit geratenen Ansatz zur Frage nach Tiefe befassen, der von Kurt Stavenhagen in seinem Buch *Absolute Stellungnahmen. Eine ontologische Untersuchung über das Wesen der Religion* entwickelt wurde.[2] Dabei wird mich insbesondere Stavenhagens Unterscheidung zwischen „Erlebnistiefe" und „spezifi-

---

[2] Seit ihren Ursprüngen gibt es in der Phänomenologie ein großes Interesse an der Beschreibung religiöser Erfahrung. Bereits in der frühen Phänomenologie haben sich u. a. Max Scheler, Kurt Stavenhagen, Edith Stein und Gerda Walther dem Thema gewidmet. In der heutigen Phänomenologie hat Anthony Steinbock mit seinem Begriff der „Vertikalität" einen Beitrag zum Thema geleistet (Steinbock 2007). Vgl. für einen Überblick über die Produktivität der Phänomenologie für das Thema der Religion Apostolescu/Ferrarrello 2019, 1–7.

scher Tiefe" interessieren (Abschnitt 3). Vor diesem Hintergrund werde ich anschließend mein eigenes Modell der emotionalen Tiefe als einer Qualität des Erlebens, die von der intentionalen Struktur der affektiven Erfahrung abhängt, entwickeln. Ich werde dabei insbesondere dafür argumentieren, dass sich die Tiefe ausgehend von Eigentümlichkeiten in der Gerichtetheit und dem evaluativen Präsentationsmodus affektiver Phänomene beschreiben lässt. Basierend auf dieser Idee werde ich zwischen drei Spielarten der affektiven Intentionalität unterscheiden: Emotionen, Gefühlen und Stimmungen (Abschnitt 4). In einem nächsten Schritt werde ich dieses Modell verwenden, um die Tiefe religiöser affektiver Erfahrungen zu erklären (Abschnitt 5). Abschließend werde ich die wesentlichen Erkenntnisse des Beitrags zusammenfassen (Abschnitt 6).

2 Klassische und zeitgenössische Perspektiven emotionaler Tiefe

Ich beginne mit einer Diskussion einschlägiger Literatur zur Thematik der emotionalen Tiefe. Dabei werde ich klassische und zeitgenössische Beiträge behandeln, die sowohl phänomenologischer als auch analytischer Provenienz sind. Mein Ziel ist hier ein zweifaches: Zum einen möchte ich verschiedene Bedeutungen von Tiefe identifizieren und auf die unterschiedlichen Erklärungsmodelle aufmerksam machen, die es in der bestehenden Literatur zu dem Thema gibt. Zum anderen möchte ich zeigen, dass sich keines der Modelle gut eignet, um die Tiefe der affektiven religiösen Erfahrungen zu erklären.

Zur besseren Systematisierung werde ich die darzustellenden Positionen in zwei große Gruppen einteilen, je nachdem, ob sie Tiefe als eine *konstitutive* oder eine *momentane* Eigenschaft der Erfahrung verstehen. Für erstere ist jeder Gefühlstypus immer mit einer bestimmten Tiefe assoziiert. Demzufolge ist beispielsweise die Verzweiflung immer tief, während sich der Ekel im Vergleich dazu durch eine prinzipiell geringere Tiefe auszeichnet. Die jeweilige Tiefe wird dabei u. a. anhand des Wertes, mit dem diese Gefühle assoziiert sind, oder anhand der Willensbezogenheit bestimmt. Für die zweite Gruppe von Ansätzen ist die Tiefe eine *momentane* Eigenschaft der Erfahrung, sodass ein und derselbe Gefühlstypus manchmal mehr, manchmal weniger tief erlebt werden kann. Die einschlägigen Positionen nehmen dabei an, es könne etwa eine tiefe und oberflächliche Verzweiflung, einen tiefen und oberflächlichen Ekel usw. geben. Für die Bestimmung dieser momentanen Eigenschaft werden verschiedene Kriterien – z. B. die Einbettung im psychischen Zusammenhang oder die Leiblichkeit – angeboten.

2.1 Tiefe als konstitutive Eigenschaft: Die Kriterien der Wertrangordnung und der Willensbezogenheit

Zu den Beiträgen, welche die Tiefe als *konstitutive Eigenschaft* verstehen, gehören insbesondere die frühen phänomenologischen Konzeptionen Max Schelers, Edith Steins und José Ortega y Gassets.[3] Sie alle gehen davon aus, dass Gefühle mit bestimmten Werten verbunden sind, auf die sie bezogen sind oder antworten. In dieser Hinsicht wird die Furcht als Antwortreaktion auf das Bedrohliche verstanden, so wie der Ekel eine Antwort auf das Ekelhafte sei (vgl. Kolnai 2007, 9–20, 24–29). Da Werte in einer Hierarchie bzw. Rangordnung stehen, hängt die Tiefe des Gefühls nach dieser Auffassung mit der Rangordnung des Wertes, auf den das Gefühl konkret antwortet, zusammen (vgl. u. a. Stein 1917, 113–115). Die Rangordnung der Werte ist daher für die Tiefe eines Gefühls bestimmend: Die Hierarchie der Werte spiegelt sich in einem Schichtenmodell des affektiven Lebens wider (vgl. ebd., 113).

Schelers Modell ist besonders geeignet, dieses Verständnis von Tiefe zu illustrieren: In *Der Formalismus in der Ethik und die formale Wertethik* unterscheidet er vier „Schichten" des unseres emotionalen bzw. affektiven Lebens (Scheler 2014, 343). Die oberflächlichste ist die Schicht der Gefühlsempfindungen, wie etwa sinnliche Lust und Schmerz, die mit dem Angenehmen und Unangenehmen verbunden sind (vgl. ebd.). Die Gefühlsempfindungen sind dabei am Körper lokalisierbar und lassen sich willentlich erzeugen (vgl. ebd., 348). Die zweite Schicht ist die Schicht der Leibgefühle wie etwa Vitalität oder Mattigkeit, die am ganzen Leib zu spüren und weniger leicht auszuschalten sind und in denen sich die eigene Lebendigkeit ausdrückt (vgl. ebd., 350–352). Einige Autorinnen wie Stein situieren hier auch die Stimmungen (vgl. Stein 1917, 77–79, 112). Tiefer finden wir die Schicht der psychischen Gefühle, wie etwa Scham oder Freude, die nicht lokalisierbar sind, sich nicht dem Willen unterwerfen lassen und welche auf ästhetische, ethische und epistemische Werte antworten (vgl. Scheler 2014, 355). Auf der tiefsten Schicht befinden sich die Persönlichkeits- und religiösen Gefühle wie Seligkeit, die eine weniger ausgeprägte Leiblichkeit aufweisen, sich am Kern unserer Person realisieren und auf die Werte des Heiligen und Profanen beziehen (vgl. ebd., 356). Bei Scheler ist zudem zu bedenken, dass Liebe und Hass keine Antwortreaktionen auf Werte darstellen, sondern Akte einer Person, in der sie Werte entdeckt und sich für sie (in der Liebe) öffnet oder (im Hass) verschließt (vgl. ebd., 267–269).

---

[3] Siehe hierzu auch die entsprechenden Beiträge in Szanto/Landweer 2020.

Unter direkter Bezugnahme auf Schelers Modell hat Kevin Mulligan in der zeitgenössischen Philosophie einen ähnlichen Ansatz von Tiefe entwickelt. Er schreibt:

> The states in which Max finds himself belong to four distinct categories: localised feelings, non-localised feelings, and two sorts of emotion. A further argument in favour of their distinctness is the fact that members of these categories stand in different relations to the will. (Mulligan 1998, 97)

Mulligans Beispiele für diese vier verschiedenen affektiven Phänomene stimmen mit Schelers weitgehend überein. Interessant ist hier aber, dass Mulligan als Kriterium für die Tiefe nicht die Rangordnung der Werte erwähnt, sondern die „Willensbezogenheit" (ebd.). Die vier Gefühlsklassen unterscheiden sich also nach den Graden, in denen sie dem Willen unterworfen werden können. So kann ein Schmerz verursacht werden; die Müdigkeit und Lebendigkeit sind schon schwieriger durch unseren Willen zu verursachen. Traurigkeit und Verzweiflung als Beispiele für die beiden letztgenannten Arten von Gefühlen unterliegen nicht in demselben Maße wie die beiden erstgenannten unserer Kontrolle und können nicht verursacht werden.[4]

Das Verdienst dieser Beiträge besteht darin, dass sie die Tiefe als einen phänomenalen Aspekt der Erfahrung mit dem Moment der Intentionalität in Verbindung bringen (denn Werte bzw. evaluative Eigenschaften stellen für diese Ansätze die formalen Objekte der Gefühle dar, um es in der heutigen Fachterminologie auszudrücken). Kurzum: Aufgrund des Zusammenhangs von Werten und Gefühlen wird Tiefe direkt mit der Bedeutsamkeit von Situationen, Dingen, Gegenständen und Lebewesen in Verbindung gebracht.

Ein erstes Problem dieser Ansätze besteht darin, dass sie wenig Raum für Binnenunterscheidungen der Tiefe innerhalb eines bestimmten Gefühlstypus lassen.[5] Für diese Modelle gehören alle religiösen Gefühle ohne Ausnahme zu der tiefsten Schicht, weil sie auf die höchsten Werte des Heiligen antworten. In der Realität kann sich jedoch ein religiöses Gefühl (etwa die Verzweiflung) je nach Einzelfall tief oder auch weniger tief anfühlen. Die Möglichkeit von Differenzierungen innerhalb eines Gefühlstypus ist also wichtig, wenn wir religiöse affektive Erfahrungen verstehen wollen.

---

[4] „Willensbezogenheit" könnte allerdings auch etwas anders interpretiert werden, nämlich als momentane Eigenschaft eines Gefühls. So kann ein Gefühl der Freude oder Trauer in einem bestimmten Moment mehr oder weniger kontrolliert werden und daher mehr oder weniger tief sein.
[5] Ich beschränke mich hier auf die zwei genannten Probleme der Schichtenmodelle. Vgl. für eine detaillierte Kritik an Schelers Schichtenmodell Kolnai 1971.

Ein zweites Problem liegt darin, dass bei diesen Ansätzen Scham und Furcht zu den psychischen Gefühlen gerechnet werden. Es gibt aber z. B. auch Kandidaten für eine religiöse Scham (vielleicht bei der Taufe, wenn wir diese bewusst erleben) oder eine religiöse Furcht (etwa bei der letzten Ölung, wenn wir diese bei vollem Bewusstsein wahrnehmen). Die religiösen Varianten dieser psychologischen Gefühle sollten auch als tief eingestuft werden, weil sie sich auf religiöse Werte richten. Die besprochenen Modelle ordnen diese Gefühle dagegen der Schicht der psychologischen Gefühle zu, obwohl sie sich auf die höchsten Werte beziehen. Diesem Problem versuchen Schichtentheorien zu entgehen, indem sie entweder der Tiefe eine zweite Bedeutung zuschreiben (Scheler 2014, 344) oder ein weiteres Merkmal wie die „Zentralität" einführen (Stein 1917, 111).[6] Mit „Zentralität" ist eine Tendenz der Gefühle gemeint, sich im Psychischen zu verbreiten und mehrere Schichten zu besetzen. Die Zentralität ist aber als Eigenschaft des Gefühls nicht konstitutiv, sondern kann sich je nach Situation und Zeit ändern. Insofern handelt es sich um eine momentane Eigenschaft des Gefühls, die sich in Relation zu anderen Merkmalen des Gefühls erklären lässt. Dies führt uns zu der zweiten Gruppe von Theorien.

2.2 Tiefe als momentane Eigenschaft

a. Tiefe als relationale Eigenschaft: Das Kriterium der Kohärenz

Eine Möglichkeit, die Tiefe als *momentane Eigenschaft* des Gefühls zu thematisieren, besteht darin, sie als eine *relationale Eigenschaft* zu verstehen, die mit anderen psychischen Aspekten eines Subjektes im Moment des Erlebens zusammenhängt. David Pugmires Definition von Tiefe beruht genau auf dieser Idee: Für ihn ist die Tiefe eine „relational property of emotions" (Pugmire 2005, 50).[7] Damit ein Gefühl Tiefe hat, müssen laut Pugmire drei Voraussetzungen erfüllt sein: Die Gefühle müssen *erstens* auf Überzeugungen gründen, sie müssen *zweitens* in die Wünsche, die Biographie usw. einer Person eingebettet sein und sie müssen *drittens* auf etwas in der Welt reagieren. Seiner Ansicht nach ist die Tiefe eine Qualität des Erlebens von Gefühlen, die in verschiedenen Ausprägun-

---

[6] Vgl. auch Ortega y Gasset 1954; Kolnai 2007, 10.
[7] An einigen Stellen scheint er die Tiefe aber als eine konstitutive Eigenschaft des Gefühls zu verstehen. So stellt er beispielsweise die These auf, dass der Hass immer tief sei (vgl. Pugmire 2005). Ich werde mich hier allerdings auf sein Verständnis von Tiefe als relationaler Eigenschaft konzentrieren und diese zweite Bedeutung von Tiefe, die in seinem Text stellenweise auftaucht, nicht weiter analysieren.

gen vorkommen kann. Da aber diese Qualität in Pugmires Modell von anderen Elementen wie etwa Überzeugungen, Charakter oder Antworten auf die Umwelt abhängt, handelt es sich bei ihm im Grunde genommen um ein Kohärenzmodell der emotionalen Tiefe.[8]

Das Hauptproblem relationaler Theorien der Tiefe wie etwa derjenigen Pugmires besteht darin, dass sie die Tiefe eines Gefühls anhand seiner Einbettung in die Biographie des Subjektes erklären. Ein Gefühl kann jedoch auch als tief erlebt werden, ohne dass es zu unserer Biographie passt. Wir können etwa eine tiefe Verachtung empfinden, ohne dass diese für uns charakteristisch wäre. Im Hinblick auf die Erklärung religiöser Gefühle ist diese Auffassung noch problematischer. Denken wir beispielsweise an die biblische Erzählung über Paulus und sein Damaskus-Erlebnis, das zu seiner Bekehrung bzw. Offenbarung führt: Die Verehrung Jesu, die er unerwartet empfindet, passt sicher nicht zu seiner Biographie. Dennoch ergibt sich aus der Beschreibung, dass es sich um ein tiefes Gefühl handeln muss. Kohärenzmodelle wie das von Pugmire eignen sich daher nicht, um die Tiefe der religiösen affektiven Erfahrungen zu erklären, wie sie bei spontanen Erlebnissen mit dem Charakter eines biografischen Umbruchs (Erweckungen, Konversion usw.) einhergehen. Genau genommen scheint Pugmire mit seinem Modell auf eine andere Bedeutung der Tiefe als Qualität des Erlebens abzuheben – nämlich auf den Umstand, dass Gefühle als mit unserer Identität kompatibel oder inkompatibel erlebt werden können. Abgesehen davon, dass nicht ganz klar ist, ob der Begriff der Tiefe für diesen Erlebnisgehalt angemessen wäre, möchte ich diese Bedeutung von Tiefe in meinem Beitrag nicht weiter analysieren. Wie in der Einleitung dargestellt, interessiert mich vielmehr die Tiefe als Erlebnis von absoluter Bedeutsamkeit bzw. von Transzendenz.

In einem ähnlichen Sinne einer relationalen Eigenschaft hat Dina Mendonça den Vorschlag gemacht, die Tiefe ausgehend von Arthur Dantos Theorie der „deep interpretation" zu erklären (Mendonça 2019). Konkret arbeitet sie mit einem narrativen Modell der Gefühle und versucht, die Erste-Person-Perspektive des Erlebenden in den Mittelpunkt zu stellen. Dabei geht sie von einer „emotional perspektive" aus, die es uns erlaubt, verschiedene Aspekte von Tiefe zu identifizieren. Obwohl ich dahingehend einverstanden bin, dass auch ich die Erste-Person-Perspektive bei der Auseinandersetzung mit emotionaler Tiefe für zentral halte, werde ich hier nicht von einem narrativen Modell der Gefühle ausgehen.

---

8 Interessanterweise wurde in der Phänomenologie das Kriterium der Kohärenz bereits von Willy Haas eingeführt, allerdings nicht um die Tiefe, sondern die Echtheit des Gefühls zu bestimmen, die für ihn auch eine relationale Eigenschaft des Gefühls ist. Vgl. Haas 1910.

Wie bereits in der Einleitung erwähnt, werde ich mich vielmehr auf die Idee der affektiven Intentionalität stützen.

b. Tiefe als leiblich-räumliche Eigenschaft: Das Kriterium der Leiblichkeit

Eine weitere Gruppe von Positionen, die die Tiefe als *momentane Eigenschaft* des Gefühls verstehen, begreifen sie als *leiblich-räumliche Eigenschaft*. So hat Hermann Schmitz in seiner Neuen Phänomenologie die Tiefe als leibliche Dimension des Erlebens eines Gefühls untersucht. Für Schmitz sind Gefühle nicht als subjektiv-private Bewusstseinszustände zu verstehen, sondern als „Atmosphären" (Schmitz 1981, 98). Tiefe und Flachheit sind für ihn räumliche Metaphern, die etwas eigentlich Unräumliches zum Ausdruck bringen. So schreibt er: „Prädimensionale Tiefe ist Weite als das Wohin des Ausströmens und Versinkens, also als das, wohin das Gefälle der leiblichen Richtung tendiert" (ebd., 339). Die Tiefe des Gefühls zeigt Parallelen zu der räumlichen, prädimensionalen Tiefe der Mitternacht, der Ewigkeit und der Lust.[9]

Auch Sue Cataldi präsentiert eine phänomenologisch orientierte Interpretation von Tiefe als leiblich-räumlicher Eigenschaft, wobei sie sich u. a. auf Maurice Merleau-Ponty stützt. In ihrem Ansatz geht sie davon aus, dass wahrgenommene und emotionale Tiefe miteinander verwoben sind, indem die Tiefe des Gefühls mit der Tiefe des Objektes des Gefühls korreliert. Emotionen sind für sie somit leibliche Erfahrungen, bei denen wir die Bedeutungen von Situationen wahrnehmen (sie spricht hier von „Affordanzen" im Sinne Gibsons). So schreibt sie:

> Emotional experiences involve perceptions of meaningful change –'in' a situation and 'in' ourselves in relation to that situation. We experience emotion when we feel ourselves being distanced from or moved out of a prior orientation and dis-placed or dis-'located' with respect to it, as we begin to assume another emotional stance or 'position' in adaptive response to the perceived alterations. (Cataldi 1993, 91)

Das von ihr beschriebene Moment des Bewegtwerdens ist gemäß ihrer Auffassung typisch für die emotionale Tiefe. Letztlich folgt aus ihren Überlegungen, dass wir die Tiefe nicht unmittelbar wahrnehmen können, sie uns aber mittelbar über die Bedeutung von Situationen gegeben ist, wie wir sie leiblich erfassen.

Trotz vieler Unterschiede stimmen die Ansätze von Schmitz und Cataldi darin überein, dass sie Tiefe als eine leiblich-räumliche Dimension von Gefühlen verstehen. In beiden Modellen spielt die Leiblichkeit eine zentrale Rolle, wenn es

---

9 Vgl. für eine Behandlung des Themas der religiösen Atmosphären: Schmitz 1981, 127–133.

darum geht, den phänomenalen Charakter der Erfahrung zu erklären. Schmitz' Modell könnte sich eignen, um die Tiefe religiöser Atmosphären begreiflich zu machen. Es kann aber nicht ohne weiteres auf religiöse Emotionen wie etwa Freude oder auf Gesinnungen (wie z. B. die Liebe) angewendet werden, da bei diesen affektiven Phänomenen die Rekonstruktion als Atmosphäre weniger naheliegend zu sein scheint.[10]

In Bezug auf Cataldis Beitrag lässt sich sagen, dass es vielversprechend sein kann, die Tiefe als phänomenale Eigenschaft mit der Dimension der Bedeutung von Objekten, Situationen oder Lebewesen zu verbinden. Diese Verbindung erscheint mir auch fruchtbar, wenn es darum geht, die Tiefe affektiver religiöser Phänomene als Erlebnisse absoluter Bedeutsamkeit und Transzendenz zu erklären: Religiöse Erlebnisse sind nicht nur tief, sondern präsentieren uns die Welt in einem besonderen evaluativen Licht, das sich von alltäglichen Formen des Weltbezuges durch das Erleben einer Transzendenz unterscheidet. Während Cataldi diese Verbindung zwischen phänomenalen Aspekten und Bedeutsamkeit mithilfe der Idee der Leiblichkeit erklärt, möchte ich mich auf die Struktur der affektiven Erfahrung konzentrieren und ihre Intentionalität untersuchen.

Bevor ich mein eigenes Modell für das Verständnis von Tiefe entwickle, soll zunächst Kurt Stavenhangens Position separat analysiert werden. Stavenhagens Ansatz versteht emotionale Tiefe im Sinne einer *momentanen Eigenschaft* des Gefühls, die er jedoch ausgehend von der *Struktur der Erfahrung* charakterisiert. Gerade deswegen ist eine Diskussion von Stavenhagens Theorie für mein Anliegen, einen phänomenalen Aspekt der Erfahrung mit der Idee der intentionalen Struktur von Affektivität in Verbindung zu bringen, besonders aufschlussreich.

3 Erlebnistiefe und spezifische Tiefe in Kurt Stavenhagens Philosophie der Religion

In seinem Buch *Absolute Stellungnahmen. Eine ontologische Untersuchung über das Wesen der Religion* von 1925 entwickelt Stavenhagen im expliziten Anschluss an Scheler und Pfänder eine Untersuchung der Wesensstruktur religiöser Gefühle. Stavenhagen verwendet dabei den heute etwas altmodisch wirkenden Begriff der

---

[10] Das Problem, dass es nicht bei allen Gefühlen naheliegend ist, sie als Atmosphären zu rekonstruieren, betrifft nicht nur das Feld religiöser Phänomene, sondern ist in allgemeines Problem des Ansatzes von Schmitz.

„Stellungnahme", der sich auf affektive Phänomene verschiedener Art bezieht.[11] Von besonderem Interesse sind für ihn dabei zunächst die „persönlichen Stellungnahmen" in Liebe und Hass, Verehrung und Verachtung (Stavenhagen 1925, 13). Im Anschluss erarbeitet er eine Untersuchung der Tiefe religiöser, „absoluter" Stellungnahmen (ebd., 103), die ich hier näher analysieren möchte.[12]

Stavenhagen geht von einem Unterschied zwischen „relativer" und „absoluter" Entität aus. In diesem Zusammenhang schreibt er:

> Eine relative Entität ist eine solche, die einen bestimmten Gehalt in einem mehr oder minder hohen Grade enthält und bei der dieser Gehalt *faktisch* gesteigert werden oder als gesteigert *gedacht* werden kann, eine absolute Entität läge dort vor, wo eine Steigerbarkeit des Gehaltes nicht mehr denkbar wäre. (Stavenhagen 1925, 8)

Ausgehend von dieser Unterscheidung ist zu erörtern, ob man nicht bereits auf der Seite des Bewusstseins – also auf der „Ich-Seite" und unter Ausklammerung der Gegenstände unserer Bewusstseinsakte – zwischen „relativ" und „absolut" unterscheiden kann. Damit wirft Stavenhagen auch die Frage auf, ob es eine Form des Bewusstseins gebe, die als genuin religiös bezeichnet werden könne. Diese Bewusstseinsform wäre dann eine absolute Form des Bewusstseins, bei der an keine Steigerung des Gehalts mehr gedacht werden kann.

Da im Bereich des Wahrnehmens, Denkens und Wollens keine Steigerung dieser Art möglich sei, kommt er zu dem Schluss, dass für solche Steigerung lediglich der Bereich des Affektiven in Frage käme, wobei er „persönliche Stellungnahmen" wie Liebe, Verehrung, Hasses und Verachtung als Kandidaten

---

[11] Der Begriff der Stellungnahme beruht auf dem Grundgedanken, dass wir im Bereich des Affektiven zum jeweiligen Gegenstand eine Pro- oder eine Contra-Haltung einnehmen, wobei dieses Pro oder Contra verschieden aussehen kann. Eine solche Idee ist bereits bei Brentano zu finden, der den Bereich des Affektiven (und für ihn auch des Wollens!) als Liebe und Hass bezeichnet. Liebe umfasst bei Brentano alle Pro-Einstellungen, während sich das Wort Hass auf den Bereich der Contra-Einstellungen bezieht (vgl. Brentano 1924). Wenn wir etwas „lieben", sind wir dem Gegenstand gegenüber positiv eingestellt und der Gegenstand wird uns als wertvoll präsentiert. Wenn wir dagegen etwas „hassen", nehmen wir eine ablehnende Haltung gegenüber dem Gegenstand ein. Diese Idee Brentanos wurde in der frühen Phänomenologie umfassend weiterentwickelt, sodass sie Emotionen, Gesinnungen und andere komplexe affektive Phänomene als Formen von Stellungnahmen verstehen.

[12] Damit schließe ich mich einer ganzen Reihe von Arbeiten an, die den Versuch unternommen haben, religionsphilosophische Positionen aus den ersten Jahrzehnten des 20. Jahrhunderts vor dem Hintergrund der heutigen Debatte um Emotionen und Gefühle zu interpretieren. Hierzu sind auch verschiedene Arbeiten über Rudolf Otto zu rechnen (Lauster/Schüz, 2014; Slenczka 2014). Es ist ein Verdienst von Alessandro Salice, die Phänomenologie Stavenhagens für die heutige Debatte fruchtbar gemacht zu haben. Vgl. Salice 2020.

anführt (vgl. ebd., 10–14). In diesem Zusammenhang fragt er sich, ob affektive Stellungnahmen möglich wären, die in ihrer Beschaffenheit einer solchen Steigerbarkeit prinzipiell entgegengesetzt sind und die man deswegen als absolut bezeichnen könnte (vgl. ebd., 103). Die Bedeutung dieser Frage wird im folgenden Zitat deutlich:

> Sollten Menschen [...] spezifisch-absolute Stellungnahmen in irgendeiner ihrer möglichen ‚Formen' vollziehen oder vollzogen haben, so würden in ihr psychisches Leben Noesen eingegangen sein, die zu allem Menschlich-Relativen in ihnen in einem prinzipiellen, und keinem noch so weiten bloß graduellen Gegensatze stehen, und es würde im krassen Widerspruch zu ihrer Seinskonstitution ein Stück „transzendenter Welt" realer Bestandteil ihrer Psyche geworden sein. Zugleich würden sie, der diesseitigen Welt angehörend, durch Liebe und Verehrung in nicht nur die engste, sondern in eine absolute persönliche Verbindung mit einer „ganz andersartigen" Welt treten und, obgleich in die Anschauungs- und Erkenntniskategorien der Tatsächlichkeit eingeengt, in den persönlichen Stellungnahmen von einer Welt der Vollkommenheit, in der mindestens einige der hier geltenden Seinskategorien sinnlos werden, Kunde erhalten. (ebd., 122)

Stavenhagen versucht, die absoluten Stellungnahmen zu charakterisieren, indem er den Begriff der „Tiefe" einführt. Konkret unterscheidet er zwischen zwei Formen von Tiefe, die er „Erlebenstiefe" und „spezifische Tiefe" nennt (ebd., 101–104).[13] So kann man etwa ein und dieselbe Verehrung einmal mit ausgeprägter Tiefe, ein anderes Mal dagegen als eher oberflächlich erleben, *obwohl* wir in beiden Fällen das gleiche Verhältnis zu dem Verehrten haben (vgl. ebd., 104). Dies erklärt Stavenhagen mit einer Variation der Erlebenstiefe bei gleichbleibender spezifischer Tiefe (vgl. ebd., 104).[14] Kurzum: Als Erlebenstiefe bezeichnet Stavenhagen die Art und Weise, wie eine Stellungnahme erlebt wird. Diese Form von Tiefe kann prinzipiell gesteigert werden. Für die Steigerung gibt es dabei nur faktische Grenzen (etwa, dass ein Subjekt hierzu nicht in der Lage ist); der Bereich des Erlebens ist dagegen unbegrenzt.

Nun gibt es auch die „spezifische Tiefe", die ihrerseits unabhängig von der Erlebenstiefe variieren kann. Stavenhagen erklärt die spezifische Tiefe anhand des folgenden Beispiels: Denken wir an eine Person, die uns sehr nah steht und uns dann enttäuscht, so dass unsere freundschaftliche Gesinnung „abkühlt". Hier

---

13 Er entwickelt diese Unterscheidung explizit unter Bezugnahme auf einen anderen Phänomenologen, Moritz Geiger, welcher in seinem Text *Beiträge zur Phänomenologie des ästhetischen Genusses* sechs verschiedene Bedeutungen des Wortes „Genusstiefe" untersucht hat (Geiger 1913). Stavenhagen ist nur an zwei dieser Bedeutungen interessiert.

14 An dieser Stelle verweist Stavenhagen auf die Terminologie Adolf Reinachs, die dasselbe Phänomen mit dem Gegensatz von „Erlebensgewicht" und „Gewicht des Erlebensgehalts" beschreibt (Stavenhagen 1925, 104).

ist „die freundliche Gesinnung im spezifischen Sinne weniger tief, oberflächlich geworden" (Stavenhagen 1925, 104). Die spezifische Tiefe ist also das, was eine Gesinnung oder Stellungnahme als solche ausmacht. Hier ist im Unterschied zu der Erlebnistiefe eine Steigerung bis ins Unendliche denkbar, d. h. eine Steigerung, die nicht mehr gesteigert werden kann. Dies ist zum Beispiel dann der Fall, wenn man behauptet, dass Gott zur Welt oder zur Menschheit eine *unendliche* Liebe habe (vgl. ebd., 105). Bei diesen religiösen Gesinnungen ist laut Stavenhagen keine Steigerung von dem, was die Gesinnung als solche ausmacht, denkbar.

Stavenhagens Gedanken zur spezifischen Tiefe mögen ein wenig abstrakt klingen. Um besser zu verstehen, was er damit meint, möchte ich sein Beispiel zur Liebe genauer betrachten (er setzt sich zudem auch mit Verehrung, Hass und Verachtung auseinander). Was die Liebe zu Liebe macht, ist, dass man sich dem Gegenstand der Liebe annähern will. Hier übernimmt er Pfänders These, dass das Subjekt in der Liebe die Distanz zu dem Objekt verringern und aufheben will (Pfänder 1913/1916). Eine Steigerung der Liebe im Sinne einer Vertiefung bestünde demnach in einer Verringerung der Distanz zwischen Subjekt und Objekt, zu der es etwa kommen kann, wenn das Subjekt am geliebten Objekt neue Seiten und Aspekte, die ihm vorher nicht aufgefallen sind, entdeckt. Theoretisch könnte man sich sogar eine Steigerung vorstellen, die die Distanz zwischen Subjekt und Objekt gänzlich aufhebt. Unter Menschen ist die Annahme einer solche Steigerung bis zur Aufhebung jeder Distanz wenig plausibel, aber Stavenhagen hält sie prinzipiell für möglich, „insofern Liebe eigentlich nicht auf Seiten ‚am' Wesen, eines Gegenstandes, sondern einen Gegenstand *als* Inkarnation *eines* Wesens geht" (Stavenhagen 1925, 108 f.). In diesem Fall sei sie sogar „geradzu erforderlich" (ebd., 109) Diese maximale Steigerung findet dann statt, wenn zwei Bedingungen gegeben sind, wenn nämlich *erstens* der Gegenstand in alle Richtungen liebenswürdig bzw. wenn er sogar „*die inkarnierte Liebenswürdigkeit*" ist, und wenn *zweitens* diese Liebenswürdigkeit vom Subjekt erfasst wird. Stavenhagen schreibt: „Der Gegenstand muß einerseits nach jeder Richtung die Qualität Liebenswürdigkeit *haben* und andererseits muß diese ‚allseitige' Liebenswürdigkeit dem Subjekt im weitesten Sinne irgendwie *anschaulich sein*" (Stavenhagen 1925, 109; Hervorhebungen im Original).

Stavenhagens spezifische Tiefe ist hier nicht als eine konstitutive Eigenschaft zu verstehen, denn die Tiefe kann in verschiedenen Graden vorkommen. Er schreibt:

> Keine Liebe und Vertrauen zu einem Menschen ist möglich, das nicht (im spezifischen Sinne) noch gesteigert gedacht werden könnte. Das Vertrauen und die Dankbarkeit dagegen, die wir im Hinblick auf Gott empfinden, die Liebe, die wir ihm zuschreiben, ist [sic!] keiner Steigerung fähig. Hier gibt es unendliche Größen…. (Stavenhagen 1925, 106)

Bei religiösen Gesinnungen kann die spezifische Tiefe also prinzipiell nicht mehr gesteigert werden.

Insgesamt ist Tiefe für Stavenhagen eine *momentane Eigenschaft*, die aber *mit der Struktur des Bewusstseins* in einem spezifischen Moment zusammenhängt. Stavenhagens Position ist für mein Anliegen besonders attraktiv, weil sie eine Möglichkeit eröffnet, Tiefe anhand der Struktur der affektiven Erfahrung zu bestimmen. Ich möchte diese Grundidee wie folgt weiterentwickeln: Das, was eine affektive Erfahrung als solche ausmacht, wird durch die *intentionale Struktur* dieser Erfahrung bedingt. Anders ausgedrückt: Affektive Erfahrungen lassen sich durch ihre *affektive Intentionalität* kennzeichnen. Auch wenn Stavenhagen selbst dies nicht explizit äußert, so scheint mir diese Weiterentwicklung seiner Grundidee mit den von ihm gegebenen Beispielen durchaus kompatibel zu sein, denn Gesinnungen bzw. Stellungnahmen zeichnen sich typischerweise dadurch aus, dass das Subjekt auf das Objekt ausgerichtet ist und dabei auf das Objekt einwirkt. Pfänder spricht in diesem Zusammenhang von einer Überbrückung der Distanz zwischen Subjekt und Objekt. Das Merkmal der spezifischen Tiefe wird durch die Struktur des Bewusstseins bestimmt, und diese Struktur – so meine These – ist eine *intentionale* Struktur. In den folgenden Abschnitten werde ich nun eine Analyse der intentionalen Struktur affektiver Phänomene vornehmen, auf deren Grundlage anschließend die spezifische Tiefe einer affektiven Erfahrung bestimmt werden kann. Eine affektive Erfahrung wird als tief erlebt („tief" heißt hier, dass diese Erfahrung ein Erlebnis von absoluter Bedeutsamkeit ist), wenn einige Aspekte ihrer intentionalen Struktur in ihrer maximalen, nicht steigerbaren Form auftreten.

Meine Position unterscheidet sich allerdings in dreierlei Hinsichten von der Stavenhagens. Erstens ist Stavenhagens Modell der spezifischen Tiefe nur für Gesinnungen gedacht.[15] Wie ich in dem nächsten Abschnitt zeigen werde, unterscheidet sich die Struktur der Gesinnungen von der Struktur anderer affektiver Phänomene wie Emotionen und Stimmungen, sodass Stavenhagens Modell die spezifische Tiefe dieser anderen affektiven Erfahrungen nicht erklären kann. Zweitens kann die Intentionalität nicht unabhängig von dem Objekt, auf welches sich das affektive Phänomen richtet, gedacht werden. Stavenhagen selbst scheint dies teilweise zu erkennen, wenn er behauptet, dass eine Liebe unterschiedlich bestimmt wird, je nachdem, ob diese sich auf Menschen oder auf den Bereich absoluter Liebenswürdigkeit richtet. Schließlich trennt Stavenhagen die spezifische Tiefe sehr stark von der Dimension des Erlebens, indem er die Erlebenstiefe

---

[15] Dagegen kann Stavenhagens „Erlebenstiefe" sich auch auf Emotionen und Stimmungen übertragen.

von der spezifischen Tiefe unterscheidet. Anders als Stavenhagen gehe ich davon aus, dass die spezifische Tiefe, die durch ihre intentionale Struktur bestimmt wird, einen phänomenalen Charakter hat. Einer affektiven Erfahrung, die Tiefe im spezifischen Sinne aufweist, kann daher die Eigenschaft zugeschrieben werden, dass sie sich auch auf eine bestimmte Art und Weise „anfühlt".[16] Daraus resultiert meiner Ansicht nach, dass sowohl Stavenhagens Erlebenstiefe als auch die spezifische Tiefe einen phänomenalen Charakter haben. Der Unterschied zwischen beiden Formen von Tiefe kann nicht in dem Vorhandensein oder Nicht-Vorhandensein eines phänomenalen Moments bestehen, denn beide „fühlen sich an" (wenn auch in unterschiedlicher Form). Vielmehr besteht der Unterschied darin, *wie* dieser phänomenale Charakter erklärt werden kann. Womöglich wird die Erlebnistiefe eines affektiven Phänomens dadurch bestimmt, wie es in das Bewusstsein eingebettet ist und welche Auswirkungen es auf Geist und Körper hat, während die spezifische Tiefe von der intentionalen Struktur des Bewusstseins abhängt.

4 Die Spielarten der affektiven Intentionalität und die Kriterien der Gerichtetheit und der Evaluativen Präsentation

In diesem und im nächsten Abschnitt möchte ich ein Modell der emotionalen Tiefe entwickeln, in dem Tiefe als eine Qualität der Erfahrung, die mit der intentionalen Struktur eines affektiven Phänomens im Moment des Erlebens zusammenhängt, verstanden wird. Damit eine affektive Erfahrung als tief bezeichnet werden kann, müssen Aspekte der intentionalen Struktur dieser Erfahrung in ihrer maximalen Form auftreten, d.h. eine Steigerung dieser Aspekte ist nicht mehr möglich. Um diese Auffassung von Tiefe zu charakterisieren und sie von anderen möglichen Lesarten von Tiefe abzugrenzen, werde ich im Folgenden von Tiefe als *spezifischer Tiefe* sprechen.

Bevor ich dieses Modell genauer ausarbeite, erscheint es sinnvoll, die intentionale Struktur affektiver Phänomene näher zu analysieren.[17] Dabei werde ich mich auf zwei Kernaspekte der Intentionalität beziehen, nämlich die *Gerichtet-*

---

[16] Vgl. für den Zusammenhang zwischen Intentionalität und Phänomenalität Horgan/Tienson 2002.
[17] Ich konzentriere mich hier auf Unterschiede der intentionalen Struktur. Es gibt allerdings auch auf der leiblichen Ebene Unterschiede zwischen diesen drei Phänomenen. So haben Gesinnungen etwa im Unterschied zu den meisten Emotionen keine assoziierte hedonische Valenz.

heit auf ein Objekt und den *Modus*, in welchem uns dieses Objekt *präsentiert wird*.[18] Die Überlegungen zu diesen zwei Kernaspekten der Intentionalität können dazu beitragen, zwischen Emotionen, Gesinnungen und Stimmungen als unterschiedlichen Spielarten der affektiven Intentionalität unterscheiden. Denn auch wenn alle affektiven Phänomene die gemeinsame Eigenschaft aufweisen, dass sie ihre Objekte nicht neutral, sondern in einem bestimmten evaluativen Licht präsentieren, zeigen sie ihre Eigentümlichkeiten in der Gerichtetheit auf das Objekt und den evaluativen Präsentationsmodus.

4.1 Formen der Gerichtetheit

Emotionen und Gesinnungen richten sich auf Objekte, die uns mittels Kognitionen gegeben werden. Wenn ich über einen bestimmten Sachverhalt traurig bin, muss mir der Sachverhalt zunächst in einem Urteil gegeben sein; wenn ich eine Person verehre, muss die Person etwa in einer Wahrnehmung, einem Denken, einer Vorstellung oder einer Erinnerung vorhanden sein. Die Freude darüber, dass Gott uns liebt, und die Verehrung, die wir für ihn zeigen, implizieren beide, dass ein Objekt oder eine Situation mittels kognitiver Grundlagen gegeben sind. Man spricht in diesem Zusammenhang davon, dass Emotionen und Gesinnungen eine kognitive Basis benötigen, um stattzufinden. Diese Form des Kognitivismus wird sowohl von der Phänomenologie als auch von der analytischen Philosophie vertreten (Stein 1917, 112; Goldie 2000, 45; vgl. Vendrell Ferran 2008, 118).

Die Objektgerichtetheit der Stimmungen wird in der heutigen Debatte dagegen kontrovers diskutiert: Stimmungen scheinen sich auf alles und nichts zu richten (Goldie 2000, 18; Solomon 1993, 71). Mehr als auf bestimmte Objekte beziehen sich die Stimmungen auf unseren Lebenshorizont. Darüber hinaus benötigen sie im Unterschied zu Emotionen und Gesinnungen keine kognitive Grundlage, um stattzufinden. Man kann heiter oder melancholisch sein, ohne dass ein Objekt vorher mittels einer Kognition präsentiert wurde.

Auch wenn diese drei affektiven Phänomene alle eine Form des Weltbezugs sind, so hat jedes einzelne dennoch seine spezifische Form der Gerichtetheit auf sein Objekt. So besteht die spezifische Gerichtetheit der Emotionen darin, auf einige Aspekte der Objekte, auf welche sie sich richten, zu *antworten*. Die Furcht ist eine Antwort auf eine Situation, ein Objekt oder eine Person, die mir als gefährlich präsentiert wird. Emotionen sind daher als „Antwortreaktionen" zu verstehen (Scheler 2014, 265).

---

[18] Ich übernehme die Unterscheidung dieser zwei Momente von Tim Crane (Crane 1998).

Gesinnungen wie die Liebe, Verehrung usw. sind dagegen keine Antworten. Vielmehr sind sie Formen, einem Objekt (zumeist einer Person) zu begegnen. Die Liebe antwortet nicht auf eine Eigenschaft des anderen, sondern sie ist eine Form, den anderen zu sehen, bei der das Positive ans Licht gebracht wird (Pfänder 1913/1916). In seiner Analyse der Gesinnungen stellt Pfänder die These auf, dass diese zunächst vom Subjekt zum Objekt strömen und somit eine ‚Brücke', eine Verbindung zwischen beiden bilden. Diese Verbindung realisiert sich nachfolgend darin, etwas in Bezug auf den anderen zu tun, wie ihn z. B. (in der Liebe) zu fördern, zu unterstützen usw. oder (im Hass) auf Distanz zu bringen, wenn nicht gar zu schädigen. Es gibt bei den Gesinnungen also – wie Pfänder sagt – ein „inneres Tun" (ebd., 362), das auf das Schema von (positiver) Zuwendung und (negativer) Ablehnung gebracht werden kann.

Im Vergleich zu den Emotionen und den Gesinnungen ist die Gerichtetheit der Stimmungen *unspezifisch*. Stimmungen sind eher eine Form, die Welt zu erfahren, die uns global beeinflusst und die Objekte bestimmt, die wahrgenommen, gedacht, vorgestellt usw. werden (Sizer 2000, 747). In der Heiterkeit z. B. werden wir eher dazu neigen, Aspekte der Welt wahrzunehmen, positiv sind und eine gewisse Leichtigkeit verkörpern.

Insgesamt wird an dieser Stelle deutlich, dass das Merkmal der Gerichtetheit durchaus geeignet ist, um zwischen den drei Klassen affektiver Phänomene (Emotionen, Gesinnungen, Stimmungen) zu differenzieren und ihre jeweiligen Eigentümlichkeiten zu beschreiben.

4.2 Formen der evaluativen Präsentation

Ich wende mich nun den verschiedenen Formen der evaluativen Präsentation zu, d. h. der Art und Weise, in welcher jedes dieser drei Gruppen des Affektiven die Objekte, auf die es sich richtet, präsentiert. Wie oben erwähnt haben alle affektiven Erfahrungen gemeinsam, dass sie ihre Objekte nicht neutral, sondern unter einem bestimmten evaluativen Licht präsentieren. Konkret heißt dies, dass affektive Phänomene mit Werten bzw. evaluativen Eigenschaften verbunden sind. In dieser Hinsicht spricht man davon, dass affektive Phänomene auch „formale Objekte" haben und dass diese formalen Objekte Werte sind (de Sousa 1987). Diese evaluative Präsentation kann jedoch unterschiedliche Formen annehmen – je nachdem, ob es sich um eine Emotion, eine Gesinnung oder eine Stimmung handelt.

Ich habe oben die Emotionen als Antwortreaktion auf einen bestimmten Aspekt des Objekts charakterisiert. Konkret antworten Emotionen auf Werteigenschaften, die in einem bestimmten Moment an einem Objekt gegeben sind.

Zum Beispiel antwortet die Freude auf etwas Positives und die Furcht auf etwas Bedrohliches. Die Tatsache, dass Emotionen Antwortreaktionen auf Werte sind, impliziert nicht unbedingt, dass die Emotionen diese Werteigenschaften „wahrnehmen", denn man kann eine Werteigenschaft erfassen, ohne dabei selbst eine Emotion zu empfinden. Der Zusammenhang zwischen Emotion und Wert bleibt jedoch bestehen: Wenn etwas als positiv präsentiert wird, werden wir darauf womöglich mit Freude reagieren, und wenn etwas als ekelhaft erfasst wird, antworten wir darauf oftmals mit Ekel.[19]

In dem letzten Abschnitt habe ich die Gesinnungen als eine Form, dem anderen (meist im Sinne einer Person) zu begegnen, beschrieben. Dadurch, dass Gesinnungen etwas mit dem anderen tun und eine Form sind, den anderen zu sehen, setzen sie ihre Objekte in ein bestimmtes evaluatives Licht: Wenn wir lieben, sehen wir den anderen als lieb, attraktiv, elegant, schön, mutig usw., aber andere Personen müssen ihn nicht unbedingt in demselben Licht betrachten.

Die Stimmungen färben den Lebenshorizont schließlich in einem bestimmten evaluativen Licht (Quepons 2015). Somit machen uns die Stimmungen im Grunde auch für das Erfassen bestimmter Werteigenschaften empfänglich: In der Heiterkeit sind wir empfänglicher für positive Werte und die Welt erscheint als ein schöner, guter Ort, während sie uns in der Melancholie vielleicht als fad oder düster erscheint. Stimmungen sind (wie Gesinnungen) keine Antworten auf Werte, sondern sie präsentieren uns die Welt in einem evaluativen Licht, das eine Vielzahl von Werten berücksichtigen kann, ohne sich direkt auf sie zu richten. Dennoch sind (wie oben dargestellt) Gesinnungen mit bestimmten Objekten verbunden, während Stimmungen unspezifische Objekte haben und sich eher auf den ganzen Erfahrungshorizont beziehen.

5 Anwendung auf den Fall affektiver religiöser Erfahrungen

Die Bestimmung von drei Spielarten der affektiven Intentionalität ermöglicht uns eine Charakterisierung von Tiefe als Eigenschaft, die dann auftritt, wenn die

---

[19] Die Werte, auf die sie sich Emotionen richten und auf die sie antworten, müssen also in einem anderen mentalen Zustand erfasst werden. An anderer Stelle habe ich die These aufgestellt, dass es sich bei diesem mentalen Zustand der Erfassung von Werten um ein „Fühlen" handelt (Vendrell Ferran 2008, 205). Dabei folge ich Schelers Unterscheidung von Fühlen und Gefühl, rekonstruiere das Fühlen jedoch als mentalen Zustand im Sinne der analytischen Philosophie des Geistes. Für die einschlägige Textstelle bei Scheler vgl. Scheler 2014, 264.

Kernaspekte der Intentionalität einer affektiven Erfahrung in ihrer maximalen und nicht zu steigernden Form vorkommen. Mit dieser Idee wende ich mich nun einer genaueren Analyse der spezifischen Tiefe affektiver religiöser Erfahrungen zu.[20] Auch hier wird zwischen religiösen Emotionen, Gesinnungen und Stimmungen differenziert, um ihre spezifische Tiefe analysieren zu können.[21]

Um meine Überlegungen zu verdeutlichen, werde ich von einigen Beispielen ausgehen. Als Beispiel für eine religiöse Emotion werde ich die Freude, die wir angesichts des Gedankens empfinden, von Gott geliebt zu sein, verwenden. Die Liebe zu Gott werde ich als Beispiel für eine Gesinnung verwenden. Als Beispiel für eine Stimmung nehme ich die Gelassenheit im Gebet. Diese Beispiele sind stark durch die eigene christlich-katholische Tradition geprägt, scheinen mir aber auch für Menschen aus anderen Traditionen prinzipiell nachvollziehbar zu sein. Wie lässt sich erklären, dass diese Freude, diese Liebe und diese Heiterkeit mit emotionaler Tiefe erlebt werden?

5.1 Die spezifische Tiefe religiöser Emotionen

Um die spezifische Tiefe religiöser Emotionen zu erklären, ist ein Blick auf die zwei Momente ihrer intentionalen Struktur – die Gerichtetheit auf ihre Objekte und die evaluative Präsentation – erforderlich.[22] Wie alle Emotionen zeichnen sich religiöse Emotionen durch den Charakter der Antwort auf bestimmte Objekte aus. (Dasselbe gilt auch für die Objekte von Gesinnungen und Stimmungen.) Da es verschiedene religiöse Traditionen und Praktiken gibt, können die Objekte religiöser Emotionen sehr verschiedenartig sein (ein Kreuz, eine Kirche, ein Sonnenuntergang usw.).

Konkret antworten religiöse Emotionen auf Werte bzw. evaluative Eigenschaften ihrer Objekte. Dies geschieht allerdings in zweifacher Hinsicht. Zum einen antworten religiöse Emotionen auf Werte, die mit der jeweiligen Emotion

---

20 Da in dieser Arbeit das intentionale Moment zentral ist, werde ich andere Aspekte der affektiven Erfahrungen, die eher mit ihrer Leiblichkeit zu tun haben, an dieser Stelle außer Acht lassen. Dabei wird oftmals auf oft einen ambivalenten Charakter religiöser Erfahrungen hingewiesen. Vgl. Järveläinen 2008, 16.
21 Die Fokussierung der Diskussion auf diese Typen affektiver Phänomene schließt natürlich nicht aus, dass es auch andere affektive religiöse Erfahrungen geben kann. Robert Roberts hat etwa über bestimmte „emotional virtues" gesprochen (Roberts 2007, 9). Einige seiner Beispiele wie etwa Freude oder Mitgefühl lassen sich gut als Emotionen erklären, während andere wie die Hoffnung eher den Charakter einer affektiven Haltung haben.
22 Vgl. für eine Analyse religiöser Emotionen und ihrer notwendigen und hinreichenden Bedingungen Vendrell Ferran 2019.

assoziiert sind. So ist etwa die Freude mit einem positiven Wert verbunden (genauso wie die Furcht immer auf etwas Bedrohliches, der Ekel auf etwas Ekelhaftes usw. antworten). Zum anderen antworten religiöse Emotionen auf Werte, die spezifisch zur religiösen Sphäre gehören. Religiöse Werte werden als die menschliche Realität transzendierend erfahren. Im Sinne dieses zweifachen Antwortcharakters ist die religiöse Freude unseres Beispiels wie folgt zu beschreiben: Die Freude antwortet auf einen Sachverhalt (von Gott geliebt zu werden), welcher die evaluativen Eigenschaften hat, positiv und gleichzeitig transzendent zu sein. Diese religiöse Freude wird mit Tiefe erlebt, weil ihr Antwortcharakter nicht steigerbar, sondern maximal ist. Sie antwortet also auf Werte, die für uns eine absolut transzendierende Bedeutsamkeit haben.

Nun könnte diese Bestimmung der Tiefe den Eindruck einer Zirkularität erwecken. Etwas wird Tiefe zugeschrieben, weil es einen Wert hat, den wir als etwas Bedeutsames, Transzendentes usw. erfahren. Gleichzeitig wird etwas aber als bedeutsam empfunden, weil es Tiefe hat.[23] Der Einwand klingt plausibel, allerdings gilt dies nur außerhalb von wertobjektivistischen Paradigmen (d. h. wenn Werte als Projektionen unserer Reaktionen verstanden werden). Wenn wir hingegen annehmen, dass die Bedeutsamkeit eines Wertes unabhängig von den Reaktionen des Subjektes ist, dann entfällt der Zirkularitätseinwand.

5.2 Die spezifische Tiefe religiöser Gesinnungen

Wenden wir uns nun den religiösen Gesinnungen zu. Wie kann die emotionale Tiefe von Gesinnungen – etwa der Liebe zu Gott – erklärt werden? Ebenso wie alle Gesinnungen sind religiöse Gesinnungen Modi, den anderen zu begegnen. Dabei gibt es (wie im letzten Abschnitt ausgeführt) ein Überbrücken der Distanz zwischen Subjekt und Objekt, das darin besteht, mit dem Objekt etwas zu tun und es anzunehmen oder abzulehnen. Eine Maximierung besteht hier – wie Stavenhagen richtig bemerkt – darin, dass diese Distanz von Subjekt und Objekt vollends *aufgehoben* wird. In der religiösen Liebe zu Gott gibt es demnach eine Tendenz zur Vereinigung mit ihm, die uns dazu führt, von ihm umhüllt zu sein und in ihm zu leben, uns mit ihm zu verschmelzen und zu einen. Diese Aufhebung der Distanz ist unter dem Titel der *unio mystica* oft beschrieben worden.

Darüber hinaus wird das Objekt der Gesinnung in einem bestimmten evaluativen Licht betrachtet. Im Fall der Liebe zu Gott wird Gott als Verkörperung maximal positiver Eigenschaften gegeben (im Fall negativer Gesinnungen wären

---

23 Für einen solchen Einwand vgl. Mendonça 2019.

dann maximal negative Eigenschaften gegeben). Wenn ich Gott liebe, stellt diese Liebe eine Form dar, seine Wertigkeit zu erleben, zu entdecken und für sie offen zu sein. Dies kann mich dazu führen, bestimmte Aspekte zu entdecken, die ohne diese Liebe nicht für mich sichtbar wären.

5.3 Die spezifische Tiefe religiöser Stimmungen

Kommen wir nun zum Fall der religiösen Stimmungen wie etwa der Gelassenheit im Gebet. Wie ist die Tiefe dieser religiösen Stimmung zu erklären? Auch hier müssen wir uns auf die charakteristische Gerichtetheit und evaluative Präsentation der Stimmungen berufen, um das Erlebnis der emotionalen Tiefe zu erklären. Stimmungen richten sich auf den ganzen Horizont des Subjekts, d. h. ihre intentionale Gerichtetheit ist global, und sie prädisponieren uns, Werte bzw. evaluative Eigenschaften, die mit der Stimmung im Einklang sind, zu erfassen. So würde uns die Gelassenheit im Gebet prädisponieren, für bestimmte Gedanken, Wahrnehmungen, Empfindungen usw. offen zu sein. Die Maximierung besteht hier darin, dass unser gesamter Erfahrungshorizont durch die Stimmung gefärbt ist. Darüber hinaus sensibilisiert uns die Stimmung für bestimme Cluster von Werteigenschaften, die zu der Stimmung passen. So wird uns die Gelassenheit empfänglicher für höhere Werte besonders religiöser Natur machen.

6 Schlussfolgerungen

In diesem Aufsatz habe die emotionale Tiefe als phänomenales Merkmal einer affektiven Erfahrung verstanden. Als tief wird in meinem Modell ein Erlebnis absoluter Bedeutsamkeit bezeichnet, das typisch für viele religiöse Erfahrungen ist. Nach einer Auseinandersetzung mit verschiedenen Konzeptionen von Tiefe und einer Diskussion von Stavenhagens Überlegungen zur Tiefe religiöser Stellungnahmen habe ich meine These ausgearbeitet, der zufolge die Tiefe als Eigenschaft eng mit der intentionalen Struktur der Affektivität verbunden ist und anhand der beiden Kernaspekte der intentionalen Struktur – Gerichtetheit und evaluative Präsentation – erklärt werden kann. Auf diese Weise ließen sich nicht nur Emotionen, Gesinnungen und Stimmungen voneinander unterschieden, sondern auch in einer Anwendung auf das Feld religiöser Erfahrungen die spezifische Tiefe jedes dieser drei Phänomene im religiösen Bereich charakterisieren.[24]

Anmerkung

Für hilfreiche Anmerkungen bin ich Moritz von Kalckreuth, Hans-Peter Krüger und anderen Teilnehmern der Tagung „Religiöses Erleben und die Frage nach der Conditio Humana" (Potsdam, April 2019) zu Dank verpflichtet. Für eine anregende Diskussion einiger Aspekte dieses Aufsatzes danke ich Hartmut von Sass und den Teilnehmerinnen und Teilnehmern seines Seminars „Glauben und Religion" (Humboldt Universität, Wintersemester 2020/2021). Für die sorgfältige sprachliche Lektorierung dieses Aufsatzes möchte ich mich bei Leif Lengelsen bedanken.

Literatur

Apostolescu, Iulian / Ferrarello, Susi (2019): Introduction: The Religious Structure of Phenomena – A Phenomenological Investigation, in: Journal of Speculative Philosophy 33 (1) 1–7.
Berendsen, Desiree (2008): Religious Traditions as Paradigm Scenarios. Applying Ronald de Sousa's Concept to William James' view on Religious Emotion, in: Lemmens, William / van Herck, Walter (Hg.): Religious Emotions. Some Philosophical Explorations, Newcastle, 59–74.
Brentano, Franz (1924): Psychologie vom empirischen Standpunkt, I. Band, Leipzig.
Cataldi, Sue (1993): Emotion, Depth and Flesh: A Study of Sensitive Space., Albany (NY).
Crane, Tim (1998): Intentionality as the Mark of the Mental, in: O'Hear, Anthony (Hg.), Contemporary Issues in the Philosophy of Mind, Cambridge, 229–251.
de Sousa, Ronald (1987): The Rationality of Emotion, Cambridge (MA).
Elster, Jon (1999): Alchemies of the Mind, Cambridge.
Geiger, Moritz (1913): Beiträge zur Phänomenologie des ästhetischen Genusses, in: Jahrbuch für Philosophie und phänomenologische Forschung I, 567–584.
Goldie, Peter (2000): The Emotions. A Philosophical Exploration, Oxford.
Haas, Willy (1910): Über Echtheit und Unechtheit von Gefühlen, Nürnberg.
Horgan, Terence / Tienson, John (2002): The Intentionality of Phenomenology and the Phenomenology of Intentionality, in: Chalmers, David J. (Hg.): Philosophy of Mind. Classical and Contemporary Readings, Oxford, 520–533.
Järveläinen, Petri (2008): What are Religious Emotions?, in: Lemmens, William / van Herck, Walter (Hg.): Religious Emotions. Some Philosophical Explorations, Newcastle, 12–26.
Kolnai, Aurel (1971): The Concept of Hierarchy, in: Philosophy 46, 203–221.

---

[24] Eine Anwendung auf andere Bereiche, wie etwa die Ästhetik, ist durchaus auch möglich.

Kolnai, Aurel (2007): Ekel, Hochmut, Hass: Zur Phänomenologie feindlicher Gefühle, Frankfurt a. M.
Lauster, Jörg/Schüz, Peter (2014): Rudolf Otto und Das Heilige. Zur Einführung, in: Otto, Rudolf, Das Heilige. Über das Irrationale in der Idee des Göttlichen und sein Verhältnis zum Rationalen, München, 232–254.
Mendonça, Dina (2019): What a difference Depth makes, in: Rev. Filos. Aurora 31, 671–694.
Mulligan, Kevin (1998): The Spectre of inverted Emotions and the Space of the Emotions, in: Acta Analytica 13, 89–105.
Ortega y Gasset, José (1954): Vitalität, Seele, Geist, in: Ders.: Gesammelte Werke, Bd. 1, Stuttgart, 317–350.
Pfänder, Alexander (1913): Zur Psychologie der Gesinnungen [Teil I], in: Jahrbuch für Philosophie und phänomenologische Forschung I, 325–340.
Pfänder, Alexander (1916): Zur Psychologie der Gesinnungen [Teil II], in: Jahrbuch für Philosophie und phänomenologische Forschung III 1–125.
Pugmire, David (2005): Sound Sentiments. Integrity in the Emotions, Oxford.
Quepons, Ignacio (2015): Intentionality of Moods and Horizon Consciousness in Husserl's Phenomenology, in: Ubiali, Marta / Wehrle, Maren (Hg.), Feeling and Value, Willing and Action, Heidelberg, 93–103.
Roberts, Robert C. (2007): Spiritual Emotions. A Psychology of Christian Virtues, Grand Rapids (MI).
Salice, Alessandro (2020): The We and its many Forms. Kurt Stavenhagen's Contribution to Social Phenomenology, in: British Journal for the History of Philosophy, 28 (6) 1094–1115.
Scheler, Max (2014): Der Formalismus in der Ethik und die materiale Wertethik. Neuer Versuch der Grundlegung eines ethischen Personalismus, Hamburg.
Slenczka, Notger (2014): Rudoph Ottos Theorie religiöser Gefühle und die aktuelle Debatte zum Gefühlsbegriff, in: Lauster, Jörg et al. (Hg.): Rudolf Otto. Theologie – Religionsphilosophie – Religionsgeschichte, Berlin / Boston, 277–293.
Schmitz, Hermann (1981): System der Philosophie, Bd. 3: Der Raum. Zweiter Teil: Der Gefühlsraum, Bonn.
Sizer, Laura (2000): Towards a Computational Theory of Mood, in: The British Journal for the Philosophy of Science 51, 743–769.
Solomon, Robert C. (1993): The Passions: Emotions and the Meaning of Life, Indianapolis.
Stavenhagen, Kurt (1925); Absolute Stellungnahmen. Eine ontologische Untersuchung über das Wesen der Religion, Erlangen.
Stein, Edith (1917): Zum Problem der Einfühlung. Halle.
Steinbock, Anthony (2007): Phenomenology and Mysticism. The Verticality of Religious Experience, Bloomington.
Szanto, Thomas / Landweer, Hilge (Hg.) (2020): The Routledge Handbook of Phenomenology of Emotion, Abingdon / New York.
Tietjen, Ruth Rebecca (2021): Religious Zeal, Affective Fragility, and the Tragedy of Human Existence, in: Human Studies (online), https://doi.org/10.1007/s10746-021-09575-6 (abgerufen am 12.10.2021).
Vendrell Ferran, Íngrid (2008): Die Emotionen. Gefühle in der realistischen Phänomenologie, Berlin.
Vendrell Ferran, Íngrid (2019): Religious Emotion as a Form of Religious Experience, in: Journal of Speculative Philosophy, 33 (1), 78–101.

Aleksandr Koltsov
Phänomenologie des religiösen Erlebnisses
Die „Aufzeichnungen" von Adolf Reinach als Entwurf eines glaubenden Denkens

Abstract: The paper focuses on Adolf Reinach's project of a phenomenological philosophy of religion, presented in his notes. It is shown how the methodology of Reinach's program determines his attention attributed both to terms of realistic phenomenology as well as religious experience. As a result, the notion of "experience" (Erlebnis) becomes a key-term of his account. This notion can be understood in three different ways: 1) as an apology of a phenomenon as something irreducible and particular, 2) as hermeneutical interpretation of essence as a meaning, 3) as application of the term "Erlebnis" in order to stress the immediate character of religious experience. The paper reconstructs the origin of these insights in Reinach's early works and then discusses how they are further developed in the notes. As a result it is asked whether the notes can be seen as a new strategy of interaction between philosophical and theological discourses and should be interpreted in the context of multiple forms of philosophical theology as a unique synthesis of religion and philosophy.

Keywords: experience; religious experience; phenomenology; philosophy of religion; philosophical theology; Adolf Reinach

Einleitung

Religiöse Fragen nehmen in der Geschichte der phänomenologischen Bewegung einen besonderen Platz ein. Bekannt ist, dass es sich der um Edmund Husserl versammelte philosophische Personenkreis zur Aufgabe machte, verschiedene Fachgebiete als eigenständige regionale Ontologien systematisch zu untersuchen. In den ersten fünfzehn Jahren nach Erscheinen der *Logischen Untersuchungen* wurde jedoch kaum ein Versuch unternommen, das religiöse Leben in seiner Eigenständigkeit zu analysieren. Eine Ausnahme stellte dabei der Göttinger Assistent von Husserl, Adolf Reinach, dar, der 1916 den Versuch unternahm, ein neues System der Religionsphilosophie zu entwickeln. Bemerkenswert ist, dass diese Initiative einen biografischen Hintergrund hatte: Die Reflexionen über den Glauben begannen in Folge einer religiösen Bekehrung Reinachs im Ersten Weltkrieg. In einer 1921 erschienenen, posthumen Aufsatzsammlung wurden sogenannte „Aufzeichnungen" veröffentlicht – eine Art Tagebuch, das Beschreibungen religiöser Erfahrungen und einige weitere Fragmente enthält.[1] Diese Reflexionen dienten als Skizzen für ein neues, geplantes Werk: Reinach berichtete, dass seine Bekehrungserfahrung ihn gezwungen habe, das gesamte bisherige philosophische Gedankengebäude zu überarbeiten (Beckmann 2003, 70). So scheint es, dass sich die Philosophie im Fall der Göttinger Phänomenologie erst dann der Religion zugewandt hat, als der Glaube selbst in das philosophische Denken vorgedrungen war.

1 Die Verwendung phänomenologischer Systematik in der religionsphilosophischen Reflexion

Bereits die in den Aufzeichnungen vorgestellte Strategie, die eine besondere Art von Beziehung zwischen positiver Religiosität und rationaler Reflexion vorsieht, hebt Reinachs Position klar von anderen religionsphilosophischen Entwürfen ab. Während die Aufklärung den Glauben vom Standpunkt der kritischen Vernunft bzw. der Erkenntnistheorie aus zu beurteilen versuchte, tendiert die phänomenologische Analyse zur Bestimmung der wesentlichen Spezifik der Glaubensgegebenheiten, die als solche nicht von der Hand zu weisen sind. *Dass* es Glaubensgegebenheiten gibt, ist ein Faktum, das phänomenologisch analysiert werden kann. Durch eine solche Analyse des Glaubens leistet sie der christlichen Theologie wichtige Dienste, nur geht es dabei – im Gegensatz zum mittelalterlichen Prinzip der Philosophie als ‚Magd der Theologie' – um eine religionsphilosophische Synthese bzw. um „eine überraschend fruchtbare Zusammenwirkung der geistigen Kräfte", wenn „die Philosophie, indem sie den sakralen Bereich (als Teil der Welt, auf der Grundlage ihrer Axiome) untersucht, sich der realen religiösen Erfahrung zuwendet und nicht spekulativen Ersatz konstruiert" (Dobrochotov 2007, 87). Das übergeordnete Ziel der Analyse von Reinachs Entwürfen könnte in der Beschreibung einer *Synthese* bestehen, da, wie sich zeigen wird, die Verfahren des philosophischen Denkens hier in wechselseitige Interaktion mit den Intuitionen des Glaubens treten. Die Analyse dieser komplexen Wechselwirkung ist für die bestehende Forschung zur philosophischen Theologie insofern

---

1 Die „Aufzeichnungen" sind vollständig in der kritischen Ausgabe der Werke Reinachs veröffentlicht (Reinach 1989, 589–611). Die systematische Rekonstruktion und philosophiegeschichtliche Analyse der Fragmente wurde bisher von Beate Beckmann vorangetrieben (Beckmann 2003).

von Interesse, als hier eine besondere Form der Vereinbarkeit und der Vermittlung von Rationalitäts- und Glaubensdiskursen realisiert wird.² Die theologische Forschung orientiert sich insbesondere an der Hypothese von Maxim Pylaev über eine besondere „Form der christlichen Theologie, die zwar vor allem die wichtigsten Ergebnisse der modernen Philosophie aufnimmt, aber dennoch versucht, davon frei zu bleiben" – was ein Merkmal „aller großen Systeme der christlichen Theologie" ist (Pylaev 2016, 27).

Zwei philosophiegeschichtliche Kommentare hinsichtlich einer solchen Stellungnahme sind erwähnenswert. Erstens folgt sie einer für die Phänomenologie typischen erkenntnistheoretischen Einstellung, die das *Erklären* als Reduktion einer Erscheinung auf bereits bekannte und bestimmte Sachen von dem *Verstehen* als Erfassen der Gegenstände in ihrer Besonderheit unterscheidet. Von Bedeutung ist außerdem in biografischer Hinsicht der säkulare Intellektualismus, dem Reinach angehörte und für den Religiosität nicht zwingend als etwas genuin Irreduzibles galt. Der einzige Grund, das Religiöse als einen selbstständigen Bereich wahrzunehmen, bestand in den persönlichen Erlebnissen einer spontanen Begegnung mit dem Göttlichen, die das Hauptthema der Aufzeichnungen darstellen.³

Bei der Ausgabe der Aufzeichnungen geht den religiösen Fragmenten selbst die Skizze „Zur Phänomenologie der Ahnungen" voraus, deren Hauptzweck darin besteht, die Überlegung zu rechtfertigen, dass es in besonderen Fällen zu Erlebnissen und Zugängen kommen kann, die unserer rationalen Alltagslogik nicht entsprechen. Der Anlass für die Diskussion ist ein mitgehörtes Gespräch in der Kaserne: Man sprach miteinander über Fälle, in denen gefallene Soldaten schon vor dem Gefecht eine Vorahnung des bevorstehenden Todes gehabt zu haben glaubten. Reinach weist darauf hin, dass die als „wissenschaftlich" und „Common Sense" bezeichnete Skepsis gegenüber derartigen Erlebnissen die phänomenologische Rekonstruktion nicht berührt: Unabhängig davon, wie man das Phänomen der Ahnung bewertet, kann das mit diesem Begriff korrespondierende Phänomen analysiert bzw. erschaut werden – als ein besonderer Akt, der sich wesentlich von anderen kognitiven Akten wie Wissen, Urteil und Überzeugung unterscheidet (Reinach 1989, 590 f.). Dieser apologetische Ansatz wird den weiteren Notizen auf den christlichen Glauben ausgedehnt, der aus der Sicht des

---

2 Im russischen Sprachraum sind vor allem die Monografien Konacheva 2010 und Pylaev 2011 erwähnenswert.
3 Über die Erfahrung einer Begegnung mit dem Göttlichen schreibt er z. B. in einer Notiz: „Jeder kann natürlich nur von dem reden, was er erlebt" (Reinach 1989, 595: 2. Mai 1916, – beim Zitieren der „Aufzeichnungen" werden die Seitenangaben durch das Datum des zitierten Fragments ergänzt).

säkularen Intellektualismus nicht ernstzunehmender zu sein schien als der Front-Aberglaube.[4]

Exemplarisch für das Miteinander von Philosophie und Glauben kann eine Aufzeichnung vom 28. April 1916 angeführt werden, die am Beispiel der Gebetserhörung die Möglichkeit des Glaubens erörtert:

> Antinomie der Gebetserhörung: Gebet, daß die Lawine, die bereits niederrollt, mich nicht trifft; Hoffnung auf Erhörung – wie vereinbar mit der eindeutigen Bestimmtheit allen Naturgeschehens? Seltsam: wenn die Lawine zur Seite geht, vielleicht durch Steine, so erlebe ich mein Gebet als ‚erhört' – obwohl die Steine schon längst da waren, der Erfolg also hätte vorausberechnet werden können. Ist das nun alles Täuschung, oder will man das Erleben ‚retten', indem man sagt: Gott hat alles vorausgeschaut und im Voraus erhört (anscheinend Schleiermacher)? Oder liegt eine Rätselhaftigkeit vor, die insbesondere der Begriff der Zeit verursacht, so daß deren Absolutheit zu streichen wäre?
>
> Vor allem: den religiösen Erlebnissen ihren Sinn lassen! Auch wenn er zu Rätseln führt. Gerade diese Rätsel sind vielleicht für die Erkenntnis von dem höchsten Werte... Schleiermacher S. 202 sicher unzutreffend. Es fragt sich, wie man in solche Betrachtung auch die Wunder oder manche sogenannte Wunder einordnen kann – so daß hier also eine naturwissenschaftliche Erklärung der Wunderqualität gar nicht widerspräche. (Reinach 1989, 593)

Bemerkenswert ist, dass dieses Fragment gewissermaßen das Leitprinzip des ganzen Entwurfs der „Aufzeichnungen" formuliert: *„Vor allem: den religiösen Erlebnissen ihren Sinn lassen!"* (meine Hervorhebung – AK) Die phänomenologischen Voraussetzungen der gesamten Betrachtung werden deutlich, wenn man darauf achtet, dass dieser Appell drei wichtige Aspekte enthält: 1) einen Hinweis auf die Aufgabe, die Eigenständigkeit des Phänomens *zu „retten"*, 2) die Annäherung der Begriffe *„Wesen"* und *„Sinn"* und 3) einen Bezug auf den Begriff *„Erlebnis"*, der die Unmittelbarkeit der religiösen Erfahrung bezeichnet. Die weitere Analyse soll zeigen, dass diese Prinzipien in einer solchen Verbindung nur unter Bezugnahme auf die Tradition der realistischen Phänomenologie, zu deren Hauptvertretern Reinach in der Zeit seiner Tätigkeit in Göttingen gehörte, entstehen konnten.

---

[4] Verwiesen sei hierzu auf Äußerungen von Husserl und Scheler, die eine grundsätzlich eher kritische, wenn nicht aggressive Einstellung der Intellektuellen gegenüber Religion feststellen (vgl. Schweighofer 2015, 156; Scheler 1921, 581). Siehe auch Koltsov 2019, 66–67.

2 Erlebnisphänomenologie und die realistische Orientierung in Reinachs Frühwerken

Die drei erwähnten Überlegungen erscheinen in der Tat bereits im Marburger Vortrag von 1914 „Über Phänomenologie" als Grundlagen einer philosophischen Methode. Hier setzt sich Reinach mit verschiedenen wissenschaftlichen Disziplinen auseinander – Psychologie, Geschichte, Mathematik – und zeigt dabei, dass die engen Definitionen, mit denen diese Disziplinen ihren Phänomenbereich erklären, ungenügend sind. Fachleute – wie zum Beispiel ein „Nur-Mathematiker" – „hantieren" mit ihrem Forschungsgegenstand (Reinach 1989, 535), ohne sich für das Wesen dessen, womit sie sich beschäftigen, zu interessieren. Diese Vernachlässigung führt nicht nur dazu, dass das ursprüngliche Kernproblem der Einzelwissenschaften in Vergessenheit gerät, sondern auch zu einer noch gefährlicheren Ersetzung des Verstehens von grundlegenden Wesensfragen durch Erklärungen im Sinne einer Reduktion von Unbekanntem auf eine Kombination bekannter Grundbegriffe (vgl. ebd., 534–535).

Auf der Suche nach einem Ausweg aus dieser Lage nimmt Reinach die Position des Antireduktionismus ein, indem er sich auf den wohlbekannten Unterschied zwischen „Erklären" und „Verstehen" beruft. Bei manchen Fragen in den Einzelwissenschaften kann eine erklärende Argumentation durchaus geeignet sein, um Aussagen über Gegenstände oder Vorgänge zu begründen, sie kann aber nichts über ihre *Essenz*, über das *Wesen* ihres Gegenstandes aussagen (vgl. ebd., 533). Deshalb wird in der phänomenologischen Philosophie das spezifische Verfahren der Wesensanalyse vorgeschlagen, das darauf abzielt, zu bestimmen, was in der Erklärung fehlt und was als „Sinn" bezeichnet werden kann. Dabei ist zu beachten, dass das Verfahren einer phänomenologischen Wesensanalyse immer auch ein hermeneutisches Element enthält, also keine vor-interpretative Beschreibung ist.

Mit seinen Überlegungen zur Natur der Zahlen (vgl. ebd., 538–541) gibt Reinach ein Musterbeispiel für eine solche Betrachtung, die „durch alle Zeichen und Definitionen und Regeln zu den Sachen selbst" (ebd., 538) durchdringt. Während die erklärenden Wissenschaften Korrelationen untersuchen und Strukuranalogien herstellen, um ein Unbekanntes durch ein Bekanntes oder durch die Gesamtheit der bekannten Phänomene zu erfassen, was zu einer vertikalen Hierarchie von Objekten (‚bottom-up') führt, betrachtet die Phänomenologie ihre Phänomene „horizontal", indem die Differenzierung verschiedener Phänomengehalte zugleich mit einem genaueren Verständnis der Spezifik des Einzelphänomens einhergeht (vgl. ebd, 538–541).⁵ Das Ziel einer Wesensanalyse besteht darin, jene Momente hervorzuheben, die für den Untersuchungsgegenstand notwendig sind und seine Einzigartigkeit bestimmen – also diejenigen Aspekte, ohne die der Gegenstand „undenkbar" wäre.

Die antireduktionistische Position folgt Husserls Motto der *Logischen Untersuchungen* – „auf die ‚Sachen selbst' zurückgehen" (Husserl 1962, 6). Reinachs theoretische Systematik basiert auf Husserls Theorie des intentionalen Aktes, die noch vor der transzendentalen Wende der *Ideen* ausgearbeitet wurde. Neben der Unterscheidung von Essenz als „So-Sein", d. h. Sinn der Gegenstände – und Existenz im Sinne von „Da-Sein" wird zwischen Erlebnis als sinnverleihendem Akt und dem Gegenstand, der das Korrelat einer Bedeutung ist, unterschieden (vgl. Reinach 1989, 531–550). So soll besteht etwa ein Unterschied zwischen der Behandlung von Phänomenen wie Farbe oder Klang als abstrakte Objekte und Akten des Sehens bzw. Hörens (vgl. ebd.). Diese Differenzierung von Akten und Objekten führt zu einer wichtigen These: Auch wenn der ontologische (im Sinne der Existenz, des Da-Seins) Status von Objekten in Frage gestellt werden kann, bleiben sie in ihrem Wesen als Erkenntnisobjekte notwendigerweise „dem Bewußtseinsstrome transzendent" (Reinach 1989, 533 f.). Folglich wird im phänomenologischen Repertoire eine Dimension von ‚Erlebnis' eingeführt, die sich auf unseren Zugang zu den Objekten auswirkt und einen realistischen Inhalt erhält. Diese realistische Haltung wird deutlicher, wenn wir die Theorie des intentionalen Aktes mit dem philosophischen Prinzip vergleichen, das Reinach in einem der frühesten Texte von 1910 („William James und der Pragmatismus") dargestellt hat: „Der Rationalismus nimmt eine Welt an, die fertig und vollendet dasteht, und bei der für das Erkennen nur die Aufgabe bleibt, sie schlicht und treulich abzubilden" (ebd., 48).

Die Perspektive der realistischen Phänomenologie wird zumeist so verstanden, dass jedes Erlebnis seinen intentionalen Gegenstand (sein Korrelat) dem Bewusstsein als ein positiv Gegebenes präsentiert. In einer zugespitzten Interpretation führt diese Position zu der Vorstellung von Erkenntnis als einem passivem Affiziertsein des Bewusstseins von einem wirklich existierenden Objekt.⁶ Anders gelesen, verbindet diese Auffassung jedoch einen Gegenstand mit dem Ereignischarakter seiner Bedeutung. Dieser Standpunkt wird von Reinach in seinen Vorlesungen zur „Einführung in die Philosophie" von 1913 entwickelt.

---

5 Ein Beispiel für die gleiche Argumentation findet sich im erwähnten Abschnitt „Zur Phänomenologie der Ahnungen", wo Reinach das Wesen der „Ahnung" durch Vergleich mit anderen Akten – wie „Wissen", „Fühlen" oder „Urteilen" – erschließt. Vgl. Reinach 1989, 590–591.
6 Ein Beispiel für eine solche Extremposition findet sich bei Reinachs Nachfolgerin Edith Stein (vgl. Stein 2014, 114–115).

Dabei zeigt sich auch, dass Reinach schon vor seiner religiösen Bekehrung die traditionellen Gottesbeweise als sehr spekulativ kritisiert: Für ihn verschließen sie den Zugang zu dem, was ein wirklicher Gott sein könnte, weil sie sich nicht um die oben erwähnte realistische Korrelation von Gegenstand und Erlebnis kümmern. So stellt Reinach in seiner Kritik an dem ontologischen Argument fest: „Hier kann nur die Erfahrung etwas helfen" (ebd., 437). Dies führt zu der Schlussfolgerung, dass die in der realistischen Phänomenologie thematisierte Korrelation von Erlebnis und Gegenstand ein ausreichendes Mittel zur philosophischen Legitimierung der Rede über Gott sein kann, auch wenn das ‚Wie' einer solchen Begründung klärungsbedürftig ist.

3 Die Entwicklung der Realismus-These in den „Aufzeichnungen"

Die „Aufzeichnungen" haben innerhalb des Gesamtwerks von Reinach insofern einen hervorgehobenen Status, als es sich bei ihnen nicht nur als einen späteren Entwurf handelt, sondern vor allem um eine Arbeit, die frei von Ansprüchen auf intellektuelle Neutralität in Glaubensfragen ist. In diesem Sinne ist es besonders interessant, sich die Frage zu stellen, in welchem Bezug die „Aufzeichnungen" zur oben erwähnten phänomenologischen Theorie stehen. Einerseits kann von einer Zuspitzung der instrumentellen Rolle von philosophischer Systematik gesprochen werden: Im Gegensatz zu anderen Wissenschaftsfeldern, in denen die unmittelbare Erfahrung kein Ziel ist, sondern nur Anlass für theoretische Konstruktionen sein kann, „mag [die Religionsphilosophie] Erlebnisse klären, aber nur, um wieder reinere Erlebnisse erwachsen zu lassen" (ebd., 594: 28. April). Sie ist also insofern eine ‚Dienerin' bzw. ‚Magd', als sie eine bestimmte Form des religiösen Erlebens ermöglicht. Andererseits bleibt die Analyse der religiösen Erfahrung insofern philosophisch, als sie dem kategorialen Gerüst und den Erkenntniseinstellungen der Phänomenologie folgt. In diesem Sinne ist es nicht schwer, in dem obigen Zitat die Verwendung der phänomenologischen Terminologie zu erkennen. Im Allgemeinen reduziert sich der gesamte philosophische Gehalt der „Aufzeichnungen" auf die in früheren Schriften entwickelten Prinzipien der realistischen „Erlebnisphänomenologie". Folglich stellt sich die Frage, wie genau diese Prinzipien bei der Suche nach einem religiösen Erleben angewandt werden und welche Transformation sie dabei durchlaufen.

Da es sich bei der Kategorie des Erlebnisses über alle Etappen von Reinachs Gesamtwerk hinweg um eine Schlüsselkategorie handelt, lässt sich die Entwicklung seiner phänomenologischen Systematik an den verschiedenen Momenten dieser Kategorie, die er im Laufe der Zeit herausarbeitet, illustrieren. Der autobiografische Charakter der Notizen unterstreicht dabei eine grundsätzliche Doppeldeutigkeit der Rede vom Erlebnis: Einerseits kann der Begriff „Erlebnis" im Sinne eines Betroffenseins von *Ereignissen* in der eigenen Biografie gelesen werden, andererseits wäre es nicht weniger naheliegend, diesen Begriff im Sinne von Husserls *Logischen Untersuchungen* abstrakt und formal zu interpretieren, d. h. als eine intentionale Gerichtetheit auf einen Gegenstand. Demnach erscheint es in der phänomenologischen Auseinandersetzung mit den „Aufzeichnungen" angemessen, zwischen psychologischen und gnoseologischen Motiven zu unterscheiden (mit dem Vorbehalt, dass solche Zuordnungen nicht im strengen, sondern im illustrativen Sinne verstanden werden sollten).

3.1 Das religiöse Erlebnis als Erkenntnis

Die gnoseologische Problematik entsteht durch die Einordnung religiöser Erlebnisse in eine besondere Kategorie und das Hervorheben der spezifischen Rolle der Religionsphilosophie als intellektuelle Disziplin. Reinach wendet sich einer Reihe von kataphatischen Aussagen der christlichen Lehre zu, um ihre Verwurzelung in einer bestimmten religiösen Einstellung freizulegen. So wird aus dem obigen Fragment über die Lawine deutlich, dass ein Gebetsakt erst dann einen Sinn erhält, wenn er eine Alternative zu einer naturwissenschaftlichen oder ‚Common Sense' Erklärung des Geschehens eröffnet, und so die Möglichkeit eines übernatürlichen Eingreifens in den Verlauf der Ereignisse einschließt. Wesentlich ist dabei, dass diese Annahme des Übernatürlichen durch ein Erlebnis des Vertrauens auf Gott gerechtfertigt und fundiert wird. In ähnlicher Weise offenbart sich die Einzigartigkeit religiöser Erkenntnis, wenn man über die Unsterblichkeit nachdenkt (ebd., 592: 27. April), ebenso wie über die „ursprüngliche Vollkommenheit des Menschen und der Welt" (ebd., 594: 28. April): Reinach erkennt diese Thesen als „ein Rätsel" an und weist darauf hin, dass sie nicht als „Rätsel der intellektuellen Erkenntnis" verstanden werden kann, sondern nur als ein Bestandteil des religiösen Erlebens.

So wird am Beispiel der einzelnen Glaubensinhalte – Vorstellungen von Unsterblichkeit, menschlicher Vollkommenheit und von göttliche Eingriffen in den Lauf der Dinge – eine besondere Erkenntnisquelle erschlossen, die sich vom profanen Intellektualismus unterscheidet. Zugleich gewinnen religiöse Vorstellungen einen besonderen Charakter: Man kann sie sich nicht auf ein „Wissen" über das, was in einer bestimmten Weise der Fall ist, reduzieren, denn sie können nur als persönlich erlebte Überzeugungen glaubwürdig werden. Diese Überlegung ähnelt der phänomenologischen Debatte um das Fühlen und sein Verhältnis zum Wissen, in der oftmals darauf hingewiesen wird, dass Formen intentionaler Gerichtetheit auf die Welt möglich sind, die sich nicht auf den klassischen Bereich der Erkenntnis, der objektivierenden Rationalität und der begrifflichen Repräsentationen erschöpfen.[7]

Ähnlich wie die Ahnung des bevorstehenden Todes, die den kognitiven Typen von Erfahrung in Wissenschaft im ‚Common Sense' gegenübergestellt wurde, unterscheidet Reinach zwischen religiösen Erlebnissen absoluter Abhängigkeit wie beispielsweise dem Gottvertrauen und „immanenten" menschlichen Akten. Man kann z. B. irrtümlich annehmen, dass sich Gottvertrauen von dem Vertrauen in andere Menschen nur „quantitativ" oder „graduell" unterscheide und dass es sich in beiden Fällen um Realisationen desselben Aktes handle – aber in Wirklichkeit besteht zwischen diesen Akten ein *qualitativer*, d. h. *prinzipieller* Unterschied (ebd., 605–606). Die prinzipielle Unterscheidung beider Akte wird in einer anderen Notiz begründet (ebd., 596–597: 11. Mai), in der Reinach versucht, den Übergang von einer bedingten Vertrauensbasis zu etwas zu denken, das *absolutes Vertrauen* rechtfertigen kann, auch wenn es unmöglich ist, diesen Übergang im Sinne der Naturwissenschaften oder des ‚Common Sense' zu erklären. Er weist darauf hin, dass es zwei Kriterien für die Beurteilung des Vertrauens gibt: Erstens kann man fragen, ob ein Objekt vertrauenswürdig ist. Diese Frage stellt sich beispielsweise jemand, der einem Kollegen Geld leihen soll. Zweitens aber – und genau darum geht es in einer religiösen Beziehung – kann das tiefe Erleben von Vertrauen selbst durch seine „glühende Fülle" geeignet sein, die eigene Authentizität zu bezeugen. Auf die Frage: „Hat jene Fülle Erkenntniswert?" – antwortet Reinach: „Sicher!", und dies ist das erste apologetische Ergebnis der phänomenologischen Analyse der „Aufzeichnungen".

Des Weiteren folgt daraus eine Überlegung bezüglich der Rolle der Religionsphilosophie als intellektueller Gestaltung der religiösen Erfahrung. Die Auseinandersetzung mit dem Thema „Wissen und Fühlen" lässt die Ähnlichkeit von Religion und Ethik erkennen, mit der sich Reinach in einigen Fragmenten beschäftigt. Erstens postuliert er – auf der Grundlage, dass „Religiöse Erkenntnis und Werterkenntnis […] sich nah [stehen], insofern sie beide sich aus einem Fühlen entwickeln" – den Vorrang der erlebten, qualitativen Erfahrung vor dem Wissen. Dieser Vorrang besteht, weil „der Schwerpunkt und Wert, das eigentliche ‚Leben', im Erleben liegt und nicht im Erkennen" (ebd., 595: 1. Mai). Den so verstandenen Wahrheiten fehlen jedoch die gewöhnlich angewandten Kriterien der

---

[7] Vgl. dazu Vendrell Ferran 2013; Vendrell Ferran 2015 sowie die Beiträge in Szanto/Landweer 2020. Siehe auch für eine grundlegende Studie zur Gefühlsproblematik in der realistischen Phänomenologie: Vendrell Ferran 2008.

Evidenz, Allgemeingültigkeit und Objektivität. In einer Aufzeichnung bemerkt Reinach zum Beispiel, dass das Gefühl der absoluten Abhängigkeit nicht mit apodiktischen Wahrheiten der Geometrie verglichen werden kann (vgl. ebd., 594: 29. April). An anderer Stelle wird allgemein festgestellt, dass das religiöse Erlebnis als solches nicht den Anspruch auf Evidenz erheben kann – ähnlich wie im Falle der Ethik oder Ästhetik basiert jedes objektivierende Urteil auf Gegebenheiten der individuellen Erfahrung (ebd., 595–596: 2. Mai). Darüber hinaus erkennt Reinach an, dass religiöse Erkenntnis nicht allgemein zugänglich ist – im Gegensatz zu objektiver Erkenntnis, die „im allgemeinen beliebig herstellbar" ist (ebd., 595: 2. Mai).[8]

Die Tatsache, dass das Erlebnis, das dem „Wissen" als „Fühlen" gegenübergestellt wird, doch ein Gegenstand des philosophischen Interesses bleibt, führt zur Frage nach der Relevanz der intellektuellen Reflexion. Im Bereich der positiven Wissenschaften sind alle kognitiven Akte überprüfbare rationale Prozesse, für die Erfahrung nur als Ausgangspunkt von Belang ist (ebd., 594: 28. April). Anders gesagt: Es ist die abstrahierende, theoretische Reflexion, die eine Instanz wissenschaftlicher Wahrheiten darstellt. Im Bereich des religiösen Denkens ist dies jedoch umgekehrt. Zum einen sind religiöse Erlebnisse der rationalen Reflexion nicht zugänglich (ebd., 593: 27. April). Aber noch wichtiger ist zum anderen, dass die Anerkennung des geistigen bzw. kognitiven Status der Gefühle das Kriterium für Gewissheit auf die Seite der Erfahrung verschiebt. Daher ist jegliche Objektivierung von Glaubenswahrheiten immer eine sekundäre Reflexion, die nicht frei von Täuschungen ist, und daher sollte sich jedes Urteil über religiöse Fragen auf die Auseinandersetzung mit wesentlichen Gegebenheiten der Erfahrung berufen können. Reinach gibt als Beispiel dafür die Naturvergöttlichung an, die durch einen Übergang von der „falsche[n] Reflexion auf echte Erlebnisse" entsteht: „Frömmigkeit gegenüber der Natur [...] gibt es nicht; sie wird nur in das eigene religiöse Erleben hineininterpretiert" (ebd., 596: 5. Mai).

Andererseits vermag die Religionsphilosophie, wie oben erwähnt, zur „Klärung von Erfahrungen" beitragen (ebd., 594: 28. April). Das analytische Potential der philosophischen Reflexion wird durch die bereits im Marburger Vortrag formulierte Überlegung geprägt, die Phänomenologie sei dazu aufgerufen, die in der Existenz der Dinge offenbarten apriorischen Gesetzlichkeiten aufzudecken.[9] Nach

---

8 Dieses Fragment erhält am Schluss eine besonders interessante Note: „Wenigstens nicht bei uns historischen Menschen".

9 Vgl. Reinach 1989, 542–543: „In ihnen [wesentliche Gesetze] haben wir kein zufälliges So-Sein, sondern ein notwendiges So-sein-Müssen und dem Wesen nach Nicht-anders-sein-Können". Ferner ebd., 544: „Gewiß spielt die Notwendigkeit bei dem Apriori eine Rolle – nur ist es keine Notwendigkeit des Denkens, sondern eine Notwendigkeit des Seins".

diesem Prinzip glaubt Reinach, die dem religiösen Akt wesenhaft zugehörigen Strukturen entdecken zu können. Diese Absicht äußert sich insbesondere in der These, dass zwischen bestimmten Erscheinungsformen des Religiösen – wie Erlebnissen absoluter Abhängigkeit, Vertrauen, Dankbarkeit usw. – eine Verbindung hergestellt werden könne, die von der inneren Logik des Erlebnisses bestimmt werde. Dieser Gedankengang wird in aller Deutlichkeit in der Aufzeichnung vom 19. Mai 1916 deutlich:

> Nun haben wir das Erlebnis der Geborgenheit schlechthin, aus dem sich Vertrauen (als bezüglich auf Konkretes) ‚logisch' entwickelt. Und ebenso die Dankbarkeit aus dem noch zugrundeliegenden Abhängigkeitsgefühl (in der Hand Gottes stehen). Also scheint diese Stufenfolge: Abhängigkeitsgefühl schlechthin – Geborgenheitsgefühl schlechthin. Aus dem Ersten entspringt Dankbarkeit, aus dem Zweiten konkretes Vertrauen. Das zweite setzt das erste voraus. (ebd., 600)

Reinach hält also daran fest, dass man in den vielfältigen Erscheinungsformen religiöser Erfahrung unabhängig vom Einzelfall die Grund- und Sekundärerlebnisse identifizieren kann, die eine Struktur der Erfahrung bilden: „Natürlich kann auch ein abgeleitetes Erlebnis tatsächlich zuerst entstehen und zu Gott überhaupt erst hinführen" (ebd., 594: 28. April).

Man darf also nicht nur die deskriptive, sondern muss auch die kritische Funktion der Religionsphilosophie anerkennen, allerdings mit dem grundsätzlichen Vorbehalt, dass nicht die Glaubensinhalte selbst Gegenstand der kritischen Analyse sind, sondern nur die sie objektivierende Reflexion. Zusammenfassend lässt sich sagen, dass die religiöse Erkenntnis nach Reinachs Auffassung gerade durch eine Divergenz zwischen den Kriterien der Evidenz und der Wahrheit gekennzeichnet ist: Während das Ideal der Naturwissenschaft diese beiden Kriterien der rationalen Reflexion und nicht der Erfahrung zurechnet, bleibt in Glaubensfragen die Wahrheit auf der Seite der Erfahrung, wobei der Rationalität die Aufgabe zukommt, diese Wahrheiten (soweit möglich!) zu einer allgemeingültigen Evidenz zu bringen. Hinzu kommt, dass die phänomenologische Methode in den religionsphilosophischen Zusammenhängen darauf abzielt, theologische Spekulationen und verschiedene Theologeme auf die ursprünglichen religiösen Erlebnisse zurückzuführen, worin man eine eigentümliche Variante eines „zurück zu den Sachen" sehen kann.[10] Dabei geht es insbesondere um die Klärung religiöser Äußerungen, wie am Beispiel seiner Diskussion des Sündenfalls deutlich

---

10 Hierzu passt die von Reinach vorgeschlagene Gliederung der Religionsphilosophie in drei Abschnitte: a) Die Lehre von den religiösen Notwendigkeitszusammenhängen; b) Die Darlegung des wesenhaft Möglichen (Erlösungslehre etc.); c) Erkenntnistheoretische Betrachtung aller dieser Dinge – ebd., 592: 26. April.

wird, der gemäß Reinach vor allem Intuitionen über die Unvollkommenheit der menschlichen Natur ausdrückt (ebd., 594: 28. April u. 29. April). Zudem wird an anderer Stelle explizit erwähnt, dass die Feststellung der göttlichen Attribute – wie Allmacht oder Allwissenheit – „aus dem materialen Gehalt der religiösen Erlebnisse" hervorgehe (ebd., 595: 2. Mai).

3.2 Die innere Struktur des religiösen Erlebnisses

Die zweite Entwicklungsrichtung der Erlebnisphänomenologie in den Aufzeichnungen kann, im Gegensatz zur „epistemologischen", als „psychologische" bezeichnet werden, da es nicht um einen „äußerlichen" Vergleich des Glaubens mit anderen intentionalen Akten geht, sondern um den Versuch (von eindeutig autobiografischem Charakter), religiöse Erfahrung „von innen" zu beschreiben. Auf diesem Weg stellt Reinach die Frage nach der Subjekt-Objekt-Bezogenheit innerhalb der Korrelation von *noesis* und *noema*, was die realistische Stoßrichtung seines philosophischen Programms weiter zuspitzt.

Husserls Theorie der Intentionalität nimmt bekanntlich eine Gerichtetheit aller Denkakte auf bestimmte Gegenstände an – ganz einfach gesagt: Denken ist immer Denken von etwas. In der transzendentalen Fassung der Phänomenologie (wie sie vor allem in den *Ideen I* dargestellt ist) wird diese Annahme anhand der Begriffe von „*noesis*" und „*noema*" deutlich (Husserl 1950, 219, 228). Mit der Einführung dieser beiden Termini wird u.a. zum Ausdruck gebracht, dass die Rede von der gegenständlichen Bezogenheit des Bewusstseins (zumindest innerhalb des Kontextes der *Ideen*) keine ontologische Beurteilung der tatsächlichen (d.h. vom Denkakt unabhängigen) Existenz eines Objekts impliziert. So gesehen erstaunt es auch nicht, dass für Husserl dasjenige „immanent" ist, was sich innerhalb des Bewusstseins abspielt, und die Welt außerhalb des Bewusstseins als „transzendent" bezeichnet wird (ebd., 91ff.).

Die grundsätzliche Bedeutung der Intentionalitäts-These für die Denktradition der Phänomenologie (jenseits des Werkes von Husserl) scheint darin zu bestehen, dass sie einen Zusammenhang zwischen dem Erkennbaren und dem Charakter des Erkenntnisaktes herstellt. In diesem Sinne setzt jede phänomenologische Analyse voraus, dass ein Gegenstand und das ihn entdeckende Erlebnis einen Sinnzusammenhang bilden. Im Falle der Religionsphilosophie bedeutet dies, dass die religiöse Erfahrung einen besonderen Akt darstellt, weil sie selbst durch die Spezifik ihres Gegenstandes bedingt ist. Wahrscheinlich orientiert sich Reinach an genau diesem Gedanken, wenn er auf „eine spezifisch religiöse Unsterblichkeitsbetrachtung" hinweist und dabei mit Bezug auf Schleiermacher feststellt: „Jedem wirklich religiösen Erleben ist die Gottesidee immanent"

(Reinach 1989, 592: 27. April). Das erste Zitat veranschaulicht sehr gut die Bedingtheit der *noema* durch die *noesis* und bestätigt zugleich, was zuvor über das kognitive Potential des religiösen Erlebnisses gesagt wurde: Nicht nur der „Glaube an die Unsterblichkeit", sondern jegliche Glaubenssätze sind nur im Rahmen einer bewussten intentionalen Einstellung möglich. Die Erwähnung der notwendigen „Gottesidee" liefert wiederum einen Hinweis darauf, dass die religiöse Beziehung nicht auf irgendetwas gerichtet sein kann, sondern dass es einem einzigartigen, absoluten und auf keine andere Art zugänglichen Gegenstand bedarf.

Reinachs realistische Orientierung zeigt sich in seiner Interpretation der Korrelation von *noesis* und *noema* als ein Zusammenwirken der Ich- und Gegenstandspole (vgl. ebd., 592). Besonders deutlich wird dies in dem ersten der datierten Abschnitte, wo als Struktur des intentionalen Erlebnisses drei konstitutive Elemente genannt werden: eine *Ichquelle*, eine *Gegenstandsquelle* und eine *Gegenstandsbeziehung* (vgl. ebd.). Diese Terminologie scheint ein Schritt in Richtung einer für ontologische Aussagen offenen Phänomenologie zu sein, wie sie die Anhänger des Realismus in Opposition zu Husserls *Epoché*-Prinzip entwickeln. Die Folgen dieses Schrittes sind umso bemerkenswerter, denn die Annahme der Existenz zweier unabhängiger Erfahrungsquellen erlaubt es, die Korrelation zwischen ihnen in zwei Richtungen zu denken. Die erste Aufzeichnung erörtert diese Frage, ohne einer von ihnen den Vorzug zu geben. Hier ist zunächst nur eine Unterscheidung zwischen Akten zu erkennen, die entweder von der Seite eines Gegenstands initiiert wurden (intentionale Erlebnisse „schöpfen immer wieder aus der Gegenstandsquelle als ihrem Nährboden"), oder durch die intentionale Beziehung selbst konstituiert sind (sie „suchen ihre gegenständliche Beziehung aus ihrer Erlebnismaterie heraus"). Diese Unterscheidung ist die Grundlage für eine Hypothese über die besondere Ausrichtung der religiösen Beziehung: „Es mag wohl so sein, daß [die Frömmigkeit] zu Gott führt und nicht von Gott (phänomenal) herrührt" (ebd., 592: 25. April).

In den nachfolgenden Fragmenten wird diese Vermutung allmählich zu einer gefestigten Behauptung. Erstens sieht Reinach einen Hinweis auf das Primat des Erlebnisses gegenüber dem Gegenstand in Simmels Aussage: „Nicht die Religion schafft die Religiosität, sondern die Religiosität die Religion". Entsprechend seiner Terminologie versteht er unter „Religiosität" in diesem Zitat eine intentionale Haltung, was zu dem Schluss führt, dass „der religiöse ‚Gegenstand' [...] Produkt der religiösen Erlebnisse" ist (ebd., 598: 13. Mai). Zweitens wird diese These mit der Auffassung von Absolutheit als einem besonderen Aktcharakter in Verbindung gebracht. Dieser Gedanke wurde bereits erwähnt, als es um die Spezifik des religiösen Aktes ging. An verschiedenen Stellen (ebd., 596: 10. Mai; 596 f.: 11. Mai; 600: 21. Mai; 605 f.: § 1. Das Absolute) weist Reinach darauf hin, dass bestimmte

Akte (das Vertrauen, die Dankbarkeit, die Abhängigkeit usw.), obwohl sie immer mit dem gleichen Wort bezeichnet werden, sich tatsächlich je nach dem Gegenstand und der Art ihrer Bezogenheit wesentlich unterscheiden: Wenn in Bezug auf einen Menschen ein Akt (z. B. des Vertrauens) in größerem oder kleinerem Maße vollzogen werden kann, dann ist in Bezug auf das Göttliche nur das *absolute* Erlebnis möglich. Dem Thema des Absoluten ist das einzige Fragment gewidmet (ebd., 605–610: § 1. Das Absolute), das keine skizzenhafte Notiz, sondern eine ausführliche Abhandlung in Form eines vollständigen Textes ist. Hier wird der erwähnte Gedankengang in verschiedener Hinsicht nuanciert, unter anderem im Hinblick auf die Ausrichtung der Korrelation zwischen dem Gegenstand und dem Charakter des Aktvollzuges. Einerseits stellt Reinach fest, dass oftmals der Gegenstand unsere spezifische Einstellung zu ihm bestimmt, und verweist gleichzeitig darauf, dass es andere Fälle gibt, in denen wir uns in einer besonderen Erfahrung befinden, deren Einzigartigkeit als solche ein Hinweis auf eine objektive Realität ist – und genau dies ist der Fall bei der Religion (ebd., 606–607: § 1. Das Absolute). In einem anderen Fragment wird diese These neu formuliert und führt zu einer eindeutigen Schlussfolgerung: „Auch diese ‚Absolutheit' des Erlebnisses führt zu Gott" (ebd., 600: 21. Mai).

Die genannte These über die eindeutige Ausrichtung innerhalb der Korrelation von *noesis* und *noema* kann auf zwei verschiedene Arten interpretiert werden. *Einerseits* könnte man hier vom traditionellen Subjekt-Objekt-Schema der religiösen Erfahrung reden – davon zeugt unter anderem das zitierte Fragment, in dem Gegenstand- und Ichquelle zur Beschreibung der intentionalen Korrelation angeführt werden (ebd., 592: 25. April). Diese Interpretation wird auch durch den allgemein eher vertraulichen, persönlichen Tonfall unterstützt, der die auf die Bekehrungserfahrung folgenden Arbeitsaufzeichnungen charakterisiert. In diesem Sinne wird das Erlebnis zuallererst als ein Ereignis der persönlichen Biografie beschrieben und beinhaltet als Ergebnis einen Zugang zur göttlichen Realität. Dabei bleibt eines der grundlegenden Merkmale des religiösen Lebens und des religiösen Bewusstseins ihre notwendige Subjektivität, und deshalb ist der gesamte Entwurf der „Aufzeichnungen" eine Fortsetzung der Schleiermacher'schen „anthropologischen Wende" in der Theologie. *Andererseits* lässt sich ein konsistenter Subjektivismus nicht ohne weiteres mit einer realistischen Position in Einklang bringen, weil dann die objektive Bedeutung der Glaubensaussagen in Frage gestellt würde. Nicht umsonst verteidigt Reinach im Kontext einer polemischen Auseinandersetzung mit der positivistischen Skepsis einmal mehr die kognitive Eigenständigkeit religiöser Erfahrung mit einem Einwand: „Mag man – voreilig genug – hier von bloß ‚subjektiven Erlebnissen' reden" (ebd., 604: I. Die Beurteilung des Erlebnisses). Aus diesem Grund muss die Feststellung einer subjektiven Quelle des religiösen Aktes durch die Anerkennung des objektiven Status seines Korrelats ergänzt werden.

Erwähnenswert ist, dass durch die Beschäftigung mit dem Problem des religiösen Gegenstandes die realistische Einstellung der „Aufzeichnungen" einen sonderbar theologischen Beigeschmack erhält. Denn der Inhalt der Fragmente lässt die Frage aufkommen, was genau unter dem intentionalen Korrelat des Glaubens zu verstehen ist. Im Aufsatz „Das Absolute" spricht Reinach nur vom „Absoluten", „Himmlischen" oder „Göttlichen" und vermeidet es, Gott direkt zu nennen, was – angesichts der exakten Ausarbeitung dieses Abschnitts im Vergleich zu anderen – kaum ein Zufall sein wird. Allerdings fanden sich in den bereits angeführten Textstellen zwei Hinweise darauf, dass in manchen Fragmenten der religiöse Gegenstand eben doch mit dem personalen Gott identifiziert wird. Die These von der Existenz Gottes wird nun in aller Deutlichkeit formuliert: „Auch die Existenz Gottes enthüllt sich auf Grund des materialen Gehaltes des Gotteserlebnisses [...] Indem das religiöse Erlebnis uns entquillt, ist Gott zugleich dem Sinne des Erlebnisgehaltes gemäß als existierend gesetzt" (ebd., 595: 2. Mai). Diese Aussage kann als Versuch eines Ausgleichs zwischen den subjektivistischen und objektivistischen Tendenzen der phänomenologischen Glaubensanalyse gesehen werden – da einerseits das ontologisierende Urteil hier der noetischen Quelle untergeordnet wird („indem das religiöse Erlebnis uns entquillt"), und zugleich seine Allgemeingültigkeit als eine notwendige Konsequenz der aufgewiesenen Intentionalität des religiösen Aktes dargestellt wird.

Auffällig ist auch, dass Reinach sein erkenntnistheoretisches Grundprinzip aus dem Aufsatz über James von 1910 fast auf das Wort genau wiederholt, um den Anspruch auf Allgemeingültigkeit zu begründen. So steht in den „Aufzeichnungen":

> Es ist ein Grundgesetz der Erkenntnislehre, daß alles Seiende seinem Wesen nach erfaßbar ist. Jedem Gegenstand und jeder Gegenstandsklasse sind ideelle Akte zugeordnet, in denen diese Gegenstände zur Gegebenheit kommen. Es gibt hier strenge Zugehörigkeitsgesetze. (ebd., 604)

In diesem Zitat zeigt sich die grundsätzliche Kontinuität von Reinachs realistischer Position auf allen Etappen seines philosophischen Weges: die Ablehnung der phänomenologischen *Epoché* im Interesse einer Anknüpfungsfähigkeit zur Ontologie wird durch die grundlegende Annahme einer Wesensbeziehung von Erkennen (oder allgemeiner: intentionalem Gerichtetsein) und Sein gerechtfertigt.

Dieses Prinzip führt zu zwei mehr oder weniger expliziten Gleichsetzungen: das intentionale Erlebnis wird mit dem Erkenntnisakt und das Erkenntnisobjekt mit dem Seienden gleichgesetzt. Die Behauptung, jeder Erkenntnisakt habe ein bestimmtes Segment der objektiven Realität zum Gegenstand, legt in der Tat nahe, dass jedes intentional erfassbare Korrelat selbständig und unabhängig vom erkennenden Subjekt existiert. Das heißt, nach Reinachs Ansicht ist die religiöse Erfahrung eine ausreichende und legitime Grundlage, um die objektive und eigenständige Existenz ihres Korrelats anzunehmen. Dabei wird in seinem Entwurf das durch den religiösen Akt erkannte Seiende direkt mit dem christlichen Gott gleichgesetzt. Man muss jedoch anmerken, dass trotz aller vorgebrachten Argumente der letztere Schritt unbegründet bleibt: Selbst wenn wir die objektive Existenz des Korrelats zu religiösen Akten anerkennen, besteht der begründete Verdacht, dass der Verweis auf Gott hier auf einem anthropomorphistischen Vorurteil beruht (ich nenne Gott das, was ich in mir finde, als Gegenstand und Ziel meiner Erlebnisse). Damit würde unser Glauben Gott hervorbringen, was ein schwaches Verständnis von Gott wäre. Aus den Überlegungen zum Gottesbegriff lässt sich allerdings andererseits folgern, dass es in Reinachs phänomenologischer Interpretation der christlichen Theologie einen Platz für ein doppeltes Gottesverständnis gibt: Es kann sich entweder um den lebendigen „Gott Abrahams" oder um etwas Unerkanntes und Unergründliches, auf das in der impersonalen Abstraktion verwiesen wird, handeln.

In gewissem Sinne muss eine solche Mehrdeutigkeit und das mit ihr zusammengehörige Spannungsverhältnis als unvermeidliche Konsequenz des Versuchs einer intellektuellen Auslegung von Glaubensgrundlagen anerkannt werden.[11] Dennoch erkennt man Ansätze zur Überwindung dieser Ambiguität in dem Versuch, dem in Analysen des religiösen Aktes traditionell vorausgesetzten Subjekt-Objekt-Schema zu entkommen. So versteht jedenfalls Heidegger, der die „Aufzeichnungen" zur Vorbereitung seines Kurses „Die philosophischen Grundlagen der mittelalterlichen Mystik" verwendete, Reinachs Grundintuition.[12] Heidegger zitiert den folgenden Ausschnitt aus dem Aufsatz „Struktur des Erlebnisses":

> Ich erlebe meine absolute Abhängigkeit von Gott. Insofern ich selbst an dieser erlebten Beziehung beteiligt bin, steht der Sachverhalt nicht vor mir, sondern ich selbst erlebe mich in dieser Beziehung, die mir dann natürlich nicht gegenständlich sein kann. (ebd., 611)

---

[11] Ähnlich unterscheidet Scheler das „Absolute" bzw. „*Ens a se*" in der Metaphysik von den religiösen Akten und ihrem Bezug auf einen personalistisch verstandenen Gott. Vgl. u. a. Scheler 1921, 535; 381–382; 386–388.

[12] Zum Heideggers Rezeption der „Aufzeichnungen" vgl. Silva Santos 2017. Seine kritischen Anmerkungen zu Reinach werden auch von Beate Beckmann berücksichtigt: Vgl. Beckmann 2003, 136–146.

Ohne die bereits beschriebene Korrelation von *noesis* und *noema* im religiösen Akt zu revidieren, nimmt Reinach an dieser Stelle eine andere Perspektive ein: Wenn man sich daran erinnert, dass in einem früheren Fragment neben der Ichquelle und der Gegenstandsquelle die intentionale Beziehung als drittes Wesensmoment in der Struktur des Erlebnisses bezeichnet wurde (vgl. ebd., 592: 25. April), dann wird hier genau letzteres zum Schlüsselbegriff und Kandidaten für einen Ausweg, indem er es erlaubt, sich von den Widersprüchen des Subjekt-Objekt-Modells zu lösen. Die Beschreibung des religiösen Erlebnisses als einer nicht-objektivierbaren „Beziehung" ermöglicht die Betrachtung als ein bedingungsloses Ergriffensein und so die Vermeidung der Reduktion des Göttlichen auf etwas Endliches.

Schlussfolgerung

Bekannt ist, dass die „Aufzeichnungen" von den Denkerinnen und Denkern der phänomenologischen Bewegung als eine entscheidende Wende in Reinachs philosophischem Werk infolge seiner Konversion wahrgenommen wurden.[13] In diesem Sinne ist die Beschreibung der Bekehrung Reinachs, die Hedwig Conrad-Martius im Vorwort zur Ausgabe der *Gesammelten Schriften* von 1921 gab, sehr aussagekräftig:

> Im Felde kam die große Erkenntnis Gottes über ihn. Es ist selbstverständlich, daß er bis dahin mit unbedingter Ehrfurcht und sachlicher Scheu auf Sphären geblickt hatte, die ihre objektive Stellung irgendwo besitzen mußten, die ihm aber persönlich nicht zugänglich gewesen waren. Jetzt aber überströmte ihn dieses Neue und nunmehr in ganz anderem Sinne Absolute mit solcher Fülle und Gewalt, daß sein Blick hier zunächst ausschließlich gebannt wurde. Wir sehen, daß für ihn das zentrale religiöse Erlebnis in dem Gefühl und der Erkenntnis nunmehr restloser Geborgenheit bestand. Wie so gar nicht es sich hierbei um eine pantheistisch unklare Gefühlsbetontheit handelte, wie sehr die metaphysisch objektive und reelle Quelle solchen Erlebens wahrhaftes Fundament auch seines Erlebens war, zeigt das eindeutige und klare Verhältnis, das er fortan zu Christus besaß. (Conrad-Martius 1921, zit. nach Beckmann 2003, 70)

Dennoch zeigt die hier durchgeführte Untersuchung eine gewisse formal-kategoriale und inhaltliche Kontinuität von Reinachs Frontnotizen im Vergleich zu seinem Frühwerk. Zweifellos verlieren sie dadurch nicht an Wert als ein Entwurf einer wesentlichen Analyse der Religion, d. h. als eine Regionalphänomenologie. Wir können feststellen, dass die Anwendung der allgemeinen realphänomenologischen Prinzipien auf die Frage nach religiöser Erfahrung schon in den Ent-

---

[13] Vgl. Schuhmann/Smith 1989, 789–790.

würfen zu interessanten Ergebnissen geführt hat. Auch wenn die „Aufzeichnungen" eine Reihe von fragmentarischen Einsichten und Fragestellungen bleiben, so stellen sie doch einen einzigartigen Komplex dar, der offensichtlich durchgehende Aussagen sowohl zum Forschungsgegenstand als auch zum begrifflichen Repertoire enthält. Bezüglich des Forschungsgegenstandes gelingt es Reinach, bedeutende philosophische und theologische Einsichten zu erarbeiten – wie die Entdeckung einer Hierarchie innerhalb der religiösen Erlebnisse, die Klärung einiger theologischen Aussagen sowie der Versuch, Widersprüche der metaphysischen Gottesbeweise zu überwinden. Zudem setzt er sich in den Fragmenten sowohl mit der die Intentionalitätstheorie als auch die Verteidigung des Fühlens als eine Quelle von Gewissheit neben den Erkenntnisakten auseinander.

Und trotzdem bleibt die Frage offen, ob es in den „Aufzeichnungen" etwas gibt, das als unbestreitbare Folge der religiösen Bekehrung verstanden werden könnte. Könnte der Gott des Philosophen Reinach sonst nicht als „rein intellektuell" gedacht werden? Es scheint, dass die Folgen seiner biografischen Erfahrung nicht auf der Ebene expliziter Thesen, sondern eher im Bereich illustrierender Erläuterungen zu finden sind – nämlich wenn Reinach in virtuosen Beschreibungen der spontanen Begegnung mit dem Absoluten intuitiv auf Kategorien wie „Unbedingtheit" und „Tiefe" zurückgreift. Von „Unbedingtheit" des Glaubens wird gesprochen, wenn dem religiösen Akt selbst (d. h. nicht nur seinem inhaltlichen Korrelat) ein absoluter Charakter zugeschrieben wird, oder wenn die Begegnung mit dem Heiligen als einzige bedingungslose Unterstützung und Bergung in einer Situation der allgemeinen Irritation und Relativierung alles Immanenten bezeichnet wird. Und eine besondere Dimension der „Tiefe" drückt sich in der metaphorischen Gegenüberstellung des Himmlischen und Irdischen aus, wodurch die Einzigartigkeit der religiösen Erfahrung in Beziehung mit der Integrität der Lebenswelt gesetzt wird.

Literatur

Beckmann, Beate (2003): Phänomenologie des religiösen Erlebnisses. Religionsphilosophische Überlegungen im Anschluss an Adolf Reinach und Edith Stein, Würzburg.

Dobrokhotov, Alexander (2007): Filosofija i Hristianstvo [Philosophie und Christentum], in Ders.: Izbrannoe [Ausgewählte Schriften], Moscow, 75–88 [in Russischer Sprache].

Husserl, Edmund (1950): Husserliana, Bd. III: Ideen zu einer reinen Phänomenologie und phänomenologischen Philosophie. Erstes Buch: Allgemeine Einführung in die reine Phänomenologie, Den Haag.

Husserl, Edmund (1962): Logische Untersuchungen, Bd. II.1: Untersuchungen zur Phänomenologie und Theorie der Erkenntnis, Tübingen.

Koltsov, Aleksandr (2019): Filosofskaja fenomenologija religii (M. Scheler, A. Reinach, E. Stein) v kontekste religiosnosti moderna [Philosophische Religionsphänomenologie (M. Scheler, A. Reinach, E. Stein) im Kontext der modernen Religiosität], in Voprosy filosofii 9, 64–74 [in Russischer Sprache].

Konacheva, Svetlana (2010): Bytie. Svjaschennoe. Bog. Heidegger i filosofskaja teologia XX veka [Sein. Das Heilige. Gott. Heidegger and philosophische Theologie des 20. Jahrhunderts], Moscow [in Russischer Sprache].

Pylaev, Maxim (2011): Kategorija „svjaschennoe" v fenomenologii religii, teologii i filosofii XX veka [Die Kategorie des „Heiligen" in der Religionsphänomenologie, Theologie und Philosophie des 20. Jahrhunderts], Moscow [in Russischer Sprache].

Pylaev, Maxim (2016): Filosofija i teologija v „neoortodoksii" Karla Barta [Philosophie und Theologie in Karl Barths „Neoorthodoxie"], in Vestnik PSTGU. Seria I: Bogoslovie. Filosofija. Religiovedenie 68, 26–40 [in Russischer Sprache].

Reinach, Adolf (1989): Sämtliche Werke. Textkritische Ausgabe in 2 Bänden, Bd. 1, München.

Scheler, Max (1921): Vom Ewigen im Menschen, Leipzig.

Schuhmann, Karl / Smith, Barry (1989): Aufzeichnungen. Kommentar, in Reinach, Adolf: Sämtliche Werke. Textkritische Ausgabe in 2 Bänden. Bd. 2. Kommentar und Textkritik, München, 787–791.

Schweighofer, Astrid (2015): Religiöse Sucher in der Moderne: Konversionen vom Judentum zum Protestantismus in Wien um 1900, Berlin / Boston.

Silva Santos, Bento (2017): Martin Heidegger e o „Absoluto". A apropriação fenomenológica dos fragmentos sobre filosofia da religião (1916–1917) de Adolf Reinach, in: O Que Nos Faz Pensar 26, 353–380.

Stein, Edith (2014): Was ist Philosophie? Ein Gespräch zwischen Edmund Husserl und Thomas von Aquin, in: Edith Stein Gesamtausgabe, Bd. 9. „Freiheit und Gnade" und weitere Beiträge zu Phänomenologie und Ontologie (1917 bis 1937), Freiburg, 91–118.

Szanto, Thomas / Landweer, Hilge (Hg.) (2020): The Routledge Handbook of Phenomenology of Emotion, Abingdon / New York.

Vendrell Ferran, Íngrid (2008): Die Emotionen: Gefühle in Der Realistischen Phänomenologie, Berlin.

Vendrell Ferran, Íngrid (2013): Die Grammatik der Gefühle. Einführung in eine Phänomenologie der Emotionen, in: Praktische Theologie 2, 72–78.

Vendrell Ferran, Íngrid (2015): The Emotions in Early Phenomenology, in: Studia Phaenomenologica 15, 329–354.

Vladislav Serikov
Religion, religiöses Gefühl und artikulierte Religionskultur

Abstract: I suggest that the basic religious feeling should be understood as a feeling of commitment to the dynamic transcendence of the self towards one's ultimate value, this value being felt as the cause of, the reason for and the goal of one's tendency towards the self-transcendence with the hedonic qualities of amazement, anxiety and fascination. The religious feeling belongs to existential feelings in so far as it relates intentionally to the necessity of contrastive coping with the profound distance between my factual state of insufficiency and my ideal state of otherness, felt both as the true ultimate goal of my self-transcendence and the cause of and the reason for my behaviour. The *proper function* of the basic religious feeling is the confronting with the ultimate value. Religion can on this view be termed as a *felt commitment to one's self-transcendence towards one's ultimate value*. In concrete religions, which I call *religious cultures*, the placeholders get specific cultural conceptualisations, the formal object of the feeling (type) is instantiated in the particular object of the feeling (tokens). The basic religious feeling thus becomes part of complex culture-specific affective cognitive phenomena or *religious emotions*.

Keywords: religious feeling; religious emotion; commitment; self-transcendence; proper function; Rudolf Otto

Einleitung

Es ist in bestimmten politischen Diskursen eine übliche religionsapologetische Strategie, zwischen Religion und Kultur, Religion und Quasi-Religion (Kult, Sekte, Ideologie usw.) zu unterscheiden. Gewalttätige Verhaltensweisen wie Mädchenbeschneidung oder Menschentötung wie „Ehrenmorde" im religiösen Kontext werden oftmals den lokalen traditionellen Kulturen, aber nicht der Religion selbst zugerechnet. Es dürfte jedoch spätestens seit Clifford Geertz klar sein, dass Religionen faktisch nur in der Vielfalt konkreter lokaler Religionskulturen existieren (Geertz 1973). Der Konkurrenzkampf zwischen staatlich anerkannten, etablierten Religionen und aufkommenden neuen oder alternativen kleinen Religionen wird vielerorts mittels problematischer Bezüge auf religionswissenschaftliche Theorien geführt (etwa im Fall von Falun-Gong in China oder den Zeugen Jehovas in Russland), indem bestimmte Religionsgemeinschaften als politische und ggf.

extremistische Organisationen eingestuft werden. Die akademische Religionsbestimmung ist also keineswegs neutral und theoretisch, sondern wird mitunter dazu benutzt, politische und soziale Tatsachen zu schaffen – womit schwerwiegende praktische Konsequenzen für das Leben vieler Menschen einhergehen. Die Frage nach dem normativen Religionsbegriff ist somit sowohl aus externen als auch internen Gründen gerechtfertigt.

Ich schlage im Folgenden vor, die Eigenfunktion der Religion darin zu sehen, dem Subjekt die Möglichkeit der Selbsttranszendenz zu einem absoluten, ganz anderen Wert als Zweck und Ursache affektiv durch das hedonisch-kontrastive Ergriffensein durch Angst und Faszination zu erschließen. Diese Selbsttranszendenz wird insbesondere im Gefühl der Hingabe erlebt. Damit schließe ich u. a. an Rudolf Ottos Lehre vom Numinosen, phänomenologische Theorien emotionaler Stellungnahmen und philosophische Ansätze zur emotionalen bzw. affektiven Welterschließung an.

Allerdings ist zu beachten, dass religiöse Gefühle nicht einfach für sich stehen, sondern Teil konkreter Religionskulturen sind. In diesen Kulturen werden sie als Bestandteile komplexer Emotionen gedeutet und artikuliert, zudem findet hier die religiöse Selbstbildung des Individuums statt. Dies schließt die Möglichkeit ein, dass sich das religiöse Gefühl des Numinosen der in der Religionskultur diskursiv vorherrschenden Bestimmung des Heiligen widersetzt, sodass es zu Konflikten in der religiösen Lebensführung kommt.

Insgesamt soll folgendermaßen vorgegangen werden: Nach einer überblickshaften Darstellung verschiedener Religionsdefinitionen (1) wird genauer herausgearbeitet, was religiöse Gefühle auszeichnen könnte (2). Dabei vertrete ich die These, dass es zu einem gefühlten ‚commitment', einer Hingabe kommt, die sich intentional auf die Selbsttranszendenz zum als *causa finalis* erlebten Wert richtet. Anschließend wird die diskursive Bestimmung des Heiligen in Religionskulturen thematisiert (3), bevor im Rahmen eines Fazits auf die Frage zurückgekommen wird, welche Stärken ein auf dieser Basis entwickelter Religionsbegriff aufweist (4).[1]

1 Religionsdefinitionen

Religionsbegriffe lassen sich konventionell in substanzialistische und funktionalistische einteilen (Müller/Schmidt 2013, 10). Substanzialistische Definitionen

---

[1] Dieser Beitrag stellt wesentliche Grundgedanken einer in Erscheinung befindlichen Studie dar (Serikov 2022).

versuchen eine gemeinsame Eigenschaft in allen Religionen herauszufinden, indem sie die Frage „Was ist Religion?" bzw. „Was ist das Wesen der Religion?" beantworten. Funktionalistische Definitionen versuchen den Religionsbegriff durch das Beantworten der Frage „Was macht Religion?" bzw. „Welche Funktion hat Religion?" zu fassen. Es kann sich laut verschiedenen Varianten des Funktionalismus um mehrere Funktionen handeln. Die Konfrontation von diesen zwei Bestimmungsweisen zieht sich bis heute durch die ganze Geschichte der Religionsforschung und konnte auch nicht überzeugend durch polythetische oder universale Definitionen abgelöst werden (Müller/Schmidt 2013; Stausberg/Gardiner 2016, 17–20). Zudem kann diese Konfrontation in verschiedenen methodischen Phasen der Religionsforschung von der phänomenologischen und kulturwissenschaftlichen bis zur kognitivistischen und schließlich soziorhetorischen Wende beobachtet werden (Gantke 2017, 213). Die soziorhetorische Religionswissenschaft verneint die Möglichkeit, Notwendigkeit und Zweckmäßigkeit eines umfassenden Religionsbegriffs. Statt nach einem Religionsbegriff zu fragen, fragt sie, wer, wozu und in welchen sozialen Kontexten den Begriff der Religion in Politik, Gesellschaft und Wissenschaft verwendet (Führding 2015).

Im Kern dürfte diese pragmatische Strategie als das sozialwissenschaftliche Echo zu der pragmatischen Wende in der analytischen Philosophie angesehen werden: „Der Gehalt wird durch den Akt erläutert und nicht andersherum." (Brandom 2001, 13). Kritisch kann man mit Brandom nach den *normativen* Kriterien fragen: Welche Verwendungsweisen sollten denn als *richtig* gelten? Anders gefragt: Was ist die *Eigenfunktion* der Religion?

Für eine Begriffsunterscheidung zwischen Religion, Nicht-Religion, Quasi-Religion, Ideologie usw. wäre deshalb philosophisch zu klären, was unter Religion normativ-pragmatisch verstanden werden *soll*. Andernfalls bleiben derartige Unterscheidungen ggf. politisch motiviert und ideologieverdächtig. Es ist zwar offensichtlich, dass die Bedeutung des Terminus „Religion" von seinem Verwendungskontext abhängig ist, dennoch darf seine Bedeutung nicht willkürlich sein.

Ronald Dworkin spricht über Religion als einen interpretativen Begriff, wie auch z. B. der Begriff der Gerechtigkeit, der seinen eigenen Umfang abhängig vom sozialen Diskurs historisch ändert (Dworkin 2014). Jedoch sollte es möglich sein, nach dem normativ angemessenen Religionsbegriff zu fragen. Die Antwort auf die Frage nach der Eigenfunktion der Religion dürfte die normative Feststellung der richtigen Verwendungsweise des Religionsbegriffs ermöglichen.

Neben der soziorhetorischen Religionswissenschaft gibt es eine gegenwärtig prominente Positionierung der kognitiven Religionswissenschaft, die Religion als einen Verhaltenskomplex in Bezug auf imaginierte übernatürliche Wesen fasst (vgl. u. a. Pyysiäinen 2009), d. h. sich faktisch für einen substanzialistischen Religionsbegriff entscheidet. Dies steht aber im Widerspruch zum Selbstverständnis der Theologien, die den Supranaturalismus ablehnen, und führt somit zur Ausgrenzung des theologischen Diskurses aus der Religion aufgrund der Widersprüchlichkeit der *theological correctness* (ebd., 135). Eine solche Ausgrenzung der Theologie aus dem Phänomen Religion ist sehr problematisch, denn inhaltlich und institutionell ist sie ein Diskurs der Selbstreflexion und eine Bildungsstätte der Religion, also eine wichtige religiöse Institution. Zudem widerspricht die Hervorhebung der supranaturalen Kräfte als Kern der Religion nicht nur dem Selbstverständnis der aufgeklärten Theologien, sondern auch der demokratischen Rechtspraxis. Dworkin führt die atheistische Weltanschauung an, wie z. B. den humanistischen Pazifismus, der durch die Rechtsprechung in den USA als Religion behandelt wird (Dworkin 2014). Gemäß eines auf supranaturale Entitäten oder Kräften basierenden Religionsbegriffs könnten derartige Weltanschauungen trotz ihrer faktischen juristischen Anerkennung eben nicht als Religion behandelt werden, denn es fehlt die Beziehung zu übernatürlichen Kräften. Solche Ausgrenzungen sind nicht plausibel. Dworkin stellt zu Recht fest, dass Religion „vielmehr von einer tiefen Hingabe (deep commitment) allgemeiner Natur" her verstanden werden sollte (Dworkin 2014, 14). Seiner Ansicht nach soll das Wesen der Religion darin bestehen, die religiöse Hingabe (commitment) gegenüber sozialer (biographischer) und natürlicher (biologischer) Realität als ultimativ und objektiv wertvoll anzusehen (Dworkin 2014, 19 ff.). Hingabe (commitment), Werte (values) und gefühlte ultimative und objektive Gewissheit (certainty) sind auch für die hier vorgeschlagene Religionsbestimmung die Eckpunkte.

Auch Patrick McNamara, prominenter kognitiver Neurowissenschaftler der religiösen Erfahrung, hebt profundes „commitment" als Merkmal des religiösen Verhaltens hervor (McNamara 2009). Ihm zufolge kann auch eine philosophische Haltung religiös werden, wenn eine außerordentliche absolute affektive Hingabe („commitment") zum aufrichtigen Philosophieren vorliegt:

> [R]eligion is equally interested in ultimate realities as well as ultimate values, it necessarily elicit absolute commitment from the inquirer. When philosophy elicit emotional commitment from its practitioners, it shades into religious philosophy in our view especially if that commitment (e.g. ‚truth') becomes absolute such that one is willing to spend years building the commitment or is even willing to give one's life rather than betray the commitment. (McNamara/Giordano 2018, 115 f.)

Anders ausgedrückt sieht McNamara das Spezifische des Religiösen in dem Auslösen der absoluten Hingabe (commitment) an eine Sache, die für die betroffene Person als existentiell bedeutsam erscheint.

Auch in der neueren religionsphilosophischen Diskussion um den Religionsbegriff geht es um Hingabe (commitment) als zentrales Religionsmerkmal.

Gestritten wird allerdings um das intentionale Objekt dieser Hingabe: Nicht jede Hingabe, auch nicht jede absolute Hingabe, darf als Religion gelten.[2] Damit stellt sich aber die Frage, wie dieses intentionale Objekt gefasst werden soll. Wird der oben angesprochene Verzicht auf übernatürliche Wesen (einschließlich eines theistischen Gottes) ernst genommen, bleibt immer noch die Verwendung von Begriffen wie „das Absolute" und „das Göttliche".[3] Als besonders anschlussfähig gilt Stephen Maitzens Vorschlag einer minimalen Idee vom wertvollen Transzendentalen. Demnach sei das Transzendentale der jeweils konkrete Wert einer religiösen im Sinne von sehr stark affektiven Hingabe. Das Transzendentale dient somit als Platzhalter für den je konkreten Wert, an den die religiöse Hingabe erfolgt: „Perhaps, as some have recently suggested, religion for a mature humanity ought to focus on the very minimal idea that „there is merely something transcendental worth *committing* ourselves to religiously" (Maitzen 2017, 60; Hervorhebung von mir – VS). Die hier angesprochene Idee eines Platzhalters wird später eine bedeutende Rolle spielen für die Unterscheidung zwischen Type und Tokens bei den konkreten Religionsbestimmungen.

Das Sich-selbst-Transzendieren zu dem gefühlten Wert kann gelingen oder nicht gelingen, erfolgreich sein oder nicht. Diese stellungnehmende absolute Hingabe und die praktisch mit ungewissem Erfolg zu vollziehende Selbsttranszendenz zum absolut guten Wert, der im Gefühl als absolut gewiss und notwendig erlebt wird, ist eine Haltung, die aufgrund der transzendentalen Erfahrung möglich ist und die die ungewissen Bedingungen des Erfolgs in Kauf nimmt (vgl. Wenzel 2016, 131–140).[4] Diese Haltung resultiert aus einem Ergriffensein durch diesen idealen Wert, der als Ziel-Ursache der Selbsttranszendenz, als *causa fi-*

---

2 William A. Christian bestimmte vor achtzig Jahren ein religiöses Interesse einer Person als ein Interesse an einer Sache, die für diese Person wichtiger als alles andere im Universum ist (Christian 1941). Religiöses Interesse wird zu einer absoluten Hingabe der betroffenen Person. Kurt Stavenhagen erarbeitete in den 1920er Jahren im Anschluss an Phänomenologen wie Adolf Reinach, Rudolf Otto, Alexander Pfänder, Max Scheler und Edmund Husserl das Wesentliche der Religion als eine Verschmelzung von zwei „absoluten Stellungnahmen" gegenüber dem Göttlichen: „[W]o wir einem Gegenstand in absoluter Liebe gegenübertreten, müssen wir ihn gleichzeitig, wenn wir sinnvoll reagieren, in absoluter Ehrfurcht umfassen." (Stavenhagen 1925, 148). Ich danke Íngrid Vendrell Ferran für den Hinweis.
3 J. L. Schellenberg bevorzugt in seiner neueren Religionsbestimmung den Begriff „das Ultimative" (ultimacy). Nach seiner Religionsauffassung soll der Gegenstand der Religion das Ultimative in drei seiner Bedeutungen sein: „axiological, metaphysical, and soteriological" (Schellenberg 2016, 166). Zur Kritik an diesem Ansatz siehe Elliott 2015, 1; Maitzen 2017, 49.
4 Diese Selbsttranszendenz zum absoluten Wert, die praktische Handlungstendenzen im Selbstvollzug der radikalen Identitätsbildung hervorruft, kann auch im Sinne Charles Taylors als eine persönliche Orientierung am Guten verstanden werden. Vgl. Taylor 1996.

nalis, erlebt wird. Bemerkenswert ist die Erfahrungsqualität dieses Ergriffenseins. Es fühlt sich an als ein überraschender Kontrast der Angst und Faszination, im traditionellen Idiom als „Kontrast-Harmonie" von *„mysterium tremendum"* und *„fascinans"* (Otto 2014, 13, 42; Machón 2005, 109–121), von der gewaltigen Distanz zwischen dem vertrauten mangelhaften faktischen nichtigen Selbst und dem absolut wertvollen idealen „ganz Anderen" (Otto 2014, 35).[5]

Die Wertbindung an das konkrete Ideal des ganz Anderen entsteht durch die Erfahrung der Selbsttranszendenz und Selbstbildung und ist tief in der Intersubjektivität, konkreter kommunikativer Kulturalität und kollektiver Intentionalität und Emotionalität verankert (Joas 1999; Joas 2017). Anders gesagt: Religion ist immer in den Gestaltungen konkreter Religionskulturen zu finden (Weber 2013). Die Wertbindung an diese Gestaltungen bewirkt eine dynamische Veränderung der Handlungstendenzen im eigenen Verhalten gegenüber Mitmenschen, Umwelt und sich selbst.

Ich schlage im Folgenden vor, die Eigenfunktion der Religion darin zu sehen, dem Subjekt die Möglichkeit der Selbsttranszendenz zu einem absoluten ganz anderen Wert als Zweck und Ursache affektiv durch das hedonisch kontrastive Ergriffensein zu erschließen.[6]

Religion erfüllt eine Fülle von den vom Religionsfunktionalismus angeführten Funktionen: als kulturelles Gedächtnis bewahrt sie das kulturelle Erbe, stiftet Identität, trägt zu Solidarität und Entfremdung von Individuen bei, kompensiert und hilft bei Krisenbewältigung usw. Aber die authentische Eigenfunktion der Religion besteht darin, für ein Individuum einen absoluten Wert (in Ottos Sprachgebrauch: numinosen Wert) als Ziel und Ursache der Selbsttranszendenz affektiv zu erschließen. Als Eigenfunktion des sozialen und psychologischen Phänomens erlaubt diese Auffassung sowohl eine Lösung des Problems der „religiös unmusikalischen" d. h. gegenüber absoluten numinosen Werten gefühlsmäßig „blinden" Individuen, als auch einen Ausweg aus dem Realismus-Antirealismus-Problem in Bezug auf die Entstehung der Werte, da sie sowohl mit der Idee einer „Entdeckung" wie auch einer Hervorbringung der Werte kompatibel sein sollte.[7] Das kontrastiv gefühlte Ergriffensein durch den ganz besonderen Wert als *causa finalis* ruft die Dynamik der Selbsttranszendenz hervor. Die kulturelle Artikulation dieses religiösen Gefühls ist an die soziale intersubjektive und diskursive Praxis dynamisch rückgekoppelt.

---

5 Zum Begriff der „Kontrast-Harmonie" siehe auch Dietz 2012.
6 Der Begriff der Eigenfunktion ist gegenüber Realismus/Antirealismus semantisch neutral und geht auf Ruth Millikans Ansatz zurück (u. a. Millikan 1989). Er wird vorwiegend in Teleosemantik benutzt, findet aber auch in Religionsphilosophie Anwendung (vgl. Kessler 2017; Serikov 2017).
7 Siehe Joas 1999.

Wenn *Religion* diese gefühlte Hingabe an die so aufgefasste dynamische Selbsttranszendenz sein soll, dann sollte *Religiosität* als der Habitus bzw. die Disposition einer Person verstanden werden, diese Haltung einzunehmen und sie in den konkreten *Religionskulturen* in Handlungstendenzen münden zu lassen. Es ist vielleicht hilfreich, Religion etwas vereinfacht als *idealen Platzhalter*, also einen Type, und Religionskulturen als *diskursive Füllungen dieses Platzhalters*, also Tokens, zu denken.

2 Das Gefühl des Numinosen als Erlebnisgrundlage von Religion

Das religiöse Gefühl soll als ein existenzielles Gefühl aufgefasst werden, dem die Schlüsselrolle bei der Erschließung der numinosen Werte zukommt.[8] Dabei ist für uns im Moment unerheblich, ob der numinose Wert realistisch zu verstehen ist, also ob es sich beim religiösen Gefühl um eine Entdeckung des Wertes handelt oder ob der Wert durch das existenzielle Gefühl erst konstituiert wird. In jedem Fall ist klar, dass das religiöse Gefühl dem Individuum eine (gefühlte) Gewissheit des numinosen absolut wertvollen Ziels als Ursache der Selbsttransformation sichert. Gleichzeitig macht das Gefühl, weil es kontrastiv ist (*mysterium tremendum* und *fascinans*), das Individuum auf die Ungewissheit der ersehnten Transformation aufmerksam. Diese semantische Beschreibung lässt sich übrigens sowohl realistisch als auch konstruktivistisch interpretieren – genau wie Rudolf Ottos Formulierung „von einer eigentümlichen numinosen Deutungs- und Bewertungs-kategorie und ebenso von einer numinosen Gemüts-gestimmtheit die allemal da eintritt wo jene angewandt, das heißt da wo ein Objekt als numinoses vermeint worden ist", spricht (Otto 2014, 7).[9]

Ottos Charakterisierung des Gefühls des Numinosen mit seinen Momenten des Schauervollen („*tremendum*"), des Übermächtigen („*majestas*"), des *Energischen*, des *Mysterium* (das „Ganz Andere"), des „*Fascinans*", des „*Ungeheuers*", des „*Sanktum*" bzw. „*Augustum*" (Otto 2014, 8–74) verdeutlicht den ambivalenten

---

[8] In der Philosophie kann die Debatte um Gefühle und Emotionen mittlerweile als beinahe uferlos bezeichnet werden. Dabei besteht weitgehende Einigkeit darüber, dass Emotionen intentional bezogen und somit von bloßen Gefühlszuständen am Körper („bodily feelings") zu unterscheiden sind. Insbesondere phänomenologische Positionen bestehen demgegenüber darauf, dass auch Emotionen leiblich erlebt werden und umgekehrt auch Affekte sinnvoll in unsere Weltorientierung einbezogen sind. Vgl. Goldie 2002; Vendrell-Ferran 2008; Ratcliffe 2011; Landweer 2007; Goldie 2012.
[9] Vgl. Michael Schmiedel für eine konstruktivistische Otto-Interpretation (Schmiedel 2017).

Charakter des Numinosen. Bei der Artikulierung, oder wie Otto sagt, bei der begrifflichen „Schematisierung" dieser Transformation in den Religionskulturen sind projektive Psychologisierungen und Ethisierungen der transzendentalen Erfahrung möglich. So werden in vielen Religionskulturen positive, erstrebenswerte ideale Eigenschaften und Verhaltensmuster auf den Platzhalter des numinosen Werts als positive übermenschliche Mächte wie Götter projiziert. Analog erfolgt eine Projektion negativer, abstoßender Eigenschaften sowie verpönter und tabuisierter Handlungen auf den Platzhalter des numinosen Werts als negative übermenschliche Mächte wie Dämonen. Es ist aber durchaus möglich, dass der Platzhalter des numinosen Werts durch einen persönlichen Gott, eine unpersönliche Kraft, oder auch eine abstrakte Eigenschaft besetzt wird.

Obwohl das religiöse Gefühl eine spezifische Rolle im menschlichen Lebenszusammenhang spielt, gibt es natürlich auch Individuen, die in ihrem Selbstverständnis ohne Bezug auf religiöse Gefühle bzw. Erfahrungen der Selbsttranszendenz auskommen. Hier besteht gewissermaßen eine Analogie zu ästhetischen Gefühlen: Wenn man diese Gefühle bereits kennt, so kann man sich auf solche Gefühle besinnen und sie bei anderen Individuen verstehen. Wenn jemand diese Gefühle nicht kennt und sich nur auf „seine Pubertäts-gefühle Verdauungs-stockungen oder auch Sozial-gefühle besinnen kann", ist er „entschuldigt, wenn er für sich versucht mit den Erklärungs-prinzipien die er kennt soweit zu kommen wie er kann, und sich etwa ‚Ästhetik' als sinnliche Lust und ‚Religion' als eine Funktion geselliger Triebe und sozialen Wertens oder noch primitiver zu deuten. Aber der Ästhetiker der das Besondere des ästhetischen Erlebens in sich selber durchmacht wird seine Theorien dankend ablehnen, und der Religiöse noch mehr" (Otto 2014, 8).

Wenn nun religiöses Gefühl als ein existenzielles Gefühl der Hingabe aufgefasst werden soll, welches sich intentional auf die Selbsttranszendenz zum absoluten Wert als *causa finalis* richtet, so soll gezeigt werden, warum diese Begriffsbestimmung im Vergleich zu anderen gängigen Auffassungen des religiösen Gefühls angemessener ist. Die Begriffsbestimmung von religiösen Gefühlen als Gefühlen, die sich direkt oder indirekt auf intentionale supranaturale Objekte wie Gott, Götter oder transzendente Wesen richten (Döring/Berninger 2013), wäre im Vergleich zur vorgeschlagenen Begriffsbestimmung zu überdeterminiert und nicht präzise genug. Sie würde wichtige religiöse Gefühle ausschließen. So wären etwa Albert Schweizers „Ehrfurcht vor dem Leben", das „ozeanische Gefühl" Sigmund Freuds, Gefühle des Nirvana in bestimmten Formen des Buddhismus, Gefühle in bestimmten Formen von Daoismus und Konfuzianismus, und auch Gefühle der „civil religion" von Robert Bellah sowie humanistische pazifistische Gefühle, im Sinne Dworkins ausgeschlossen. Stattdessen könnten fiktive Gefühle, die sich auf supranaturale Wesen aus Science-Fiction und Märchen beziehen, inkludiert werden, was wiederum problematisch wäre (vgl. ebd.).

Umgekehrt könnte der Begriff von religiösen Gefühlen so weit gefasst werden, dass er alle Gefühle in religiösen Kontexten und „emotionalen Regimes" einschließt, wie Linde Woodhead und Ole Riis dies vorschlagen (Riis/Woodhead 2010). Damit wäre der Begriff von religiösen Gefühlen jedoch vermutlich zu weit und unspezifisch, wie folgendes Beispiele zeigen: Eine Religionswissenschaftlerin, die sich persönlich als eine aufgeklärte, areligiöse Person versteht, die sich aber durchaus mit dem Christentum auskennt, macht einen Kirchenbesuch im Urlaub und erlebt eine Liturgie. Sie empfindet ein durchaus angenehmes Gefühl, als sie dem Singen des Kirchenchors zuhört. Sie kennt sich auch mit der Rolle im Leben der Liturgie bestens aus. Dennoch ist ihr Gefühl, obwohl es im Kontext religiöser Praktiken auftaucht, *kein* religiöses Gefühl. Als weitere Beispiele könnten Gefühle der „religiös unmusikalischen" nominalen Kulturmuslime bzw. Shahada-Muslime (Diefenbach 2007) oder der nominalen Christen, die sich als „belonging without believing" verstehen (McIntosh 2015) angeführt werden. Vorhanden sind Identitätsgefühle, Solidaritätsgefühle, angenehme heitere soziale und ästhetische Gefühle, die beispielsweise bei Jahresfesten wie dem Fastenbrechen oder Weihnachten erlebt werden. Es liegt auf der Hand, dass diese Gefühle gemäß der hier vorgeschlagenen Bestimmung anhand von Selbsttranszendenz und Wertbezug kaum als genuin religiöse Gefühle gelten dürfen. Somit darf der Vorschlag, religiöse Gefühle als bloße „Gefühle im religiösen Kontext" zu verstehen, kritisch bewertet werden.

In der anthropologischen Emotionsforschung wurde eine große Vielfalt der Emotionen in unterschiedlichen Kulturen, die keine Entsprechungen in anderen Kulturen haben, ausführlich dokumentiert (siehe u. a. Wierzbicka 1999). Das bedeutet freilich nicht, dass es unmöglich ist, einer Person einer Kultur zu erklären, wie sich eine andere Person in einer anderen Kultur fühlt. Die unterschiedlichen Kulturen haben eben unterschiedliche emotionale Konzepte, die unterschiedliche kulturspezifische Emotionen mit unterschiedlichen kognitiven Szenarien bezeichnen, wie z. B. das russische Konzept „*toska* (roughly ‚melancholy-cum-yearning') or *żalet'* (roughly ‚to lovingly pity someone'), or the Ifaluk concept *fago* (roughly, ‚sadness/compassion/love'" (Wierzbicka 1999, 8).

Als eine gängige Erklärungsstrategie dieses Umstands wird in der Psychologie die Unterscheidung von Basisemotionen und sekundären oder komplexen Emotionen vorgenommen, die auf Paul Ekmans interkulturell angelegte Emotionsforschung zurückgeht (Ekman 2010). Sekundäre Emotionen seien komplexe Konstruktionen, die auf Basisemotionen hierarchisch aufbauen. Diese Erklärung geht aber an der Tatsache vorbei, dass auch die sogenannten „Basisemotionen" Konstrukte der englischen Sprachkultur sind (Wierzbicka 1999).

Anna Wierzbicka hat durch ihre empirische linguistische Forschung gezeigt, dass das englische Wort „emotion", das im globalen akademischen Diskurs als Terminus technicus für die gesamte Affektivitätssphäre gilt, im Englischen einen impliziten oder expliziten Bezug zum Gefühl, Denken und Leib hat:

> The English word *emotion* [Herv. im Original – VS] combines in ist meaning a reference to 'feeling', a reference to 'thinking', and a reference to a person's body. For example, one can talk about a 'feeling of hunger', or a 'feeling of heartburn', but not about an 'emotion of hunger' or an 'emotion of heartburn', because the feelings in question are not thought-related. One can also talk about a 'feeling of loneliness' or a 'feeling of alienation', but not an 'emotion of loneliness' or an 'emotion of alienation', because while these feelings are clearly related to thoughts (such as 'I am all alone', 'I don't belong'etc.), they do not suggest any associated bodily events or processes (such as rising blood pressure, a rush of blood to the head, tears, and so on). (Wierzbicka 1999, 4)

Anna Wierzbicka und ihre Kollegen haben extensive empirische Arbeit geleistet und viele kulturspezifische affektive Phänomene unterschiedlicher Sprachkulturen mit Hilfe der Semantischen Natürlichen Metasprache allgemein verständlich explizit machen können (Harkins/Wierzbicka 2001). Im Lichte dieser empirischen Arbeit sollte einleuchtend sein, dass die Grenzen zwischen Affekten, Empfindungen, Gefühlen, Emotionen und Stimmungen in konkreten Sprachkulturen jeweils anders gezogen werden. Daher ist es auch nachvollziehbar, dass englische Wörter „feelings", „emotions" und „moods" affektive Prozesse auf unterschiedliche Weise mit leiblichen und kognitiven Lebensprozessen in Verbindung setzen und konzeptualisieren. Wenn das der Fall ist, sollen kultursprachlich spezifische Konzeptualisierungen nicht unreflektiert ihren Weg in die Metaebene der Theoriebildung finden.

Wierzbicka stellte fest, dass der Ausdruck „feel" im Gegensatz zu „emotion" und „mood" nicht kulturspezifisch ist, sondern in allen Sprachkulturen vorkommt. Da der Ausdruck semantisch nicht mehr zerlegbar ist, kann er als semantischer Baustein für die Klärung verschiedener affektiver Konzepte dienen. Diese Intuition der Irreduzibilität des Gefühls ist in der Philosophie sowohl von klassischen Phänomenologen wie Scheler und Heidegger als auch von gegenwärtigen analytischen Philosophen wie Helm und Goldie thematisiert worden. Für die hier vorgeschlagene Auffassung des religiösen Gefühls ist die Theorie der so genannten existenziellen Gefühle (Ratcliffe 2011; Slaby 2008) bzw. Selbstgefühle (Vendrell Ferran 2008) von Bedeutung.[10] Die Annahme existenzi-

---

10 Anzumerken ist eine gewisse strukturelle Analogie mit der Konzeptualisierung der transzendentalen Erfahrung, die Knut Wenzel im Anschluss an Karl Rahner in seiner Unterscheidung von Glaube, Religion und Religiosität als ganzheitliche Gestaltung des Thematischen aus dem

eller Gefühle, in denen uns die Welt und unser Leben in der Welt in einem bestimmten Licht erscheinen, wird im philosophischen Emotionsdiskurs prominent von Matthew Rattcliffe verteidigt. Ratcliffe ist davon überzeugt, dass existenzielle Gefühle in der präkognitiven, nicht-konzeptuellen, vorbegrifflichen Empfindung der Möglichkeiten bestehen, in deren Rahmen wir fühlen, denken und handeln können (Ratcliffe 2012, 368). Ingrid Vendrell Ferran bezeichnet existenzielle Gefühle, die die Persönlichkeit eines Menschen und seinen Weltbezug bestimmen, als Selbstgefühle im Anschluss an die phänomenologische Tradition und Philosophie der Romantik (Vendrell Ferran 2008, 218 ff.). Dementsprechend umfassend ist die epistemische und motivierende Funktion der existenziellen Gefühle bzw. Selbstgefühle: Selbstgefühle machen uns aufmerksam auf wichtige Möglichkeiten, Optionen, Lebenssituationen die für unsere ganze Lebensweise und unseren Charakter entscheidend sein können. Und sie verweisen sowohl auf die Bedingung der Möglichkeit als auch auf relevante Möglichkeitsoptionen für unser Fühlen, Denken und Handeln. Diese Möglichkeitsoptionen lassen sich narrativ als Selbstbildungs- und Selbstvollzugsoptionen überhaupt erfassen.[11]

Die epistemische Funktion der Gefühle signalisiert der Person ihre Bedürfnisse, vermittelt wichtige Orientierungsinformationen über die Welt und sich selber, die bedeutsam und wichtig, d.h. für die Person wertvoll sein können. Die Intentionalität der existenziellen Gefühle ist nicht im strengen Sinne kognitiv. Vielmehr ist sie als Signal für die Aufmerksamkeit der betroffenen Person zu verstehen. Sie macht die betroffene Person auf etwas für sie Bedeutsames aufmerksam und ruft weitere Kognitionen und Handlungstendenzen hervor.

Wie in den meisten philosophischen Fragen gibt es auch hier keine Einigkeit darüber, wie die Relation zwischen Emotionen und Werten verstanden werden sollte. Sie wird von unterschiedlichen Emotionstheoretikerinnen unterschiedlich konzeptualisiert (Vendrell Ferran 2008, 195–200). Vielversprechend scheint mir die Auffassung eines qualifizierten Werterealismus zu sein: Einerseits setzt die Existenz der Werte die Existenz fühlender Subjekte voraus, andererseits erfolgt die Werterfassung durch Gefühle. Ingrid Vendrell Ferran schlägt vor, zwei Arten der Emotionen zu unterscheiden: die Antwortreaktionen auf gefühlte Werte und die Persönlichkeitsemotionen, die Werte für uns sichtbar und zugänglich machen.

Unthematischen vornimmt (Wenzel 2016, 131–141). Zu denken ist auch an die Konzeptualisierung der Gefühle des unbedingten Ernstes als Atmosphären bei Hermann Schmitz (vgl. Schmitz 2019; Lauterbach 2014; siehe auch von Kalckreuth 2017), an die Konzeptualisierung der Verbindung der Gefühle, Werte, Denken und Habitus als Qualität der Lebenserfahrung bei John Dewey (Pitschmann 2017) und Mark Wynn (Wynn 2005).
11 Vgl. dazu transzendentalphilosophische Überlegungen zum Glauben als Selbstvollzug im Anschluss an die Theologie von Karl Rahner (Wenzel 2016, 123 f., 131 ff.).

Persönlichkeitsemotionen wie Liebe, Hass, existenzielle und religiöse Emotionen machen es möglich, „dass uns etwas als hassenswert, liebenswürdig oder heilig erscheint" (Vendrell Ferran 2008, 211). Religiöse Gefühle zeichnen sich in diesem Kontext dadurch aus, dass sie religiöse Werte für das Leben sichtbar machen und die lebenspraktischen Zusammenhänge im Lichte der religiösen Werte erscheinen lassen.

Die epistemische Funktion des religiösen Gefühls besteht in der Lenkung der Aufmerksamkeit auf das formale Objekt dieses Gefühls: die Transzendierung der gewaltigen Distanz zwischen meiner aktuellen problematischen Lebenssituation und meinem erstrebenswerten idealen Zustand, zwischen dem mangelhaften Ist-Zustand und dem ganz anderen Soll-Zustand. Die Möglichkeit der Selbsttranszendierung zum idealen absoluten Wert wird in einer Kontrastharmonie gefühlt, um Rudolf Ottos Idiom zu benutzen. Der absolute Wert wird präkognitiv als *mysterium tremendum* und *fascinans* erlebt (Otto 2014)[12]. Er wird zunächst gefühlt, aber noch nicht begrifflich schematisiert, imaginiert oder vorgestellt. Diese Selbsttranszendierung von meinem eigenen aktuellen „Sein" zu meinem eigenen höchsten „Sollen" kann als ein Platzhalter (qua Type) der präkognitiven Artikulationsmöglichkeit des numinosen Werts beschrieben werden. Dieser Platzhalter hat eine komplexe Struktur, die den Ist-Zustand bzw. die problematische Ausgangssituation, den Soll-Zustand bzw. den erzielten erstrebenswerten idealen ultimativen Wert, und den Transformationsprozess bzw. die Transzendierung des alten Selbst in die Richtung des idealen Werts umfasst, sodass das religiöse Gefühl immer auch ein Selbstgefühl ist. Der Wert wird dabei gefühlt, nämlich als das ultimative Lebensziel *und* als Ursache des Transformationsprozesses. Dieser präkognitiv gefühlte Platzhalter (der Type) wird kognitiv in konkreten Gestaltungen (die Tokens) instantiiert. Begrifflich wird dann der absolute Wert in unterschiedlichen Religionskulturen in der Regel in den mythologischen und theologischen Narrativen der Religionskulturen als Paradies, Nirvana, ewiges Leben in der personalen Gemeinschaft mit Gott, Harmonie mit dem Tao usw. imaginiert bzw. konkretisiert.

Die vorgeschlagene Auffassung vom basalen präkognitiven religiösen Grundgefühl als Gefühl der Hingabe an die Selbsttranszendenz zum absoluten Wert qua Type, das seinerseits als Teil qua Token in die konkreten komplexeren Emotionen, Stimmungen, Einstellungen eingeht und diese qualitativ atmosphärisch einfärbt, trägt den unterschiedlichen Konzeptionen religiöser Gefühle und religiöser Erfahrung Rechnung. Es wird nachvollziehbar, aus welchen Gründen religiöse Gefühle, Emotionen und Erfahrungen so vielfältig konzeptualisiert

---

[12] Vgl. dazu Machoń 2005, 109–121 und Schüz 2016, 246–261.

werden können: mal als individuelles Abhängigkeitsgefühl (Schleiermacher) bzw. Kreaturgefühl (Otto), als Abhängigkeits- und Geborgenheits- und Dankbarkeitserlebnis (Reinach), als emotionale individuelle oder kollektive Erfahrung in Bezug auf das Göttliche oder Sakrale (Joas), als kontrastharmonische Gefühlsreaktionen auf das Numinose (Otto), als auf das Ganze bezogene absolute Stellungnahme (Stavenhagen), als der die Tiefendimension der Wirklichkeit wahrnehmende Habitus (Bollnow) oder als Gemütsbewegungen der Lebensform des Ergriffenseins von einem Wertesystem in Folge des Verlorenseins in einer negativ empfundenen Welt (Wittgenstein).

3 Die Artikulierung von Emotionen in konkreten Religionskulturen

Da die konkrete religiöse Emotion nicht isoliert, sondern im komplexen sozialen Lebenskontext entsteht, wird sie nicht nur in die einzelne Erlebnissituation sondern in das ganze soziale Lebensnarrativ des Selbst eingebunden (Ratcliffe 2012). Sie interagiert, komplementiert, oder konkurriert mit anderen Emotionen, Stimmungen, Strategien, Wünschen und Verhaltensweisen, durchdringt so das narrative Leben der Person und stiftet in der Selbstbildung eine ‚Einheit in Vielheit', um es pragmatistisch nach John Dewey auszudrücken (Pitschmann 2017, 52f.). Entscheidend für das Zustandekommen der Religion aus diesem Gefühl heraus ist die Reaktion des Subjekts, die eigene als problematisch gefühlte Situation des Unbehagens zu erfassen und die eigene konkrete Lebensweise zu ändern, was sich in Verhalten, Handlungen, Einstellungen, Charakterzügen niederschlagen kann. Eine solche Änderung wird gleichzeitig als Folge des Zugangs zu dem gefühlten, absoluten Wert erlebt. Das Gefühl wird zum Hintergrund der emotionalen Welt der betroffenen Person und wirkt sich damit auf alle anderen affektiven Phänomene aus. Auf diese Weise lassen sich ganz verschiedene Emotionen als religiös eingefärbt verstehen (Wynn 2005; Lauterbach 2014). Die gängigen Beispiele für religiöse Gefühle in den konkreten Religionskulturen wie Liebe zu Gott oder Gottesfurcht (Christentum), bhakti (Hinduism), Nächstenliebe (Christentum) oder auch Mitgefühl mit allen Lebewesen (Buddhismus) sind komplexe religiöse Emotionen oder Einstellungen, die als Teil ihrer semantischen Explikationen das numinose religiöse Grundgefühl voraussetzen.

Wie genau artikuliert sich die Selbsttranszendenz in einer Religionskultur? Der Platzhalter des Ist-Zustandes wird von Otto als das existenzielle Problem, im Wortlaut Ottos „Unheilssituation", der Platzhalter des Soll-Zustands als das existenzielle Ziel, im Wortlaut Ottos als „Heil" oder „Heilsziel" bezeichnet (Otto

1930). Hinzu kommen noch zwei platzhaltende Momente: ein Heilsmittel als Medium zum Erreichen des Heilsziels und religiöse Vorbilder, die das Heilsziel bereits erreicht haben.[13] Otto vergleicht so das lutherische Christentum mit der Bhakti-Religion des Ramanuja und deckt erstaunliche Parallelen zwischen den beiden Traditionen auf, die das Heilsziel (personale Gemeinschaft mit Gott) und das Heilsmedium (Gnade Gottes) betreffen. Zudem arbeitet Otto einen wesentlichen Unterschied hinsichtlich der Auffassung der Unheilssituation (Sünde und Bindung an Samsāra) heraus (Otto 1930; vgl. Serikov 2017, 176–180).

Ein partikulares Objekt des religiösen Grundgefühls ist eine in der jeweils konkreten Religionskultur diskursiv vorhandene Ausfüllung dieses teleologischen Platzhalters der existenziellen Transzendenz: das jeweilige existentielle Problem, die jeweilige Lösung dieses Problems, der jeweilige Weg zur Problemlösung sowie die jeweiligen Vorbilder der idealen Personen, die diesen Weg gemeistert haben. Das partikulare Objekt ist als ein Token aufzufassen, das in den Narrativen einer konkreten Religionskultur (der christlichen, islamischen, indischen usw. Traditionen) zum Ausdruck kommt und als die Option für *mich* wahrgenommen wird.

In der christlichen Religionskultur fungieren z. B. Sünde oder eine mystische, dunkle und gottlose Ausgangssituation als Platzhalter für den problematischen Ist-Zustands (Otto 1930; Prothero 2011), während die Erlösung von der Sünde, die in den Narrativen als Leben mit Gott, mit Liebe erfüllter Lichtzustand, oder fraktalartig auch kollektiv auf die Menschheit bezogen als Reich Gottes beschrieben wird, den Platzhalter des Soll-Zustands bzw. des höchsten Werts einnimmt (Otto 1930; Otto 1940; Wierzbicka 2019).[14] Dazwischen nehmen Gottes Gnade (Otto 1930), Gottes Liebe (Wierzbicka 2019) oder eine Kombination von Glaube und guten Werken (Prothero 2011) die Rolle als Platzhalter des Hilfsmittels oder des Wegs zum höchsten Ziel ein. Dabei bieten christliche Narrative unzählige Beispiele von Personen, die den Weg bereits gegangen sind und als Vorbilder für die Ausbildung eines guten christlichen Charakters dienen.

In vielen indischen Religionskulturen füllt die Bindung an das Samsara, d. h. den Wiedergeburtskreislauf, der durch das Karma bestimmt wird, den Platz des zu überwindenden problematischen Ist-Zustands aus. Die Befreiung aus dem durch das Karma bestimmten Wiedergeburtskreislauf, die in unterschiedlichen Religionskulturen Moksha, Mukti, Nirvana, Kaivalya genannt wird, nimmt den Platz des höchsten Ziels bzw. absoluten Werts. Allerdings unterscheiden sich verschiedene Religionskulturen des Hinduismus, Buddhismus, Jainismus darin, wie genau sie

---

[13] Siehe Serikov 2017; von Kalckreuth 2019.
[14] Siehe auch Elsas 2017.

das Samsara, die Befreiung und den Weg dorthin, d. h. den Platzhalter des Mittels, genau konzipieren (Halbfass 2000). Im Buddhismus ist das Mittel der achtspurige edle Pfad, im Jainismus hingegen ist es die ethische asketische Lebensweise, die zum Ausstoß der stofflichen Karma-Partikel aus der Seele führt. In verschiedenen Religionskulturen des Hinduismus kann wird das Mittel als Erkenntnis oder Werke oder teilnehmende Hingabe (Bhakti) oder Gottes Gnade begriffen.

Das formale Objekt des religiösen Gefühls weist, wie oben ausgeführt, eine komplexe teleologische Struktur der Selbsttranszendenz auf: *Mein* Ist-Zustand als Problem, das Woher, der höchste Wert als das ideale ganz andere Ziel *für mich*, das Wozu, und der Weg, der die gewaltige Distanz zwischen diesen Zuständen transzendieren soll, das Wie, sorgen zusammen dafür, dass auf einer Seite gleichzeitig Gewissheit des Ziels und Ungewissheit des Erreichens des Ziels gefühlt wird.

Das religiöse Grundgefühl des Numinosen gehört zur Klasse der existenziellen allumfassenden Gefühle. Es ist auch ein Gefühl der Bedingung der Möglichkeit, die Transzendenz zum absoluten Guten als eine mögliche Handlungsoption zu artikulieren und in der Immanenz zu kommunizieren. Der Unterschied zu anderen existenziellen Gefühlen liegt in der absoluten Stellungnahme der gefühlten Hingabe, die nicht nur als eine Handlungsmöglichkeit, sondern für mich als eine notwendige, von mir durch den absoluten Wert als *causa finalis* verlangte Gewissheit erlebt wird. Dieser Hingabe an die Selbsttranszendenz gegenüber fühle ich mich verpflichtet, alle anderen Gefühle, Gedanken, Handlungen, Lebensbereiche, Lebensprozesse, meinen Lebenshabitus unterordnen. Ich fühle die Möglichkeit und Verpflichtung gegenüber mir selbst und gegenüber dem absolut Guten, mich zu transformieren, meine jetzige Situation zu ändern, das transzendente Ziel zu erreichen. Wie kann der semantische Gehalt dieses religiösen Grundgefühls als Hintergrund und Quelle für andere Prozesse artikuliert werden? Semantisch gesehen heißt es, dass dieses Grundgefühl als Teil der komplexeren kognitiven Szenarien von Emotionen, Stimmungen und Einstellungen explizit gemacht werden soll.

Religiöse Emotionen zeichnen sich also dadurch aus, dass sie das religiöse Grundgefühl als existenzielles Selbstgefühl der allumfassenden absoluten Stellungnahme zur Selbsttranszendenz zum höchsten Wert (als Lebensethik) miteinbeziehen (Stavenhagen 1925; Christian 1941; Dworkin 2014).

Das religiöse Grundgefühl des Numinosen (der Type) ist das Selbstgefühl der Hingabe an die Selbsttranszendenz zum höchsten Wert. Sein formales Objekt ist die Werteigenschaft der vierfachen teleologischen Struktur meiner (= Wer) Transformation (= Wie, Auf welche Weise) vom problematischen Ist-Zustand (= Woher) zum heilvollen Soll-Zustand (= Wozu).

Sein partikulares Objekt ist in der christlichen Religionskultur z. B. traditionell gesprochen die Erlösung von der Sünde (Otto 1930; Prothero 2011), die semantisch explizit als eine Bestrebung zum „Leben mit Gott" bezeichnet werden kann (Wierzbicka 2019). Das religiöse Gefühl wird somit als Teil der komplexen religiösen Emotionen, Stimmungen, Einstellungen, Haltungen (die Tokens) in der jeweiligen Religionskultur instantiiert. Partikulare Objekte des religiösen Grundgefühls sind in der Regel intentionale Objekte, die in den Diskursen der Religionskulturen narrativ auf unterschiedliche Weise imaginiert werden und in die narrative Konzeption des Selbst einhergehen. Das meint natürlich nicht, wie oben bereits ausgeführt wurde, dass intentionale imaginierte Objekte notwendigerweise fiktiv sein müssen: Ich bin fasziniert und ich fürchte mich vor meiner Selbsttransformation, nicht vor meiner Imagination dieser Transformation. Ich liebe Gott und nicht meine Imagination von Gott, empfinde Ehrfurcht nicht vor meiner Vorstellung von Gott, sondern vor Gott selbst. Ich strebe zum „Leben mit Gott" (Wierzbicka 2019) und nicht zu meiner Imagination des Lebens mit Gott, nach dem Nirvana und nicht nach meiner imaginierten Konstruktion des Nirvana.

Ein wichtiger Teil der vierfachen dynamischen Struktur (Wer – Woher – Wozu – Wie) ist das Wozu bzw. der Soll-Zustand, den ich als den absoluten höchsten Wert und Finalursache der Selbsttranszendenz bestimmt habe. Dem Wozu der teleologischen Struktur der Selbsttranszendenz als Heilsweg kann die formale Eigenschaft der Heiligkeit im Sinne des absolut anderen höchsten Werts zugeschrieben werden. Das formale Objekt Heiligkeit bzw. das absolut erstrebenswerte Andere wird an partikularen Objekten der Religionskulturen instantiiert: personale oder kollektive Gemeinschaft mit Gott im Christentum (Otto 1930; Otto 1940), personales Nirvana im Theravada-Buddhismus bzw. aktive Hilfe für die anderen Lebewesen auf dem Weg zum kollektivem Nirvana im Mahayana-Buddhismus, die ihrerseits in mythischen Narrativen oder philosophischen Konzeptionen von Dharmas konzipiert werden können. Das Ziel kann ein individuelles oder kollektives Heil sein.[15]

Religiöse Emotionen, Haltungen, Einstellungen usw. haben eine gemeinsame Eigenschaft: sie enthalten das basale religiöse Grundgefühl, dessen formales Objekt die Hingabe der Selbsttranszendenz zum absoluten Wert als *causa finalis* ist (Type). Auf diese Weise wird das religiöse Gefühl in eine narrative Konzeption des Selbst einbezogen. Genau genommen ist die formale Artikulierbarkeit des religiösen Gefühls (Rede – im Sinne von Heidegger – qua Type) die Bedingung der Möglichkeit der Artikulation des religiösen Gefühls und der religiösen Emotionen

---

[15] Im Mahayana-Buddhismus ist individuelles Heil eines Bodhisattva dem kollektiven Ziel des Heils für alle Lebewesen untergeordnet (Schmidt-Leukel 2017).

(Sprache – im Sinne von Heidegger – qua Token) der konkreten Religionskulturen.[16]

Mit Otto in Anlehnung an Kant und Fries ausgedrückt, sind die Platzhalter des Numinosen Ideogramme des Unheils und des Heils, die im numinosen Gefühl eine besondere Erkenntnis des Divinationsvermögens „daß in und am Zeitlichen ein durchschauendes Ewiges, in und am Empirischen ein überempirischer Grund und Sinn der Dinge aufgefaßt wird", ermöglichen (Otto 2014, 176).[17] Das Unthematische wird im numinosen Gefühl als Platzhalter für das Begriffliche, das Thematische festgehalten, das erst in einer konkreten Religionskultur artikuliert wird. Es kommt daher nicht von ungefähr dass die phänomenale Kontrast-Harmonie des *mysterium tremendum* und *fascinans* als diffuse Scheu und diffuse Faszination zu verstehen ist. Ihr Objekt ist die dynamische Platzhalterstruktur, derer Teil als Grundursache meiner möglichen dynamischen Transformation d. h. *causa Finalis* meiner Selbsttranszendenz, bzw. wie Edmund Weber sagen würde, als Grund meiner Existenz (Weber 2013) fühlbar ist, aber ohne konkreter Sprach- und Religionskultur nicht begrifflich fassbar. Die kulturabhängige Artikulation der Dynamik der Selbsttranszendenz zum höchsten Wert als *causa finalis* dieser Dynamik wurde von Edmund Weber als die Auseinandersetzung des Bewusstseins mit der dialektischen Beziehung von Grund und Gestaltung der Existenz bezeichnet (vgl. ebd.). Das Woher und Wozu dieser dynamischen Struktur können erst in einer konkreten Religionskultur im Diskurs begrifflich schematisiert werden, z. B. in Christentum als Abwesenheit oder Anwesenheit Gottes im personalen Leben, als Dunkelheit oder Licht, als Zorn Gottes oder Gottes Liebe.

Der Prozess der religiösen Selbstbildung ist dialektisch und es kann durchaus zu einem Konflikt zwischen einer individuellen Religion und Religionskultur kommen, wenn in der Dynamik der Selbsttranszendenz und Selbstbildung das in der Religionskultur artikulierte Ziel, nicht (mehr) als affektiv gefühlter absoluter Wert und Ursache identifiziert werden kann. Dann widersetzt sich das religiöse Gefühl des Numinosen der in der Religionskultur artikulierten und diskursiv vorherrschenden Bestimmung des Heiligen. Es kommt zu einem Konflikt zwischen dem gefühlten commitment zur Selbsttranszendenz zum als Zielursache erschlossenen numinosen Wert und der bestehenden Religionskultur, sodass das Token (Religionskultur) dem Type (Religion) nicht (mehr) angemessen ist. Individuell kann es dann zu einer existenziellen Krise kommen und zum Versuch, eine angemessenere individuelle Artikulation der bestehenden Religionskultur zu

---
16 An einem anderen Ort versuche ich das kognitive prototypische Szenario des religiösen Grundgefühls mittels Natural Semantic Metalanguage zu artikulieren (Serikov 2022). Zum Verhältnis von Rede und Sprache vgl. Heidegger 2001, 160 ff.
17 Zu Ottos Ideogrammen vgl. Schüz 2016, 255 f.

finden oder eine andere Religionskultur z. B. durch Konversion anzueignen. Kollektiv-sozial könnte es zu reformatorischen Umbrüchen der bestehenden Religionskulturen kommen wie z. B. Reformation, New Age oder zur Privatisierung der Religion.

4 Fazit

Ausgehend von einer vergleichenden Übersicht über verschiedene Religionsdefinitionen wurde in diesem Beitrag die Auffassung vertreten, dass eine begriffliche Bestimmung von Religion am ehesten über die Frage nach einer Eigenfunktion erfolgen könnte. Bei dieser Eigenfunktion handelt es sich um die Erschließung der numinosen absoluten Werte im existenziellen Gefühl der Hingabe und der Selbsttranszendenz. Verkürzt ausgedrückt ist Religion die affektive Kommunikation der Transzendenz in der Immanenz, die im Anschluss lebenspraktisch artikuliert wird. Damit waren zwei Zwischenschritte der Untersuchung vorgegeben: einerseits eine Darstellung des religiösen Gefühls sowie andererseits die Erörterung von Artikulierungen in Religionskulturen.

Beim religiösen Gefühl handelt es sich um ein präkognitives existenzielles Kontrastgefühl (*mysterium tremendum* und *fascinans*), das meine individuellen, persönlichen reziproken Beziehung zu etwas ganz Besonderem in einer Erfahrung der Selbsttranszendenz zum Ausdruck bringt. Dieses ganz Andere, traditionell das Numinose (Otto) genannt, wird als absolut wertvolle Zielursache gefühlt. Das Numinose wird im nächsten Schritt kommuniziert und vom Unthematischen zum Thematischen (Wenzel) begrifflich als das Heilige oder Sakrale schematisiert, rationalisiert und ethisiert. Dieser Schritt führ in eine konkrete Religionskultur, die Narrative dafür anbietet, das existenzielle Problem der aktuellen Lebenssituation zu verstehen, eine Zielvorstellung zu formulieren und Wege in der Lebensführung hin zu diesem Ziel aufzuzeigen.

Insgesamt schließt die hier dargestellte Auffassung von Religion als gefühlte Hingabe an die Selbsttranszendenz zum als *causa finalis* erlebten Wert nicht nur an die klassisch phänomenologische Lesart der Religion als Begegnung und menschliche Antwort auf das Heilige an (Mensching 1959, 18 f), sondern erlaubt uns auch *erstens* zwischen Religion, Religiosität und Religionskultur zu differenzieren, *zweitens* zwischen religiösen und areligiösen Menschen zu unterscheiden sowie *drittens* sowohl theistische als auch nicht-theistische und atheistische Religionen zu erfassen. Vor allem aber erweist sie sich als anschlussfähig für die semantische Klärung der Frage, welches Gefühl als religiös gelten soll.

Literatur

Brandom, Robert (2001): Begründen und Begreifen. Eine Einführung in den Inferenzialismus, Frankfurt am Main.
Christian, William A. (1941): A Definition of Religion, in: The Review of Religion 5, 412–429.
Diefenbach, Natalia (2007): Muslimische Religionskultur in Frankfurt am Main, Marburg.
Dietz, Thorsten (2012): Die Luther-Rezeption Rudolf Ottos oder die Entdeckung der Kontrast-Harmonie der religiösen Erfahrung, in: Dietz, Thorsten / Matern, Harald (Hg.): Rudolf Otto. Subjekt und Religion, Zürich, 77–107.
Döring, Sabine A. / Berninger Anja (2013): Was sind religiöse Gefühle? Versuch einer Begriffsklärung, in: Charbonnier, Lars / Mader, Matthias / Weyel, Birgit (Hg.): Religion und Gefühl. Praktisch-theologische Perspektiven einer Theorie der Emotionen, Göttingen, 49–64.
Dworkin, Ronald (2014): Religion ohne Gott, Berlin.
Ekman, Paul (2010): Gefühle lesen. Wie Sie Emotionen erkennen und richtig interpretieren können, Heidelberg.
Elliott, James (2015): The Power of Humility in Sceptical Religion: Why Ietsism is Preferable to J. L. Schellenberg's Ultimism, in: Religious Studies 53 (1), 97–116.
Elsas, Christoph (2017): Das Heilige in Rudolf Ottos religionsgeschichtlichem Versuch zum Reich Gottes, in: Gantke, Wolfgang / Serikov, Vladislav (Hg.): 100 Jahre „Das Heilige". Beiträge zu Rudolf Ottos Grundlagenwerk, Frankfurt a. M., 79–89.
Führding, Steffen (2015): Jenseits von Religion? Zur sozio-rhetorischen „Wende" in der Religionswissenschaft, Bielefeld.
Gantke, Wolfgang (2017): Noch eine Chance für „das Heilige"? Überlegungen zur bleibenden Faszinationskraft von Rudolf Ottos Grundlagenwerk, in: Gantke, Wolfgang / Serikov, Vladislav (Hg.): 100 Jahre „Das Heilige". Beiträge zu Rudolf Ottos Grundlagenwerk, Frankfurt am Main, 213–221.
Geertz, Clifford (1973): Religion as a Cultural System, in: The Interpretation of Cultures. Selected Essays, New York, 87–125.
Goldie, Peter (2002): The Emotions. A Philosophical Exploration, Oxford.
Goldie, Peter (Hg.) (2012): The Oxford Handbook of Philosophy of Emotion, Oxford.
Halbfass, Wilhelm (2000): Karma und Wiedergeburt im indischen Denken, Kreuzlingen.
Harkins, Jean / Wierzbicka, Anna (Hg.) (2001): Emotions in Crosslingusitic Perspective, Berlin / New York.
Heidegger, Martin (2001): Sein und Zeit, Tübingen.
Joas, Hans (1999): Die Entstehung der Werte, Frankfurt am Main.
Joas, Hans (2017): Die Macht des Heiligen. Eine Alternative zur Geschichte von der Entzauberung, Berlin.
Kalckreuth, Moritz von (2017): Phänomenologische Religionsphilosophie als Wesenslehre des Göttlichen oder als Beschreibung des Betroffenseins durch Atmosphären unbedingten Ernstes? Die Rezeption von „Das Heilige" in den Phänomenologien von Max Scheler und Hermann Schmitz, in: Gantke, Wolfgang / Serikov, Vladislav (Hg.): 100 Jahre „Das Heilige". Beiträge zu Rudolf Ottos Grundlagenwerk, Frankfurt am Main, 91–104.
Kalckreuth, Moritz von (2019): Wie viel Religionsphilosophie braucht es für eine Philosophie der Person?", in: Neue Zeitschrift für systematische Theologie und Religionsphilosophie 61 (1), 67–83.

Kessler, Hans (2017): Die Frage nach dem Heiligen angesichts naturalistischer Weltsicht und missbrauchter Religion, in: Schreijäck, Thomas / Serikov, Vladislav (Hg.): Das Heilige interkulturell. Perspektiven in religionswissenschaftlichen, theologischen und philosophischen Kontexten, Ostfildern, 15–24.

Landweer, Hilge (2007): Struktur und Funktion der Gefühle. Zur Einleitung, in: Dies. (Hg.): Gefühle – Struktur und Funktion, Berlin, 7–16.

Lauterbach, Johanna Sr. M. (2014): „Gefühle mit der Autorität unbedingten Ernstes". Eine Studie zur religiösen Erfahrung in Auseinandersetzung mit Jürgen Habermas und Hermann Schmitz, Freiburg / München.

Machoń, Henryk (2005): Religiöse Erfahrung zwischen Emotion und Kognition. William James', Karl Girgensohns, Rudolf Ottos und Carl Gustav Jungs Psychologie des religiösen Erlebens, München.

Maitzen, Stephen (2017): Against Ultimacy, in: Draper, Paul / Schellenberg, John L. (Hg.): Renewing Philosophy of Religion, Oxford, 48–62.

McIntosh, Esther (2015): Belonging without Believing, in: International Journal of Public Theology 9 (2), 131–155.

McNamara, Patrick (2009): The Neuroscience of Religious Experience, Cambridge.

McNamara, Patrick / Giordano, Magda (2018): Cognitive Neuroscience and Religious Language. A Working Hypothesis, in: Chilton, Paul / Kopytowska, Monika (Hg.): Religion, Language, and the Human Mind, Oxford, 115–134.

Mensching, Gustav (1959): Die Religion. Erscheinungsformen, Strukturtypen und Lebensgesetze, Stuttgart.

Millikan, Ruth (1989): In Defense of Proper Functions, in: Philosophy of Science, 56 (2), 288–302.

Müller, Tobias / Schmidt, Thomas M. (2013): Einleitung, in: Dies. (Hg.): Was ist Religion? Beiträge zur aktuellen Debatte um den Religionsbegriff, Paderborn, 9–12.

Otto, Rudolf (1930): Indiens Gnadenreligion und das Christentum. Vergleich und Unterscheidung, Gotha.

Otto, Rudolf (1940): Reich Gottes und Menschensohn. Ein religionsgeschichtlicher Versuch, München.

Otto, Rudolf (2014): Das Heilige. Über das Irrationale in der Idee des Göttlichen und sein Verhältnis zum Rationalen. Neuausgabe mit einem Nachwort von Hans Joas, München.

Pitschmann, Annette (2017): Religiosität als Qualität des Säkularen. Die Religionstheorie John Deweys, Tübingen.

Prothero, Stephen (2011): Die Neun Weltreligionen. Was sie eint, was sie trennt, München.

Pyysiäinen, Ilkka (2009): Supernatural Agents. Why We Believe in Souls, Gods, and Buddhas, Oxford.

Ratcliffe, Matthew (2011): Existenzielle Gefühle, in: Slaby, Jan et al. (Hg.): Affektive Intentionalität. Beiträge zur welterschließenden Funktion der menschlichen Gefühle, Paderborn, 144–169.

Ratcliffe, Matthew (2012): The Phenomenology of Mood and the Meaning of Life, in: Goldie Peter (Hg.): The Oxford Handbook of Philosophy of Emotion, Oxford, 349–371.

Riis, Ole / Woodhead, Linda (2010): A Sociology of Religious Emotion, Oxford.

Solomon, Robert C. (Hg.) (2004): Thinking about Feeling. Contemporary Philosophers on Emotions, Oxford.

Schellenberg, John L. (2016): God for All Time: From Theism to Ultimism, in: Buckareff, A. /
    Nagasawa, Y. (Hg.): Alternative Concepts of God, Oxford, 164–177.
Schmidt-Leukel, Perry (2017) Buddhismus verstehen. Geschichte und Ideenwelt einer
    ungewöhnlichen Religion, Gütersloh.
Schmiedel, Michael (2017): Rudolf Ottos „Das Heilige" konstruktivistisch gelesen, in: Gantke,
    Wolfgang / Serikov, Vladislav (Hg.): 100 Jahre „Das Heilige". Beiträge zu Rudolf Ottos
    Grundlagenwerk, Frankfurt a. M., 185–196.
Schmitz, Hermann (2019): System der Philosophie, Bd. 3 Der Raum. Teil IV: Das Göttliche und
    der Raum, Freiburg / München.
Schüz, Peter (2016): Mysterium tremendum. Zum Verhältnis von Angst und Religion nach
    Rudolf Otto, Tübingen.
Serikov, Vladislav (2017): Zu Ottos Religionsvergleich, in: Gantke, Wolfgang / Serikov,
    Vladislav (Hg.): 100 Jahre „Das Heilige". Beiträge zu Rudolf Ottos Grundlagenwerk,
    Frankfurt a. M., 169–183.
Serikov, Vladislav (2022): Artikulierbarkeit und Motivationskraft religiöser Gefühle [im
    Erscheinen].
Slaby, Jan (2008): Gefühl und Weltbezug. Die menschliche Affektivität im Kontext einer
    neo-existentialistischen Konzeption von Personalität, Paderborn.
Stausberg, Michael / Gardiner, Mark Q.,(2016): Definition, in: Stausberg, Michael / Engler,
    Steven (Hg.), The Oxford Handbook of The Study of Religion, Oxford, 9–32.
Stavenhagen, Kurt (1925): Absolute Stellungnahmen. Eine ontologische Untersuchung über das
    Wesen der Religion, Erlangen.
Taylor, Charles (1996): Quellen des Selbst. Die Entstehung der neuzeitlichen Identität,
    Frankfurt a. M.
Vendrell Ferran, Íngrid (2008): Die Emotionen. Gefühle in der realistischen Phänomenologie,
    Berlin.
Weber, Edmund (2013): Was ist Religion? Thesen zu einem dialektischen Religionsbegriff mit
    Anmerkungen zur selbstenfremdeten Religionsbetrachtung, in: Ders.: Religion und
    Religionskultur. Gesammelte Aufsätze, Frankfurt, 15–21.
Wenzel, Knut (2016): Offenbarung, Text, Subjekt. Grundlegungen der Fundamentaltheologie,
    Freiburg / Basel / Wien.
Wierzbicka, Anna (1999): Emotions across Languages and Cultures. Diversity and Universals,
    Cambridge.
Wierzbicka, Anna (2019): What Christians Believe. The Story of God and People in Minimal
    English, Oxford.
Wynn, Mark (2005): Emotional Experience and Religious Understanding. Integrating
    Perception, Conception and Feeling, Cambridge.

Magnus Schlette
Naturalisierung des Heiligen
Die Transzendenz-Immanenz-Dichotomie als Gegenstand religionsanthropologischer Forschung

Abstract: The aim of this paper is to understand both the concept of the holy and the sacred in terms of the human life form. This account considers itself as a form of naturalization that must be strictly distinguished from reductionist approaches like those which explain the holy as a merely material or essentialist category, because it focuses on the biological and the sociocultural realm as necessary conditions for referring to the holy, but does not identify the meaning of the concept with the empirical prerequisites to understand it. A properly understood naturaliziation of the holy is suggested by referring to the dichotomy between immanence and transcendence: By maintaining that the religious understanding of transcendence presupposes the semiotic and biological dimension of the human life-form, it is shown that the meaning of the sacred depends on a human collective whose members are embodied and embedded in a symbolic world.

Keywords: religion; transcendence; immanence; holy; sacred; naturalism; culture; symbol; anthropology

Einleitung

Mit dem Vorhaben einer religionsanthropologischen Naturalisierung des Heiligen verbinden sich drei Prämissen: *erstens* die erfahrungswissenschaftlich kontrollierbare Erklärbarkeit des Heiligen als einer sozialen Tatsache, die, *zweitens*, auf einem Strukturproblem der Lebensform des Menschen als eines *animal symbolicum* beruht, dessen Deutung wiederum, *drittens*, historisch in den Primärzuständigkeitsbereich der Religion fällt. Genauer gesagt ist es die Aufgabe einer Naturalisierung des Heiligen, die Tatsache, dass es Heiliges gibt, im Lichte der religiösen Bewältigungsstrategie eines Strukturproblems der menschlichen Lebensform zu plausibilisieren.[1] Dazu wird im Folgenden zunächst der Sinn des Naturalisierungsprojekts erläutert (1), bevor dann der für den Begriffsgehalt des

---
[1] Die größten Anregungen zu diesem Vorhaben verdanken sich zwei umfangreichen religionssoziologischen Aufsätzen Ulrich Oevermanns. Siehe u. a. Oevermann 1995; Oevermann 2003.

Heiligen konstitutive Transzendenzbezug des Menschen auf seine somatischen und semiotischen Grundlagen in der menschlichen Lebensform zurückgeführt (2) und aus deren Spannungsverhältnis zueinander sowohl die Empfänglichkeit fürs Heilige als auch die Vielfalt seiner kulturellen Varianz begründet wird (3). Dem schließt sich die Konfrontation der Ergebnisse mit einer Analyse der alltagssprachlichen Begriffsverwendung des ‚Heiligen' in der Erwartung eines Entsprechungsverhältnisses zwischen dem alltäglichen Verwendungssinn des ‚Heiligen' und der strukturanthropologischen Fundierung des Heiligen an (4). Abschließend werden die einzelnen Schritte des Gedankengangs zusammengefasst (5).[2]

1 Naturalisierung des Heiligen

Der Begriff des Heiligen ist das Ergebnis einer rasanten Übersetzungskarriere: Das jüdische ‚qâdôš' differenzierten die hellenistischen Juden in ‚hieros' und ‚hágios', die lateinischen Christen in ‚sacer' und ‚sanctus', bevor die deutschen Mönche und Humanisten die Bedeutungen dann wieder in ‚heilig' zusammenführten (vgl. Colpe 1990). ‚Heilig' ist also das Resultat einer stabil gewordenen Übersetzungsterminologie (vgl. ebd., 16 f.). Etymologisch grundlegend scheint die Verwendung des Begriffs zur Markierung einer räumlichen Grenze zu sein. ‚Sacer' bezeichnet die Sphäre göttlichen Eigentums, also dessen, was einem Gott zugehörig ist, vor allem Grundstücke, auf denen Tempel errichtet werden sollten und auf denen Gegenstände ‚konsekriert', d. h. göttliches Eigentum überführt wurden (vgl. Rüpke 2001, 14). Sachlich verwandt ist das Adjektiv ‚sanctus', das Orte, Gegenstände und Personen als unverletzlich und schützenswert qualifiziert. Die enge semantische Verbindung zwischen ‚sacer' und ‚sanctus' bringt der gemeinsame Gegenbegriff ‚profanus' zum Ausdruck, womit dasjenige bezeichnet wird, was, wörtlich, vor dem Tempel bleibt, sich also außerhalb des göttlichen Bezirks befindet; beide Begriffe sind als Lehnworte in die deutsche Sprache überführt worden und bezeichnen dort laut Duden ganz allgemein einerseits, was unantastbar ist (sakrosankt), andererseits, was weltlich, nicht dem Gottesdienst dienend und in weiterer Bedeutung gewöhnlich bzw. alltäglich ist. Das Konsekrierte ist wiederum wesentlich dadurch bestimmt, dass es, wiewohl selbst nicht

---

[2] Dieser Beitrag führt überarbeitete Auszüge aus einer Reihe von teilweise auch in Koautorschaft verfassten Aufsätzen in einer Weise zusammen, die ihren systematischen Zusammenhang beleuchtet und eine Art kondensierte Zwischenbilanz meiner bisherigen Überlegungen zu diesem Thema darstellt. Siehe vor allem Schlette 2009; Schlette 2013, Kap. 14; Schlette 2014; Schlette 2015; Kleinert/Schlette 2015; Schlette/Fuchs 2017; Schlette/Krech 2018; Schlette 2021.

göttlich, aufgrund seiner Zugehörigkeit zum göttlichen Bezirk von der ‚profanen' Welt geschieden ist.

Die *horizontale* Scheidung derjenigen Bereiche des sozial geteilten Raumes (einschließlich den an ihn gebundenen Gegenständen, Personen, Handlungen und Ereignisse), die den Göttern zugehörig sind, von solchen, die es nicht sind, die Scheidung eines inneren Bezirks des Sakralen von der von ihm ausgegrenzten Sphäre des Profanen, hat zugleich den Sinn einer *vertikalen* Unterscheidung, insofern das Heilige in ein Spannungsverhältnis zwischen dem Weltlichen und dem Überweltlichen eingetragen wird. Der Monotheismus steigert die vertikale Unterscheidung von Weltlichem und Überweltlichem, indem Gott als ureigener Träger von Heiligkeit ausgezeichnet und andererseits der Welt weiter entrückt wird als die Götter des antiken Polytheismus. Die Hebräische Bibel bezeichnet als heilig vor allem die Göttlichkeit Gottes, die sich in seiner Macht und Herrlichkeit offenbart, und erst danach in einem abgeleiteten und eingeschränkten Sinn alles, was zu Gott in einer Beziehung steht, von den Engeln über den Menschen bis zu den kultischen Gegenständen (vgl. Wokart 1974, 1034). Auch im christlichen Verständnis referiert der Begriff des Heiligen im eigentlichen Sinne allein auf Gott und seine Eigenschaften: „Heiligkeit ist die Vollkommenheit, die Gott von der Welt unterscheidet als den einzig wahren Gegenstand der Anbetung, der Verehrung und der Ehrfurcht." (Hunsinger 2000, 1535). Der Zugang zum Heiligen vollzieht sich christlich daher „als Begegnung mit dem allein heiligen und heiligenden dreifaltigen Gott" (Laube 1985, 711). Die Bestimmung Gottes als den eigentlichen Träger von Sakralität bedeutet, dass allenfalls im abgeleiteten Sinne auch Personen, ihren mentalen Zuständen und ihren Handlungen als Ausdruck dieser Zustände Heiligkeit zugeschrieben werden kann. In diesem Sinne gilt als heilig, was von Gott ausgeht, sein Geist, die Christen, wenn sie Gottes Gnade im Glauben teilhaftig werden, ihr Lebenswandel (vgl. Taeger 2000, 1532f.) – außerdem aber auch Räume und Zeiten, insofern „in ihnen das Evangelium verkündet und das kommende Reich Gottes gefeiert wird" (Streib 2000, 1537).

Zusammengefasst: Der Begriff des Heiligen bezeichnet die räumliche Verkörperung und zeitliche Vergegenwärtigung Gottes, von Göttern oder Göttlichem in der Welt; dabei handelt es sich um ein Ambivalenzphänomen im Schnittfeld von (objektsprachlich formuliert) Weltlichem und Göttlichem, metasprachlich rekonstruiert: von Immanenz und Transzendenz. Anders gesagt – und zwar mit einer besonders prägnanten Metapher Niklas Luhmanns: Das Heilige „kondensiert gewissermaßen an der Grenze, die die Einheit der Unterscheidung von transzendent und immanent darstellt" (Luhmann 2002, 82). Damit ist einer Religionsanthropologie eine klare Aufgabe gestellt: Zum Gegenstand ihrer Forschung gehört, die Transzendenz-Immanenz-Dichotomie von den Struktureigenschaften der menschlichen Lebensform her begreiflich zu machen. Diese Aufgabe besteht in zweifachem Sinne in einer Naturalisierung des Heiligen: einerseits in der *Biologisierung* des Heiligen auf dem Wege der Rekonstruktion seines Bedeutungsgehalts „from the bottom up through increasingly complex levels of organic activity" (Johnson 2008, 10) im Entwicklungskontinuum zwischen der menschlichen und den nicht-menschlichen Gattungen, andererseits in seiner *Historisierung* auf dem Wege der Rekonstruktion der kulturellen Entwicklungsgeschichte dieses Bedeutungsgehalts.[3] Der gemeinsame Nenner beider Naturalisierungsstrategien besteht in der erfahrungswissenschaftlich kontrollierbaren Konzeptualisierung des Heiligen als Gegenstand einer Zuschreibungspraxis, das heißt einer kollektiv geteilten und normierten Praxis, Bestimmtes als ‚heilig' zu prädizieren.[4] Die religionsanthropologische Aufgabe lautet diesbezüglich, die *biologischen und historisch-sozialen Voraussetzungen dieser Zuschreibungspraxis zu rekonstruieren.*

Die beiden Naturalisierungsstrategien verschränken miteinander, was seit der Entstehung der Anthropologie als einer eigenständigen Universitätsdisziplin um die Wende zum 17. Jahrhundert traditionellerweise *anthropologia physica* und *anthropologia moralis*, also physische und moralische Menschenkunde genannt und streng voneinander geschieden wurde. Noch Kant greift auf diese Unterscheidung zurück, wo er bemerkt, die Anthropologie als eine Lehre von der Kenntnis des Menschen könne es entweder in physiologischer oder in pragmatischer Hinsicht sein. Untersuche die physiologische Anthropologie, „was die Natur aus dem Menschen macht", so die pragmatische Anthropologie, was der Mensch, „als freihandelndes Wesen, aus sich selber macht, oder machen kann und soll" (Kant 1998, 399). Eine evolutionstheoretisch informierte Anthropologie wird diese beiden Hinsichten in einer Weise zusammenführen müssen, wie sie bereits Nietzsches Diktum vom Menschen als dem „noch nicht festgestellte[n] Thier" (Nietzsche 1988, 81) prägnant andeutet: Die Weltoffenheit des Menschen muss in ihrer organisch-entwicklungsgeschichtlichen Gebundenheit und diese wiederum als strukturell weltoffen erfasst und expliziert werden. Es gilt also die *anthropologia physica* und die *anthropologia moralis* miteinander zu verschränken, ohne die Frage, was der Mensch aus sich selbst macht, auf diejenige zu reduzieren, was die Natur aus ihm macht, oder umgekehrt die Antworten auf die

---

3 Vgl. zu den beiden Strategien einer Naturalisierung von Religion Proudfoot 2017.
4 Die Naturalisierung des Heiligen ist hier also im Sinne einer naturalistischen Konzeptualisierung menschlicher Überzeugungen und Praktiken „as products of humans regarded as natural creatures" (Proudfoot 2017, 106) gemeint. Damit ist sie von der Naturalisierung einerseits im Sinne der Reduktion des Heiligen auf naturwissenschaftliche Erklärungsstrategien und andererseits seiner Essentialisierung zu einer Art anthropologischen Ursprungsphänomen gleichweit entfernt.

Frage, was die Natur aus dem Menschen macht, als bloße Fußnoten der Erörterung zu behandeln, was der Mensch aus sich selbst macht. Damit verbindet sich eine Zurückweisung des klassischen Dualismus. Dualistisch ist die Vorstellung, man könne den Menschen gemäß der Differenz von *genus proximum* und *differentia specifica* als *animal rationale* (Aristoteles) von den nicht-humanen Gattungen unterscheiden. Sofern man nicht bereit ist, das Explanandum des Geistigen nachträglich monistisch zu eskamotieren, indem es auf eine graduell komplexere Variante computationaler, physisch multirealisierbarer Informationsverarbeitung reduziert wird,[5] muss im anthropologischen Explanans berücksichtigt werden, dass Geistiges und Nichtgeistiges und damit das, was der Mensch, als freihandelndes Wesen aus sich macht, und das, was die Natur aus dem Menschen macht, ineinander verschränkt und voneinander durchdrungen sind.[6]

Für das religionsanthropologische Projekt einer Naturalisierung des Heiligen heißt das, unter Berücksichtigung der organischen Grundlagen der menschlichen Umweltbeziehung und ihrer kulturellen Ausdifferenzierung zu plausibilisieren, dass Menschen ein Bewusstsein von Heiligem entwickeln konnten, wie es sich in den historisch und kulturell vielfältigen Formen einer geregelten Zuschreibungspraxis artikuliert und bezeugt. Über den Geltungsanspruch, etwas sei heilig, oder allgemeiner: es gebe Heiliges, ist damit weder im Positiven noch im Negativen etwas gesagt. Auf jeden Fall muss die Verständigung über das Heilige in Begriffen einer Zuschreibungspraxis vermeiden, was Wayne Proudfoot als deskriptiven Reduktionismus bezeichnet hat. Darunter versteht er „the failure to identify an emotion, practice, or experience under the description by which the subject identifies it" (Proudfoot 1985, 196). Die Bedeutung des Heiligen wird auf dem Wege einer *religiösen* Zuschreibungspraxis konstituiert, nicht auf dem Wege ihrer erfahrungswissenschaftlichen Rekonstruktion, mit anderen Worten:

> to describe the experience of a mystic by reference only to alpha waves, altered heart rate, and changes in bodily temperature is to misdescribe it [...] To characterize the experience of a Hindu mystic in terms drawn from the Christian tradition is to misidentify it. (ebd.)

---

5 Diese Position reproduziert den Dualismus, indem sie zunächst von der leiblichen Verkörpertheit des Geistes abstrahiert und den auf diese Weise isolierten Geist dann materialisiert. Hilary Putnam hat hierfür den Begriff des cartesianischen Materialismus geprägt. Vgl. Putnam 1994, 488.
6 In diesem Sinne plädiert Matthias Jung für eine „integrative" Anthropologie, die zwischen Lebens- und Geisteswissenschaften vermittelt. Vgl. Jung 2009.

Nicht das Heilige selbst wird religionsanthropologisch erklärt, *sondern die Bedingungen*, unter denen sich eine bestimmte Zuschreibungspraxis etablieren konnte:

> The explanandum is set in a new context, whether that be one of covering laws and initial conditions, narrative structure, or some other explanatory model. The terms of the explanation need not be familiar or acceptable to the subject. (ebd., 197)

Damit verbindet sich gleichermaßen Respekt und Distanz gegenüber den Geltungsansprüchen dieser Zuschreibungspraxis und ihrem Gegenstand.[7]

Im Folgenden schlage ich vor, die Naturalisierung des Heiligen im Sinne seiner erfahrungswissenschaftlichen Biologisierung und Historisierung auf dem Wege einer Rekonstruktion der somatischen und semiotischen Grundlagen menschlichen Transzendenzbewusstseins zu spezifizieren. Nur Wesen, die einerseits verkörpert sind und andererseits über symbolsprachliche Fähigkeiten verfügen, vermögen ein Bewusstsein der Unterschiedenheit und Wechselbezüglichkeit von Immanenz und Transzendenz auszubilden. Daher sind auch nur verkörperte und symbolsprachliche Wesen in der Lage, ein Bewusstsein von Heiligem und Praktiken der Zuschreibung von Heiligkeit zu entwickeln. Andererseits *können* sie es aber auch völlig unabhängig von ihren individuellen Lebensumständen. Menschen sind kraft ihrer entwicklungsgeschichtlich erklärbaren Fähigkeit zur Begriffsbildung der Immanenz-Transzendenz-Dichotomie auch prinzipiell in der Lage, Ausdrucksformen einer Praxis der Zuschreibung von Heiligkeit zu verstehen. Zwar werden sie bestimmte (oder gegebenenfalls auch generell alle) Zuschreibungen von Heiligkeit nicht anerkennen, wenn sie nicht dem Kollektiv angehören, dessen Mitglieder die betreffende Zuschreibungspraxis teilen. Aber sie sind in der Lage, diese Zuschreibungspraxis *nachzuvollziehen*, sie verfügen über einen *Begriff* des Heiligen, sie können das entsprechende Wort im Sinne dieses Begriffs erklären.[8] Mangel an *Einverständnis über das Heilige* schließt also *Verständnis des Heiligen* nicht nur nicht aus, sondern setzt es umgekehrt geradezu voraus. Und das Ziel der folgenden Überlegungen besteht in der religionsanthropologischen Plausibilisierung einer Erklärung, warum Menschen als

---

[7] Proudfoots Absage an den deskriptiven Reduktionismus sichert den methodischen Agnostizismus der Erfahrungswissenschaften gegen sein Abgleiten in einen Szientismus, dem es nicht mehr gelingt, der Binnenperspektive einer religiösen Lebenspraxis gerecht zu werden. Unter Proudfoots erkenntniskritischer Voraussetzung scheint mir der methodische Agnostizismus daher auch ein säkularistisches Bias vermeiden zu können. Vgl. zur Problematisierung des säkularistischen Bias der Religionsforschung Joas 2017, 28.

[8] Zum begriffsgeleiteten Verständnis unserer alltagssprachlichen Semantik vgl. Tugendhat 2003 sowie Tugendhat 1992, 261 ff. Siehe unten Abschnitt 4: Begriffsanalytischer Ausklang.

Menschen disponiert sind, ein Verständnis von Heiligem zu entwickeln. Diesem Ziel nähern sie sich auf dem Weg der entwicklungsgeschichtlichen Unterscheidung dreier stufenlogisch differenzierter Transzendenzbegriffe.

Auf der untersten Stufe spezifiziert den Transzendenzbezug des Menschen ein Charakteristikum der Organismus-Umwelt-Beziehung, das er mit nicht-humanen Gattungen teilt. Zur Bezeichnung dieser Stufe bietet sich der Begriff der *somatischen Transzendenz* an. Auf der nächsthöheren Stufe spezifiziert den Transzendenzbezug die Weltbeziehung des *animal symbolicum*. Um den sprachlich vermittelten vom organisch verkörperten Transzendenzbezug zu unterscheiden, wird hier vom Begriff der *semiotischen Transzendenz* die Rede sein. Zu den Leistungen der sprachlich vermittelten Weltbeziehung zählt das Vermögen, die Sprachlichkeit der Weltbeziehung mit sprachlichen Mitteln zu vergegenständlichen. Ihr verdankt sich die dritte Stufe des Transzendenzbezugs: semiotische Transzendenz zweiter Ordnung, die der Begriff der *absoluten Transzendenz* benennt. Der sprachlich vermittelte Transzendenzbezug enthält wiederum das Potential seiner religiösen Deutung. Das gilt insbesondere für die absolute Transzendenz – aber auch hier gilt: der Begriff absoluter Transzendenz bezeichnet nicht zwingend religiöse Sachverhalte oder Entitäten. Religiöses Transzendenzbewusstsein bildet sich vielmehr auf dem Wege der Verkörperung der semiotischen Transzendenz aus. Darunter ist die Überführung des semiotischen Transzendenzbezugs in die Matrix des somatischen, also des organisch fundierten Transzendenzbezugs oder, kurz, die Somatisierung semiotischer Transzendenz zu verstehen. In gewissem Sinne ließe sich sogar von einer Re-Somatisierung des Transzendenzbezugs sprechen, da dieser sich unter Bedingungen menschlicher Sprachfähigkeit von seiner organischen Basis löst und als verkörperte Symboltätigkeit wieder an sie rückgebunden wird. Der Begriff des Heiligen verbindet sich insbesondere mit den unterschiedlichen kulturellen Strategien dieser Re-Somatisierung des Transzendenzbezugs.

2 Weisen des Transzendenzbezugs

Zunächst ein kurzer Blick auf die Etymologie des Transzendenzbegriffs: *Transcendere* leitet sich von *scandere* ab, einem Verb mit sowohl transitiver als auch intransitiver Bedeutung. Die intransitive Bedeutung von *scandere* ist „steigen" oder „emporsteigen". Transitiv übersetzt wird es mit „besteigen" oder „ersteigen". Auch *transcendere* hat sowohl intransitive wie transitive Übersetzungen, und in beiden Fällen wird der Sinn von *scandere* bewahrt. Transitiv übersetzen wir *transcendere* mit „übersteigen" oder „überschreiten" und in einer etwas anderen Bedeutungsnuance mit „übertreten". Alle drei Bedeutungsvarianten werden sowohl wörtlich als auch, sogar gebräuchlicher, figurativ verwendet: Wir „übertreten sämtliche Verbote", „überschreiten den Rubikon", etwas „übersteigt unsere Fähigkeiten". Die folgende stufenlogische Unterscheidung von Transzendenzbegriffen wird sich an der transitiven Übersetzung von *transcendere* orientieren. – Aber noch einen weiteren Hinweis können wir der Etymologie entnehmen. Das transitive Verb *transcendere* dient als zweistelliges Prädikat und wir können gleicherweise Sätze formulieren wie „meine Fähigkeiten überschreiten die Grenzen des Machbaren (oder Erkennbaren)" und „meine Fähigkeiten werden von den Grenzen des Machbaren überschritten". Der Transzendenzbegriff verdankt sich einer Nominalisierung des transitiven Verbs und übernimmt von dessen Verwendung sowohl den passivischen wie auch den aktivischen Sinn: das Transzendenzbewusstsein kann sowohl in einer Erfahrung der Repulsion wie auch in der Attraktion bestehen.

George Lakoff und Mark Johnson haben die Verankerung der Semantik von Verbalsprachen in der leiblichen Zentriertheit der menschlichen Umweltbeziehung nachgewiesen.[9] Sie beschreiben eine Vielzahl metaphorischer Schemata wie „innen–außen", „herauf–herunter", „vorn–hinten", „warm–kalt", „schnell–langsam", „nah–fern", die basale leibliche Erfahrungen in unserer Sprache repräsentieren und noch in ihren figurativen Anwendungen präsent halten. Wo dieser Leibbezug nicht ohne weiteres ersichtlich ist, lässt er sich oftmals etymologisch freilegen. So geht beispielsweise der Begriff des Rechts auf die indo-europäische Wurzel *regtós* zurück, die noch im griechischen ὀρεκτός anklingt und mit „gerade" und „aufrecht" übersetzt werden kann. Der Begriff insinuiert eine Korrelation zwischen dem ideellen Wert der Gerechtigkeit und dem senso-motorischen Sachverhalt des aufrechten Ganges: Moralische Haltungen werden durch Körperhaltungen gleichermaßen verbildlicht wie verkörpert (vgl. Fuchs 2016, 111). Die Fundierung der Sprache in der leiblichen Zentriertheit der menschlichen Umweltbeziehung ist auch der Transzendenzsemantik ablesbar.

In Bezug auf den menschlichen Organismus lässt sich in einem biologisch grundlegenden Sinn dasjenige als transzendent bezeichnen, was die Grenze seiner Merk- und Wirkwelt übersteigt bzw. überschreitet. Die Begriffe der Merk- und Wirkwelt führte Jakob von Uexküll in seine Umweltlehre ein, um damit das Ensemble der Gegenstände zu bezeichnen, die ein Organismus einerseits *wahrnehmen* kann und auf die hin er andererseits zu *wirken* imstande ist.[10] Jedes Tier

---

9 Vgl. Lakoff/Johnson 1980.
10 Für die aktuelle Diskussion der Position Uexkülls siehe Michelini/Köchy 2020. Helmuth Plessner hat sich im Rahmen seiner Philosophie des Organischen umfassend mit Uexkülls Position auseinander gesetzt und dabei die These vertreten, dass sie geeignet sei, um das Verhalten

ist nach Uexküll durch „Merkorgane" (Rezeptoren) und „Wirkorgane" (Effektoren) auf die Umwelt gerichtet. Damit entdeckt es am Objekt die komplementären „Merkmale" und „Wirkmale", das heißt, es erteilt ihm die Bedeutung von Wahrnehmungs- und Wirkobjekt (Uexküll 1973, 158 f.). Merk- und Wirkwelt stehen in einer von Uexküll als Funktionskreis bezeichneten Wechselwirkung von Wahrnehmung und Tätigkeit. Er schreibt:

> Jedes Tier ist ein Subjekt, das dank seiner ihm eigentümlichen Bauart aus den allgemeinen Wirkungen der Außenwelt bestimmte Reize auswählt, auf die es in bestimmter Weise antwortet. Diese Antworten bestehen wiederum in bestimmten Wirkungen auf die Außenwelt, und diese beeinflussen ihrerseits die Reize. Dadurch entsteht ein in sich geschlossener Kreislauf, den man den Funktionskreis des Tieres nennen kann. (ebd., 150)

Als somatisch transzendent lässt sich nun dasjenige bezeichnen, was sich jenseits der Merk- und Wirkwelt eines Organismus befindet. Das sind trivialerweise zuvorderst Gegenstände, die aufgrund ihrer räumlichen Ferne weder von den Merknoch von den Wirkorganen (bzw. den Rezeptoren und Effektoren) erfasst werden können. Das Transzendente reicht aber bis in die Merk- und Wirkwelt hinein. Einerseits umfasst es diejenigen Aspekte des Merkobjekts, die vom Standpunkt des jeweiligen Betrachters nicht wahrgenommen werden können; andererseits gehört dasjenige am Wirkobjekt dazu, was sich der Beherrschung und Kontrolle entzieht. *Epistemische Überforderung* charakterisiert den somatisch, nämlich sensorisch fundierten Transzendenzbezug der Merkwelt, *praktische Überforderung* den somatisch (hier: motorisch) fundierten Transzendenzbezug der Wirkwelt.

Folgen wir Uexküll, der den Begriff der Transzendenz selbst nicht verwendet, dann befindet sich das somatisch Transzendente auf der Schwelle zwischen Umwelt und Umgebung. Bezeichnet der von Uexküll terminologisch überhaupt erst in die Biologie eingeführte Umweltbegriff den Interaktions*ort*, der durch den sensomotorischen Funktionskreis strukturiert ist, so der Begriff der Umgebung den abstrakten *Raum*, in dem die Organismus-Umwelt-Beziehungen verortet sind. Die Umgebung wird dem Organismus gar nicht bewusst, da sie keinerlei relevante Informationen für seine Selbsterhaltung enthält. Die Pointe des organisch fundierten Transzendenzbezugs besteht nun darin, dass sein Gegenstand *weder* der Umwelt *noch* der Umgebung angehört. Zur Umwelt zählt das Transzendente nicht, weil es das Jenseits des umwelthaft Erfass- und Gestaltbaren bildet, und auch nicht zur Umgebung, da es gleichwohl zur Relevanzordnung der Organismus-

---

bestimmter, wenn auch nicht aller Organismen zu verstehen. Siehe Plessner 1975 sowie ergänzend Köchy/Michelini 2015; Krüger 2017.

Umwelt-Beziehung gehört. Paradox formuliert: Das somatisch Transzendente wird als Unmerkliches gewahr, als Unerreichbares behandelt. In diesem Sinne handelt es sich um die somatisch basierte Erfahrung von Negativität.

Die Negativitätserfahrung somatischer Transzendenz ist nicht humanspezifisch. Humanspezifisch ist es erst, Auffassungen *über* die Transzendenz der Merk- und Wirkwelt zu bilden. Tiere perzipieren und reagieren einfach in ihre Umwelt hinein. Im Falle des Menschen ist die organismische Transzendenzsensibilität dagegen symbolsprachlich vermittelt. Der Mensch ist – mit Ernst Cassirers Wort – ein „*animal symbolicum*", dessen Eigenart auf seiner Fähigkeit beruht, eine propositionale Sprache zu sprechen (Cassirer 2007). Propositionale Sprachen zeichnen sich dadurch aus, dass sie durch die paradigmatisch-syntagmatische Verknüpfung singulärer und genereller Termini die ursprünglich direkte Referenz des Organismus auf seine Umwelt in ein inferentielles Netzwerk komplexer Semantiken eingliedern. Erst in propositionalen Sprachen sind Sachverhaltsfeststellungen, also Auffassungen über Gegenstände oder Sachverhalte möglich, erst propositionale Sprachen generieren kontextunabhängige Bedeutung und befähigen zur Konstruktion hypothetischer Welten. Charakteristisch für das *animal symbolicum* ist also das Bewusstsein davon, *dass* beliebige Eigenschaften der Umwelt Merkmalscharakter besitzen. Während den Exemplaren nicht-humaner Gattungen die Eigenschaften ihrer Umwelt etwas anzeigen, ohne dass sie ein Bewusstsein der Zeichenrelation selbst besäßen, vermögen Menschen die Eigenschaften *ihrer* Umwelt als Instanziierungen einer Funktion zu deuten, die unterschiedliche Entitäten und Sachverhalte in eine geregelte Beziehung zueinander setzt. Der Mensch weiß um denselben Rauch als potentielles Zeichen für Feuer und damit für Gefahr, für Nahrungszubereitung oder fürs Camping-Idyll, weil er über ein semantisches Netzwerk verfügt, das die entsprechenden begrifflichen Zusammenhänge herstellt. Er erkennt den Rauch als *token* eines *type*, aus dessen Eigenschaften er die Bedeutung des Feuers in unterschiedlichen Praxiszusammenhängen erschließen kann, er verfügt über einen *Begriff* des Rauchs bzw. des Feuers.

Erst das *animal symbolicum* kann daher auch Auffassungen über die unhintergehbare Relationalität der Transzendenz ausbilden, darüber nämlich, *dass* der Vorgang des Überschreitens oder Übersteigens, den das Verb *transcendere* bezeichnet, immer auf etwas bezogen ist, das selbst sozusagen „an seinem Platz bleibt". Menschen sind sich dessen bewusst, *dass* etwas die Grenzen seiner Erkennbarkeit oder Verfügbarkeit überschreitet, und sie sind sich dieser Grenzen als konstitutiv für die Erkennbarkeit und Verfügbarkeit des umwelthaft Begegnenden bewusst. So werden an den Merkobjekten diejenigen Aspekte durch die Einbildungskraft ergänzt, die sich vorderhand nicht wahrnehmen lassen, und Wirkobjekte in der Ambivalenz ihrer Beherrschbarkeit bearbeitet. Dass wir die Gegenstände unserer Wahrnehmungen und Handlungen immer nur abhängig von unserer Perspektive und Handlungsabsicht erfassen, uns ihrer verborgenen und nicht (gleichzeitig auch) zugänglichen Seiten aber gleichwohl als gegenstandskonstitutiv bewusst sind, bezeichnete Helmuth Plessner mit einer glücklichen Formulierung als den menschlichen „Sinn für's Negative" (Plessner 1975, 270). Dabei ging es ihm um die Doppeldeutigkeit des Sinnbegriffs, der Wahrnehmung und Bedeutung – letztere im Sinne von ‚meaning' – miteinander verknüpft. Der menschliche Sinn fürs Negative unterscheidet sich von der nicht humanspezifischen Negativitätserfahrung somatischer Transzendenz dadurch, dass das Unmerkliche, Unerreichbare, das Fremde, Unvertraute, Andere *als solches* erfasst wird.

Dass wir das in unserer Merk- und Wirkwelt Gegebene immer *als* auf das Verborgene und Unzugängliche bezogen erfassen, macht die grundlegende Schicht des semiotischen Transzendenzbezugs aus. Wir sind uns unserer Weltbeziehung als transzendenzbezüglich bewusst. Das Bewusstsein dieser Transzendenzbezüglichkeit umfasst sowohl den aktivischen als auch den passivischen Sinn des Transzendenzbezugs. Einerseits erfahren wir uns als beschränkt durch die epistemischen und praktischen Grenzen unserer Weltbeziehung. Andererseits überschreiten wir das uns Gegebene und Zugängliche auf das nicht Gegebene und Unzugängliche hin, mit dem Ziel einer epistemischen oder praktischen Verfügung über den jeweils unserer Wahrnehmung beziehungsweise unseren Handlungsabsichten entzogenen Gegenstand. Menschlicher Transzendenzbezug ist ein Ambivalenzphänomen von Beschränkung und Entschränkung, von Repulsion und Attraktion durch das Transzendente.

In einer grundlegenden Weise eröffnet Sprache die Unterscheidung zwischen Identität und Differenz: Die Welt ist so, wie sie ist, aber sie könnte auch anders sein; es geht mir, wie es mir eben geht, aber es könnte mir auch anders ergehen; ich sehe die Welt so, wie ich sie sehe, aber meine Mitmenschen sehen sie anders. Ergänzt wird die Fähigkeit der sprachlichen Konstruktion hypothetischer Welten durch Bordmittel der Sprache, die es dem Menschen ermöglichen, die Unterscheidung zwischen der sinnlich und praktisch gewissen wirklichen Welt und hypothetisch konstruierten Welten des Anders-sein-könnens temporal als „Vorher" und „Nachher" zu indizieren. Eine sprachliche Spur dieses Zusammenhanges findet sich in der begrifflichen Struktur unserer Zeitadverbien. „Jetzt" und „einst" stehen zueinander in einem kontradiktorischen Gegensatz. Ist aber das Adverb „jetzt" eindeutig der Gegenwart zugeordnet, kann sich das Adverb „einst" sowohl auf die Zukunft als auch auf die Vergangenheit beziehen. Die Dyade von Wirklichkeit und Möglichkeit lässt sich so auf die Triade von Vergangenheit, Gegenwart und Zukunft abbilden, dass einerseits die Wirklichkeit der Gegenwart und andererseits die Möglichkeit zunächst gleichermaßen der Vergangenheit und der Zukunft zugeordnet werden: Die Welt ist jetzt so wie sie ist, aber sie könnte einst anders gewesen sein und einst wieder anders werden; es geht mir jetzt, wie es mir eben geht, aber es könnte mir einst anders ergangen sein und einst wird es mir vielleicht anders ergehen.

Zusammengefasst ist das *animal symbolicum* durch sein Bewusstsein von der Veränderlichkeit der Wirklichkeit, der Endlichkeit seiner eigenen Existenz und dem Spannungsverhältnis zwischen Entscheidungszwang und Begründungsverpflichtung seiner Lebensführung bestimmt. Als veränderlich erfährt es die Wirklichkeit, insofern das „Jetzt" den Schatten seines Anders-gewesen-sein-Könnens und Anders-werden-Könnens mit sich führt. In diesem Möglichkeitshorizont ist das Bewusstsein des Menschen von seiner einstmaligen und dereinstigen Nichtexistenz potentiell angelegt, in ihm ist er zudem mit der Nötigung konfrontiert, zwischen Handlungsmöglichkeiten zu wählen, Entscheidungen zu treffen sowie diese Entscheidungen als gerechtfertigt zu begründen. Mit anderen Worten: Das *animal symbolicum* ist zur Kontingenzbearbeitung aufgerufen. Und im Zuge seiner Kontingenzbearbeitung ist es schließlich als verbalsprachliches Wesen auch dazu disponiert, die Kontingenz selbst seiner Transzendenzvorstellungen zu reflektieren. Denn im Unterschied zur Gestenkommunikation eröffnet die Verbalsprache die Möglichkeit der Metareflexivität, das heißt hier: die Möglichkeit Transzendenzkommunikation selbst zum Gegenstand der Kommunikation zu machen, die Grenzen sprachlicher Transzendenzrepräsentation zu reflektieren und mithin die Transzendenz-Immanenz-Dichotomie rekursiv auf den Transzendenzbegriff selbst anzuwenden.[11]

Zur Markierung dieser selbstreferentiellen Wende des semiotischen Transzendenzbegriffs schlage ich den Begriff der absoluten Transzendenz vor.[12] Er drückt die Sensibilität für den internen Zusammenhang aus zwischen dem Subjekt, das Transzendenz zuschreibt, der Sprache, in der Transzendenz zugeschrieben wird, und dem Gegenstand, der als transzendent prädiziert wird. Absolute Transzendenz wird als das sich den Mitteln und Absichten der Zuschreibung entziehende, „ganz Andere" prädiziert. In aller gedanklichen Konsequenz verwirklicht den semiotischen Transzendenzbezug erst die Reflexion auf die Grenzen aller sprachlichen Mittel, einen Gegen-Ort zum Vertrauten und Bekannten zu beziehen. Es ist im wörtlichen Sinne der Nicht-Ort der absoluten Transzendenz, in dem der Transzendenzbezug sein semiotisches Entwicklungs-

---

11 Vgl. zur Metareflexivität Jung 2005, 130.
12 Was hier absolute Transzendenz heißt, ist auch als Transzendenz „zweiter Ordnung" (Elkana 1986, 40–64), als „transcendence with a capital T" (Dalferth 2012, 146–190) oder als „transzendentale" Transzendenz (Wittrock 2012, 102–125) bezeichnet worden.

potential vollends zur Geltung bringt. Seine Sprachfähigkeit hat den Menschen zur Ausbildung dualistischer Weltbilder disponiert, denen zufolge die Gegenstände und Ereignisse der Erscheinungswelt Zeichen verborgener Bedeutungen und einer die Menschen in ihrer Existenz viel grundlegender betreffenden Wirklichkeit sind als das Offensichtliche.[13] Mit dem Begriff der absoluten Transzendenz bezieht er sich auf diese Wirklichkeit als existentiell unausschöpfbare Sinnressource. Der Transzendenzbezug zweiter Ordnung vollzieht sich als Problematisierung aller Ansprüche, Wirklichkeit auf einen abschließenden Begriff zu bringen. Er realisiert sich weniger als positives Wissen denn vielmehr in einer bestimmten Haltung gegenüber jedem epistemischen oder praktischen *Status quo*, der aus der Perspektive absoluter Transzendenz seiner Vorläufigkeit überführt wird.

Die Latinistin Andrea Nightingale erkennt im Transzendenzbezug zweiter Ordnung die Essenz der theoretischen Haltung, die die Lebensform des platonischen Philosophen auszeichne. Sie schreibt:

> For the person who has detached himself from society and gone the journey of philosophical *theoria* will never be fully ‚at home' in the world. *Theoria* uproots the soul, sending it to a metaphysical region where it can never truly dwell and from which it will inevitably have to return. As a *theoros*, the Platonic philosopher must journey to ‚see' truth [...] and bring his vision back to the human world. (Nightingale 2004, 106)

Für Robert Bellah gehört die philosophische Meditation des Absoluten in den Zusammenhang axialer Transzendenzkonzepte, wie sie sich in strukturell vergleichbarer Form zwischen 800 und 200 vor unserer Zeitrechnung nicht nur in Griechenland, sondern auch in China, Indien und Israel entwickelt haben. Dabei entleiht er den indischen Veden den Begriff des *renouncer*, um die Einübung in Standpunkte absoluter Transzendenz zu pointieren.

> What the renouncer renounces is the role of the householder and all of the social and political entanglements that go with it. [...] If the renouncer is ‚nowhere', he, and sometimes she, can look at established society from outside, so to speak. (Bellah 2011, 451)

Bellah identifiziert unter exemplarischem Verweis auf die Namen Amos, Buddha, Mencius, Plato, Jesus und Mohammed homologe Transzendenzorientierungen in allen axialen Kulturen. Während den platonischen Philosophen der Aufstieg aus der täuschenden Sphäre menschlicher Angelegenheiten in den Symbolraum einer nicht theistisch verstandenen *atopia* charakterisiere, kritisierten die Propheten die faktischen Zustände und die herrschenden Mächte der Welt unter Inan-

---

13 Vgl. Deacon/Cashman 2009, 490.

spruchnahme eines monotheistischen Konzepts absoluter Transzendenz. Damit hat Bellah die Stifterfiguren axialer Kulturen vor Augen. Konzentriert sich im Begriff der absoluten Transzendenz das Bewusstsein einer maßstäblichen Ebene menschlicher Existenz, dann stellt sich die Frage, wie es sich aus der Region vereinzelter intellektueller Virtuosität in den kollektiv geteilten Erfahrungshorizont der menschlichen Weltbeziehung überführen lässt. Diese Frage führt zurück auf den Begriff des Heiligen.

3 Das Heilige als Mediatisierung absoluter Transzendenz

Soll die tiefere Bedeutungsebene der menschlichen Weltbeziehung nicht nur eine abstrakte Denkmöglichkeit einzelner intellektueller Virtuosen sein, sondern die Wirklichkeit menschlicher Weltbeziehung vergemeinschaftend bestimmen, muss sie als solche im Lebensvollzug der Menschen kollektiv erfahren werden können. Die Idealität der sprachlichen Gehalte muss also an die Materialität einer geteilten Lebenspraxis rückgebunden werden. Da es sich bei der Materialität menschlicher Lebenspraxis um die somatische Verfasstheit der organischen Umweltbeziehung handelt, geht es letztlich darum, verborgene Sinnzusammenhänge, die auf dem Weg der semiotischen Transzendenz symbolisch erschlossen werden, mit den Mitteln der somatischen Transzendenz in einer vergemeinschaftungsfähigen Weise alltagswirksam werden zu lassen, mit anderen Worten: sie in der sichtbaren Mitwelt, in der wir uns handelnd einrichten, als das sich uns epistemisch und praktisch Entziehende zu mediatisieren. Unter Mediatisierung verstehe ich die räumliche Verkörperung und zeitliche Vergegenwärtigung von Transzendenz in der menschlichen Praxisraumzeitlichkeit. Ein wesentliches Mittel der Mediatisierung semiotischer Transzendenz besteht denn auch darin, bestimmte als außerweltlich prädizierte Orte in der Praxisräumlichkeit und bestimmte als außerweltlich prädizierte Zeiten in der Praxiszeitlichkeit der Menschen so einzurichten, dass in ihnen die außeralltäglichen Sinnressourcen der metaphysischen Wirklichkeit in gemeinschaftsbildender Weise somatisch erlebbar werden.

Ich schlage im Folgenden vor, den Begriff des Heiligen für die raumzeitliche Mediatisierung semiotischer, insbesondere absoluter Transzendenz zu reservieren. Die räumliche Mediatisierung des Außerweltlichen bindet sich an sakrale Orte, die zeitliche Mediatisierung des Überzeitlichen an rituelle Handlungen. Wie heilige Bezirke gleichsam aus der Praxisräumlichkeit herausgehobene Orte sind, die sich in die Koordinaten alltäglicher Interaktion nicht eintragen lassen sollen, so generiert die rituelle Ordnung der Praxiszeitlichkeit enthobene Zeiten, die im Gegensatz zu der Veränderlichkeit alles innerweltlich Seienden stehen. Und wie die heiligen Orte gleichwohl an derselben Dreidimensionalität des physikalischen Raumes partizipieren, die auch die profanen Orte lokalisiert, so ist die Iteration stets gleicher Akte, die die Unveränderlichkeit der transzendenten Sphäre symbolisiert, zugleich in die diachrone Struktur alles Geschehens eingelassen. Mit dem Ritual tritt der Veränderlichkeit alles Seienden in der Zeit eine Ordnung entgegen, die ihr zwar selbst unterworfen ist, aber zugleich einen Zustand der Zeitenthobenheit durch die Art ihres Vollzugs erfahrbar macht, und zwar als Erfahrung einer gleichsam höheren Zeit, einer „time out of time" (Rappaport 1999, 187). Sie besteht in dem Bewusstsein, an jener sich in der Sukzession des Veränderlichen verkörpernden, überweltlichen Wirklichkeit Anteil zu haben, deren Bedeutung die des Veränderlichen der Erscheinungswelt übersteigt.

Heilige Orte und Zeiten kann es nur für verkörperte Symbolverwender geben, sie sind an die Lebensform des Menschen gebunden, sich im Raum und in der Zeit handelnd verorten zu müssen – wie es die drei mythischen Grundfragen: ‚Woher komme ich?' – ‚Wohin gehe ich?' – ‚Wer bin ich?' auf den Punkt bringen. Da aber in das Heilige die Spannung von organischer Materialität und semiotischer Idealität eingelassen ist, da es – noch einmal Luhmanns Wendung: „gewissermaßen an der Grenze [kondensiert], die die Einheit der Unterscheidung von transzendent und immanent darstellt" (Luhmann 2002, 82), ist zu erwarten, dass sich das Pendel der Sozialgeschichte des Heiligen zwischen der Sakralisierung des Profanen, also dem Versuch, semiotische Transzendenz somatisch erfahrbar zu machen, und der Profanisierung des Sakralen, also der Bemühung, Medien der somatischen Erfahrbarmachung von Transzendenz ihrer Unangemessenheit zu überführen (sei es aus religiösen oder religionskritischen Gründen), hin und her bewegt.

Sakralisierung liegt folglich dann vor, wenn von den Mitgliedern der besagten Religionsgemeinschaft bestimmte, vormals religiös insignifikante Sachverhalte übereinstimmend *erstens* als heilig thematisiert, *zweitens* als Mediatisierung von Transzendenz gedeutet und bewertet sowie *drittens* als verbindlicher Grund entsprechender Verhaltensvorschriften und Handlungsnormen akzeptiert werden. Änderungen im Begriff des Heiligen können allerdings auch bedeuten, dass nicht nur bisher religiös Insignifikantes für die Mediatisierung von Transzendenz signifikant wird, sondern auch, dass bislang Hochsignifikantes an Evidenz verliert oder sogar explizit aus der Sphäre des Heiligen ausgeschlossen wird. Die Sakralisierung bestimmter Entitäten kann die Desakralisierung anderer bedingen (Ausschluss) oder auch nur psychologisch nahelegen (Evidenzverlust), umgekehrt können Desakralisierungen auch Gegenbewegungen der Exploration neuer Mediatisierungen von Transzendenz initiieren. Der Begriff des Heiligen ist daher in dem Spannungsverhältnis von Expansion, Reduktion und Verschiebung einer permanenten Transformation seines Umfangs und Inhalts unterworfen.

Zu den Mediatisierungsweisen von Transzendenz zählt zunächst die objektsprachliche Ineinssetzung von Bezeichnendem und Bezeichnetem im Sinne der wesensmäßigen Anwesenheit des Abwesenden im Trägermedium: die *Materialisierung von Transzendenz*. So kann Jahwe in den brennenden Dornbusch fahren, Gott an seinen Wirkungen erkannt werden, die Reliquie den Gläubigen ihren Gott aufgrund raumzeitlichen Kontaktes zur Anwesenheit bringen. Heiliges kann Transzendenz ferner durch Ähnlichkeit, durch Analogie, Metapher, Metonymie sowie auch aufgrund einer arbiträren Zeichenrelation derart mediatisieren, dass das Vergegenwärtigte im Vergegenwärtigenden angezeigt wird: *Repräsentation von Transzendenz*. Eine arbiträre Zeichenrelation liegt zum Beispiel der Mantik römischer Auguren zugrunde, deren Auspizien im Flugverhalten heiliger Vögel den Willen Gottes erkennen konnten. Davon ist wiederum eine Form der zeichenvermittelten Mediatisierung des Abwesenden *als* eines Abwesenden, Unfassbaren zu unterscheiden, das die Mediatisierungsmodi von Verkörperung und Repräsentation grundsätzlich überschreitet und sich ihnen als das ganz Andere der Immanenz entzieht: *Symbolisierung von Transzendenz*. Der in einer Religionsgemeinschaft gültige Begriff des Heiligen legt fest, was Transzendenz wie mediatisiert. Er regelt die für diese Religionsgemeinschaft spezifische Kombination materialisierender, repräsentierender und symbolisierender Modi der Mediatisierung von Transzendenz. Das Geflecht unterschiedlicher Mediatisierungsmodi des Heiligen qualifiziert den für die jeweilige Religionsgemeinschaft charakteristischen Begriff des Heiligen und die diesem Begriff korrespondierende Grammatik der kollektiven Zuschreibung von Heiligkeit. Sakralisierung besteht mithin nicht nur darin, dass sich eine neue Zuschreibung von Heiligkeit etabliert, sondern sie bestimmt auch, ob der jeweilige Gegenstand der Zuschreibung Transzendenz materialisiert, repräsentiert oder symbolisiert und was daraus für den Umgang mit ihr folgt.[14]

Je stärker die Selbstverständigung einer Religionsgemeinschaft über das Heilige durchreflektiert und -rationalisiert ist, desto kritischer und differenzierter wird ihr Verständnis davon, was Transzendenz wie vergegenwärtigt. Exemplarisch für die westlich-neuzeitliche Reflexivierung unterschiedlicher Mediatisierungsweisen des Heiligen sind Friedrich Schleiermachers *Reden über die Religion an die Gebildeten unter ihren Verächtern*. Wiewohl das Lexem bei Schleiermacher keine besondere Rolle spielt, sind seine *Reden* ein Meilenstein in der Begriffsgeschichte des

---

[14] Zu den unterschiedlichen Phänomenbereichen religiöser und außerreligiöser Sakralisierung und Desakralisierung vgl. Schlette/Krech 2018, 445–457.

Heiligen.[15] Schleiermacher ist wegweisend in seiner Bemühung um Vermittlung religiöser und aufklärerisch-religionskritischer Geltungsansprüche durch Fundierung des Heiligen in Erfahrungen der Selbsttranszendenz. So gründet er den Umgang mit dem Heiligen nicht im christlichen Gottesbewusstsein, sondern versteht umgekehrt das Gottesbewusstsein nicht nur des Christentums, sondern generell aller positiven Religionen als eine mögliche Ausdrucksgestalt des Bewusstseins vom Heiligen, das er als „Sinn und Geschmack für das Unendliche" bestimmt (Schleiermacher 1993, 36). Für Schleiermacher ist dabei zentral,

> „dass diese Dimension [des Unendlichen – MS] gegeben, aber selbst nicht dogmatisch ausgefüllt ist. Damit bleibt der religiöse Diskurs immer auch ein offener Prozess, eine Art Suchbewegung, ein Prozess der permanenten Annäherung an jenes Unendliche, das seinen Namen gerade nicht endgültig sagt oder gar dogmatisch festlegt." (Vietta/Uerlings 2008, 21)

Zu ergänzen ist, dass mit einer religionsphilosophischen Konzeption des Heiligen wie derjenigen, die Schleiermacher in den *Reden* präsentiert, jede Annäherung an das Unendliche sich außerdem die eigene Unzulänglichkeit zu vergegenwärtigen und diese in der Symbolisierung des Unendlichen zu berücksichtigen hat. Die Offenheit des Prozesses, in dem das vom heiligen Funken der Religion enthusiasmierte Subjekt sich des Unendlichen versichert, benennt präzise das Problembewusstsein von der Symbolisierung des Heiligen im Widerstreit von Bestimmbarkeit und Unbestimmbarkeit.

Die Naturalisierung des Heiligen auf dem Wege einer religionsanthropologischen Rekonstruktion der Transzendenz-Immanenz-Dichotomie muss daher insbesondere der Bedeutung der Ästhetik Rechnung tragen. Denn Mediatisierung von Transzendenz ist um ihrer sinnlichen Erfahrbarkeit willen auf ästhetische Ausdrucks- und Darstellungsformen angewiesen, daher das innige Verhältnis zwischen Religion und Kunst. Beide suchen einander, konkurrieren aber auch miteinander um die Zuständigkeit für die Gestaltung des offenen Prozesses, in dem das Heilige zu symbolischer Prägnanz gelangen soll. Religion gestaltet den Umgang mit dem Heiligen durch die Etablierung entsprechender (religiöser) Einstellungs- und Handlungsmuster, durch die Vermittlung von (religiösen) Überzeugungen, die das Heilige auf wiederum handlungsorientierende Begriffe bringen, und durch die Ausbildung von (religiösen) Institutionen, die dem Umgang mit dem Heiligen eigens gewidmet sind, ihn stabilisieren, kultivieren und reglementieren. Dabei geht es stets um die Aufrechterhaltung der Spannung

---

15 Zur Unterscheidung von Lexem und Begriff des Heiligen vgl. die einschlägigen Ausführungen von Carsten Colpe in seiner nach wie vor wichtigen Studie *Über das Heilige. Versuch, seiner Verkennung kritisch vorzubeugen* (Colpe 1990).

zwischen Übersinnlichkeit und Sinnlichkeit des Heiligen, zwischen dem, was sich im Heiligen zeigt, und dem, wie es sich zeigt, zwischen Offenbarsein und Verborgenheit, zwischen Bestimmtheit und Unbestimmbarkeit. Kunst wiederum kultiviert die ästhetische Darstellung von Bedeutung mit dem Anspruch der sinnlichen oder imaginativen Evidenz des Dargestellten. Künstlerisches Handeln wird daher wesentlich durch die Ausbildung und Differenzierung von Kriterien der Bewährung an dem Anspruch bestimmt, Bedeutung klar darzustellen, sowie an der Auseinandersetzung mit diesen Kriterien und einer wiederum gelingenden Darstellung dieser Auseinandersetzung. Daher können Religion und Kunst einander wechselseitig stützen. Denn einerseits trifft der Bewährungsanspruch der Künstler, Bedeutung zur sinnlichen Darstellung zu bringen, in demjenigen der Religion, den Umgang mit dem Heiligen zu gestalten, auf seine größte Herausforderung: Kunst muss sich in diesem Fall an der Paradoxie abarbeiten, das Verhältnis von Sinnlichem und Übersinnlichem im Sinnlichen erscheinen zu lassen. Und andererseits ist der Bewährungsanspruch der Religion, den ehrfurchtsvollen Umgang mit dem Heiligen zu gestalten, auf Medien angewiesen, in denen sich ein reflektiertes Verständnis der Beziehung zwischen Sinnlichem und Übersinnlichem artikulieren kann – nicht zuletzt eben auch auf ästhetische Darstellungsweisen der besagten Beziehung durch künstlerisches Handeln.

So entschieden die Problematisierung des Heiligen Kunst und Religion aufeinander verweist, so deutlich sind beide aber auch voneinander verschieden: Kunst ist nicht Religion, Religion nicht Kunst, eben weil sich die Strukturen ihrer symbolischen Weltformung nicht wechselseitig auf die jeweils andere reduzieren oder mit ihr identifizieren lassen.

> Dort, wo prinzipiell die Art des Bezugs auf menschliche Erfahrung in Frage steht, antwortet die Religion mit einer bestimmten Interpretation und die Kunst mit der Versatilität der Darstellung. Die Religion sieht sich gebunden, die Kunst sieht sich frei. (Auerochs 2006, 59)

Weil die Religion tradierten und durch die Tradition autorisierten Vorgaben der Erfahrungsdeutung folgt und diese an die Angehörigen ihrer Gemeinschaft vermittelt, wird sie immer die

> Vereinbarkeit mit einer bestimmten Interpretation zum Kriterium für die Akzeptanz von künstlerischen Darstellungen machen. Die Eindringlichkeit einer Darstellung, ihr Kunstcharakter, besagt aber für ihre Vereinbarkeit mit bestimmten Interpretationen noch gar nichts. (ebd.)

Umgekehrt lässt sich die Kunst im Zuge ihrer Verselbständigung zu einem eigengesetzlich strukturierten Medium symbolischer Weltformung von dem Anspruch der Eindringlichkeit der Darstellung nicht durch deren Unvereinbarkeit mit den Interpretationserwartungen der Religion abbringen. Die Spannung zwischen dem Primat der Interpretation in der Religion und dem Primat der Darstellung in der Kunst kehrt auf der Ebene des Adressatenbezugs religiöser Erfahrungsdeutung und künstlerischer Erfahrungsdarstellung wieder: „Während die Autorität heiliger Texte immer geliehen, von Gott geliehen ist, ist die ‚Autorität' der Kunst immer selbst gemacht; sie ist identisch mit dem ‚Glanz' oder der ‚Gelungenheit' der Darstellung, wie sie sich in Formstrenge, Sprachbehandlung, Ausdruckskraft, Erfahrungsreichtum, jedenfalls: in am Kunstwerk selbst ablesbaren Momenten zeigt." (ebd, 69) Fordert die Religion praktische Bewährung der Interpretation durch eine ihr entsprechende Lebensführung (vgl. ebd., 49), so erlaubt die Kunst gerade das Gegenteil: Entlastung von praktischen Bewährungsansprüchen durch Muße und – mit Kant – die Erprobung des freien Spiels unserer Erkenntnisvermögen.[16]

Im westeuropäischen Kulturraum hat die seit dem 18. Jahrhundert zunehmend subtilere Erfahrungszentrierung in der Kommunikation des Heiligen, die von Schleiermacher in seinen *Reden* auf exemplarische Weise pointiert wird, die Sachlage allerdings verändert und einen neuartigen Phänomenbereich generiert, der durch die Entdifferenzierung von Religion und Kunst charakterisiert ist. Mit dem apodiktisch anmutenden Urteil „Die Religion ist nicht die Kunst" scheint sich Philipp Otto Runge noch gegen die fragwürdige Ineinssetzung der beiden zu wenden, um dann aber fortzufahren: „[...] die Religion ist die höchste Gabe Gottes, sie kann nur von der Kunst herrlicher und verständlicher ausgesprochen werden."[17] (Runge 1942, 126) Runges Worte halten wie in einer semantischen Kippfigur den Übergang von der klaren Aufgabenverteilung zwischen Religion und Kunst zu einer Arbeitsgemeinschaft fest, die auch als *„Amphibolie* (Verwechselbarkeit, Doppeldeutigkeit) *des Ästhetischen und Religiösen"* beschrieben worden ist (Müller 2004, IX). Der Künstler rückt in die Stellung des Mittlers zwischen dem Göttlichen und den Menschen auf.

Charles Taylor hat die Künstler um 1800 als Repräsentanten eines gesamteuropäischen Originalitätsdiskurses gewürdigt, die sich dazu berufen sahen, ihren Transzendenzbezug unverwechselbar und unvertretbar durch andere zu artikulieren. Dieser Originalitätsanspruch habe zunehmend feinsinnigere Formen der Artikulation provoziert, die der Spannung zwischen dem Artikulierten und seiner semantischen Vereindeutigung geschuldet seien (vgl. Taylor 1994, 639–807). Damit trifft er das Selbstverständnis der Romantiker als Mediatoren eines unerschöpflichen Sinns, der sich in der Wirklichkeit des Menschen nach Maßgabe

---

16 Vgl. Jacob 2015, 171–190.
17 Brief vom 3. September 1802.

seiner Individualität und seiner poetisch-religiösen Bildung offenbart. Der sich in Runges Worten abzeichnende Umschlag von der Aufgabenverteilung zwischen Religion und Kunst zu einer neuartigen Arbeitsgemeinschaft führt zu einem neuen Verständnis des künstlerischen Symbolisierungspotentials. Die künstlerische Darstellung wird zur einzig möglichen Form erhoben, die Transzendenz mediatisieren kann, Religion und Kunst fusionieren in der Kunstreligion.[18]

In der Kunstreligion kulminiert das spezifisch westlich-moderne Problembewusstsein von der immanenten Darstellbarkeit von Transzendenz. Sie institutionalisiert in der werkbezogenen Verständigung zwischen Produzenten und Rezipienten die spannungsvolle Dialektik der Mediatisierung absoluter Transzendenz zwischen der Affirmation von Bestimmung und der Negation von Bestimmbarkeit. Den Kunstwerken wird der Status zugeschrieben, Träger von Phänomenen *sui generis* zu sein, die eine prägnante Mediatisierung absoluter Transzendenz ermöglichen, ohne deren Sinngehalt propositional zu vereindeutigen. Kunstreligion führt daher exemplarisch vor, wie ästhetische Mediatisierungen von Transzendenz sich von der Deutungsmacht der Religion über ihren Sinngehalt emanzipieren, ohne die religiöse Verbindlichkeitsanmutung preiszugeben. Kraft ihrer von der Religion gleichsam geliehenen Autorisierung avancieren ästhetische Darstellungsformen zum Leitmedium auch außerreligiöser Sakralisierungen. Wo immer die Anmutung von Unhinterfragbarkeit evoziert werden soll, wo sich gesellschaftliche Handlungsfelder letztverbindlich zu autorisieren versuchen, stehen ästhetische Darstellungsformen bereit, die auf eine historisch differenzierte Formensprache der Transzendenzmediatisierung zurückgreifen können. Die Ästhetik wird zum Katalysator von Sakralisierungsdynamiken.

4 Begriffsanalytischer Ausklang

Das Verständnis des Heiligen erschließt sich in den Religionen von ihren kanonischen Schriften und deren Auslegungstraditionen sowie den gemeinschaftlich geteilten rituellen Praktiken her. Die Auszeichnung heiliger Orte, Zeiten, Ereignisse, Personen oder Gegenstände beruht auf der Hintergrundgewissheit, dass sie Zeugnis ablegen von göttlichem Wirken. In der westlichen Geistesgeschichte ist diese Gewissheit in der Neuzeit problematisch geworden. Skepsis und Widerspruch, die das Heilige hier herausfordert, spiegeln das seit dem 17. Jahrhundert institutionell etablierte Spannungsverhältnis zwischen der christlichen Deutung des menschlichen Selbst- und Weltverhältnisses und dessen objekti-

---

18 Vgl. Kreuzer 2015, 191–212; Braungart/Fuchs/Koch 1997, 9. Siehe auch Eßbach 2014, 453 ff.

vierender Durchdringung auf der Basis der empirischen Wissenschaften. Die wissenschaftliche Versachlichung der Welt hat die neuzeitliche Religionskritik von Bacon bis Freud inspiriert, die der Vorstellung des Heiligen als der sinnlichen, raumzeitlichen Präsenz einer immateriellen, transempirischen Macht von Anbeginn zusetzt. Der Begriff des Heiligen wird fortan in dem Spannungsverhältnis zwischen Religion und Wissenschaft, zwischen Religiosität und intellektueller Redlichkeit immer subtiler problematisiert.[19] Charakteristisch für die Neuzeit ist demnach die wachsende Schwierigkeit in der Beantwortung der Frage, wie etwas bestimmt sein muss, damit in ihm eine wesenhaft immaterielle, aber existentiell verbindliche und gemeinschaftlich verbindende Macht für die Menschen zu einer sinnlich und gedanklich nachvollziehbaren Präsenz gelangt. Wenn es stimmt, dass diese Frage sich von dem genannten Strukturproblem der menschlichen Lebensform her erzwingt, als *animal symbolicum* Kontingenz bewältigen zu müssen und Strategien ihrer Bewältigung sinnlich und praktisch erfahrbar zu machen, dann ist wohl kaum mit einem Einbruch von Praktiken der Zuschreibung des Heiligen zu rechnen, sondern allenfalls mit ihrer Befreiung aus dem Deutungsregime der gesellschaftlich institutionalisierten, öffentlich präsenten, zumeist kirchlich organisierten und theologisch reflektierten Religionen. Dann ist mit ihrer Pluralisierung, Diversifizierung und Instrumentalisierung zu rechnen.[20]

Dann ist aber auch damit zu rechnen, dass es für den Begriff des Heiligen einen relativ stabilen alltagssprachlichen Verwendungssinn gibt, der zwar einerseits nicht mehr religionsspezifisch eingegrenzt ist (wonach nur Angehörige eines religiösen Kollektivs, gleichsam als Angehörigen einer Privatsprachengemeinschaft, diesen Sinn verstehen und den Begriff richtig verwenden könnten), andererseits aber auch nicht in einem logischen Widerspruch zur religiösen Sprache steht. Vielmehr ist zu erwarten, dass sich in der alltagssprachlichen Verwendung des Begriffs ein Sinngehalt verdichtet, auf den sich Gläubige auf der einen Seite, Agnostiker und Atheisten auf der anderen müssten einigen können. Der Königsweg zur Erprobung dieses gemeinsamen Nenners zwischen den genannten Lagern ist die Begriffsanalyse. Meine These lautet also, dass es einen begriffsanalytisch identifizierbaren Sinngehalt der Rede vom Heiligen gibt, der allgemein zustimmungsfähig ist. Darum gehört es meinerseits auch zu den Aufgaben einer religionsanthropologischen Naturalisierung des Heiligen, sich diesem Vorhaben von der Seite des alltagssprachlichen, nicht spezifisch religiösen Verwendungssinns der Rede vom Heiligen her zu nähern.

---

19 Vgl. Schlette 2014, 200–210.
20 Siehe auch Krech 2015, 411–425.

Das ‚Heilige' kommt entweder in Kennzeichnungen oder Prädikationen vor. Weil Kennzeichnungen lediglich konventionalisierte Hinweisungen sind, ist mit ihrem Gebrauch keineswegs auch schon zugestanden, dass etwas heilig ist. Anders im Falle der Prädikation, die ein explizites Zusprechen von Heiligkeit an Gegenstände, Personen, Handlungen oder Ereignisse ist und mit Gründen befürwortet oder abgelehnt werden kann. Grundlegend für den alltagssprachlichen Geltungssinn des ‚Heiligen' ist, dass es vom Subjekt der Zuschreibung als überaus wertvoll oder bedeutsam erachtet wird.[21] Unter allem Wertvollen und Bedeutsamen wird üblicherweise sogar nur das Wertvollste oder ‚unendlich' Bedeutsame als heilig bezeichnet: Gegenstände, Personen, Handlungen oder Ereignisse, die ‚letzte' Werte sind oder ‚tiefste' Bedeutsamkeit besitzen. Ein gutes pragmatisches Kriterium dafür, welchen Wert etwas hat, sind die Werte, die dafür gegebenenfalls preisgegeben würden. ‚Letzte' Werte werden selbst im ‚Ernstfall' ihrer Bedrohung oder Infragestellung über alles Maß wichtig genommen, sie stehen nicht zur Disposition (vgl. Burkert 1981, 114). Und man stellt sie auch nicht zur Diskussion. Das Heilige ist ein *conversation stopper:* Man zerredet es nicht in Abwägung seiner Vorzüge.

Der Sinn der Zuschreibung von Heiligkeit hängt davon ab, ob der Sprecher betonen will, dass etwas für eine näher zu bestimmende (gegebenenfalls für ihn selbst existentiell bedeutsame) soziale Gemeinschaft und in diesem Sinne *allgemein* als heilig *gilt*, oder ob er zu sagen beabsichtigt, dass es *ihm* heilig ist. Im letzteren Fall, wenn der Sprecher unter Absehung oder gar bewusster Abgrenzung von jedweder möglichen gemeinschaftlichen Einbettung eine Aussage über sich selbst macht, richtet er sich nach der Evidenz, die das Heilige als solches jeweils ‚für ihn' besitzt. Der erste Verwendungssinn (allgemeine Geltung) kann den zweiten (persönliche Geltung) einschließen, wenn die subjektive Evidenz des Heiligen auf der gemeinschaftlichen Geltung bzw. der Autorität seiner Überlieferung beruht, wenn etwas ‚mir' heilig ist, weil es als heilig *gilt*. Die Tatsache, dass etwas in einer für eine bestimmte Gemeinschaft eminenten Tradition als heilig überliefert worden ist, bedeutet nicht *eo ipso*, dass alle Mitglieder der Gemeinschaft diese Überlieferung bejahen. Sie können ebenso gut für sich in Anspruch nehmen, über den Geltungsanspruch von gemeinschaftlichen Traditionen, Überzeugungen und Praktiken durch eigenes Befinden zu entscheiden.

---

[21] Als in einem ganz fundamentalen Sinne wertbezogen ist auch die Dichotomisierung des Heiligen (Sakralen) und Profanen zu verstehen, der zufolge die Welt für Angehörige einer bestimmten Lebensform strukturiert und diese in ihrer Existenz stabilisiert wird (vgl. Douglas 1988), und ebenso die Stilisierung des destruktiven Potentials des Heiligen für eingelebte Ordnungsstrukturen, wie sie etwa von Autoren wie Georges Bataille und Roger Caillois im Umkreis des Collège de Sociologie gepflegt wurde (vgl. dazu Moebius 2006).

Grundsätzlich kann neben der Überlieferung bzw. der gemeinschaftlichen Geltung auch die Erfahrung als Evidenzquelle der angemessenen Zuschreibung von Heiligkeit in Frage kommen. In diesem Fall handelt es sich um Erlebnisgehalte, deren phänomenale Eindrücklichkeit zur Besinnung über das Erlebte drängt. Einige phänomenologische Stichworte zu den Qualitäten, die wir sprachgemäß von Erlebnissen erwarten, deren Gehalt als ‚heilig' prädiziert werden könnte: Sie ergreifen uns als etwas, das *uns angeht*, uns in existentiell bedeutsamer Weise betrifft. Beherrschend ist wohl die Anmutung, das Ergreifende sei uns zuträglich, die in uns die Antwortreaktion seiner Bejahung hervorruft. Aber unsere Betroffenheit ist so ambivalent wie ihre Zuträglichkeitsanmutung prekär.

Die Ambivalenz besteht darin, dass das Ergreifende einerseits als uns auf intime Weise zugehörig, vertraut empfunden wird, es aber andererseits keinesfalls das ganz und gar Unsrige ist. Vielmehr changiert unsere Betroffenheit zwischen der Vertrautheit mit dem uns zuträglich Zugehörigen und einer Scheu vor dem gleichwohl Fremden. Beide Gefühle, Vertrautheit mit dem Zugehörigen und Scheu vor dem Fremden, färben einander wechselseitig ein: als Fremdes ist das Ergreifende das uns fremde und befremdend Zugehörige bzw. als uns Zugehöriges das uns zugehörige Fremde; beides sind emotionale Aspekte derselben Betroffenheit durch das Heilige, deren Ambivalenz in der Ehrfurcht zum Ausdruck kommt, die nach gängiger Auffassung das Heilige erheischt. Prekär ist die Zuträglichkeitsanmutung, weil sie in der Intuition besteht, unser individuelles Leben gewinne in der Hinwendung zu dem, was uns ergreift, an Gewicht. Denn diese Hinwendung kann zugleich eine Infragestellung des individuellen So-Seins bedeuten: Das Erlebnis des Heiligen erschließt uns etwas in seiner gegenüber unseren bisherigen Zielen und Befindlichkeiten qualitativ höheren, eben unbedingten Bedeutsamkeit.[22]

Mit anderen Worten: Erlebnisse des Heiligen sind solche, die einen Unterschied machen im Leben. Es mag vielerlei Ergriffenheitserlebnisse geben, aber ob sich in ihnen etwas erschlossen hat, das sprachgemäß heilig genannt werden könnte, hängt von den Konsequenzen ab, die es für das alltägliche Leben hat. Diese sind wiederum nur in ethischen Kategorien erfassbar. Die Ergriffenheit durchs Heilige hat den Charakter eines Anspruchs des Erlebten an das Erlebnissubjekt, ihm in der Art und Weise, wie es lebt, zu entsprechen, und die Verge-

---

[22] So könnten wir etwa vom Heiligen sagen, erst sein Erlebnis mache das Leben lebenswert. Konvertiten beteuern solche Erlebnisse, die sie zu einer grundlegenden Veränderung ihrer bisherigen Lebensweise bewegt haben. Im Rückblick erscheint ihnen die Vergangenheit vor dem Konversionserlebnis als oberflächlich oder gar nichtswürdig. Zur Strukturlogik von Konversionserzählungen vgl. Krech 2005, 341–371.

wisserung über den Gehalt des Erlebnisses ist immer auch eine Vergewisserung darüber, was es heißt im Lichte dieses Erlebnisses leben zu wollen. Stimmt es also, dass der Begriff des ‚Heiligen' auf das Wertvollste referiert, dann ist das Erleben des Heiligen die phänomenale Gegebenheitsweise ‚letzter' Werte. Die Unbedingtheitsanmutung des Erlebten qualifiziert ihre ‚Letztheit'. Das heißt nicht unbedingt, dass das Erleben diese Werte *als solche* erschließt, weil der Erlebende sich an ihrem Gehalt immer schon in Abwägung mit anderen und mit Vorzug unter ihnen orientiert haben mag; es erschließt also nicht zwingend ihren Wert*charakter*, sondern nur das *Maß* ihres Wertes, ihre ‚Letztheit'.

Dass das Wertmaß ‚letzter' Werte nicht als durch die Wert*schätzung* bestimmt erlebt wird, sondern die Wertschätzung vielmehr als bestimmt durch das Wertmaß, verdichtet die Unbedingtheits- zur Objektivitätsanmutung. Wie immer es um die Anmutung anderer Werte bestellt sein mag, jedenfalls die Wertschätzung desjenigen, dem zugeschrieben wird heilig zu sein, beruht auf der Erfahrung, dass es uns seine Wertschätzung abverlangt. Der Impuls, so scheint es, geht vom Heiligen, nicht von uns aus.[23] Eben diese Objektivitätsanmutung haben wir in unserer Betroffenheit durch die einander wechselseitig grundierenden Gefühle der Vertrautheit mit dem uns zuträglich Zugehörigen und einer Scheu vor dem gleichwohl Fremden. In der Scheu erfassen wir das Heilige als einen Anspruch, der uns ‚von außen' ergreift, und zwar möglicherweise auch unwillentlich. „Der Löwe brüllt – wer fürchtet sich nicht? Gott der Herr, spricht – wer wird da nicht zum Propheten?", fragt Amos (Am 3, 8), und Jeremia bekennt, Gott habe ihn „gepackt und überwältigt". „Sagte ich aber: Ich will nicht mehr an ihn denken und nicht mehr in seinem Namen sprechen!, so war es mir, als brenne in meinem Herzen ein Feuer, eingeschlossen in meinem Innern" (Jer 20, 7. 9). Die Prophetenworte im Alten Testament pointieren eine phänomenale Verwandtschaft zwischen der Berufung durch Gott und Erlebnissen des Heiligen in einem weiteren, gegebenenfalls nicht-religiösen Sinn: Anmutungen eines zwanglosen Zwangs, mit dem ‚letzte' Werte einen Anspruch an unser Leben stellen. Die in sich widersprüchliche Empfindung eines zwanglosen Zwangs beruht eben darauf, dass das Heilige einerseits, insofern es sich uns als objektiver Anspruch an unser Leben gibt, keineswegs das ganz und gar Unsrige, von unserer Wertschätzung Abhängige ist, uns aber andererseits, insofern dieser Anspruch von uns als uns (in unserer Identität) bestimmend anerkannt wird, auf intime Weise zugehört.

---

23 Diese Wertanmutung dient Charles Taylor in seiner Werttheorie zur Charakterisierung sogenannter Hypergüter. „Werden wir durch ein höheres Gut angespornt, spüren wir schon im Erleben selbst, dass es uns nicht aufgrund der eigenen Reaktion wertvoll vorkommt, sondern dass es das Gute daran ist, das uns bewegt. [...] Nichts, was mich nicht in dieser Weise berühren könnte, würde als Hypergut gelten" (Taylor 1994, 143).

Max Scheler hat angeregt, begrifflich nicht nur zwischen Werten und der Wertschätzung dieser Werte, sondern darüber hinaus auch zwischen den Werten und ihren Mediatisierungen in sogenannten Wertträgern zu unterscheiden (vgl. Scheler 1966, u. a. 35 ff.).[24] Unter Mediatisierung sei hier die Synthese aus räumlicher Verkörperung und zeitlicher Vergegenwärtigung verstanden. Wo Werte auf Wertschätzung zurückführt würden, verwechselten wir sie mit Wert*trägern*, die sie uns zur anschaulichen Gegebenheit bringen: „Erst in den Gütern werden Werte ‚wirklich'" (ebd., 43). Schelers Unterscheidung zwischen Werten und Wertträgern bzw. Gütern ist hilfreich für das Verständnis des Heiligen. ‚Letzte' Werte werden im Erleben des Heiligen mediatisiert. Dabei ist das Verhältnis zwischen dem Medium und dem Mediatisierten keineswegs beliebig. So gilt fürs Heilige, was Schelers Unterscheidung zwischen Werten und Wertträgern grundsätzlich jedem Wertbewusstsein einräumt: die Möglichkeit des Missverständnisses. Nicht nur können Güter und Werte fälschlich miteinander identifiziert werden, sondern Werte können auch missverstanden werden, weil der Zugang zu ihnen über retrospektiv als falsch oder unangemessen beurteilte Güter gesucht worden ist. Ebenso kann die Mediatisierung ‚letzter' Werte durch das Heilige in Frage gestellt werden, das Heilige ist in diesem Sinne stets die Mediatisierung ‚letzter Werte' auf Abruf.

5 Schluss

Abschließend eine kurze Zusammenfassung des Gedankengangs: Angekündigt hatte ich die religionsanthropologische Naturalisierung des Heiligen auf dem Weg der Fundierung gesellschaftlich anerkannter Praktiken der Zuschreibung von Heiligkeit. Diese Fundierung erfolgte zunächst durch den Aufweis der somatischen und semiotischen Grundlagen des menschlichen Transzendenzbezugs und darauf aufbauend die Begründung der Aufgabe, die abstrakt ideellen Bedeutungsgehalte des semiotischen Transzendenzbezugs wieder in die organische Basis der menschlichen Alltagswirklichkeit rückzuführen – durch Einrichtung sinnlich-praktisch erlebbarer Orte und Zeiten, die der alltäglichen Praxisraumzeitlichkeit enthoben sind. Die Spannung zwischen der Materialität und der Idealität des Heiligen, zwischen Immanenz und Transzendenz bringt ein Strukturproblem der menschlichen Lebensform zum Ausdruck und bearbeitet es zugleich, das Problem nämlich, dass die symbolische Bestimmung des menschlichen Weltbezugs einen seine organische Verkörperung stets überschießenden

---

[24] Siehe auch Scheler 1966, 103 ff., 300 ff. Siehe auch den Beitrag von Kalckreuth in diesem Band.

Gehalt besitzt, der gleichwohl immer wieder an die leiblich-praktische Lebenswirklichkeit rückgebunden werden muss.

Aus der historisch zunächst allein religiösen Bearbeitung dieses Problems im Sinne der nicht auflösbaren Spannung zwischen Immanenz und Transzendenz lässt sich der dynamische Gestaltwandel des Heiligen verständlich machen: Je reflektierter das Problembewusstsein von dem intrinsischen Zusammenhang ist, in dem die subjektive oder kollektive Selbstvergewisserung über das Heilige zu den Sprach- und im weiteren Sinne Artikulationsformen dieser Selbstvergewisserung steht, desto größere Rolle kommt den reflektierten ästhetischen Darstellungsformen des Heiligen zu, da sie in postsemantischer Unbestimmtheit der Mediatisierung absoluter Transzendenz auf dem Wege ihrer Symbolisierung als eines Unfassbaren, sich letztlich aller Bestimmung Entziehenden in gleichwohl sinnlicher Evidenz und Klarheit entgegenkommen.

In den modernen säkularisierten Gesellschaften ist das Heilige nicht verschwunden, es ist vielmehr längst in die Alltagssprache diffundiert. Alltagssprachlich verweist die Rede vom Heiligen auf einen Gestaltwandel von der Mediatisierung von Transzendenz zur Mediatisierung ‚letzter' Werte in unterschiedlichen Gütern, die dem Einzelnen oder den Gemeinschaften, denen er angehört, von unbedingter Bedeutung sind. Dabei lassen sich mit Emile Durkheim und Max Weber zwei typologisch unterscheidbare Arten der säkularen Bindung an ‚letzte' Werte unterscheiden: der integrationistische „Kult" des Individuums (Durkheim 1986) und die konsequentialistisch „rückhaltlose Hingabe an eine ‚Sache'" (Weber 1951, 480). Der integrationistische Transzendenzbezug erkennt den ‚letzten' Wert in der Würde der menschlichen Person, „wo auch immer sie vorkommen mag, in jedweder Form, in der sie sich verkörpert" (Durkheim 1986, 59); seine Bindungskraft kann „die moralische Einheit des Landes sicherstellen" (ebd., 62) und bildet somit ein zentripetales Gegengewicht zu den zentrifugalen Kräften der gesellschaftlichen Differenzierung. Der konsequentialistische Transzendenzbezug wiederum führt gerade die gesellschaftliche Differenzierungsdynamik auf die Wirksamkeit subjektiv letztverbindlicher Handlungsorientierungen zurück; die ‚letzten' Werte verdanken sich diesem Typus der Wertbindung zufolge der Binnenrationalität unterschiedlicher gesellschaftlicher Wertsphären. Mit den beiden typologisch unterscheidbaren säkularen Deutungsmustern des Transzenzenzbezugs verbinden sich jeweils unterschiedliche Konzeptualisierungen des Heiligen. Der integrationistische Transzendenzbezug führt letztlich zur Sakralisierung der Menschenrechte, der konsequentialistische zur Sakralisierung sachbezogener Selbstverwirklichung.[25]

---

[25] Siehe für erstere Deutungsrichtung Joas 2011 sowie für letztere Schlette 2013.

Literatur

Auerochs, Bernd (2006): Die Entstehung der Kunstreligion, Göttingen.
Bellah, Robert (2011): Religion in Human Evolution. From the Paleolithic to the Axial Age, Cambridge (MA).
Braungart, Wolfgang et al. (Hg.) (1997): Ästhetische und religiöse Erfahrungen der Jahrhundertwenden, Paderborn.
Burkert, Walter (1981): Glaube und Verhalten. Zeichengehalt und Wirkungsmacht von Opferritualen, in: Rudhardt, Jean / Reverdin, Olivier (Hg.): Le sacrifice dans l'antiquité, Vandoeuvres-Genf, 91–125.
Cassirer, Ernst (2007): Versuch über den Menschen. Einführung in eine Philosophie der Kultur, Hamburg.
Colpe, Carsten (1990): Über das Heilige. Versuch, seiner Verkennung kritisch vorzubeugen, Frankfurt a. M.
Dalferth, Ingolf U. (2012): The Idea of Transcendence, in: Bellah, Robert / Joas, Hans (Hg.): The Axial Age and its Consequences, Cambridge (MA), 146–190.
Deacon, Terrence / Cashman, Tyrone (2009): The Role of Symbolic Capacity in the Origins of Religion, in: Journal for the Study of Religion, Nature and Culture 3 (4), 490–517.
Douglas, Mary (1988): Reinheit und Gefährdung. Eine Studie zu Vorstellungen von Verunreinigung und Tabu, Frankfurt a. M.
Durkheim, Emile (1986): Der Individualismus und die Intellektuellen, in: Bertram, Hans (Hg.): Gesellschaftlicher Zwang und moralische Autonomie, Frankfurt a. M., 54–70.
Elkana, Yehuda (1986): The Emergence of Second-Order Thinking in Classical Greece, in: Eisenstadt, Shmuel (Hg.): The Origins and Diversity of Axial Age Civilizations, Albany (NY), 40–64.
Eßbach, Wolfgang (2014): Religionssoziologie, Bd. 1: Glaubenskrieg und Revolution als Wiege neuer Religionen, Paderborn.
Fuchs, Thomas (2016): The Embodied Development of Language, in: Etzelmüller, Gregor / Tewes, Christian (Hg.), Embodiment in Evolution and Culture, Tübingen.
Hunsinger, George (2000): Heilig und profan: V. Dogmatisch, in: Betz, Hans Dieter et al. (Hg.): Religion in Geschichte und Gegenwart. Handwörterbuch für Theologie und Religionswissenschaft, 4. Aufl., Bd. III, 1534–1537.
Jacob, Joachim (2015): Unterwegs zur Kunstreligion? Kunstlose Kunst, heiliger Ernst. Zur Heiligung der Kunst im deutschen Pietismus, in: Deuser, Hermann et al. (Hg.): Metamorphosen des Heiligen. Struktur und Dynamik von Sakralisierung am Beispiel der Kunstreligion, Tübingen, 171–190.
Joas, Hans (2011): Die Sakralität der Person. Eine neue Genealogie der Menschenrechte, Berlin.
Joas, Hans (2017): Die Macht des Heiligen. Eine Alternative zu der Geschichte von der Entzauberung, Berlin.
Johnson, Mark (2008): The Meaning of the Body. Aesthetics of Human Understanding, Chicago.
Jung, Matthias (2005): „Making us explicit". Artikulation als Organisationsprinzip von Erfahrung, in: Schlette, Magnus / Jung, Matthias (Hg.): Anthropologie der Artikulation. Begriffliche Grundlagen und transdisziplinäre Perspektiven, Würzburg, 103–142.
Jung, Matthias (2009): Der bewusste Ausdruck. Anthropologie der Artikulation, Berlin.

Kant, Immanuel (1998): Anthropologie in pragmatischer Hinsicht, in: Ders.: Werke in sechs Bänden, Bd. VI: Schriften zur Anthropologie, Geschichtsphilosophie, Politik und Pädagogik, Darmstadt, 395–690.

Kleinert, Markus / Schlette, Magnus (2015): Das Heilige und die Kunstreligion, in: Deuser, Hermann et al. (Hg.): Metamorphosen des Heiligen. Struktur und Dynamik von Sakralisierung am Beispiel der Kunst, Tübingen, 1–45.

Köchy, Kristian / Michelini, Francesca (Hg.) (2015): Zwischen den Kulturen : Plessners „Stufen des Organischen" im zeithistorischen Kontext, Freiburg / München.

Krech, Volkhard (2015): Beobachtungen zu Sakralisierungsprozessen in der Moderne – mit einem Seitenblick auf Kunstreligion, in: Deuser, Hermann et al. (Hg.): Metamorphosen des Heiligen. Struktur und Dynamik von Sakralisierung am Beispiel der Kunstreligion, Tübingen, 411–425.

Kreuzer, Johann (2015): „Die Dichter müssen auch / Die geistigen weltlich seyn." Überlegungen zu Hölderlins Sprachverständnis, in: Deuser, Hermann et al. (Hg.): Metamorphosen des Heiligen. Struktur und Dynamik von Sakralisierung am Beispiel der Kunstreligion, Tübingen, 191–212.

Krüger, Hans-Peter (Hg.) (2017): Helmuth Plessner: Die Stufen des Organischen und der Mensch. Klassiker auslegen, Berlin.

Lakoff, George / Johnson, Mark (1980): Metaphors We Live By, Chicago.

Laube, Johannes (1985): Heiligkeit IV, in: Theologische Realenzyklopädie, Bd. 14, Berlin / New York, 708–712.

Luhmann, Niklas (2002): Die Religion der Gesellschaft, Frankfurt a. M.

Michelini, Francesca / Köchy, Kristian (Hg.) (2020): Jakob von Uexküll and Philosophy. Life, Environments, Anthropology, London / New York.

Moebius, Stephan (2006): Die Zauberlehrlinge. Soziologiegeschichte des Collège de Sociologie 1937–1939, Konstanz.

Müller, Ernst (2004): Ästhetische Religiosität und Kunstreligion. In den Philosophien von der Aufklärung bis zum Ausgang des deutschen Idealismus, Berlin.

Nietzsche, Friedrich (1988): Jenseits von Gut und Böse, in: Ders.: Kritische Studienausgabe, Bd. 5, München.

Nightingale, Andrea (2004): Spectacles of Truth in Classical Greek Philosophy. Theoria in its Cultural Context, Cambridge.

Oevermann, Ulrich (1995): Ein Strukturmodell der Religiosität. Zugleich ein Modell von Lebenspraxis und sozialer Zeit, in: Wohlrab-Sahr, Monika (Hg.): Zwischen Ritual und Selbstsuche, Opladen, 27–102.

Oevermann, Ulrich (2003): Strukturelle Religiosität und ihre Ausprägungen unter Bedingungen der vollständigen Säkularisierung des Bewusstseins, in: Gärtner, Christian et al. (Hg.), Atheismus und religiöse Indifferenz, Opladen, 339–387.

Plessner, Helmuth (1975): Die Stufen des Organischen und der Mensch. Einleitung in die philosophische Anthropologie, Berlin / New York.

Proudfoot, Wayne (1985): Religious Experience, Berkeley / Los Angeles.

Proudfoot, Wayne (2017): Pragmatism, Naturalism, and Genealogy in the Study of Religion, in: Deuser, Hermann et al. (Hg.): Pragmatism and the Philosophy of Religion, New York, 105–127.

Putnam, Hilary (1994): Sense, Nonsense, and the Senses: An Inquiry into the Powers of the Human Mind, in: The Journal of Philosophy 91 (9), 445–517.

Rappaport, Roy (1999): Ritual and Religion in the Making of Humanity, Cambridge.
Runge, Philipp Otto (1942): Philipp Otto Runge, Sein Leben in Selbstzeugnissen und Berichten, Berlin.
Rüpke, Jörg (2001): Die Religion der Römer. Eine Einführung, München.
Scheler, Max (1966): Gesammelte Werke, Bd. 2. Der Formalismus in der Ethik und die materiale Wertethik. Neuer Versuch der Grundlegung eines ethischen Personalismus, Bern.
Schleiermacher, Friedrich (1993): Über die Religion. Reden an die Gebildeten unter ihren Verächtern, Stuttgart.
Schlette, Magnus (2009): Das Heilige in der Moderne, in: Thies, Christian (Hg.): Religiöse Erfahrung in der Moderne. William James und die Folgen, Wiesbaden, 109–132.
Schlette, Magnus (2013): Die Idee der Selbstverwirklichung. Zur Grammatik des modernen Individualismus, Frankfurt a. M.
Schlette, Magnus (2014): Das Heilige, in: Schmidt, Thomas / Pitschmann, Annette (Hg.), Religion und Säkularisierung. Ein interdisziplinäres Handbuch, Stuttgart / Weimar, 200–210.
Schlette, Magnus (2015): Zwischen Innerzeitlichkeit und Überzeitlichkeit. Skizze eines anthropologischen Strukturmodells von Weltzeit, in: Hartung, Gerald (Hg.): Mensch und Zeit, Wiesbaden, 249–267.
Schlette, Magnus (2021): Die Verkörperung des Absoluten. Religion als Medium der Sakralisierung, Ritualisierung und Liminalisierung menschlicher Praxis-Raumzeitlichkeit, in: David, Philipp et al. (Hg.): Körper und Kirche. Symbolische Verkörperung und protestantische Ekklesiologie, Leipzig.
Schlette, Magnus / Fuchs, Thomas (2017): Anthropologie als Brückendisziplin, in: Schlette et al. (Hg.): Anthropologie der Wahrnehmung. Natur- und Geisteswissenschaften im Gespräch, Heidelberg, 11–46.
Schlette, Magnus / Krech, Volkhard: (2018): Sakralisierung, in: Pollack, Detlef (Hg.): Handbuch Religionssoziologie, Wiesbaden, 437–463.
Streib, Heinz (2000): Heilig und profan: VI. Praktisch-theologisch, in: Betz, Hans Dieter et al. (Hg.): Religion in Geschichte und Gegenwart. Handwörterbuch für Theologie und Religionswissenschaft, 4. Aufl., Bd. III, Tübingen, 1537–1538.
Taeger, Jens-Wilhelm (2000): Heilig und profan: III. Neues Testament, in: Betz, Hans Dieter et al. (Hg.): Religion in Geschichte und Gegenwart. Handwörterbuch für Theologie und Religionswissenschaft, 4. Aufl., Bd. III, Tübingen, 1532–1533.
Taylor, Charles (1994): Quellen des Selbst. Die Entstehung der neuzeitlichen Identität, Frankfurt a. M.
Tugendhat, Ernst (1992): Philosophische Aufsätze, Frankfurt a. M.
Tugendhat, Ernst (2003): Egozentrizität und Mystik, München.
Uexküll, Jakob Johann v. (1973): Theoretische Biologie, Frankfurt a. M.
Vietta, Silvio / Uerlings Herbert (Hg.) (2008): Ästhetik – Religion – Säkularisierung, Bd. 1: Von der Renaissance zur Romantik, München.
Weber, Max (1951): Der Sinn der „Wertfreiheit" der soziologischen und ökonomischen Wissenschaften, in: Ders.: Gesammelte Aufsätze zur Wissenschaftslehre, Tübingen, 489–540.

Wittrock, Björn (2012): The Axial Age in Global History. Cultural Crystallizations and Societal Transformations, in: Bellah, Robert / Joas, Hans (Hg.): The Axial Age and Its Consequences, Cambridge (MA), 102–125.

Wokart, Norbert (1974): Heilig, Heiligkeit, in: Ritter, Joachim et al. (Hg.): Historisches Wörterbuch der Philosophie, Bd. 3, Basel, 1034–1037.

Katia Hansen
Religiosität als Differenzerfahrung
Zur Korrelation von Freiheit und Transzendenz bei Kierkegaard und Plessner

> There is a crack in everything /
> That's how the light gets in
> Leonard Cohen, *Anthem*

Abstract: The article deals with the question of the position and status of religiosity within a philosophical-anthropological determination of man and compares the approaches of Sören Kierkegaard and Helmuth Plessner. Both thinkers seek to understand religiosity within the context of noticeably analogous notions of man as a 'self'. Through the concepts of "despair" (Kierkegaard) and "eccentric positionality" (Plessner), they describe man as a precarious relation of identity and difference, whose unity has to be constantly redefined and performed by himself. Thus, being a self also means being free. Representing only a limited and finite form of freedom however, human beings remain banned in the boundaries of, for example, their corporeality and sociality, from which they are also elevated. Because of its fragmentary and temporary constitution, the self ultimately finds itself referred to transcendence as a last possibility of obtaining unity. Both Kierkegaard and Plessner locate the possibility of religiosity at this intersection of freedom and transcendency, what allows to understand Religious experience as an experience of *difference*.

Keywords: religious experience; self-difference; despair; eccentric positionality; philosophy of religion; philosophical anthropology; freedom

Einleitung

1841 formulierte Feuerbach in *Das Wesen des Christentums* jene für seine Religionskritik programmatische Formel, dass „*das Geheimnis der Theologie die Anthropologie*" sei (Feuerbach 1974, 10; Herv. im Original – KH). Im Gottesbegriff führe sich der Mensch (noch unbewusst) sein eigenes Wesen vor Augen: „*Das Bewusstsein Gottes ist das Selbstbewusstsein des Menschen, die Erkenntnis Gottes die Selbsterkenntnis des Menschen.* Aus seinem Gotte erkennst Du den Menschen, und wiederum aus dem Menschen seinen Gott; beides ist eins." (Feuerbach 1974,

53; Herv. im Original – KH) Was jedoch von Feuerbach im Horizont der historischen Deflation philosophischer Großbegriffe wie Vernunft oder Absolutes bereits als bloße *Projektion* gedacht wird, kann zunächst neutral als *Implikation* oder Korrelation von menschlichem Selbstverhältnis und Gottesbeziehung verstanden werden. Diese Möglichkeit einer Korrelation, die Religiosität nicht schon als Wesenstatsache des Menschen setzt (wie etwa Scheler es zeitweilig tat[1]), oder aber reduktionistisch als Kompensation, Abwehrmechanismus, Entfremdung oder anderweitige Filiation menschlicher Bio- und Psychologie liest, ist Thema dieses Aufsatzes.[2] Im Fokus stehen dabei die Konzepte zweier Denker, in denen dieser Zusammenhang sowie die darin vorgezeichneten Merkmale religiösen Erlebens thematisch werden – und zwar in frappant ähnlicher Weise: Die ‚Verzweiflung' bei Sören Kierkegaard und die ‚exzentrische Positionalität' Helmuth Plessners.[3]

---

[1] Vgl. etwa Hammer 1990/91, 158.

[2] Bereits Felix Hammer hebt hervor, dass in Plessners Verortungsversuch von Religiosität auch die Thesen Feuerbachs anklingen, jedoch „ohne ihre Psychologismen" und Reduktionismen (Hammer 1990/91, 155 f.). In dem Aufsatz „Die Frage nach der Conditio humana" von 1961 fragt Plessner, nachdem er den Zusammenhang von Fraglichkeit des Menschen und Transzendenzvorstellungen hervorgehoben hat: „Soll das nun heißen, das Numinose sei eine Schöpfung des Menschen, und wenn nicht eine bewusste Schöpfung, dann jedenfalls doch eine Spiegelung und Projektion, der er verfällt, weil er von sich nicht loskommt? Feuerbach hat so gedacht und die Abspaltung einer überirdischen Sphäre auf die unerfüllten Bedürfnisse zurückführen wollen, denen kein anderer Ausweg gelassen sei. Sicher ist das Problem so nicht zu lösen. Wenn die Genesis sagt, Gott schuf den Menschen ihm zum Bilde, trifft sie mit der Ebenbildlichkeit genauer das Verhältnis der *Korrespondenz* [Hervorhebung KH]." (Plessner 1983a, 213) Vgl. auch Meyer-Hansen 2013, 268.

[3] Diese Verbindung ist, trotz der teils erstaunlichen Parallelen zwischen Kierkegaard und Plessner, meines Wissens bisher nicht oder nur an wenigen Stellen – und nicht erschöpfend bzw. systematisch – untersucht worden: Ausdrücklich behandelt Norbert Ricken diese Ähnlichkeit in seiner großangelegten Studie über den Subjektbegriff, wobei sowohl Kierkegaards als auch Plessners Denken eines Selbst als „Relation in Relationalität" angeführt wird (Ricken 1999, 265 ff.). Helmut Fahrenbach hat in der Frage nach der Relevanz von Kierkegaards Denken für die neuere Philosophie auf die Anschlussfähigkeit zur Philosophischen Anthropologie ausdrücklich hingewiesen: „Die sachliche Bedeutung von Kierkegaards anthropologischer Basisbestimmung ‚Selbstverhältnis' (reflektiertes Sich-Verhalten) ließe sich durch ihre strukturellen Entsprechungen nicht nur bei den Existenzphilosophen, sondern gerade auch in anderen Bezugsrahmen, etwa [...] in der ‚philosophischen Anthropologie' (an Helmut *Plessners* Bestimmung der ‚exzentrischen Positionsform' des Menschen, und selbst noch an Arnold *Gehlens* Charakterisierung des Menschen als eines ‚zu sich Stellung nehmenden' Wesens) bestätigen." (Fahrenbach 1980, 159) Indirekt wird diese Anschlussfähigkeit von Kierkegaard und Plessner auch bei Walter Dietz hervorgehoben, wenn er Kierkegaards „*theologische* Anthropologie" von kanonisch-antiken, aber eben auch hierarchischen, Leib-Seele-Dualismen abgrenzt (Dietz 1993, 122 f.); vgl. zur anthropologischen Subjekt-, nicht Substanzauffassung des Menschen und der Freiheit als Wesensmerkmal auch ebd., 102.

Oberflächlich betrachtet systematisch unverbunden und, an ihren Hauptwerken bemessen, durch mehr als 80 Jahre Philosophiegeschichte getrennt, stehen beide doch in einer sublimen ideengeschichtlichen Kontinuität, wenn man die Dynamisierung bzw. Entsubstantialisierung des Subjektbegriffs seit dem Dt. Idealismus bis in die Moderne hinein als ihren gemeinsamen Fluchtpunkt nimmt.[4] Ein näherer Blick erhellt diese Gemeinsamkeit noch: Setzt sich Kierkegaard unmittelbar kritisch mit den dialektischen Vermittlungsfiguren des Idealismus (vor allem hegelscher Provenienz) auseinander, gilt dies ebenso für Plessner, wenn auch in geringerem Maße: Das Konzept der ‚Exzentrizität' lehnt sich an den Begriff der ‚Verschränkung' an, den Plessner von Josef König übernahm.[5] In *Der Begriff der Intuition* 1926 konzeptualisierte König diesen Gedanken im Ausgang von der idealistischen Tradition als eine chiastische Figur der Zusammengehörigkeit gegensätzlicher Sphären ohne Möglichkeit ihrer endgültigen Vermittlung bzw. Aufhebung in einem übergeordneten ‚Dritten' (vgl. König 1926).[6]

---

4 Hierzu verweise ich exemplarisch auf die Studie von Norbert Ricken zum Subjektivitätsbegriff (Ricken 1999). Thomas Bek charakterisiert Plessners Zeit in ähnlicher Weise: Sie kann begriffen werden als „Überführung des Dualismus zur Dualität" und „Entfundamentalisierung" (Bek 2011, 43). Das „dualistische" und „bestimmte" Menschenbild der Neuzeit würde in ein „zweideutiges (unbestimmtes)" der Moderne verwandelt. (Ebd., 117; vgl. auch ebd., 216) Meyer-Hansen sieht in Plessners Naturphilosophie den Versuch, „den Dualismus eines Subjekt-Objekt-Schemas unterlaufen zu wollen" (Meyer-Hansen 2013, 241). Auch Plessner selbst skizziert in *Macht und menschliche Natur* (erschienen 1931) einen solchen Prozess zunehmender Dynamisierung von Subjektivität angesichts der Ablösung vom Absoluten: „Die Geschichte des Idealismus ist nichts anderes als die Geschichte der allmählichen Entdeckung menschlicher Selbstmacht unter der noch nachwirkenden und maßgebenden Vorstellung eines Absoluten bzw. einer absoluten Ordnung und Garantie der Wirklichkeit." (Plessner 1931, 30).
5 Plessner 1975, VI; vgl. Mitscherlich 2007, 50 f., 346, 353 f.; Bek 2011, 213.
6 Exemplarisch für die Aufhebung in einem (medialen oder substantiellen) Dritten ist hierbei die Dialektik. Vgl. etwa Mitscherlich 2007, 50: „Der dialektischen Einebnung der prinzipiellen Divergenz innerhalb des Ganzen des Lebens (bzw. des Ichs, des Geistes usw.) stellt Plessner die Einheit *per hiatum* entgegen." Als Antidialektik formuliert auch Thomas Bek diesen Sachverhalt (Joachim Fischer zitierend): „Weiter ist Exzentrische Positionalität auch nicht ‚autozentrische Positionalität' einer dialektischen Deutung, kein dialektisches Zusammenführen der Widersprüche im Geist, keine Identität von Identität und Nichtidentität. Dagegen meint ‚Exzentrische Positionalität' ‚eine strukturelle Nichtidentität, die in der Position durch künstlichen Vollzug geschlossen, vital überbrückt und kompensiert, zum Ausgleich gebracht werden muss, die durch immer neue Geschichte und Geschichten ‚verkörpert' wird.'" (Bek 2011, 69) Ralf Meyer-Hansen erinnert in diesem Kontext an eine bezeichnende Passage aus Plessners Briefwechsel mit Josef König; dort schreibt Plessner: „Philosophieren ist die Kunst [...] die Dinge aus ihrem dialogischen Einverständnis zu verstehen – die Kunst, ohne Gott d. h. ohne die Kategorie der Schöpfung die reine Genesis zu vollziehen. Nicht Weg zu Gott aber auch nicht Dialog mit Gott, sondern das Gleichgewicht der Dinge selbst ohne die Stabilität durch eine Verankerung im Festpunkt eines

Darüber hinaus finden sich auch in Plessners *Die Stufen des Organischen und der Mensch* von 1928 immer wieder kritische Seitenblicke auf den Idealismus, dessen Figuren (bspw. Fichtes ‚Setzung') zum Abstoßungspunkt werden.[7] Beiden gemein ist außerdem die bewusste Reflexion auf den genuin *christlich*-abendländischen Denkhorizont.[8] Kierkegaard und Plessner artikulieren aus der Reflexion ihres philosophiegeschichtlichen Kontextes heraus daher ein überraschend ähnliches Problembewusstsein: Sie versuchen, das sich im Menschen kreuzende Verhältnis von Identität und Differenz zu denken unter der Maßgabe eines entzogenen Vermittlungsgrundes oder Absoluten.[9] In ihrer Auffassung des Menschen dominiert nicht mehr der Einheits-, sondern der Differenzgedanke.[10]

Diese Grundfigur wird auch im Zusammenhang mit Religiosität thematisch. Die hier zu entwickelnde These lautet, dass sowohl in Kierkegaards als auch Plessners Denken der strukturelle Ort von Religiosität in der Selbsttranszendenz

---

Absoluten. *Dialektik ohne das, was Dialektik treibt* [Hervorhebung KH]." (Plessner in einem Brief von Mai 1924, zit. n. Meyer-Hansen 2013, 142). Vgl. auch ebd., 214.

[7] Vgl. etwa Plessner 1975, 129.

[8] Vgl. Mitscherlich 2007, 47: „Selbst vertritt Plessner [...] einen ‚methodischen Atheismus' [...], der darum weiß, in der christlichen Tradition zu stehen und diese konkrete Voraussetzung seines Denkens nicht einfach überspringen zu können." Felix Hammer betont: „Das Werk [Plessners] lebt aus einem reichen humanistischen Erbe [...]. Stets ist die Philosophie- und Geistesgeschichte präsent." (Hammer 1990/91, 139). Vgl. auch Meyer-Hansen 2013, 6.

[9] Das stellt auch Mitscherlich in ihrer Arbeit immer wieder heraus. Plessners Philosophie im Gefolge Königs sei „[...] eine Antwort auf das Problem [...], wie das Verhältnis von Identität und Differenz zu bestimmen sei: als prinzipielle Verschiedenheit und *deswegen* als Einheit." (Mitscherlich 2007, 51) König und Plessner „stellen damit der Versöhnung von Ewigkeit und Endlichkeit bzw. der Einheit von Einheit und Differenz die Verschränkung von Ewigkeit und Endlichkeit bzw. die Und-Beziehung von Einheit und Differenz entgegen." (ebd., 346).

[10] Von einem differenzorientierten Begriff des Selbst geht auch Ricken aus („Menschen sind sich immer als Differenz, nicht als Identität gegeben; dies aber impliziert, dass sie sich nie bloß gegeben, sondern ebenso aufgegeben sind." Ricken 1999, 13). Bei Thomas Bek kommt dieser Sachverhalt unter dem Terminus der Dualität (im Gegensatz zum Dualismus) in den Blick: „Im Denken der Dualität geht es Plessner nicht um eine Auflösung des Dualismusproblems im klassischen Sinne [...], sondern seine Anthropologie ist von einer ‚dialektischen' Spannung (ohne ein Drittes) in der Suche nach dem richtigen Verhältnis von Natur-Geist, Körper-Seele, Innen-Außen geprägt (ohne dass die Begriffe, wie z. B. Natur-Körper-Außen, einfach zu [sic!] Deckung gebracht werden können." (Bek 2011, 39) Ralf Meyer-Hansens Studie ist hier insbesondere hervorzuheben, weil sie Plessners Denken insgesamt und systematisch als „Differenzanthropologie", in der von einer „Metaphysik, die das harmonische System ermöglicht, auf Differenz" umgestellt wird (Meyer-Hansen 2013, 387; 144), begreift. Die „Hiatusgesetzlichkeit", die Plessners Untersuchung in den *Stufen* leitet, wird als „Differenztheorie" interpretiert: „Plessner entwickelt also [...] eine *am Phänomen der Abhebung gewonnene Logik der Differenz*, die einen Weg zwischen Monismus und Dualismus zu beschreiten ermöglicht." (ebd., 242; 245).

bzw. *Freiheit* des Menschen zu suchen ist, wobei die als intentional und nicht selbststabil gedachte Subjektivität die Figur eines Absoluten gleichsam *ex negativo* mit sich führt. Einem Wesen, das sich selbst konstitutiv anwesend-abwesend (insofern dessen Selbstvergewisserungsleistungen nie den eigentlichen Glutkern seiner Vollzugseinheit *in actu* in den Blick bringen können) und das insofern zukunfts- und möglichkeitsoffen ist, eröffnen sich die Vorstellungen reiner Präsenz und einer Aufhebung des inhärenten Bruchs, durch den es bestimmt ist. Sowohl Kierkegaard als auch Plessner gehen hierbei über eine reine Subjektphilosophie hinaus, da sie diesen Bruch nicht allein aus einer bewusstseinstheoretischen Infrastruktur heraus verstehen (d. h. mit dem Begriff des Selbstbewusstseins engführen). Trotz der systematischen Unterschiede ihrer Ansätze und Ziele erweist sich bei beiden Denkern Religiosität strukturell als Freiheitsphänomen, phänomenologisch als Differenzerfahrung, womit die Einsicht bezeichnet ist, sich selbst nicht kohärent als Einheit begründen zu können.

Zunächst stelle ich also Kierkegaards Thesen zu einer Bestimmung des Menschen im Verhältnis zur Religion dar, wie er sie in *Die Krankheit zum Tode* entwirft (1), bevor ich mich dann dem Ansatz Plessners v. a. in *Die Stufen des Organischen und der Mensch* widme (2).

1 Freiheit und Religiosität des Menschen in *Die Krankheit zum Tode*

1849 veröffentlicht Sören Kierkegaard unter dem Pseudonym Anti-Climacus die kurze Schrift *Die Krankheit zum Tode*. Untertitelt als „eine christlich-psychologische Entwicklung zur Erbauung und Erweckung" (Kierkegaard 2007, 23) handelt es sich vordergründig um eine religiös geprägte Erbauungsschrift, die um die Worte Jesu im Johannes-Evangelium angesichts von Lazarus' Tod kreist („Diese Krankheit ist nicht zum Tode", Joh. 11,4). Genauer besehen ist es jedoch eine ins Existentielle und Christlich-Religiöse gewendete Auseinandersetzung mit Hegels Dialektik der Selbstwerdung. Kierkegaard entwickelt in dieser Schrift, die bereits zu seinem Spätwerk gezählt werden kann, eine relativ systematische Daseinsanalyse menschlicher Existenz *als endliche Freiheit*.[11]

---

11 Dieses Schlagwort gilt m. E. sowohl für Kierkegaard als auch Plessner. Beide verstehen die menschliche *conditio* aus diesem eigentümlichen Spielraum heraus, der sich in Abgrenzung von und Gebundenheit an die Gegebenheiten gleichermaßen zeigt. Es verwundert daher nicht, dass die Strukturformeln aus der Forschungsliteratur einander prägnant ähneln: So spricht Ricken etwa von „kontingente[r] Subjektivität" mit daraus folgend modifiziertem Freiheitsverständnis:

Unter der ‚Krankheit zum Tode' versteht Kierkegaard dabei die „Verzweiflung" (ebd., 31), d. h. den ubiquitären Zustand eines dialektischen Missverhältnisses im menschlichen Selbst, das sich als Nicht-Übereinstimmung und Unvermittelbarkeit seiner gegensätzlichen Konstitutionsmomente äußert und als Folge des Missbrauchs seiner gottverliehenen Freiheit verstanden wird. Die christliche Anthropologie eines gefallenen, hierdurch aber auch zum eigenen Schaffen befreiten Menschen, welcher der göttlichen Ordnung opponieren kann, wird hier partiell ihrer Bildhaftigkeit entkleidet und auf ihre logisch-dialektische Struktur hin befragt. Von besonderem Interesse ist hierbei, wie Kierkegaard den Menschen bestimmt, welchen Ort Religiosität in dieser Bestimmung einnimmt sowie welche Merkmale religiösen Erlebens sich daraus ergeben. Die Schrift entwirft dabei eine Art Stufenfolge verschiedener Stadien der Verzweiflung, innerhalb derer der Mensch sich zunehmend der Dialektik seiner misslingenden Versuche, er selbst zu sein (d. h. Übereinstimmung mit sich zu erzielen) bewusst wird, und damit einhergehend seiner eigenen Freiheit und Grundlosigkeit inne wird.

Kierkegaard (bzw. Anti-Climacus) beginnt seine Untersuchung mit einer hochverdichteten Definition der menschlichen Daseinsform als *Selbst* oder *Geist*, die ich hier in nahezu voller Länge wiedergebe:[12]

> Der Mensch ist Geist. Aber was ist Geist? Geist ist das Selbst. Aber was ist das Selbst? Das Selbst ist ein Verhältnis, das sich zu sich selbst verhält, oder ist das im Verhältnis, dass das Verhältnis sich zu sich selbst verhält; das Selbst ist nicht das Verhältnis, sondern dass das Verhältnis sich zu sich selbst verhält. Der Mensch ist eine Synthese von Unendlichkeit und Endlichkeit, von Zeitlichem und Ewigem, von Freiheit und Notwendigkeit, kurz eine Synthese. Eine Synthese ist ein Verhältnis zwischen Zweien. So betrachtet, ist der Mensch noch

---

„[...] nicht unbedingte Selbstsetzung, Aktivität und Spontaneität – mithin ‚das Vermögen, von sich her anfangen zu können' (Kant) –, sondern bedingtes ‚Sich-Verhalten' und darin bedingendes ‚Sich-anders-Verhalten-Können'." (Ricken 1999, 15) In Bezug auf Kierkegaards Selbstkonzeption spricht Ricken auch von „relationale[r] Relationalität" und dem Selbst „als nicht auflösbare, aufhebbare Differenz" (ebd., 264 f., 267). Thomas Bek spricht von einer „bedingten Freiheit" (Bek 2011, 113; vgl. auch besonders ebd., 209). Meyer-Hansen wiederum hebt die „Selbstdifferenz" als „zentrales anthropologisches Charakteristikum" bei Plessner hervor (Meyer-Hansen 2013, 49). Helmut Fahrenbachs Analyse handelt von der „dialektischen Anthropologie" Kierkegaards und redet von „konkreter Freiheit" in Bezug auf das menschliche Dasein (Fahrenbach 1980, 157, 159). Unter der Thematik des Freiheitsbegriffs überhaupt verhandelt Walter Dietz Kierkegaards Philosophie, und betont immer wieder die dialektisch-zweideutige Natur der Freiheit bei Kierkegaard: „Unendlichkeit und Bezogensein auf unendliche Fülle von Möglichkeit einerseits, Abgründigkeit und Unfähigkeit zu letzter Selbstbegründung andererseits." (Dietz 1993, 323). Plessner selbst bietet in *Macht und menschliche Natur* die Termini einer „offenen Immanenz" und „Unbestimmtheitsrelation" des Menschen zu sich selbst an (Plessner 1931, 51).

12 In der Definition als ‚Selbst' sieht auch Fahrenbach Kierkegaards „anthropologische Basisbestimmung des Menschen" (Fahrenbach 1980, 157 f.).

kein Selbst. [...] Verhält sich hingegen das Verhältnis zu sich selbst, so ist dieses Verhältnis das positive Dritte, und dies ist das Selbst. Ein solches Verhältnis, das sich zu sich selbst verhält, ein Selbst, muss sich entweder selbst gesetzt haben oder durch ein Anderes gesetzt sein. Ist das Verhältnis, das sich zu sich selbst verhält, durch ein Anderes gesetzt, so ist das Verhältnis zwar das Dritte, aber dieses Verhältnis, das Dritte, ist so doch wieder ein Verhältnis, welches sich zu dem verhält, was das ganze Verhältnis gesetzt hat. (ebd., 31f.)

Wenig später bekräftigt Kierkegaard noch einmal: „Ein so abgeleitetes, gesetztes Verhältnis ist das Selbst des Menschen, ein Verhältnis, das sich zu sich selbst verhält, und indem es sich zu sich selbst verhält, sich zu einem Anderen verhält." (ebd.)

Was diese zunächst sowohl prägnante wie sperrige Beschreibung des menschlichen Daseins als *Selbst* zum Ausdruck bringt, ist die Tatsache, dass der Mensch keine bereits fertig *vorliegende* Synthese aus verbundenen Teilen ist (wie bspw. Körper und Seele), sondern eine sich *vollziehende* Synthese unterschiedener Momente.[13] *In* seinem Sich-zu-sich-Verhalten bestimmt der Mensch permanent das Verhältnis, das er *ist*. In Anlehnung an und zugleich Problematisierung der idealistischen Tradition definiert Kierkegaard den Menschen nicht mehr durch einen starren Substanzen-Dualismus, sondern als Selbst, d.h. als eine sich dynamisch auffaltende Beziehung zum eigenen Dasein.[14]

Dieses Dasein bestimmt Kierkegaard vor seinem christlich-theologischen Hintergrund als vor Gott gestelltes: Der Mensch ist nicht nur seiner selbst bewusst, sondern auch darin freies Geschöpf, insofern er die Möglichkeit besitzt, sich zu sich selbst (d.h. zu seinem eigenen Dasein) und seinem vor Gott Gestelltsein zu verhalten. Darum erklärt Kierkegaard, dass die in dieser Freiheit implizierte Möglichkeit zur Verzweiflung (bzw. Nicht-Übereinstimmung) – deren Bedeutung ich gleich noch eruieren werde – „des Menschen Vorzug vor dem Tiere" ist (ebd., 33). An anderer Stelle heißt es: „[...] ein Selbst zu haben, ein Selbst zu sein, ist das größte, das unendliche Zugeständnis, das dem Menschen gemacht ist; aber zugleich ist es die Forderung der Ewigkeit an ihn." (ebd., 41) In dieser Aussage konturiert sich bereits eine Art Appellcharakter, der sich aus der Möglichkeit

---

13 Vgl. auch Dietz 1993, 100, Anm. 31.
14 So beschreibt es auch Dietz: „Das Selbst wird somit nicht als ein bestimmtes, aufweisbares Etwas beschrieben oder als einfaches Subjekt oder gar als eine Substanz, die den Kern ihres Seins in sich trägt. Vielmehr ist es *Vollzug seiner selbst* als eines auf sich bezogenen Verhältnisses. Das Selbst ist daher die im Vollzug erst es selbst werdende, zeitlich sich vollziehende Faktizität der reflexiven Selbstbezüglichkeit des Geistes." (Dietz 1993, 105; vgl. auch ebd., 99ff.) Vgl. hierzu auch Ricken, der genau in dieser differenzierten Figur von Freiheit als „Verhältnisverhältnis" – weder ganz Selbstsetzung noch ganz Fremdsetzung – den kierkegaardschen *point de départ* von der Subjektphilosophie sieht (Ricken 1999, 265f.).

zum Selbstverhältnis ergibt: Die strukturelle Offenheit des Menschen als Selbst, seine Toposlosigkeit, zeigt sich als Frage nach dem ‚Wozu' oder ‚Woraufhin' dieser Freiheit, die dieser selbst bestimmen muss. Freiheit wird hier also als genuines menschliches Wesensmerkmal definiert und als eine *Differenz* im Selbst vorgestellt: Nur insofern ich mit mir identisch, aber auch von mir unterschieden bin, kann ich mich *zu mir* verhalten und bin genau darum ein Selbst.[15] Dabei denkt Kierkegaard diese Möglichkeit des Sich-zu-sich-Verhaltens als eine *in der Zeit* zu verwirklichende: Die menschliche Freiheit liegt in der Differenz von dem Selbst, das man immer schon ist, und dem zu verwirklichenden Selbst als gelungener Einheit, das einem als Telos aufgegeben ist. Der Mensch muss für sich werden, was er an sich schon ist: ein Selbst.[16] Das mögliche Missverhältnis gewinnt somit Gestalt als Widerspruch von *Sein und Handeln*. Im relativen Entzug seines Grundes (nämlich Gott) ist der Mensch frei, sich zu sich zu verhalten, wobei Kierkegaard betont, dass die Synthese des Selbst durch Gott ursprünglich im „rechten Verhältnis" gesetzt sei (ebd., 34).

Diese Freiheit ist jedoch zugleich endlich, insofern der Mensch seine Existenz ihrem An-sich-Sein nach nicht selbst hervorbringt: Er verhält sich nur relativ frei zu sich selbst als etwas schon Seiendem. Für Kierkegaard bedeutet dies auch, dass sich der Mensch immer schon *zu* und *in* den ihm vorfindlichen Bestimmungen seiner Leiblichkeit, Sterblichkeit, Persönlichkeit und Sozialität verhält:

> Kierkegaard gibt also nicht so etwas wie eine essentialistische Naturbestimmung des Menschen, denn die Grundsituation und Aufgabe der menschlichen Existenz, die endlichen Bestimmtheiten, die individuellen und sozialen Gegebenheiten des Daseins im Licht unendlicher Sinnmöglichkeiten (ethischer und/oder religiöser Art) erst bedeutsam und ‚durchsichtig' werden zu lassen, formulieren das Schema des Existierens als des Selbst-Werdens. (Fahrenbach 1980, 158)

Diese spannungsreiche Dynamik einer Freiheit, die nur Freiheit in Bezug auf etwas ihr Vorausgesetztes sein kann,[17] spiegelt sich in den Begriffspaaren von Endlichkeit–Unendlichkeit und Möglichkeit–Wirklichkeit, über die Kierkegaard das Selbst charakterisiert: „[…] ein Verhältnis, das, wenn auch abgeleitet, sich zu

---

15 Zur unterschiedenen Identität des Selbst vgl. auch Dietz 1993, 109.
16 Auch Dietz 1993, 106. Vgl. auch Fahrenbach 1980, 158: „Denn als existierender Geist, Selbst ist dem Menschen die Vermittlung, die Synthese der gegensätzlichen bzw. spannungsvollen Verhältnisbestimmungen seines Seins: Endlichkeit–Unendlichkeit, Notwendigkeit–Möglichkeit, Realität–Idealität usw. aufgegeben. Erst mit Bezug auf diese Vermittlung wird ‚Selbstsein' möglich und wirklich, was aber im Prozess der zeitlichen Existenz unendliche Aufgabe des Selbstwerdens bleibt."
17 Vgl. Dietz 1993, 50.

sich selbst verhält, das ist Freiheit. Das Selbst ist Freiheit. Aber Freiheit ist das Dialektische in den Bestimmungen Möglichkeit und Notwendigkeit." (Kierkegaard 2007, 50) Das bedeutet, Freiheit ist weder allein das eine noch das andere, sondern stets beides zugleich.[18] Das menschliche Selbst ist somit unvollendet, „kata dynamin", „in jedem Augenblick, den es da ist, im Werden", es ist „nur das, was werden soll" (ebd., 51). Als noch nicht verwirklichtes Selbst ist es aufgefordert, sich in der freien Annahme seines durch Gott gesetzten Selbstseins mit sich in Übereinstimmung zusammenzuschließen: „Das Selbst ist die bewusste Synthese von Unendlichkeit und Endlichkeit, die sich zu sich selbst verhält, deren Aufgabe es ist, sich selbst zu werden, was sich nur durch das Verhältnis zu Gott verwirklichen lässt." (ebd., 50 f.) Christlich verstanden meint Freiheit nicht Selbstschöpfung als Totalentwurf und Selbstbestimmung, sondern fortgesetzte Selbstaneignung, welche die Anerkennung des eigenen Gesetztseins (jenen dunkel bleibenden Nabel oder Ursprung des Selbstverhältnisses) mit einschließt.[19]

Was sich zunächst wie ein christlich-dogmatisches Postulat ausnimmt – die Tatsache, dass die gelungene Selbstwerdung nur über Gott möglich sein soll – wird verständlich aus der Struktur der Verzweiflung, die das Gegenbild zur Selbstübereinstimmung bildet. Kierkegaard erklärt zunächst, dass Verzweiflung aus der menschlichen Freiheit zu sich herrührt: „Woher kommt also die Verzweiflung? Von dem Verhältnis, worin die Synthese sich zu sich selbst verhält, indem Gott, der den Menschen zum Verhältnis macht, ihn gleichsam aus seiner Hand entlässt, das heißt, indem das Verhältnis sich zu sich selbst verhält." (ebd., 34 f.) Verzweiflung resultiert aus dem Handeln; es ist eine falsche Art der Selbstbezugnahme möglich: In der Verzweiflung versucht der Mensch nicht durch

---

[18] Dies betont auch Fahrenbach: „Die besondere Bedeutung der Kierkegaardschen Existenzauslegung, gerade auch in den angedeuteten Parallelen zu heutigen Auffassungen, liegt darin, dass in ihr die dialektische Spannung der Verhältnisbestimmungen weder in eine Fixierung der Endlichkeit (bzw. Notwendigkeit) der Existenz noch in den Schwebezustand (das ‚Phantasiemedium') unendlicher Möglichkeit aufgelöst, sondern als dialektische Situation konkreter Freiheit offen gehalten wird." (Fahrenbach 1980, 159) Die Begriffsverhältnisse, durch die Existenz beschrieben werden, sind daher auch nicht mehr metaphysisch zu verstehen: „In diesem anthropologischen Rahmen wird etwa die ‚Unendlichkeit' nicht als eine ‚metaphysische' Bestimmung gefasst, sondern als die Sinndimension des Sich-zu-Sich-Verhaltens, die im Überschreiten der endlichen, empirischen Daseinsgegebenheiten durch Phantasie und Reflexion erschlossen wird." (Ebd.) Ähnlich stellt auch Dietz heraus: „Die Freiheit besteht darin, dass sie weder das eine noch das andere dieser Momente [des Selbst] ist, auch nicht deren Summe, auch nicht deren Verhältnis. Vielmehr besteht die Freiheit darin, dass dieses Verhältnis – in ständigem Rückbezug auf sein Gesetztsein – im Werden ist." (Dietz 1993, 420).
[19] Ähnlich auch Dietz 1993, 10, 133.

die freie Annahme seines ihm (vor-)gegebenen (und durch Anlagen, Talente, usf. bestimmten) Selbst, somit vermittelt durch seinen Schöpfer, sondern gleichsam ganz durch sich selbst er selbst zu sein, d.h. ein zuvor *entworfenes* Selbst zu werden und sich so mit diesem zu einer unmittelbaren Einheit zusammenzuschließen: „[…] er will sich nicht sein Selbst aneignen, nicht in dem ihm verliehenen Selbst seine Aufgabe sehen, er will es mit Hilfe der unendlichen Form [gemeint ist die formale Freiheit vor jedem bestimmten Selbst] selbst konstruieren." (ebd., 100 f.) Dies schließt die Negation desjenigen Selbst ein, das er jedoch dem An-sich-Sein nach bereits ist, und das er zum Selbstwerden zugleich voraussetzen muss: Ein paradoxes Zugleich von Selbst-Setzung und Selbst-Negation. Im Fall der Verzweiflung versucht der Mensch also als seine eigene Schöpfung im Prozess der Selbstwerdung zugleich Vermittelnder wie Vermitteltes zu sein – dadurch gerinnt sein Versuch, er selbst und vollständig zu werden, jedoch zur leeren Tautologie: „[…] es wird in der Selbstverdoppelung doch weder mehr noch weniger als ein Selbst. Insofern arbeitet das Selbst, in seinem verzweifelten Streben es selbst sein zu wollen, sich gerade in das Gegenteil hinein, es wird eigentlich kein Selbst." (ebd., 101) Das menschliche Selbst ist kein dritter Standpunkt, der irgendwie außerhalb oder über der gegensätzlichen Synthese läge (als Geist in vornehmer Äquidistanz zu Leib und Seele), sondern die sich im Reflektieren und Handeln bereits *vollziehende* Verhältnishaftigkeit. Der Mensch steht nicht über bzw. außerhalb, sondern *in* der Synthese – aus diesem Grund kann es im Selbst keinen neutralen Ruhe- oder Mittelpunkt geben, von dem aus für den Menschen eine Vermittlung *durch* sich *mit* sich möglich wäre (Dietz 1993, 112 f.).[20] Verzweiflung ist „der Ausdruck für die Abhängigkeit des ganzen Verhältnisses, […] dafür, dass das Selbst nicht durch sich selbst in Gleichgewicht und Ruhe kommen oder sein kann, sondern nur dadurch, dass es, indem es sich zu sich selbst verhält, sich zu dem verhält, was das ganze Verhältnis gesetzt hat." (Kierkegaard 2007, 32) In jeder Selbstsetzung, d. h. Selbst*bestimmung*, bleibt sich der Mensch doch zugleich auch etwas Vorausgesetztes (weil er endliche Freiheit, und nicht seine eigene Daseinsursache ist), sodass er sich nicht in vollständiger Transparenz mit sich selbst zusammenschließen kann – er gelangt nicht ‚hinter' sich,

---

[20] Wiederum ist hiermit ein Element auch des modernen Denkens überhaupt umschrieben: Die unhintergehbare Kontextualität unserer (Selbst-)Erkenntnis. So hält auch Ricken für den Selbstbegriff im Allgemeinen fest: „Menschen können, weil sie in ihren Selbstbeschreibungen keinen ‚Gottesblickpunkt' einnehmen können und sich daher immer auch selbst beschreiben müssen, zu keinem abgeschlossenen, insofern notwendigen Selbstverständnis gelangen." Sie seien „in die (strukturelle) Differentialität menschlicher Selbstbeschreibungen gestellt" und daher „auf sich selbst als (thematische) Differentialität verwiesen" (Ricken 1999, 237).

sondern gewinnt und verfehlt sein Selbst gleichermaßen. In der Verzweiflung ist er nicht er selbst – und zugleich doch er selbst, jedoch in seinem Zerrissensein.

Für Kierkegaard scheidet auch die Vermittlung durch ein anderes menschliches Selbst (die hegelsche Figur der Anerkennung) als Ausweg aus dieser existentiellen Ironie aus: Ein menschliches Gegenüber vermag mich darin zu spiegeln, was uns als Selbstsein gemein ist – das Allgemeine unserer Freiheit – nicht jedoch die unbegriffliche Individualität meines An-sich, die auch meinen Mitmenschen inkommensurabel ist.[21] Alle immanenten Lösungsversuche – d. h. solche, die im Bereich des Handelns oder der Wissbarkeit des in Frage stehenden Selbst liegen – sind in Kierkegaards Denken strukturidentisch, denn sie alle verendlichen das Selbst zugunsten eines seiner Momente. Eine aus der Immanenz des Selbst begründete Synthese kann auch nur immanent – d. h. zeitlich und endlich – vermittelt sein, indem sie eines der vermittelten Relata zugleich zum Um- und Übergreifenden macht, wodurch eine neuerliche Unwucht im Selbstverhältnis entsteht.[22] Die Vermittlung der Nicht-Übereinstimmung von An- und Für-sich, die das Selbst ausmacht, ist für Kierkegaard somit nur im Medium eines genuin außerhalb der Synthese liegenden Dritten möglich, das hier als Gott konkretisiert wird, weshalb Kierkegaard festhält, dass das Gegenteil von Verzweiflung der Glaube sei (ebd., 75) – eine Geste des Verzichts auf die Freiheit der Selbstschöpfung in der Anerkennung menschlicher Angewiesenheit. Diese Vermittlung wiederum stellt für Kierkegaard nur darum keinen Selbst- bzw. Freiheitsverlust dar, weil sich die *positiv* schöpferische Freiheit (die aus christlicher Sicht im Missverhältnis zur Geschöpflichkeit des Menschen steht) in eine nunmehr *negative* Freiheit der Anerkennung wandelt (somit eben nicht einfach aufgehoben wird): Das Selbst wird frei von der Unrast permanent verfehlter Selbstbegründung. Der Mensch empfängt sein Selbstsein hier aus einem transzendenten Standpunkt. Die Intentionalität bzw. Unvollständigkeit, als welche menschlich-freies Selbstsein gedacht ist, findet ihr Pendant in der sein Selbstsein vollständig reflektierenden Gottesbeziehung.[23] Man denke an das Wort aus dem

---

21 Diesen Widerstreit illustriert Kierkegaard vor allem anhand von ästhetischer und ethischer Lebensform, wie er sie in *Entweder/Oder* von 1843 auftreten lässt. Der Ästhetiker A und der Ethiker B stehen hier für das Einzelne und das Allgemeine.
22 Ähnlich Dietz 1993, 113, 115. Diese Kritik an einer (idealistisch-dialektischen) ‚Logik der Übergriffigkeit' ist geradezu zum Standardtopos der nachhegelianischen Philosophie geworden. Vgl. etwa Ricken 1999, 14, 261; Bek 2011, 212, 214. Bek sieht bei Plessner daher auch durch die „gegenseitige Abhängigkeit der Sphären" sowohl das „Getrenntsein dieser im Dualismus, wie auch die Primatsetzung eines Reduktionismus" verhindert (Bek 2011, 216).
23 Dietz erinnert an die „grundlegende *Verweisstruktur* menschlicher Existenz" und bestimmt das Verhältnis Selbst–Gott bei Kierkegaard daher ebenfalls als Implikationsverhältnis, das jedoch eben nicht im feuerbachschen Sinn missverstanden werden dürfe (Dietz 1993, 121 f.). „Das

Neuen Testament, 1. Kor. 13: „Wir sehen jetzt durch einen Spiegel ein dunkles Bild; dann aber von Angesicht zu Angesicht. Jetzt erkenne ich stückweise; dann aber werde ich erkennen, wie ich erkannt bin." Erst im vollendeten Spiegel des Absoluten kann sich auch das Selbst als mit sich übereinstimmend vollenden.

Resümieren wir diese Ausführungen zur menschlichen Seinsverfassung bei Kierkegaard, so wird zunächst ersichtlich, dass der Ort religiösen Verhaltens und Erlebens an jener Nahtstelle des menschlichen Selbstverhältnisses liegt, wo dieses sich der eigenen Vorhandenheit und gleichzeitigen Freiheit (im Sinne wesenhafter Unbestimmtheit) bewusst wird. Die im Selbstverhältnis liegende Freiheit zeigt sich als Unfertigkeit, gar Widersprüchlichkeit des Selbst, das so die Form intentionalen Strebens nach Einheit annimmt. Glaube korreliert mit der menschlichen Freiheit, Transzendenz mit Differenz, insofern das Selbstverhältnis ein ‚Woraufhin' ist, somit strukturell ein Verhältnis zu etwas Anderem als sich einschließt. Eine Differenzerfahrung ist religiöses Erleben in der *Krankheit zum Tode* insofern, als dass sich der Mensch hier im Scheitern verschiedener Selbstentwürfe zunehmend seines Selbstseins (und damit seines freien Handelns) bewusst wird, das ihn nicht nur von seiner Umwelt besondert (er ist nicht selbstvergessenes ‚Ding' unter Dingen), sondern als zutiefst *individuelles* Selbstsein auch von seinen Mitmenschen distinguiert, bis er schließlich jener Differenz oder Ungegründetheit in seinem eigenen Selbst inne wird, die ihn zur Deutung dieser Freiheit, seines immanent nicht aufzulösenden Strebens zwingt.[24] Kierkegaard schildert diesen Übergang in den verschiedenen Stadien der Verzweiflung, die von der Selbstflucht („verzweifelt nicht man selbst sein wollen") über den Versuch der Selbstbewahrung („verzweifelt man selbst sein wollen") bis hin zum religiös-dämonischen Aufbegehren gegen die eigene Geschöpflichkeit und Angewiesenheit reichen und dabei ein zunehmendes Wissen um das eigene Selbst*sein* und die eigene Freiheit beschreiben (vgl. Kierkegaard 2007, 76, 99, 105).

Zur im Selbstverhältnis aufscheinenden Möglichkeit eines Anderen steht der Mensch dabei in einem konstitutionellen Verhältnis: Sein Selbstsein impliziert

---

Gründen in Gott und das Selbstsein sind im Sich-zu-sich-selbst-Verhalten in der Weise vereint, dass sie nicht zwei verschiedene Akte darstellen." (ebd., 121) Vgl. zur von vornherein interpersonellen Anlage des Selbst bei Kierkegaard auch ebd., 127, Anm. 85.

24 Die doppelte Lesart der Differenz – Abgrenzung von anderem und Distanz zu sich selbst – hebt z. B. Ricken für den Selbstbegriff insgesamt hervor (Ricken 1999, 14). Von einer Bewusstwerdung der „Differenz in sich selbst" spricht auch Meyer-Hansen in Bezug auf Plessner (Meyer-Hansen 2013, 285). Dietz beschreibt die Erfahrung der eigenen Freiheit in Kierkegaards *Der Begriff der Angst* von 1844 (zwischen Antipathie und Sympathie und existentiellem Befremden) auch als *„fascinans fascinosum"* (Dietz 1993, 297) – was pointiert, dass bei Kierkegaard also das Freiheitsbewusstsein in einer Weise geschildert wird, die zu jenen Charakteristika passt, die Rudolf Otto 1917 in *Das Heilige* der religiösen Erfahrung attestieren wird.

und nezessitiert eine Stellungnahme. Man kann sich schlechterdings nicht *nicht* zu sich verhalten, wobei notwendig eine bewusste oder unbewusste Wahl getroffen wird, die Transzendenz ein- oder ausschließt.[25] Eine Differenzerfahrung liegt hier außerdem darin vor, dass sich das menschliche Selbst als *erleidend* erfährt: Die Möglichkeit seiner Einheit ist prekär, kommt von außen und ist somit Gabe, nicht Reflexionsprodukt, und erzwingt eine existentielle Positionierung, die aufgrund der Individualität des Selbst unvertretbar ist.[26] Freiheit als Unvollständigkeit des Selbstseins und spontanes Vermögen ist zugleich Rezeptivität, Verhalten zu und Bestimmtwerden durch etwas, das nicht ich selbst bin.[27]

2 Glaube und exzentrische Positionalität bei Plessner

Helmuth Plessners 1928 erschienenes philosophisch-anthropologisches Hauptwerk *Die Stufen des Organischen und der Mensch* steht auf einem philosophiegeschichtlich anderen Boden als Kierkegaards Gedanken zum Verhältnis des Menschen zu sich selbst und zur Möglichkeit des Glaubens. Was bei Kierkegaard in den Nachwehen des Deutschen Idealismus noch als (wenn auch bereits problematisierte und dem Einzelnen überantwortete) Möglichkeit einer Vermittlung des sich entfremdeten, nicht mit sich übereinstimmenden Selbst gedacht wurde – nämlich der christliche Gott als ein welt- und selbsttranszendentes Absolutes –, ist in der Moderne Plessners endgültig zur Leerstelle einer differentiellen Syntax von Subjektivität verwandelt, die auch in seinem Denken unter dem Schlagwort einer „exzentrischen Positionalität" des Menschen fungiert.

In den *Stufen des Organischen* bestimmt Plessner den Menschen gegenüber anderem Lebendigen als ‚exzentrisch positional' (Plessner 1975, 288 ff.). Verkürzt dargestellt bezeichnet Positionalität das Merkmal alles Lebendigen, ‚Für-sichsein' zu sein, d. h. durch den Selbstvollzug einer ihm angehörigen Innen-Außen-Grenze als selbständige Einheit zugleich einem Lebenskreis eingegliedert wie von diesem unterschieden zu sein, dieses Verhältnis selbständig zu regeln und so

---

[25] Hier böte sich nicht nur ein Vergleich mit Plessner, sondern auch mit Max Scheler an, der in seiner 1921 erschienenen religionsphilosophischen Schrift *Vom Ewigen im Menschen* einen allgemeingeltenden ‚Glaubensakt' postuliert, dessen Korrelat nur unterschiedlich besetzt wird (mit Gott oder einem Götzen). Vgl. hierzu Wilwert 2011, 157 f., 160 f.
[26] Vgl. auch Ricken 1999, 243.
[27] In Bezug auf das Verhältnis Selbst–Gott und dessen oben genannten Momente wären mögliche Parallelen im Denken Schleiermachers und Kierkegaards zu finden.

eine prozessualisierte, selbstvermittelte Einheit mit sich zu bilden. Die titelgebende Stufenfolge des Lebendigen ergibt sich aus den verschiedenen Formen, in denen Positionalität realisiert werden kann (ebd., 123 ff.).[28] Beim Tier etwa nimmt diese Einheit Plessner zu Folge die Form zentrisch-geschlossener Positionalität an. Das Tier ist in sich noch einmal von sich selbst abgehoben, sodass es sich selbst als Körperleib *hat* innerhalb des Körpers, der es zugleich *ist*. Es vermag sich auf diese Weise spontan und selbständig gegenüber seinem Umfeld zu verhalten, tritt jedoch nicht in eine totalreflexive Beziehung zu sich selbst: „Dass es den Körper beherrschen kann, weil es von ihm abgehoben, er zu ihm distanziert sein Leib ist, macht den Positionalitätscharakter des Tieres aus, trägt seine Existenz, ist aber nicht selbst wieder gegeben, nicht bemerkbar." (ebd., 239; vgl. auch ebd., 290) Und:

> Das Tier lebt aus seiner Mitte heraus, in seine Mitte hinein, aber es lebt nicht als Mitte. Es erlebt Inhalte im Umfeld, Fremdes und Eigenes, es vermag auch über den eigenen Leib Herrschaft zu gewinnen, es bildet ein auf es selber rückbezügliches System, ein Sich, aber es erlebt nicht – sich. (Ebd., 288)

Die ‚Sichhaftigkeit' des Lebendigen wird auf den Stufen des Organischen immer mehr zur manifesten Eigenschaft (vgl. ebd., 289). Das Tier etwa verhält sich ausdrücklich zu *seiner* Umwelt und zu sich, ist von außen betrachtet bereits ein Für-sich, jedoch ist ihm dieses Für-sich-Sein nicht selbst vorstellig. Dies ändert sich beim Menschen, dem seine positionale „Mitte" durch eine weitere Abhebung noch einmal gegeben ist. Auf diese Weise aber wird der Mensch zum *(um) sich wissenden Vollzug seiner Vermittlung zur Einheit*, die in solchem Wissen gerade nicht mehr als harmonische Einheit, sondern beständiger Aspektwechsel der divergierenden Strebungsrichtungen (‚in sich' sowie ‚über sich hinaus'; vgl. ebd., 127 ff.) wahrgenommen wird. Ein solches Lebewesen, so Plessner,

> [...] ist sich selber bemerkbar und darin ist es *Ich* [Herv. i. O. gesperrt – KH], der ‚hinter sich' liegende Fluchtpunkt der eigenen Innerlichkeit, der jedem möglichen Vollzug des Lebens aus der eigenen Mitte entzogen den Zuschauer gegenüber dem Szenarium dieses Innenfeldes bildet, der nicht mehr objektivierbare, nicht mehr in Gegenstandsstellung zu rückende Subjektpol. (ebd., 290)

Jener metaphorische Ort (bzw. Nicht-Ort), an dem er hier steht, ist – in erstaunlicher Ähnlichkeit zu Kierkegaard – keine Ich-Substanz, sondern ein sich beständig vollziehendes, selbstbestimmtes Verhältnis zu sich und zur Umwelt. Der Mensch erlebt seine Einheit gleichsam wie das Durchlaufen einer Möbiusschleife,

---

28 Vgl. auch Mitscherlich 2007, 151.

in der sich der Umschlag von Körpersein in Leibhaben, von Innenrichtung nach Außenrichtung, vollzieht. Nicht ohne Hintergedanken an die philosophische Tradition spricht Plessner von der hier mit dem exzentrischen Subjektpol aufscheinenden Sphäre auch als der des „Geistes" (ebd., 303 ff.), bezeichnet damit – im Kontrast zu etwa Hegel – aber gerade nicht eine selbst positiv bestimmbare Sphäre, die wiederum orthogonal zu Psyche und Physis stünde, sondern ein *Überhinaus-Sein*, das sich nur negativ durch Abhebung der körper-leiblichen Sphäre bestimmt, von der es ein Teil verbleibt.[29]

Das menschliche Dasein ist solcherart, wie auch bei Kierkegaard, von einer Oszillation zwischen Zwei- und Dreipoligkeit (Psychophysis und Geist) gekennzeichnet:

> Ihm ist der Umschlag vom Sein innerhalb des eigenen Leibes zum Sein außerhalb des Leibes ein unaufhebbarer Doppelaspekt der Existenz, ein wirklicher Bruch seiner Natur. Er lebt diesseits und jenseits des Bruches, als Seele und als Körper *und* als die psychophysisch neutrale Einheit dieser Sphären. Die Einheit überdeckt jedoch nicht den Doppelaspekt, sie lässt ihn nicht aus sich hervorgehen, sie ist nicht das den Gegensatz versöhnende Dritte, das in die entgegengesetzten Sphären überleitet, sie bildet keine selbständige Sphäre. *Sie* ist der Bruch, der Hiatus, das leere Hindurch der Vermittlung, die für den Lebendigen selber dem absoluten Doppelcharakter und Doppelaspekt von Körperleib und Seele gleichkommt, in der er ihn erlebt. (ebd., 292; Herv. i. O. gesperrt – KH)

Auf diese Weise erlebt sich der Mensch beständig als mit sich identisch und über sich hinaus, d. h. nicht mit sich identisch, weshalb Plessner festhalten kann, dass „[s]eine Existenz [...] wahrhaft auf Nichts gestellt" sei (ebd., 293). In seiner späteren Schrift *Macht und menschliche Natur* von 1931 bestimmt Plessner die „[e]xzentrische Position" auch als „Durchgegebenheit in das Andere seiner Selbst im Kern des Selbst" (Plessner 1931, 89).

Ganz ähnlich wie bei Kierkegaard ist das Charakteristikum des Menschen also auch bei Plessner sein ihm selbst gegebenes Verhältnissein, wodurch es ihm

---

[29] So heißt es in den *Stufen:* „In der Welt und gegen die Welt, in sich und gegen sich –, keine der gegensätzlichen Bestimmungen hat über die andere das Übergewicht, die Kluft, das leere Zwischen Hier und Dort, das Hinüber bleibt, auch wenn der Mensch davon weiß und mit eben diesem Wissen die Sphäre des Geistes annimmt." (Plessner 1975, 305) Olivia Mitscherlich bemerkt, dass das „menschliche Ich wohl über die Zentralität tierischen Erlebens hinaus sein mag, dass es deswegen aber noch lange keinen archimedischen Punkt erreicht hat, der ihm einen quasigöttlichen Blick auf das eigene Erleben und dessen Stellung im Kosmos eröffnete." (Mitscherlich 2007, 196 f.) Vgl. zum Geistbegriff auch Bek 2011, 79.

wiederum möglich, v. a. aber auch *nötig* wird, sich zu sich selbst als diesem Verhältnis zu verhalten.[30]

> Als exzentrisch organisiertes Wesen muss er sich zu dem, was er *schon ist, erst machen*. [...] Dieser Daseinsmodus [...] ist nur als *Vollzug* vom Zentrum der Gestelltheit [gemeint ist die doppelte Abhebung des Menschen von sich – KH] aus möglich. [...] Der Mensch lebt nur, indem er ein Leben führt. (Plessner 1975, 309 f.; Herv. i. O. gesperrt – KH)

Auch bei Plessner ist also das Selbstsein als Freiheit (jedoch wiederum in einer endlichen Form) bestimmt.[31] Der Mensch ist in sich selbst, bei sich (als lebendiges Bewusstsein in einer Umwelt), zugleich jedoch außerhalb seiner, daher Voraussicht besitzend und frei in der Möglichkeit, sich zu sich zu verhalten; unfrei jedoch, weil er dabei an eine konkrete leiblich-positionale Existenz sowie deren Bedürfnisse gebunden bleibt: „[...] er weiß sich frei und trotz dieser Freiheit in eine Existenz gebannt, die ihn hemmt und mit der er kämpfen muss" (ebd., 291).[32] An späterer Stelle ergänzt Plessner: „So bricht ihm immer wieder unter den Händen das Leben seiner eigenen Existenz in Natur und Geist, in Gebundenheit und Freiheit, in *Sein* und *Sollen* auseinander." (ebd., 316 f.; Herv. i. O. gesperrt – KH).[33]

---

30 Auch später in der „Conditio humana" verdeutlicht Plessner, das das Verhältnissein Aufgabe wie Freiheit ist: „,Ich bin, aber ich habe mich nicht', charakterisiert die menschliche Situation in ihrem leibhaften Dasein. [...] Dieser Abstand in mir und zu mir gibt mir erst die Möglichkeit, ihn zu überwinden. Er bedeutet keine Zerklüftung und Zerspaltung meines im Grunde ungeteilten Selbst, sondern geradezu die Voraussetzung, selbständig zu sein." (Plessner 1983a, 190) Etwas später heißt es: „Von Natur künstlich, leben wir insoweit, wie wir ein Leben führen, machen wir uns zu dem und suchen wir uns als das zu haben, was wir sind." (ebd., 192)
31 Dies tritt besonders deutlich in *Macht und menschliche Natur* hervor. Plessner schreibt: „In dieser Offenheit hat er sein Leben zu führen, ungewiss, welche seiner Seiten das Übergewicht hat, von denen das Leben ihm immer schon Aufschluss über sein Selbst gibt, während der Körper ihm die Selbständigkeit letzten Endes nimmt und ihn dem Lauf der Dinge ausliefert." (Plessner 1931, 88) Ricken schreibt dazu: „Sich so gegen freie Selbstsetzung wie bestimmende Fremdsetzung absetzend, gelangt Plessner zu einer differenztheoretischen Figur, die er allerdings seinerseits methodologisch nicht weiter einschränkt." (Ricken 1999, 268) Plessner charakterisiere den Menschen „als eine doppelte Differenz" (ebd., 269).
32 Über diese Konstellation von Macht und Ohnmacht schreibt Plessner auch in „Macht und menschliche Natur": „Keines von beiden ist das Frühere. Sie setzen einander nicht mit und rufen einander nicht logisch hervor. Sie tragen einander nicht und gehen nicht ontisch auseinander hervor. Sie sind nicht ein- und dasselbe, nur von zwei Seiten aus gesehen. Zwischen ihnen klafft Leere. Ihre Verbindung ist Undverbindung und Auchverbindung." (Plessner 1931, 84)
33 Die menschliche Lebensform erhält durch ihre Exzentrizität eine inhärente Sollensstruktur (der Mensch *muss* sich selbstbestimmt vollenden/zu sich verhalten), die auch bereits Kierkegaards Selbstbegriff eingeschrieben ist; daher hält auch Fahrenbach fest: „Die, wie mir scheint,

Die Erscheinungen und Besonderheiten dieser Seinsweise anwesender Abwesenheit hat Plessner in den von ihm sogenannten „anthropologischen Grundgesetzen" der „natürlichen Künstlichkeit", „vermittelten Unmittelbarkeit" und des „utopischen Standortes" (ebd. 309 ff.) dargelegt. Hier haben auch seine Gedanken zur Religiosität ihren Ort.[34] Der Mensch ist, so Plessner, „konstitutiv heimatlos" (ebd., 310). Durch seine relative Freiheit mangelt es ihm an einem natürlichen Topos, d. h. einer definitiven Bestimmtheit seines Verhaltens durch seine Umwelt.[35] Stattdessen ragt er aus ihr zukunftsoffen und permanent verschiedene Selbst- und Weltauslegungen realisierend heraus – ganz entgegen der selbstvergessenen Unmittelbarkeit der Tiere, die in natürlicher Reziprozität zu ihrer Umwelt stehen:

> Der Mensch will heraus aus der unerträglichen Exzentrizität seines Wesens, er will die Hälftenhaftigkeit der eigenen Lebensform kompensieren und das kann er nur mit Dingen erreichen, die schwer genug sind, um dem Gewicht seiner Existenz die Wage [sic!] zu halten. Exzentrische Lebensform und Ergänzungsbedürftigkeit bilden ein und denselben Tatbestand. (ebd., 311)

Auch bei Plessner bedeutet Exzentrizität zugleich eine Form von Intentionalität oder ‚Ungesättigtheit', die auf ein Anderes hin- und verweist.[36]

Als exzentrisch positional geht der Mensch weder in seiner Natürlichkeit noch in seiner Künstlichkeit vollständig auf.[37] Hiermit ist der Grund gelegt für jede

---

unüberholte philosophische Bedeutung von Kierkegaards Denken liegt in den thematischen und methodischen Aspekten einer die ethische Dimension zentral einschließenden dialektischen Anthropologie." (Fahrenbach 1980, 158)

34 Wilwert weist auf den eigentlich auffälligen Mangel einer größeren Auseinandersetzung mit Religion bei Plessner hin: „Seine großen Werke sind weder ausdrücklich religiösen Fragen gewidmet, noch nehmen in ihnen solche Fragen besonders viel Raum ein. Gleichwohl finden sich in Plessners Werk mehrere Stellen, an denen religiöse Fragen und Begriffe nicht nur präsent, sondern von durchaus zentraler Bedeutung sind." (Wilwert 2011, 154)

35 Vgl. hierzu auch Plessner in „Conditio humana": „Unsere Welt ist offen wie unsere Gesellschaft, kein Kosmos, in dem der Mensch zu Hause ist und jedes Ding seinen natürlichen Ort, seine Bestimmung hat, wie früher der einzelne an seinem Platz, in seinem Stand." (Plessner 1983a, 161) An späterer Stelle ergänzt er: „Jedem Verhalten stellt sich ein offenes, überschießendes Plus entgegen, das räumlich in der ständig sich verschiebenden Horizontlinie jeweils übersehbarer Umgebung, zeitlich als Zukunft, an den Dingen als verborgene Möglichkeit, überall also als ein Nichtgegebenes in Erscheinung tritt." (ebd., 212)

36 Auch hier lässt sich dieser Gedanke ebenso in der „Conditio humana" wiedererkennen: „Dass ein jeder ist, aber sich nicht hat; genauer gesagt, *sich nur im Umweg über andere und anders als ein Jemand hat*, gibt der menschlichen Existenz in Gruppen ihren institutionellen Charakter." (Plessner 1983a, 194) Und: „Selbstdeutung und Selbsterfahrung gehen über andere und anderes." (ebd., 196; Herv. KH)

37 Ähnlich Bek 2011, 119.

Art auch transzendenten Einheitsentwurfs. So ist der Mensch kulturschaffendes Wesen, d.h. eine Lebensform, der die künstliche Gestaltung ihrer Lebensbedingungen angemessen und natürlich ist. In der Bearbeitung seiner Umwelt versucht der Mensch jene Adäquation – und dadurch Unmittelbarkeit – zwischen sich und seinem Umfeld herzustellen, die dem Tier natürlich gegeben ist; es ist ein Versuch der Selbstverortung und -bestimmung. An den Produkten seines Schaffens tritt allerdings unvermeidlich ihre Prothesenhaftigkeit hervor.[38] Sie verhehlen nicht den Charakter der Vermitteltheit, sondern skandieren ihn geradezu. Jene Differenz, die menschliche Freiheit ausmacht, wiederholt sich somit im Verhältnis zu jeder als Vermittlung intendierten Setzung; seine eigene Zweideutigkeit schreibt sich seinen Werken ein: „Ihn stößt das Gesetz der vermittelten Unmittelbarkeit ewig aus der Ruhelage, in die er wieder zurückkehren will." (ebd., 339) Denn auch zu seinen Handlungen, Werken und Weltdeutungen, die ihm Welt aufschließen sollen, muss sich der Mensch wiederum in ein Verhältnis setzen.[39] An späterer Stelle spricht Plessner daher auch von einer „beständige[n] Annullierung der eigenen Thesis" (ebd., 342). Durch die Exzentrizität sind ‚setzen' und ‚aufheben' *eines*. Somit strebt der Mensch im Grunde nach der Bestimmung seiner Differenz bzw. Freiheit *qua* Freiheit, womit die Parallele zu Kierkegaards Paradoxon zeitgleicher Selbstsetzung und -negation pointiert ist.[40]

Plessners Beschreibung der „Gesetze" lässt so durchaus auch eine quasi-dialektische Lesart zu, insofern der Mensch hier – ebenso wie bei Kierkegaard – im Scheitern jeweils unterschiedlich prononcierter Vereindeutigungs- und Selbstbestimmungsversuche sich nach und nach der Tatsache inne wird, die Differenz in sich selbst zu haben.[41] Sein ‚An-sich' (sein Dasein als divergentes Sphärenverhältnis) stimmt nie mit seinem ‚Für-sich' (der momentweisen Bestimmung des Verhältnisses im sich-dazu-Verhalten) überein. Seine Selbst*erkenntnis* oder -*auslegung*,

---

[38] In der „Conditio humana" spricht Plessner davon (in Polemik gegenüber Anthropologien, die „Intelligenz, Sprache und Abstraktion" als „virtuelle Kompensation" vermeintlicher biologischer Mängel sehen), dass sich der Mensch in solchen Auffassungen in einen „Prothesenproteus" verwandle (Plessner 1983a, 191).
[39] Ähnlich Bek 2011, 119.
[40] Vgl. auch Meyer-Hansen 2013, 402.
[41] Vgl. etwa auch Bek: „Die exzentrische Sphäre ist als in sich selbst gebrochen, als Gegebenheit des Perspektivenwechsels denkbar. Wird der Geist vergegenständlicht, lässt sich die Perspektive wieder ‚kippen' auf das von dem sich der Geist abhebt, die Natur. Geist und Natur bleiben aufeinander verwiesen." (Bek 2011, 66) Oder auch: „Die Selbsterfassung bricht sich damit wieder im Doppelaspekt von Geist und Natur – was der Mensch doch als das *eine* Lebendige beides ist. Als konstitutive Zweideutigkeit bekommt er sich nur zu fassen, wenn er sich zum Objekt macht, und fasst damit doch nur die Hälfte seiner selbst. So findet er sich als ein *zwischen* Dualen gespanntes Lebewesen vor." (ebd., 86)

die feststellenden Charakter hat, taumelt beständig seinem Selbst*sein* als immer schon vollzogenes hinterher.[42] Gerade in dieser Nicht-Übereinstimmung und Nichtfeststellbarkeit, die den Menschen sich selbst sowie auch einem äußeren Blick entzieht, liegt jedoch seine Freiheit. Hier hat Plessners Rede vom „*homo absconditus*" ihren Ort.[43] Es lässt sich somit vielleicht zuspitzen: In der „natürlichen Künstlichkeit" erlebt der Mensch im scheiternden Versuch, einer selbstgeschaffenen Natur anzugehören, dass er nicht allein natürlich zu nennen ist. In der „vermittelten Unmittelbarkeit" erlebt er in der relativen Unverfügbarkeit seiner eigenen Werke und dem möglichen Misslingen seiner Intentionen, dass er nicht rein geistig-ideell ist, sondern sein Schaffen an natürliche und zeitliche Grenzen gebunden bleibt.[44] Im Gesetz des „utopischen Standortes" schließlich verfällt er auf die Idee, dass es eine übergreifende Einheit dieser Bestimmungen von Natur und Kultur geben müsse, die damit notwendig außerhalb der natürlichen Welt liegt und die ihn stabilisieren kann:[45]

> An der eigenen Haltlosigkeit, die dem Menschen zugleich den Halt an der Welt verbietet und ihm als Bedingtheit der Welt aufgeht, kommt ihm die Nichtigkeit des Wirklichen und die Idee

---

42 Vgl. auch Bek: „Um im Gleichgewicht zu bleiben, muss der Mensch in der ‚Rastlosigkeit unablässigen Tuns' einen ewigen Prozess vollziehen. [...] Diese Unruhe wird getragen aus dem prinzipiell zum Scheitern verurteilten Versuch, die konstitutive Zweideutigkeit endgültig auszugleichen." (Bek 2011, 91) Ähnlich spricht auch Mitscherlich von dem problematisierten „Zugleich von Sein und Vollzug" bei Plessner (Mitscherlich 2007, 51).

43 Im gleichnamigen Aufsatz von 1969 gibt Plessner diesen Sachverhalt wie folgt wieder: „Die Verborgenheit des Menschen für sich selbst wie für seine Mitmenschen – *homo absconditus* – ist die Nachtseite seiner Weltoffenheit. Er kann sich nie *ganz* in seinen Taten erkennen – nur seinen Schatten, der ihm vorausläuft und hinter ihm zurückbleibt, einen Abdruck, einen Fingerzeig auf sich selbst. Deshalb hat er Geschichte. Er macht sie, und sie macht ihn. Sein Tun, zu dem er gezwungen ist, weil es ihm erst seine Lebensweise ermöglicht, verrät und verschleiert sich ihm in einem." (Plessner 1983b, 359) Thomas Bek, der ebenfalls Exzentrizität und Selbstverborgenheit ins Verhältnis setzt, bringt dies auch prägnant mit der Formel der „sich selbst durchsichtig gewordene[n] Undurchsichtigkeit" auf den Punkt (Bek 2011, 120).

44 Ähnlich Meyer-Hansen: „Der Mensch kann sich und seine Kultur nicht verabsolutieren, weil er nicht das sich selbst behauptende und selbstmächtige Subjekt des Kulturschaffens ist." (Meyer-Hansen 2013, 272)

45 Hier würde eine gewisse Kontinuität zu frühen Auffassungen Plessners bestehen: Wilwert verweist auf die Schrift *Die wissenschaftliche Idee. Ein Entwurf über ihre Form* von 1913, in der Plessner den Prozess des wissenschaftlichen Fortschreitens als Suche nach Allgemeinheit und Ideationsprozess, näherhin als „Stufenfolge" hin zu einem „letzte[n] Ideat" bestimmt (Wilwert 2011, 154). Vgl. hierzu auch Hammer 1990/91, 162. Dieses kann nur regulative Idee bleiben, immer weiter überstiegen werden. Ebenso ist auch der utopische Standort in den *Stufen* ein letzter Rahmen, der sich zugleich als wiederum exzentrisch überbietbar herausstellt. Exzentrizität führt beständig einen angedeuteten Zielpunkt mit sich, der niemals erreicht werden kann.

des Weltgrundes. Exzentrische Positionsform und Gott als das absolute, notwendige, weltbegründende Sein stehen in Wesenskorrelation. (ebd., 345)

Im Gesetz des utopischen Standorts wird die Differenz der Bestimmungen von Natur und Kultur selbst sichtbar, „der letzte Wahrheitsgrund menschlichen Lebens in seiner Vakanz präsent" (Mitscherlich 2007, 227). Die dem Menschen konstitutive Unerfülltheit als Freiheit oder Differenz von An- und Für-sich findet ihr Korrelat wiederum in der Idee einer absoluten Ruhe und Präsenz in der Transzendenz.[46] Jedoch entpuppt sich Plessner zufolge selbst diese Idee noch als Vexierbild – wie alles, worauf sich der Mensch richtet.[47] Die ersehnte religiöse Ruhe vermag nicht der Unbestimmtheit bzw. Freiheit des Menschen zu entsprechen, will sie doch ein allgemeingeltendes „Definitivum" sein:

> Dem menschlichen Standort liegt zwar das Absolute gegenüber, der Weltgrund bildet das einzige Gegengewicht gegen die Exzentrizität. Ihre Wahrheit, ein existentielles Paradoxon, verlangt jedoch gerade darum und mit gleichem inneren Recht die Ausgliederung aus dieser Relation des vollkommenen Gleichgewichts und somit die Leugnung des Absoluten, die Auflösung der Welt. (ebd., 346)

Für Plessner bleibt ein in keinem möglichen Korrelat letzt- und allgemeingültig aufzulösender Widerspruch bestehen zwischen *Freiheit* und *Einheit des Selbst, Unbestimmtheit und Bestimmtheit:* „Nur für den Glauben gibt es die ‚gute' kreishafte Unendlichkeit, die Rückkehr der Dinge aus ihrem absoluten Anderssein. Der Geist aber [das Ex-Zentrum des Menschen] weist Mensch und Dinge von sich fort und über sich hinaus. Sein Zeichen ist die Gerade endloser Unendlichkeit." (ebd.) Der Mensch ist hier nur dann er selbst, wenn er nicht er selbst ist. In dieser Selbst- und Welttranszendenz liegt auch bei Plessner gleichwohl der „[...] mit der menschlichen Lebensform an sich gegebene[.] Kern, der Kern aller Religiosität" (ebd., 342).[48] In den Metaphern von Kreis und Gerade, hegelianisch ‚guter' und

---

[46] Prägnant Meyer-Hansen: „[...] die Erfahrung der eigenen Absurdität generiert einen Fluchtpunkt in der Transzendenz." (Meyer-Hansen 2013, 238). Wilwert weist hier auch auf eine Parallele im Denken Schelers und Plessners hin: In ihren Ausführungen lässt sich der Gedanke eines „gegenseitige[n] Aufeinanderangewiesensein[s] Gottes und des Menschen" in verschiedenen Formen aufweisen (Wilwert 2011, 156; vgl. auch ebd., 158 f.).

[47] Hier passt, was Meyer-Hansen in Bezug auf die Kulturproduktion bemerkt: „Der Mensch erkennt also eine Differenz in seiner Schöpfung, die ihm, wie man nun sagen muss, beides bedeutet: ein Gleichgewicht in seiner Aufgebrochenheit zu bekommen und es zugleich wieder zu verlieren." (Meyer-Hansen 2013, 261)

[48] Indem Plessner den „Kern" des religiösen Verhaltens gerade aus der menschlichen Freiheit heraus erklärt, kann er auch die kulturelle Vielfalt von Religion plausibilisieren. Das religiöse Verhalten unterliegt ebenso dem ‚Expressivitätszwang' wie menschliches Verhalten überhaupt. In

,schlechter' Unendlichkeit drücken sich die irreduziblen und unvermittelbaren Momente von Identität und Differenz aus, die im Menschen verschränkt sind. Wer den Geist, den exzentrischen Standpunkt zum Letzten erklärt, kann Einheit nur als aufgegebene und immer wieder neu und momenthaft zu erringende begreifen. Der Mensch kehrt nicht aus seinem „Anderssein" und Anderswerden zurück. Einheit ist hier die Limesgestalt der Freiheit. Wer sich hingegen der Transzendenz überantwortet, denkt die Einheit als Zustand, Selbstpräsenz durch das Gegengewicht eines letzten Grundes, wodurch die positive Freiheit des Immer-wieder-anders-werden-Könnens notwendig in ihrer Geltung eingeschränkt oder angepasst werden muss. Die Konkurrenz besteht hier also nicht zwischen weltlicher Ideologie und transzendenter Religion, sondern zwischen Abschließbarkeit und Unabschließbarkeit. Religion und Geist verhalten sich kontradiktorisch, nicht konträr zueinander.

Exzentrizität wird auf diese Weise aber selbst zum Moment einer Verschränkung, bei der offen bleibt, ob sie hierin schlussendlich ausbalanciert wird oder sich selbst noch einmal bekräftigt.[49]

---

der „Conditio humana" schreibt Plessner: „Ohne ein solches [transzendentes] Gegenüber kommt offenbar menschliches Verhalten in seinem ambivalenten Verhältnis zu seiner fragmentarischen Welt nicht aus. Wie es gestaltet und als was es verstanden wird, ob als anonyme Macht oder als Person, hängt von der Art der Daseinsbewältigung ab, in der es sich spiegelt und die es wiederum stützt." (Plessner 1983a, 212) Und: „Versucht man von dieser unermesslichen Vielfalt religiöser Erfahrung Abstand zu gewinnen und an ihre menschliche Wurzel heranzukommen, so zeigen sich zwar Tod und Sorge um das Fortleben als die einschneidenden Anlässe für Zauber und Beschwörung, magische Übung und mystische Versenkung, Opfer und Gebet, aber das spezifische Vermögen, welches den religiösen Verhaltensweisen zugrunde liegt und aus den erwähnten Anlässen ins Spiel kommt, ist damit noch nicht bestimmt." (ebd., 211) Dieses „Vermögen" muss eben in der Exzentrizität gesehen werden.

49 Hammer konstatiert: „Im Grunde streiten zwei Setzungen miteinander. Sind beide nur im Wagnis zu vollziehen, dann entfällt die Möglichkeit streng rationaler Entscheidung. [...] Die Frage aber, ob Philosophieren nicht doch zur Ersatzreligion werden kann, bleibt legitim." (Hammer 1990/91, 152) Dieselbe Problematik und ihre Folgen stellt Meyer-Hansen bei Plessner heraus. Der Streit von Geist bzw. Kultur und Religion bei Plessner bestehe „nicht zwischen absolut und relativ, sondern zwischen zwei vermeintlich ,verschiedenen Modi, ein Absolutum zu setzen', nämlich in den Weisen, ein feststehendes, definitives Absolutum einerseits und ein bewegendes, sich entziehendes andererseits zu antizipieren." (Meyer-Hansen 2013, 273) Das verlagert den Schwerpunkt von der theoretischen Argumentation hin zur Praxis: „Die Frage des Umgangs mit dem Transzendenzbewusstsein kann [...] theoretisch nicht entschieden und nur praktisch, d. h. in der je eigenen Lebenswelt gelöst werden." (ebd., 282)

3 Die Verschränkung von Freiheit und Glauben – Resümee

Es ist deutlich geworden, dass sowohl Kierkegaard wie auch Plessner den Menschen vor unterschiedlichem theoretischen Hintergrund als Selbst bestimmen – was gerade eine wesenhafte Unbestimmtheit in sich schließt. Dieses Selbstsein ist bei beiden als paradoxe Figur ausgezeichnet, insofern es bedeutet, im Verhältnis zu sich selbst, im Selbstvollzug, zugleich Vermittelnder wie Vermitteltes zu sein, sich dadurch anwesend abwesend zu sein. Diese Figur ist nur denkbar als beständig aktualisiertes Selbstsein in einer Reihe von Abschattungen vollzogener (Selbst-)Setzungen bzw. Selbstbezüge, die immer vor dem Hintergrund eines notwendig sich im Selbstbezug entziehenden Ganzen stehen, wodurch wiederum weitere Stabilisierungsversuche nötig werden. Kierkegaards Verzweiflung und Plessners Exzentrizität bilden Formen tragischer Ironie, insofern dem Menschen die angestrebte Einheit in seinem Handeln immer wieder entgleitet, er zu diesem Handeln aber zugleich genötigt ist. Religiosität hat hier ihren Ort.

Für Kierkegaard besteht die Möglichkeit einer Selbstpräsenz als gelungenes Selbstsein darin, die im schöpferisch-endlichen Selbstbezug zusammenfallenden Momente von Vermittlung und Vermitteltsein wieder zu entkoppeln, und jenen im Selbstverhältnis aufscheinenden ‚dritten' Standpunkt der Vermittlung, der zugleich ein ‚Nicht-Ort' und ein *Anderes* im Selbst ist, mit Gott zu besetzen. Gelingender Selbstbezug wird hier möglich durch die Anerkennung der eigenen Geschöpflichkeit, die dem Selbst ein definitives An-sich zueignet und in glaubender Annäherung kommensurabel macht.

Für Plessner hingegen ist die Selbstentzogenheit des Menschen unhintergehbar.[50] Dies zeigt sich an der Ambivalenz selbst gegenüber der Idee von Religion, die als Kulturphänomen zwischen ihrem Status von übermenschlicher Wahrheit und menschlicher Erfindung schwankt.[51] Das von Plessner sogenannte „Definitivum", das sie anbietet, treibt als Verendlichung und Feststellung der Unbestimmtheit wiederum einen alternativen Standpunkt hervor, wodurch sie sich eben nicht als der angestrebte äußerste Kreis einer Letztbegründung erweist. Jedoch trägt auch Kierkegaard in seinem Denken dieser Ambivalenz sehr wohl

---

[50] Stellvertretend Wilwert: „Einerseits verlangt die Ortlosigkeit des Menschen immer wieder nach einem Absoluten, das ihm gegenübersteht. Andererseits aber geht der Mensch laut Plessner in seinem Verhältnis zu diesem Gegenüber nie vollkommen auf." (Wilwert 2011, 159)

[51] Vgl. hierzu insgesamt den Zusammenhang von Erfindung und Entdeckung bei Plessner (Plessner 1975, 321f.). Zum Zusammenhang der Ambivalenz Entdeckung/Erfindung mit der Religiosität vgl. Hammer 1990/91, 156; vgl. Mitscherlich 2007, 238; vgl. Bek 2011, 107.

Rechnung, indem er darauf beharrt, dass der religiöse Standpunkt letztlich nur als Sprung in den Glauben (oder Wahl) möglich ist (von einem solchen spricht auch Plessner selbst: Plessner 1975, 342): Es bleibt für den Glauben noch immer eine freie Setzung, ein Freiheitsakt von Nöten, der nur individuell und nicht für alle Menschen verbindlich erfolgen kann.[52]

Zuspitzend (und selbstredend nicht ohne Vereinfachung) könnte man Kierkegaard und Plessner so als Vertreter jenes Gegensatzes von Religion und Geist, Transzendenz und Immanenz lesen, wie ihn Olivia Mitscherlich für Plessner dargelegt hat: „Die Religion bezieht sich positiv auf einen absoluten Grund, in dem die Heterogenität des menschlichen Daseins, das immer nochmals hinter sich zurückgreifen kann, versöhnt ist. Dagegen beharrt die Kultur auf der Unabschließbarkeit menschlicher Selbstreflexion." (Mitscherlich 2007, 228) Religion und Geist bzw. Kultur sind gleichermaßen verwandte wie konkurrierende Antworten auf die Frage, was menschliche Freiheit bedeutet.

Was Kierkegaard und Plessner dabei zu elaborierten Vertretern der jeweiligen Position macht, ist die ihnen gemeinsame Reflexion auf die *Unausdeutbarkeit der Unausdeutbarkeit*. Gemeint ist das Bewusstsein dessen, dass die Opazität des Selbst, seine Unbestimmbarkeit selbst weder verabsolutiert noch glaubend aufgehoben werden kann.[53] „Der Konflikt von Religion und Kultur ist *von keiner Seite* her auflösbar." (Mitscherlich 2007, 228)[54] Beide Denker tragen diesem Umstand Rechnung, indem sie verschiedene Strategien der Positionierung und Relativierung gleichermaßen in ihren Schriften realisieren.[55] Bei Plessner geschieht dies

---

52 Daher spricht Fahrenbach davon, dass „selbst der christliche Glaube einen ethischen [im Sinne des Allgemeinen bei Kierkegaard] Charakter behält, sofern er Entscheidung einschließt" (Fahrenbach 1980, 158)
53 Vgl. in Bezug auf Plessner auch Meyer-Hansen 2013, 279, 282, 401f.
54 Vgl. auch: „Die Versöhnung von Kultur und Religion, bzw. die ‚wahre Unendlichkeit' als Selbsterkenntnis des absoluten Geistes, in die die menschliche Reflexionstätigkeit aufgehoben wäre, bricht notwendigerweise in ihre Aspekte – der Religion und der Kultur auseinander. Unversöhnbar stehen einander der religiöse Gehorsam gegenüber der Transzendenz *und* die ‚schlechte' bzw. offene Unendlichkeit des kulturellen Betriebs gegenüber. Der Konflikt von Religion und Kultur ist damit das bloße ‚Und' von Einheit und Differenz bzw. das Zugleich von religiöser Versöhnung *und* kultureller Pluralität – und macht das notwendige Wesensmerkmal menschlichen Lebens aus, in dem der letzte Wahrheitsgrund in seiner Vakanz präsent ist." (Mitscherlich 2007, 231)
55 Plessners Ambivalenz gegenüber Religion hat denn auch verschiedene Deutungen herausgefordert. Generell ist festgehalten worden, dass er Religion zunächst als Möglichkeit der Exzentrizität anerkennt: „Plessners Menschenbild zeigt sich gegenüber einem Absoluten strukturell offen, legt dieses (und damit auch den Menschen) jedoch nicht fest. [...] Religiosität wird als Phänomen und Ausdruck eines entsicherten Wesens ernst genommen." (Bek 2011, 106) Felix Hammer macht auch auf Plessners Kantnachfolge aufmerksam, die seine kritisch-anerkennende

Haltung gegenüber Religion erhellen könnte (Hammer 1990/91, 141 f.). Olivia Mitscherlich stellt Plessners Haltung ähnlich dar, indem er eben nicht Religion als bloßes ‚Produkt' der zum Wahrheitsgrund hypostasierten Exzentrizität auslegen würde; bei Plessner wird die „*Irreduzibilität* von Religion als Wesensmerkmal menschlichen Lebens, nicht jedoch ihr Wahrheitsanspruch nachgewiesen. Einer Entscheidung über den Wahrheitsanspruch von Religion – und damit über den letzten Grund menschlicher Wirklichkeit überhaupt – enthält sich Plessner gemäß des Selbstverständnisses seines Verschränkungsansatzes." (Mitscherlich 2007, 229) Nichtsdestotrotz gewahrt auch Mitscherlich Plessners deutliche antireligiöse Tendenzen zugunsten von Geist und Kultur, die sie als Widerspruch zur Exzentrizität sieht, die solchermaßen zum normativen Maßstab verabsolutiert würde (ebd., 236 ff.). Die Positionen bezüglich Plessners Haltung gegenüber Religiosität fasst Meyer-Hansen zusammen: „Auf der einen Seite steht eine religionskritische Interpretation. Dabei wird Plessner eine ‚antimetaphysische [...] und antireligiöse [...] Attitüde' attestiert und bei ihm ein tief sitzender Atheismus diagnostiziert." Auf der anderen Seite hat sich „mit der Forschung, die die geschichtsphilosophische Dimension in Plessners Anthropologie hervorhebt, eine weniger radikale Lesart etabliert. Eben weil er gerade keinen abschließenden Begriff vom Menschen darbieten, sondern ihn in seiner Unergründlichkeit fassen will, erscheint ein explizit atheistisches Plädoyer überzogen." (Meyer-Hansen 2013, 17) Meyer-Hansen sieht Plessners zwiespältige Haltung gegenüber Religion allerdings in dessen Denken selbst begründet (ebd., 397) – was ich in diesem Aufsatz gleichfalls betone. Meyer-Hansen unterscheidet daher auch zwischen einer plakativen und eher subtilen Religionskritik bei Plessner (ebd., 264 ff.): Plakativ wäre die Lesart, der zufolge Plessner – hinter die eigenen Analyseergebnisse zurückfallend – Exzentrizität zum normativen Maßstab erheben würde, und Religion so als ‚nicht gelebte' Eigentlichkeit abwerten würde (ebd., 264). Subtiler, indes gewichtiger ist für Meyer-Hansen die aus Plessners Differenzlogik ableitbare Dekonstruktion (nicht Destruktion, vgl. ebd., 403) der Religion als Phänomen, die nämlich aus der Exzentrizität heraus „einfach als die letzte Möglichkeit einer differenzlogischen ‚Abhebung'" denkbar wird (ebd., 269). Religiosität könnte so „als das Beziehen auf ein ‚substantiiertes Nichts' begriffen werden" (ebd., 270; vgl. auch ebd., 401). Dies würde bedeuten, dass Plessner Religion zwar nicht mit einem psychologischen, aber differenzlogischen Reduktionismus begegnen würde: „Das Thema der Religiosität kann marginal verhandelt werden, weil es differenztheoretisch auch möglich ist, eine philosophische Anthropologie zu konzeptionieren, ohne der Gottesfrage eine prominente Stelle einräumen zu müssen. Dass der Mensch religionsoffen ist, heißt eben auch, dass er sich davon frei verhalten kann. Eine simple Gegenüberstellung von Glaube und Geist ist mithin gar nicht erforderlich, denn die Stelle des Absoluten kann differenzanthropologisch gesehen schlicht vakant gelassen werden." (ebd., 270) Dennoch sei die „anthropologische Erklärung der Religiosität" bei Plessner „nicht als eine Eskamotierung des Religiösen zu verstehen" (ebd., 401). Meyer-Hansen versucht denn auch den vermeintlich scharfen Kontrast von Kultur und Religion bei Plessner etwas zu relativieren, indem er einerseits auf die Differenzierbarkeit und Reflexivität auch religiöser Denkformen hinweist (ebd., 266), andererseits erklärt, laut Plessner könne auch in der Kultur ‚Heimat und absolute Verwurzelung' gefunden werden (ebd., 273). „Der Feindschaftsthese wäre unter der Voraussetzung, dass Religion einen letzten, absoluten Blick auf die Wirklichkeit gewährte, zuzustimmen. Angesichts der permanenten Reformulierungsprozess auch innerhalb der Religionsgeschichte erscheint dies zumindest fragwürdig." (ebd., 274) Nichtsdestotrotz nimmt auch Meyer-Hansen Plessners Neigung zur Kultur wahr. Bezüglich der Reflexivität von Religion könnte man jedoch entlang von Plessners Denken argumentieren, dass diese „Reformulierungsprozesse" schon das Ergebnis der Exzentrizität des Menschen, nicht der intrinsischen Adaptibilität von Religion sind.

durch die konsequent durchgeführte ‚exzentrische Fokalisierung' der Darstellung in den *Stufen* und den immer mitgedachten Rekurs auf den eigenen Standort, bei Kierkegaard durch die polyphone Brechung mittels verschiedener Pseudonyme.⁵⁶ Was Plessner in „Die Frage nach der Conditio humana" schreibt, kann also verlustfrei auf beide Philosophen übertragen werden: „Diesseits der Theologie lässt sich nur behaupten, dass beide [Gott und Mensch] füreinander sind und sich die Waage halten." (Plessner 1983a, 213). Aus der Selbsthaftigkeit entspringt eine „Angewiesenheit des Menschen auf ein Gegenüber, mit dem – mag es auch keine personhaften Züge besitzen – er sich gleichsetzen kann: als der Macht, durch die er lebt – gleichzusetzen nur in dem paradoxen Abstand, der äußerste Ferne und unvermittelte Nähe vereint." (ebd.) Kurzum: Der „Konflikt um das Absolute" stellt „ein irreduzibles Wesensmerkmal menschlichen Lebens" dar, denn „[e]rst der *Kampf von Religion und Kultur* macht den Modus aus, in dem das ganze exzentrische Dilemma in der Tatsächlichkeit menschlichen Lebens präsent ist." (Mitscherlich 2007, 228, 230) Im menschlichen Selbst sind Immanenz und Transzendenz *verschränkt* – die Strukturformel endlicher Freiheit.⁵⁷

Nicht zuletzt wird so über die Taxonomie des Selbstverhältnisses bei Plessner und Kierkegaard Religiosität auch im Kontext anderer Formen menschlicher Selbstverständigung genauer beschreibbar: Sie hat ihren Ort in der ‚Vertikale', die das Verhältnis von Mensch und Welt bzw. Mitwelt schneidet, thematisiert die weder als Einzelnes noch als Allgemeines fassliche Differenz beider und setzt das

---

Selbstredend ist Plessners These von einem „apriorischen Kern" von Religion als Definitivum streitbar, jedoch muss sie m. E. in der von ihm formulierten Schärfe ernstgenommen werden. Aus meiner Sicht stellt es nicht unbedingt einen Selbstwiderspruch Plessners dar, einerseits die Offenheit des Wahrheitsgrundes qua Exzentrizität zu beschreiben und andererseits – im vollen Bewusstsein der Relativität des eigenen Standpunkts – dennoch eine solche Perspektive bereits einzunehmen. Es darf nämlich nicht übersehen werden, dass vom Standpunkt eines ‚Definitivums' aus schon die Beschreibung der Exzentrizität (ohne ihre Verabsolutierung) nicht weltanschaulich neutral ist.

56 Mitscherlich versteht Plessners *Stufen* überhaupt als einen elaborierten Versuch, die orientierende Funktion der Philosophie unter den Bedingungen der Moderne (d. h. dem Verlust eines metaphysisch fundierbaren Erkenntnis- und Wahrheitsanspruchs) aufrecht zu erhalten. Sein Werk ist daher überhaupt von der „Idee der Selbstdistanz" und dem „Prinzip der Unergründlichkeit [i. O. kursiv – KH]" durchdrungen (Mitscherlich 2007, 47f.): „Mit der methodischen Selbstbestimmung zur Unergründlichkeit verschreibt sich Plessner dem methodischen Atheismus bzw. der Selbstdistanzierung, die oben als Schritt aus den Meinungen in die philosophische Haltung gefordert wurde: sich unter einen Sinnhorizont zu stellen und zugleich Distanz von ihm zu erreichen." (ebd., 48) Vgl. zu Plessners Selbstrelativierung auch ebd., 192f.

57 Vgl. zur problematischen Verschränkung von Immanenz und Transzendenz im Menschen bei Plessner bspw. Mitscherlich 2007, 231; Meyer-Hansen 2013, 277.

Korrelat dieser Differenz als Transzendenz.[58] Zugleich wird über ihren Status als Freiheitsphänomen deutlich, dass es zwar phänomenologisch Grundmomente religiöser Erlebnisse geben mag, Religiosität jedoch nicht ohne Deutung auskommt. Ob ein als außerzeitlich erlebter Moment zur pathologischen Derealisation oder religiösen Ewigkeitserfahrung wird, hängt auch von der (bewussten oder unbewussten) Stellungnahme des erlebenden Subjekts ab.

Vor dem Hintergrund dieser Bestimmung von Menschsein als endlicher Freiheit muss Religion also letztlich als Freiheitsphänomen verstanden werden, und zwar in zweifacher Hinsicht: Nur ein freies Wesen braucht Religion als mögliches Remedium seiner Haltlosigkeit, aber auch nur ein freies Wesen *vermag* sich qua seiner Freiheit religiös zu verhalten.[59] Die Möglichkeit der Religion bildet

---

58 Im Versuch, das etwaig Spezifische der religiösen Erfahrung zu bestimmen, stellt sich auch die Frage, wie der religiöse Standpunkt sich zum philosophischen Begriff des Absoluten verhält. Diese Frage ist auch vor dem Hintergrund der bereits erwähnten plessnerschen Frühschrift *Die wissenschaftliche Idee* interessant, in der Plessner das im wissenschaftlichen Fortschritt angestrebte höchste Ideat mit Gott gleichsetzt (Wilwert 2011, 155). Das Absolute wäre hier als der umfassende Horizont und letzte Grund, daher auch höchstes Allgemeines zu verstehen, Religiosität in Wissenschaft hinein verquickt. Statt von Wissenschaft ließe sich auch von Philosophie sprechen. Felix Hammer weist auf die Stellen in Plessners Werk hin, wo sich Philosophie und Religiosität auf diese Weise touchieren: „Philosophie als ‚Universalwissenschaft' bedeutet zunächst eine durchaus theonome ‚*Sinngebung der Welt*' [...]". (Hammer 1990/91, 148) In den späteren Schriften zur Philosophie wird von Plessner dann vermehrt der Unterschied, nicht die Ähnlichkeit von Philosophie und Religion betont: „Philosophie als Ganzheitsdenken seit den Griechen wird bestätigt. [...] Abgelehnt wird jede überweltliche Ewigkeitsperspektive [...]. Philosophie fungiert dagegen im Gefolge Kants als ‚Aufklärung in Permanenz'." (ebd., 149) Philosophie ist für Plessner also eigentlich gleichbedeutend mit jener kritischen Haltung des Geistes, die er in den *Stufen* dem Glauben entgegenhält, und zumindest in seinem Denken so deutlich abgrenzbar: Philosophie verschreibt sich dem Aufschub, dem Immer-Weiter, der Kritik – Religion hingegen verheißt Präsenz und endgültige Antworten (vgl. auch ebd., 151).

Neben dem hier bereits erörterten Unterschied in der Bestimmung des Absoluten (als bloß funktionales Korrelat der menschlichen Intentionalität – gleichsam ein ‚Phantomschmerz' der Freiheit – oder aber reelles, transzendentes Anderes) ließe sich möglicherweise auch im Sinne Georg Pichts zwischen dem ‚Gott der Philosophen' und dem ‚Gott der Offenbarung' unterscheiden: Ein logischer, vom *Denken her* erschlossener Einheitsgrund als Absolutes ist etwas anderes als die im Erleben *offenbarte* Transzendenz. Freilich sollte man nicht der Versuchung erliegen, Religiosität so zur Sache des Gefühls, Philosophie zu der des Denkens stilisieren zu wollen: Auch diese Dimensionen sind in beiden Deutungsweisen verschränkt.

59 Zu diesem Ergebnis kommt auch Meyer-Hansen: „Wir sind religiös, weil wir es sein ‚*können*'. Von Plessners Denkbewegung her inspiriert wird Religion so als ein Resultat der menschlichen Freiheit gedacht, sich abgrenzen zu können und auf keine Größe reduzieren zu lassen – weder auf die Natur, noch auf Geschichte, noch auf die eigene Unergründlichkeit." (Meyer-Hansen 2013, 411) Der Mensch wird bei Plessner „als religionsoffenes wie religionsfreies Wesen beschrieben" (ebd., 443). Meyer-Hansen sieht in der exzentrischen Positionalität überhaupt Plessners „naturphilo-

bei Plessner und Kierkegaard gleichsam eine *Intarsie* des menschlichen Selbstverhältnisses.[60] Selbsterfahrung ist zugleich Entfremdung, die Erfahrung eines Anderen und eines Entzugs, die eine Deutung dieser Erfahrung provoziert.[61] Dabei lässt sich sowohl für Kierkegaard als auch Plessner feststellen, dass Religion als Sich-Verhalten zur Möglichkeit *absoluter* Vermittlung nicht nur eine, sondern vielleicht sogar die privilegierte Weise ist, die eigene Fragwürdigkeit zu thematisieren, insofern sie eine Antwort auf das ganze Verhältnissein des Menschen – und nicht nur einen Anteil hiervon – sein möchte.

Literatur

Bek, Thomas (2011): Helmuth Plessners geläuterte Anthropologie. Natur und Geschichte: Zwei Wege einer Grundlegung Philosophischer Anthropologie verleiblichter Zweideutigkeit, Würzburg.

Dietz, Walter (1993): Sören Kierkegaard. Existenz und Freiheit, Frankfurt a. M.

Fahrenbach, Helmut (1980): Kierkegaard und die gegenwärtige Philosophie, in: Anz, Heinrich / Kemp, Peter / Schmöe, Friedrich (Hg.): Kierkegaard und die deutsche Philosophie seiner Zeit. Vorträge des Kolloquiums am 5. und 6. November 1979, Kopenhagen / München, 149–169.

Feuerbach, Ludwig (1974): Das Wesen des Christentums, Stuttgart.

Hammer, Felix (1990/91): Glauben an den Menschen. Helmuth Plessners Religionskritik im Vergleich mit Max Schelers Religionsphilosophie, in: Dilthey-Jahrbuch, Bd. 7, 139–165.

Kierkegaard, Sören (2007): Die Krankheit zum Tode, München.

König, Josef (1926): Der Begriff der Intuition, Halle a. d. Saale.

Meyer-Hansen, Ralf (2013): Apostaten der Natur. Die Differenzanthropologie Helmuth Plessners als Herausforderung für die theologische Rede vom Menschen, Tübingen.

Mitscherlich, Olivia (2007): Natur und Geschichte. Helmuth Plessners in sich gebrochene Lebensphilosophie, Berlin.

Plessner, Helmuth (1975): Die Stufen des Organischen und der Mensch, Berlin / New York.

Plessner, Helmuth (1931): Macht und menschliche Natur, Berlin.

Plessner, Helmuth (1983a): Die Frage nach der Conditio humana, in: Ders.: Gesammelte Schriften, Bd. VIII. Conditio humana, Frankfurt a. M., 136–217.

Plessner, Helmuth (1983b): Homo absconditus, in: Ders.: Gesammelte Schriften, Bd. VIII. Conditio humana, Frankfurt a. M., 353–366.

---

sophische Fundierung der Freiheit" und philosophische und theologische Anthropologie daher „darin konvergieren, die Freiheit des Menschen zu explizieren." (ebd., 422)

60 Ähnlich Bek über Plessner: „Dem Menschen zeigt sich seine eigene Fraglichkeit als buchstäblich eingeschrieben." (Bek 2011, 101)

61 An diese Charakterisierung von Religiosität als ‚Differenzerfahrung' ließen sich auch gängige Beschreibungen religiöser Phänomene wie etwa die „numinose Scheu" (Rudolf Otto), aber auch das Gefühl der Geborgenheit und des Aufgehobenseins anschließen.

Ricken, Norbert (1999): Subjektivität und Kontingenz. Markierungen im pädagogischen Diskurs, Würzburg.

Wilwert, Patrick (2011): Religion und ihre Bedeutung für Philosophie und Wissenschaft bei Max Scheler und Helmuth Plessner, in: Becker, Ralf / Orth, Ernst Wolfgang (Hg.): Religion und Metaphysik als Dimensionen der Kultur, Würzburg, 154–166.

Wolf-Andreas Liebert
Lost in Enlightenment
Zur sprachlichen Darstellung von Erwachenserlebnissen in spätmoderner informeller Religiosität

Abstract: In late modernity, religiosity as a *conditio humana* poses a particular challenge. The late-modern subject wanders with its experiences of transcendence between atheistic challenges, decaying Christian institutions, new fundamentalisms and an expanding market of spirituality, and together with many other actors constitutes the field of late-modern informal religiosity. As an example, the awakening narrative of Eckhart Tolle will be analysed in terms of the linguistics of religion, in particular with the help of semantic, discourse-linguistic and narrative-analytical approaches. Tolle's awakening narrative proves to be highly through-composed, using the language of the late 1970s and 1980s including the psychological and spiritual terminology of this time, and it is almost completely dispensing with familiar forms of articulation of traditional religions. In the end it is to be asked whether a new form of articulation and transcendence is revealed here that can overcome the conventional forms of transcendental positioning. The analysis reveals a contradictory picture and ultimately also suspects a central contradiction at the core of informal religiosity in late modernity.

Keywords: linguistics of religion; linguistics; late modernity; informal religiosity; awakening; awakening stories; conversion; ordinary language

1 Einleitung: Von der Linguistik zur Religionslinguistik

Die Linguistik ist, was die Untersuchungen von religiösen Erfahrungen und überhaupt das Feld der Religion betrifft, in Bezug auf Soziologie, Religionswissenschaft oder Philosophie eine Nachzüglerin. Sie hat Jahrzehnte der Diskussion nachzuholen, Diskussionen um die konstruktivistischen oder realistischen Zugänge zu Religionen oder religiöser Kommunikation, um die vielfältigen Formen und Spielarten von Religionen und religiöser Erfahrung und nicht zuletzt auch um die Problematik des Religionsbegriffs selbst. Zu lange verharrte die Linguistik in der historischen Aufarbeitung christlicher Sprache und Kommunikation und hat erst in den letzten Jahren zu einer Neubesinnung in Form einer Religionslinguistik gefunden.

Der Terminus „Religionslinguistik" schließt sich an die Spezifizierungen, die sich in anderen Fächern bewährt und zu entsprechenden Konkretisierungen wie der Religionssoziologie, der Religionsphilosophie, der Religionspsychologie, aber auch in der relativ jungen Disziplin der Religionswissenschaft geführt haben, an. Dabei muss sich die Linguistik auch den grundlegenden Fragen stellen, denen sie in den letzten Jahren und Jahrzehnten systematisch ausgewichen ist: Was für ein Religionsbegriff kann für sprachwissenschaftliche Untersuchungen sinnvollerweise angesetzt werden, wie ist das Verhältnis von sozialer Konstruktion, Konstruktivismus und Neuem Realismus? Welche grundlegenden Begriffe wie etwa „das Heilige" (Joas 2017) oder welche anderen, zentralen religiösen Termini sollten für die Theoriebildung einbezogen werden? Welche grundlegenden Ansätze theoretischer Natur sollen einer religionslinguistischen Theoriebildung zugrundegelegt werden? Mein Vorschlag, den ich an anderer Stelle erläutert habe (Liebert 2017a; Liebert 2018), lautet, von der Philosophischen Anthropologie auszugehen, da diese ein komplexes, überschüssiges Menschenbild entwickelt, das eine Relationierung von Nichtigkeit und Absolutem enthält. Daher möchte ich zuerst das Religionsverständnis darstellen, wie es in Helmuth Plessners Werk *Die Stufen des Organischen* formuliert ist (Plessner 1975), um damit eine erste Grundlage für eine religionslinguistische Betrachtung zu schaffen und von dort aus einen Religionsbegriff entwickeln, der den folgenden Analysen schließlich zu Grunde gelegt wird.

In zahllosen Arbeiten untersucht die Linguistik Sprachen, Sprachgebräuche und kommunikative Praktiken von der Dyade bis zum Diskurs: Dem Bereich der Religion bzw. der Religiosität wurde und wird dabei wenig Aufmerksamkeit gewidmet. Und wenn sich dann linguistische Analysen religiösen Sprachgebrauchs finden, dann fokussieren diese den Bereich der christlichen Religionen, kaum andere Religionen, und noch weniger das, was in den letzten Jahrzehnten ein wichtiges Forschungsfeld der Religionswissenschaft und der Religionssoziologie geworden ist: Dieses Feld wurde mit verschiedenen Ausdrücken perspektiviert, so zum Beispiel „New Age" (Bochinger 1995, Bochinger/Knoblauch 1996), „Esoterik" (Stuckrad 2013) oder „Spiritualität" (Knoblauch 2009). Im Folgenden soll für diesen Bereich der Ausdruck „informelle Religiosität" eingeführt werden, da die Informalität im Sinne einer geringen Verbindlichkeit gegenüber einer bestimmten institutionalisierten Religion ein zentrales Merkmal dieser Form der Religiosität darstellt. Mit dem Zusatz „spätmodern" (oder auch „in der Spätmoderne") wird auf den historischen, in diesem Fall zeitgenössischen Charakter hingewiesen. Das heißt, dass informelle Religiosität auch jenseits der Spätmoderne vorkommen kann und dass sie nur eine der vielen Erscheinungsformen des Religiösen in der Spätmoderne darstellt.

Wie eben ausgeführt, hat dieses Feld in der Linguistik bislang praktisch keine Rolle gespielt, und es wird sich erst noch zeigen müssen, ob linguistische Untersuchungen Ergebnisse erbringen, die über das in der Religionssoziologie und der Religionswissenschaft Geleistete hinausgehen. Ein Vorteil dabei ist, dass die Linguistik hier auf die vorliegenden Untersuchungen sowie die theoretischen und methodischen Arbeiten aufbauen kann: Wenn beispielsweise das Feld der spätmodernen informellen Religiosität von der Religionssoziologie einigermaßen plausibel beschrieben wird, dann lässt sich linguistisch fragen, welcher Sprachgebrauch *innerhalb* dieses Feldes konstitutiv ist, und was Untersuchungen des *Sprachgebrauchs* an weiteren Erkenntnissen erbringen könnten. Auch zu einzelnen Textsorten wie den Erwachsenserzählungen gibt es vielfältige Studien, auf die die linguistische Analyse aufbauen kann. Es wäre allerdings ein Missverständnis zu denken, dass sich die Linguistik deshalb auch zwingend innerhalb der Fragestellungen anderer Disziplinen, die sich mit Religion beschäftigen, bewegen und vorhandene Ergebnisse *zusätzlich* durch Sprachanalysen plausibilisieren müsste. Vielmehr gilt es, durch die linguistische Perspektive eigene Fragen und Fragestellungen in das Phänomenfeld hineinzutragen und sich um deren Beantwortung zu bemühen.

Anhand der exemplarischen Analyse einer prominenten Erwachsenserzählung soll gezeigt werden, in welcher Weise eine linguistische Perspektive solche Beiträge leisten kann.

Schließlich wird abschließend erörtert, welche Konsequenzen sich daraus für die Untersuchung der Relation Sprache und Religion ergeben.

2 Fest verwurzelt im Nirgendwo. Plessners anthropologisches Gesetz des utopischen Standorts als Grundlage einer Religionslinguistik

Im linguistischen Kontext werden theoretische Konzepte zur Begründung von Religion kaum diskutiert. Daher ist das Einführen bestimmter theoretischer Ansätze wie der Philosophischen Anthropologie dort besonders begründungsbedürftig. Anders als in der Linguistik muss im hier vorliegenden Kontext des Forschungsprogramms der Philosophischen Anthropologie die Bezugnahme auf Plessner nicht eigens gerechtfertigt werden.[1] Ich beschränke mich daher im Fol-

---

1 Vgl. etwa Fischer 2016; Krüger 2019.

genden darauf, den *Religionsbegriff* Plessners herauszuarbeiten und zu diskutieren, um damit eine theoretische Grundlage für die linguistische Untersuchung zu gewinnen.

Der Religionsbegriff Plessners wird besonders im letzten Teil der *Stufen* deutlich, wenn er „Die anthropologischen Grundgesetze" formuliert (Plessner 1975, 309–346), insbesondere das „Gesetz vom utopischen Standort" (ebd., 341–346). Der „Bedarf" an Religiosität und auch an Religion ergibt sich aus der gnadenlosen Doppelnatur des Menschen, die Plessner mit dem Begriff der *exzentrischen Positionalität* fasst; also eines einerseits rekursiven, andererseits auch getrennten (Selbst-)Erlebens, das nach Plessner das spezifisch Menschliche ausmache. Wie bei jedem Rekursionskonzept stellt sich auch hier die Frage nach dem letzten Grund oder eben nach der Grundlosigkeit, wie Hans-Peter Krüger ausführt:

> In der Exzentrierung nimmt man einen Standpunkt außerhalb ein, von dem her man das Zentrum vergegenständlichen kann, den aber nicht die Personalität selber, während sie ihn vollzieht, zu vergegenständlichen vermag. Aber dann kommt sie in diesem Bruch und seiner Verschränkung, d. h. in der exzentrischen Positionalität, nie endgültig zu stehen. Kann in der Bejahung dieser Einsicht, nie endgültig zu stehen zu kommen, Personalität ihr Leben führen? Aus positivem Wissen, durch Gegenstandserkenntnis kann sie die Frage ihrer letztlichen Lebenshaltung in der Lebensführung nicht entscheiden, weil sie dafür über ihrer Lebensführung stehen können müsste. (Krüger 2019, 111–112)

Nach Plessner ist es die menschliche Erkenntnis der Vergänglichkeit der eigenen Schöpfungen, seiner Bodenlosigkeit und seiner „konstitutiven Wurzellosigkeit", die er „an sich selbst" erfährt (Plessner 1975, 341), denn sie

> gibt ihm das Bewußtsein der eigenen Nichtigkeit und korrelativ dazu der Nichtigkeit der Welt. Sie erweckt in ihm angesichts dieses Nichts die Erkenntnis seiner Einmaligkeit und Einzigkeit und korrelativ dazu der Individualität dieser Welt. So erwacht er zum Bewußtsein der absoluten Zufälligkeit des Daseins und damit zur Idee des Weltgrundes, des in sich ruhenden notwendigen Seins, des Absoluten oder Gottes. (ebd., 341)

Damit ist aber Religiosität eine *conditio humana*, die sich historisch und kulturell lediglich verschieden ausgestalten kann:

> Die Begriffe und das Gefühl für Individualität und Nichtigkeit, Zufälligkeit und göttlichen Grund des eigenen Lebens und der Welt wechseln allerdings im Lauf der Geschichte und in der Breite mannigfacher Kulturen ihr Gesicht und ihr Gewicht für das Leben. Doch steckt in ihnen ein apriorischer, mit der menschlichen Lebensform an sich gegebener Kern, der Kern aller Religiosität. (ebd., 342)

Die mit dem Begriff der *exzentrischen Positionalität* bezeichnete Doppelnatur des Menschen stellt jedoch jede als Grund der Grundlosigkeit gefundene ‚Wahrheit' wieder in Frage, so dass für Plessner nur zwei Alternativen bleiben: sich von der Rekursion forttragen zu lassen und letztlich eine atheistische Position einzunehmen oder der *Sprung in den Glauben*, also sich zu einer Religion zu bekennen und alles Fragliche abzustreifen:

> Das, was dem Menschen Natur und Geist nicht geben können, das Letzte: so ist es –, will sie ihm geben. Letzte Bindung und Einordnung, den Ort seines Lebens und seines Todes, Geborgenheit, Versöhnung mit dem Schicksal, Deutung der Wirklichkeit, Heimat schenkt nur Religion. (...) Wer nach Hause will, in die Heimat, in die Geborgenheit, muß sich dem Glauben zum Opfer bringen. Wer es aber mit dem Geist hält, kehrt nicht zurück. (ebd., 342)

Auf welcher Basis der Mensch eine solche Entscheidung treffen könnte, wird von Plessner nicht besprochen und auch in neueren Darstellungen findet sich dazu nichts. Dabei ist dies nicht so klar, wie es auf den ersten Blick erscheint. Die Menschheit zerfällt nämlich damit in zwei Kategorien: Zwar eignet allen die Eigenschaft der Religiosität als *conditio humana*, aber ein Teil der Menschen wendet sich zur Religion, erfährt so „Heimat" und „Geborgenheit", jedoch um den Preis der Aufgabe des Fraglichen (dafür steht bei Plessner das Symbol des Kreises), der andere Teil schreitet ohne Religion und ohne Gott unendlich weiter und weiter in die Zukunft (dafür steht bei Plessner das Symbol der Geraden):

> Und solange er glaubt, geht der Mensch „immer nach Hause". Nur für den Glauben gibt es die „gute" kreishafte Unendlichkeit, die Rückkehr der Dinge aus ihrem absoluten Anderssein. Der Geist aber weist Mensch und Dinge von sich fort und über sich hinaus. Sein Zeichen ist die Gerade endloser Unendlichkeit. Sein Element ist die Zukunft. (ebd., 346)[2]

Plessners Gerade ist in die Zukunft gerichtet, also ein Pfeil. Damit ist aber eine Geschichte involviert, zwar ohne Religion, aber eine Erzählung von Fortschritt, Evolution etc. („non-transzendente Positionierung", Liebert 2017a, 21). *Plessners Kreis* der Religion bietet dagegen zyklische Wiederkehr und klaren Einschluss/Ausschluss: im Kreis sein oder draußen („transzendente Positionierung", Liebert 2017a, 19–21). Zwischenzustände oder andere Alternativen werden nicht beschrieben.

Plessners Überlegungen gründen in einem Religionsmodell, das stark vom Christentum beeinflusst ist. Die monotheistischen Religionen sind tatsächlich gut mit dem Kreismodell zu beschreiben. Ebenso zeitgebunden ist das atheisti-

---

[2] Der letzte Satz von Plessners Abhandlung („Er zerstört den Weltkreis und tut uns wie der Christus des Marcion die selige Fremde auf."; Plessner 1975, 346) ist ebenso erklärungsbedürftig. Im hier vorliegenden Text ist er jedoch nicht relevant, für weitere Erläuterungen dieses Satzes verweise ich auf Liebert 2017a; Liebert 2018.

sche Modell des Zukunftspfeils, der auch für wissenschaftliches Fortschrittsdenken steht. Diese Dichotomie ist aber durch die Vielfalt religiöser und auch atheistischer Formen in Frage gestellt. Von daher habe ich vorgeschlagen, auch ein Modell einer Möbiusschleife zu denken, das einerseits den transzendenten Gedanken aufgreift, ihn aber wieder transzendiert und damit das Einschluss-/Ausschluss-Prinzip überwindet („trans-transzendente Positionierung", Liebert 2017a, 22–26). Auch könnte man den ‚Zukunftspfeil' Plessners von seinem narrativen Gehalt befreien und sich ein negiertes atheistisches Modell einer *Nulllinie* denken („non-non-transzendente Positionierung"), eine Positionierung, die allerdings erst noch auszuführen wäre.

Was auf den ersten Blick aussieht wie geometrische und sprachliche Spielereien, verweist bei näherem Betrachten auf grundsätzliche Unterschiede, wie Religiosität als *conditio humana* gelebt und in konkreten Kulturen realisiert wird. Plessner verweist hier selbst auf die Kämpfe zwischen einer atheistisch-agnostischen Kultur mit einem progressiven Wahrheitsanspruch und einer Religionskultur mit einem unmittelbaren, göttlichen Wahrheitsanspruch.

Das Möbiusband und die Nulllinie weisen nun darauf hin, dass es eine weitere Abhebung von der exzentrischen Positionalität geben könnte. Für Plessner war das aus grundsätzlichen Überlegungen heraus undenkbar, denn die exzentrische Positionalität stellte für ihn eine abschließend gegebene Grenze dar. Inwiefern diese Grenze doch überschritten werden kann, eine weitere Abhebung eben auch von der exzentrischen Positionalität möglich ist, muss an dieser Stelle offengelassen werden, wird aber in der exemplarischen Analyse unten noch einmal aufgegriffen.

Wie auch immer diese Frage beantwortet werden wird; – für das Forschungsfeld von Religiosität bedeutet das Aufspannen eines Spektrums von sich zum Transzendenten relationierenden Positionierungen jedenfalls eine theoretische Ausweitung auf eine Vielfalt religiöser Formen, die insbesondere für das Feld der informellen Religiosität der Spätmoderne bedeutsam sind. Denn hier hat der, der sich mit einem ‚Sprung' für eine Religion entschieden hat, unter Umständen seine Heimat doch nicht gefunden und wird zum ewigen Sucher oder zum „spirituellen Wanderer" (Engelbrecht 2009, Gebhardt et al. 2009).

3 L'Autre

Wie an anderer Stelle ausgeführt, reiht sich Plessners Ansatz in Hinsicht auf Religion und Religiosität in anthropozentrische Sichtweisen des Transzendenten ein, die durch eine logozentrische Perspektive ergänzt werden können (vgl. Liebert 2017a, 2018). Als Erweiterung des Plessner'schen Modells habe ich daher

Emmanuel Levinas' Begriff *L'Autre*, – der im Deutschen pronominal nicht eindeutig auflösbar ist – hinzugezogen (Levinas 2004). Der Grundgedanke der *Stufen* war die *Dissoziation des Lebens*, mit Levinas wird die Idee der *Dissoziation des Seins* als *L'Autre* eingeführt. Die sich daraus bei Levinas ergebenden Paradoxien sind ebenso notwendig wie die paradoxalen Grundgesetze der Philosophischen Anthropologie, können aber hier nicht weiter ausgeführt werden. Auch hier muss auf die oben genannten Publikationen verwiesen werden.[3] Im Begriff des L'Autre wird ein initiales Potenzial verortet, menschliche Wesen anzusprechen und zu verwandeln.[4] Bruno Latour definiert dazu in seinen *Existenzweisen* einen existenzialen Modus religiöser Wesen, deren zentrales Charakteristikum es sei, „daß man *ihr Erscheinen und ihr Verschwinden nicht beherrschen kann*." (Latour 2014, 427, Herv. im Orig. – WAL). In der Linguistik gibt es noch kaum analytische Konzepte dafür, die Resonanztheorie Hartmut Rosas bietet aber einen guten Ausgangspunkt (Rosa 2016).[5]

4 Hilfe, ich bin erleuchtet! Grundprobleme mit religiösen Erfahrungen in der Spätmoderne

Oben wurde der Begriff der informellen Religiosität eingeführt, um neuere religiöse Bewegungen erfassen zu können, die sich nicht mit Rückgriff auf eine spezifische Religion oder einen eindeutigen Atheismus beschreiben lassen. Dies hat mit einer gesellschaftlichen Entwicklung zu tun, die vor allem durch Thomas Luckmanns These der ‚unsichtbaren Religion' besprochen wurde, also dem Fortleben religiöser Formen jenseits der traditionellen religiösen Institutionen in einer sich nur scheinbar säkularisierenden Gesellschaft (vgl. Luckmann 1991, Gebhardt/Engelbrecht/Bochinger 2005, Bochinger/Engelbrecht/Gebhardt 2009, Knoblauch 2009). Oben wurde bereits der Idealtypus des „spirituellen Wanderers" eingeführt, den Gebhardt et al. mit dem Konzept der „Selbstermächtigung" und folgenden Merkmalen beschreiben (vgl. Gebhardt/Engelbrecht/Bochinger 2005 sowie Liebert 2015a):
– Institutionenentfremdung und (teils affektive) Institutionenkritik
– Behauptung eigener Deutungshoheit/Eigenkompetenz
– diffuse Utopie
– hybride, teilweise elaborierte Metaphysik

---

[3] Auch ähnliche Gedanken von William James werden dort behandelt.
[4] Vgl. dazu auch Rosa 2020.
[5] vgl. dazu auch Liebert 2017a.

Sind die im ersten Merkmal zusammengefasste Entfremdung von Institutionen und die (affektive) Institutionenkritik noch mit Luckmanns These der ‚unsichtbaren Religion' vereinbar, so sind die drei weiteren Merkmale erst mit den Forschungsergebnissen von Gebhardt/Engelbrecht/Bochinger (2005) und Knoblauch (2009) plausibilisierbar: In der informellen Religiosität der Spätmoderne wird nicht nur Institutionenkritik geübt, sondern darüber hinaus die eigene Kompetenz oder Deutung gegenüber der Institution Kirche behauptet, auch wenn die vertretenen Gegenkonzepte in hohem Maße Brikolagecharakter besitzen. Im Feld der informellen Religiosität durchstreift das religiöse Subjekt die Szene, dockt mal hier, mal da an, fühlt sich frei, beliebige Metaphysiken zu kombinieren und diese als ‚wahr' gegen andere, insbesondere die traditionellen religiösen Institutionen, zu behaupten.

Dies verweist auf ein grundlegendes Problem: Wenn Religiosität mit Plessner eine *conditio humana* ist, bedeutet dies, dass religiöse Erfahrungen immer Teil menschlichen Lebens sein werden, wie unterschiedlich auch immer diese kulturell ausgeformt sein mögen. Das heißt, auch in der säkularsten Gesellschaft wird es zu religiösen Erlebnissen auch tiefgreifender Natur kommen. Dies leitet sich direkt aus der exzentrischen Positionalität ab: Wie oben ausgeführt erstreckt sich die exzentrische Erlebnisqualität des utopischen Standorts vom Bewusstsein von der „Nichtigkeit" bis zur „Einmaligkeit" (Plessner 1975, 341). Ja, der verbale Terminus „erwachen" wird von Plessner selbst eingeführt:

> So erwacht er zum Bewußtsein der absoluten Zufälligkeit des Daseins und damit zur Idee des Weltgrundes, des in sich ruhenden notwendigen Seins, des Absoluten oder Gottes. (ebd., 341)

Dieses Erwachen stellt für das Subjekt eine große hermeneutische Herausforderung dar, die häufig mit Sinnkrisen einhergeht und als bekanntes Adoleszenzphänomen beschrieben wurde (Starbuck 1911, Remplein 1966, 425–512). Der produktive Umgang mit diesem Erwachen und den damit einhergehenden Krisen ist daher eine zentrale Aufgabe jeder Kultur. Religiöse Institutionen haben traditionell die Aufgabe, diese Erwachensformen zu bewältigen (Liebert 2019). Doch wie jede Institution können auch sie die Fähigkeit zur Erfüllung ihrer Aufgabe verlieren und sehen sich dann von anderen, konkurrierenden Bewältigungsformen herausgefordert. Plessner stellt Religionen daher auch nur als *eine* Form der Bewältigung dar, Atheismus oder andere Formen sind aus seiner Sicht ebenso geeignet. Ob ein Mensch, der zu einem solchen Bewusstsein „erwacht", sich nun zu einer Religion wendet oder nicht, ist vorab nicht entscheidbar, auch kann er in Unentschiedenheit verharren oder Gleichgültigkeit entwickeln.

Wie auch immer: Ein Mensch, der in der Spätmoderne religiöse Erfahrungen macht (sei es in Form eines biographischen Einschnitts oder einer allgemeinen Sehnsucht), wird zu einer Positionierung gezwungen. Wenn er sich nun kritisch von den traditionellen religiösen Institutionen abwendet, hat er mehrere grundlegende Probleme, denn ihm fehlen die bewährten Mittel der institutionalisierten Religion (vgl. Lasch 2011, Lasch/Liebert 2015, Liebert 2019):
- institutionell legitimierte „Heilige Schriften"
- kollektive religiöse Prozeduren der Vergegenwärtigung, Verkündigung und Verehrung (Rituale)
- Gemeinschaft der Gläubigen
- Hinweise zur überindividuell begründeten, aber dennoch praktischen Lebensführung („Eudämonie")
- institutionell berechtigte Vermittlerfiguren

So bieten religiöse Institutionen, wenn sie funktionieren, durch ihre Vermittlerfiguren, Heiligen Schriften, Rituale, die sich aus der Religion ergebenden Hinweise zur Lebensführung und den Austausch in der Gemeinschaft hervorragende Hilfen beim Verstehen von religiösen Erfahrungen. Darüber hinaus leisten sie Praktiken und Rituale der Vergegenwärtigung und garantieren somit dauerhafte Einbindung des eigenen Lebens, insbesondere des Alltagslebens, in das Transzendente und damit „Geborgenheit" und „Heimat" (Plessner 1975, 342).

Dies stellt nun für das spätmoderne Subjekt, das von religiösen Erfahrungen des Sinnverlusts und Sinnüberschusses geplagt wird, und zugleich die zur Verfügung stehenden, institutionalisierten Formen ablehnt, eine enorme Problematik dar, denn die hermeneutische Verarbeitung religiöser Erfahrungen und Erlebnisse gelingt nicht: Es kann auf keine verbindliche Gemeinschaft zurückgreifen, keine legitimierten spirituellen Texte, keine verlässlichen Vermittlerfiguren und auch keine klaren Richtlinien für eine gelingende Lebensführung, die in einem höheren Sinn begründet ist. Es ist damit dem globalen Markt der spirituellen Möglichkeiten ausgeliefert, der sich seit den 1960er Jahren entwickelt hat (Hero 2017), den das spätmoderne Subjekt, nun auf der Suche nach gemeinschaftlichen Einbettungen, brauchbaren Schriften, Figuren, Erklärungen sowie Ratschlägen für die eigene Lebensführung, durchstreift und durchkämmt.

Die Grundfrage spätmoderner informeller Religiosität lautet also: Was mache ich mit meinen religiösen Erfahrungen, meinen Erlebnissen von Nichts und Nichtigkeit, meinen Momenten von Einmaligkeit, meinen Gotteserfahrungen, meinen Erfahrungen des Absoluten, meiner religiösen Sehnsucht?

In dieser Konstellation spätmoderner informeller Religiosität, in der die einstmals bewährten sprachlichen und kommunikativen Mittel nicht mehr ungebrochen verwendet werden können, müssen daher – so die These – neue sprachliche und kommunikative Formen entstehen oder bestehende traditionelle Formen adaptiert und modifiziert werden, damit die oben angesprochenen Probleme zumindest lösbar erscheinen. Daher verspricht die linguistische Untersuchung solcher Texte (Text sei hier im weitesten Sinne verstanden) interessante Ergebnisse – zumindest für die Linguistik. Ob sie darüber hinaus auch für andere Disziplinen relevant werden können, muss sich dann im interdisziplinären Diskurs zeigen.

5 Zur Sprache von Erwachenserzählungen

5.1 Forschungen zu Erwachenserzählungen

Unter den vielen Kommunikations- und Textsorten, in denen religiöse Erfahrungen zum Ausdruck gebracht werden, sticht eine hervor, die vor allem in der Soziologie bereits verschiedentlich untersucht wurde: Erwachenserzählungen. Für diese Textsorte ist konstitutiv, dass es sich um die Darstellung einer einschneidenden religiösen Erfahrung handelt, die die Biographie des Erzählenden in zwei Teile teilt: das Leben davor als im weitesten Sinn blass oder sogar fehlerhaft und in ein Leben nach dem Erwachen als besonders wahrhaftig – so jedenfalls die bisherigen Forschungen etwa von Bernd Ulmer (vgl. Ulmer 1988). Die inspirierende und pointierte Studie von Ulmer weist jedoch auch einige Probleme auf. So scheinen die Daten relativ heterogen zu sein bzw. es ist nicht völlig nachvollziehbar, welche Interviewpartner und Textsorten zu Grunde gelegt wurden. Es sieht jedoch so aus, als bestünde Ulmers Korpus aus Interviews, also elizitierten Texten. Die folgende explorative Studie soll sich dagegen auf Texte beziehen, die publiziert wurden, ohne dass eine Anreizung durch eine Bekundung wissenschaftlichen Interesses erfolgt ist.

Auch wenn in jüngster Zeit das Interesse an Erwachenserzählungen („Konversionserzählungen", „Erweckungsberichte") zugenommen hat, handelt es sich jedoch hier keinesfalls um ein Merkmal der Moderne oder Spätmoderne, denn solche Texte lassen sich in einer Vielzahl von Kulturen und Zeiten finden (vgl. z. B. Lasch 2005). Bereits William James hat in seinem bekannten Werk *The Varieties of Religious Experience* aus dem Jahr 1902 diese Textsorte insbesondere von Religionsgründern zum zentralen Thema gemacht.

James verwendet dabei den Konversionsbegriff, der bei ihm und auch in der nachfolgenden Literatur verschiedene Aspekte umfasst. Konversion kann bezeichnen:

a) einen erfahrungsbedingten Wechsel von einer areligiösen oder nichtreligiösen Sicht zu einer religiösen.[6]
b) einen Wechsel von einer nicht-christlichen Religion zu einer christlichen Religion.
c) den Wechsel von einer Religion zu einer anderen.
d) Kombinationen aus a – c.

Während a) den Aspekt persönlicher Erfahrung in den Vordergrund stellt, fokussieren b) und c) den institutionellen Aspekt, denn Konversionen können auch aus bloßem Opportunismus oder unter Zwang geschehen. Konversion im Sinne von b) findet sich häufiger in älteren, meist theologischen Arbeiten, in denen Konversion nur als Wechsel zum Christentum vorstellbar war. Gerade James hat in seinen Konversionsuntersuchungen den unter a) fokussierten Aspekt der außerordentlichen Erfahrung in den Vordergrund gestellt, sein Untersuchungsgegenstand beschränkte sich allerdings nur auf a) und b), d.h. Konversionen als ein Wechsel zum christlichen Glauben aufgrund außergewöhnlicher Erfahrungen (Erwachenserlebnisse).[7]

Als einfachste Struktur hat James bereits eine dreiphasige Erfahrungsstruktur vorgeschlagen, in der auf ein Unbehagen eine Wandlung zu einem Gefühl transzendenter Geborgenheit folgt, also ganz ähnlich zu Plessners Religionsbegriff und seinem Kierkegaard'schen „Sprung in den Glauben" (Plessner 1975, 342):

> The uneasiness, reduced to its simplest terms, is a sense that there is something wrong about us as we naturally stand. [...] The solution is a sense that we are saved from the wrongness by making proper connection with the higher powers. (James 1917, 508)

Diese Erfahrungsstruktur spiegelt sich nach Bernd Ulmer in einem dreigliedrigen Erzählschema mit dem Erwachen als WENDEPUNKT (2), als tiefem Einschnitt in die Biographie, verbunden mit einer Neubewertung und Umschreibung der eigenen Biographie, insbesondere im Hinblick auf das VORHER, das bisherige Leben (1) und einer Aufwertung des NACHHER, des Lebens nach dem Wendepunkt (3). Ulmer spricht daher von einer ‚rekonstruktiven Gattung', also einer Neuschreibung der eigenen Vergangenheit aus der Perspektive der (späteren) Erzählzeit:

---

[6] Vgl. dazu die entsprechenden Termini der „transzendenten" und der „non-transzendenten Positionierung" (Liebert 2017a; Liebert 2018), zusätzlich wird hier auch eine transreligiöse Position eingeführt.
[7] Gegen Ende seines Werkes arbeitet James auch mit einer hinduistischen Terminologie, sein Fokus auf das Christentum ist allerdings in allen Gifford Lectures vorherrschend.

1. VORHER: das eigene Leben vor dem Erwachen
2. WENDEPUNKT: Das Erwachen als biografischer Wendepunkt
3. NACHHER: das eigene Leben nach dem Erwachen

Ulmers Ziel ist die Beschreibung einer kommunikativen Gattung, eine Kategorie, die in der linguistischen Tradition im Anschluss an Thomas Luckmann vor allem in der Gesprächsforschung und der linguistischen Anthropologie verwendet wird. In der Linguistik findet sich dazu auch der mit der Textlinguistik der 70er Jahre entstandene Alternativbegriff ‚Textsorte'.[8] Wir befinden uns also in den Gebieten der Text- und Gesprächslinguistik, die heute auch multimodale Kategorien wie Bild und Raum einschließt.

5.2 Zur linguistischen Analyse von Erwachenserzählungen

Aus linguistischer Sicht kann nun also durchaus an Ulmer angeschlossen werden. Allerdings fehlen, wie oben erwähnt, bei Ulmer genauere Angaben über die von ihm untersuchten Texte und auch die analytischen Verfahren, die er angewendet hat. Sein Ziel war allerdings ausschließlich auf die Typik ausgerichtet, für die Linguistik sind dagegen neben einer Grobstrukturierung für eine Textsortenbestimmung immer auch die konkreten sprachlichen Manifestationen Gegenstand der Forschung.

Neben Fragen nach der Typik – also inwiefern das von Ulmer propagierte Erzählschema auch in Texten spätmoderner Erwachenserzählungen zumindest teilweise nachweisbar ist, oder ob andere Formen existieren – sollen auch Fragen nach der sprachlichen Manifestation einschlägiger Themen aufgeworfen werden. Dazu zählen:

I. *Artikulation eines Numinosen*
   – Wie wird ein Numinoses artikuliert? Formen der Verehrung, Missionierung, Kommunikation mit dem Numinosen und Vermittlung der Botschaften an Anhänger (Verkündigung) und Nicht-Anhänger (Missionierung), Artikulation transzendenter Erfahrungen
   – Unsagbarkeitstopos: indirektes und bildhaftes Sprechen (Gleichnisse, Metaphern), Bilderverbot (i. S. von Abbildungen), Paradoxa

---

8 „Text" gemeint im weitesten Sinne, also nicht als Schrifttext, sondern als kommunikativer Prozess- und Strukturtyp.

II. *Artikulation von Zweifel und Gewissheit*
   - Dichotomien gut – böse, polarisierendes Sprechen, Stigmatisierung, Stereotypisierung, aggressive Kommunikation, ‚Widersacher der Gewissheit': Erfahrungsberichte, Legenden
   - Eschatologie und Apokalypse und andere Teleologien, Prophetie, Ankündigungen, Warnungen
   - Zentrale Schlüsseltexte, -ereignisse, -figuren der Vergewisserung und des Zweifels

Hinzu kommen Fragen an die Texte, die sich aus den theoretischen Überlegungen ergeben, die vorhin im Anschluss an Plessners Begriff der exzentrischen Positionalität und seinem Religionsbegriff diskutiert wurden:
- Lassen sich Textstellen finden, die sich als das vorhin mit William James thematisierte allgegenwärtige Unbehagen lesen lassen, das sich mit der exzentrischen Positionalität assoziieren lässt? Wenn ja, in welcher Weise wird dies artikuliert?
- Kommt es zu einer zentralen Entscheidungssituation „so oder so" (Plessner 1975, 342)? Wie wird diese Entscheidungssituation dargestellt? Werden überpersönliche Kräfte wahrgenommen und dargestellt?
- Welche Formen von Gewissheit werden nach dem Erwachenserlebnis artikuliert?
- Werden paradoxale Erlebensstrukturen artikuliert?
- Werden grundlegende Fragen in Bezug auf bestimmte transzendente Positionierungen ausgesprochen?
- Gibt es Begriffe/Ideen, die für den Sprecher/Autor oder seine Eigengruppe Absolutheiten darstellen? Welche Praktiken des Absolutsetzens lassen sich in den Texten zeigen? Inwiefern werden Absolutheiten der Eigengruppe/Eigenwelt oder von Fremdgruppen zersetzt?

Da es sich im Folgenden um eine – in den Kulturwissenschaften übliche – Mischung aus kategorialer und offener Analyse handelt (vgl. Liebert 2016), soll als allgemeinster Suchfokus für die Textauswahl lediglich festgelegt werden, dass es sich um eine Erzählung (und damit auch Behauptung) eines biographisch einschneidenden transzendenten Erlebnisses der Gegenwart handelt, und dass sie (auch textextern bestimmbare) Merkmale spätmoderner informeller Religiosität enthält, wie sie vorhin im entsprechenden Abschnitt diskutiert wurden. Dann geht es im nächsten Schritt darum, welche kommunikativen und sprachlichen Merkmale sich in diesen konkreten Erwachenstexten ausmachen lassen. Wie eingangs ausgeführt, ist Sprache einschließlich ihrer strukturellen und performativen Aspekte in der hermeneutisch orientierten Linguistik und auch in der folgenden

Untersuchung im Gegensatz zur Soziologie nicht Mittel zum Zweck der (soziologischen) Erkenntnis, sondern unmittelbarer Forschungsgegenstand, der mit linguistischen Methoden beschrieben und auf seine (Selbst-)Verständigungsleistung für die Akteure hin untersucht wird.

6 Exemplarische Analysen spätmoderner informeller Erwachenserzählungen

Was im Feld informeller Religiosität bei der bloßen Durchsicht spiritueller Literatur hinsichtlich Auflagenzahl, Bekanntheit des Verlags oder der Rezeption im öffentlichen Diskurs auffällt, ist, dass es einige prominente Figuren gibt, die eigene religiöse Erwachenserlebnisse erzählen, die weltweit gedruckt werden und enorme Auflagenhöhen erreichen, während es gleichzeitig eine Fülle von wenig oder nur lokal bekannten Figuren gibt. In einer späteren, umfangreicheren Untersuchung als der vorliegenden soll ein größeres, heterogenes Textkorpus herangezogen werden, das es erlaubt, sowohl Texte von prominenten als auch von weniger prominenten Autor:innen zu analysieren. Darauf muss hier zugunsten einer ausführlicheren, exemplarischen Analyse einer prominenten Erwachenserzählung verzichtet werden.

Als Beispiel für eine *prominente* Erwachenserzählung soll nun Eckhart Tolles Bestseller *Jetzt! Die Kraft der Gegenwart. Ein Leitfaden zum spirituellen Erwachen* (das zuerst 1997 in englischer und dann 2000 in deutscher Sprache erschien) bzw. die darin enthaltene Erwachenserzählung linguistisch untersucht werden. Diese Auswahl wird zunächst mit einigen Angaben zu Autor und Werk begründet, denn obwohl Tolle Bestsellerautor ist und damit über eine bestimmte Reichweite verfügt, kann Wissen über ihn nicht allgemein vorausgesetzt werden. Zugleich helfen die textexternen Informationen bei einer ersten Einordnung in das Feld spätmoderner Religiosität: Eckhart Tolle (geboren als Ulrich Leonard Tolle am 16. Februar 1948 in Lünen) lebt in Kanada. Seine Bücher haben eine Auflage von über 8 Millionen Exemplaren erreicht und wurden in mehr als 30 Sprachen übersetzt. Er tritt weltweit auf und unterhält Tolle-TV, eine Webinar-Plattform mit über 30 Millionen Teilnehmern. Da Tolle zweisprachig ist, und auf CDs und Veranstaltungen auch deutsch spricht, nimmt der deutschsprachige Raum eine besondere Rolle ein. Eckhart Tolle kann daher als bekannteste Figur in der Szene spätmoderner informeller Religiosität eingestuft werden. Wenn im Folgenden seine Erwachenserzählung analysiert wird, ist anzunehmen, dass diese von einigen Millionen Leser:innen rezipiert wurde und dort auch eine gewisse Wirkung entfaltet haben wird, insbesondere bei Leser:innen, die um eine eigene Artikulation ihrer religiösen Erfahrungen jenseits der tradierten religiösen Institutionen ringen. Eine Vermutung wäre also, dass prominente Texte wie diese einige der Funktionen der herkömmlichen heiligen Schriften übernehmen und damit die oben diskutierten Grundprobleme spätmoderner informeller Religiosität zumindest ansatzweise lösen könnten. Nach ersten Sichtungen lassen sich in der entsprechenden spirituellen Literatur explizite Bezugnahmen auf Tolles Werk finden (vgl. z. B. Antila 2014).

Tolles erstes Buch *Jetzt! Die Kraft der Gegenwart* beginnt direkt mit der autobiographischen Erzählung des Erwachens des Autors. Die Positionierung im Text ist also herausgehoben und nimmt für das restliche Buch eine bestimmte Funktion ein. Welche Funktion dies genau ist, wird jedoch erst im weiteren Verlauf des Buches deutlich. Die folgende linguistische Analyse soll daher auch zuerst die Erwachenserzählung behandeln und danach deren textsortenspezifische Positionierung.

Die Erwachenserzählung steht unter den Kapitelüberschriften „Einleitung" und „Die Entstehung dieses Buches" und wird durch folgenden Rahmentext von einem primären Ich-Erzähler eingeleitet:

> *Textauszug* (T1)
> Ich habe wenig Verwendung für die Vergangenheit und denke selten über sie nach; trotzdem möchte ich kurz erzählen, wie es dazu kam, dass ich ein spiritueller Lehrer wurde und wie dieses Buch entstanden ist. Bis zu meinem 30. Lebensjahr lebte ich in einem Zustand fast ununterbrochener Angstgefühle, unterbrochen von Phasen lebensmüder Depression. Jetzt fühlt es sich so an, als spräche ich über ein vergangenes Leben oder über das Leben eines anderen. (Tolle 2011, 15)

Der primäre Erzähler präsentiert sich in diesem Rahmentext (T1) zunächst als jemand, der ein ‚abnormales' Verhältnis zur Vergangenheit und damit auch ein Problem mit Erzählungen hat: Das Funktionsverbgefüge *Verwendung haben für* bindet normalerweise ein Objekt an die Präposition *für*, das Gebrauchsgegenstände oder Ressourcen bezeichnet, nicht Zeitlichkeit. So wird mit der Formulierung „Ich habe wenig Verwendung für die Vergangenheit." vorausgesetzt, dass der Erzähler über Zeitlichkeit frei verfügen und Vergangenheit, Zukunft und Gegenwart verwenden könne, wie es ihm beliebe, – und dass ihm speziell die Vergangenheit als unnütz erscheine. Um aber eine Geschichte erzählen zu können, ist er auf eine zeitliche Sequenz und somit auf Vergangenheit angewiesen, und so erzählt er die Geschichte „trotzdem". Der primäre Erzähler macht sozusagen für die Leser:innen eine Ausnahme von seinem habituellen Desinteresse an der Vergangenheit („trotzdem möchte ich [...]") und beschreibt in einer Art für Alltagserzählungen nicht untypischen Weise eine Zusammenfassung der Geschichte vom ihrem Endpunkt aus, in der der Erzähler als „ein spiritueller Lehrer" wirkt.

Damit ist das Ende des Spannungsbogens gesetzt, die Erzählung wird mit ihm als „spiritueller Lehrer" enden. Im nächsten Satz erfahren wir in Andeutungen, dass er ein Leben führte, das von permanenter, extremer suizidaler Angst gekennzeichnet gewesen sei, und das ihm rückblickend fremd und weit weg von ihm vorkäme. So ist nun erzähltechnisch ein klarer Spannungsbogen aufgebaut: Wie wurde jemand, dessen Leben nur aus Angst und Depression bestand, schließlich zu einem erfolgreichen „spirituellen Lehrer"? Damit der Spannungsbogen funktioniert, müssen die beiden Pole (Depression als Ausgangspunkt, spiritueller Lehrer als Endpunkt) eine Kultur ansprechen, in der Depressionen negativ und als zu beseitigend und zugleich Spiritualität bzw. ‚ein spiritueller Lehrer sein' positiv und als erstrebenswert bewertet werden.

Die einleitende Rahmung leistet hier also Wesentliches für das Funktionieren der eigentlichen Erwachenserzählung und legt zugleich deren Erzählstruktur fest: von einem negativen Leben, das sich in ein erfolgreiches wandelt, mit dem Spannungsfokus darauf, was dazwischen wohl geschehen sein mag.

Mit diesem aufgebauten Spannungsbogen folgt dann der Gang der Erzählung zunächst der bekannten dreiteiligen Struktur, d.h. zunächst wird das negativ bewertete Leben vor dem Wendepunkt beschrieben, bevor dann der Wendepunkt selbst und das Leben danach Gegenstand der Erzählung werden.

Der Erzählanfang ist deutlich markiert („Eines Nachts") und mischt eine unspezifische Zeitangabe, wie sie für Alltagserzählungen eher untypisch ist, mit einer spezifischen („nicht lange nach meinem neunundzwanzigsten Geburtstag", „in den frühen Morgenstunden"). Dadurch erhält der Text trotz ungenauer Angaben biografische Glaubwürdigkeit und Plastizität. Beschrieben wird dann eine Erfahrung von Nichtigkeit und Kontingenz:

> *Textauszug* (T2)
> Eines Nachts, nicht lange nach meinem neunundzwanzigsten Geburtstag, erwachte ich in den frühen Morgenstunden mit einem Gefühl absoluten Grauens. Ich war schon oft mit einem solchen Gefühl aufgewacht, aber diesmal war es intensiver als je zuvor. Die Stille der Nacht, die vagen Umrisse der Möbel im dunklen Zimmer, das entfernte Geräusch eines vorüberfahrenden Zuges – alles fühlte sich so fremd an, so feindselig und so absolut bedeutungslos, dass in mir ein tiefer Abscheu vor der Welt entstand. Und das Abscheulichste von allem war meine eigene Existenz. Welchen Sinn machte es, mit dieser Elendslast weiterzuleben? Warum diesen ständigen Kampf weiterführen? Ich konnte fühlen, dass die tiefe Sehnsucht nach Auslöschung, nach Nicht-Existenz jetzt wesentlich stärker wurde als der instinktive Wille weiterzuleben. (Tolle 2011, 15)

In dieser Passage (T2) gibt der Erzähler einen Einblick in sein bisheriges Leben, dessen Unerträglichkeit an diesem einen Tag zu kulminieren scheint; das Gefühl des „Grauens", das der Erzähler bereits kennt, wird nun „absolut". Die Lebenswelt des Erzählers ist gekennzeichnet durch Kontingenz und Sinnlosigkeit, eine typisch menschliche Erfahrung, die oben bei der Diskussion Plessners und seinem „Gesetz des utopischen Standorts" ausgeführt wurde, die hier aber stark intensiviert vorliegt: Die Konturen der Gegenstände verlieren sich in „vagen Umrisse[n]", sind lediglich wahrnehmbar als „entfernte[s] Geräusch", das Lebensgefühl ist „fremd", „feindselig" und „so absolut bedeutungslos".

Diese intensive Kontingenzerfahrung führt zu einem existenziellen Ekel und suizidalen Fantasien: „Welchen Sinn machte es, mit dieser Elendslast weiterzuleben? Warum diesen ständigen Kampf weiterführen?"

Diese Erfahrung von Ausweglosigkeit wird nun durch eine überraschende Wende transformiert, die Peripetie. In der Forschungsliteratur zu Erwachenserzählungen findet sich dieser Wendepunkt als typisches Merkmal, in der vorliegenden Erzählung wird der Wendepunkt jedoch detailliert, Gedanke für Gedanke, Moment für Moment dargelegt:

> *Textauszug* (T3)
> „Ich kann mit mir selbst nicht weiterleben." Dieser Gedanke kreiste endlos in meinem Verstand. Plötzlich wurde mir bewusst, was für ein sonderbarer Gedanke das war. „Bin ich einer oder zwei? Wenn ich nicht mit mir selbst leben kann, dann muss es zwei von mir geben: das ‚Ich' und das ‚Selbst', mit dem ‚Ich' nicht mehr leben kann." „Vielleicht", dachte ich, „ist nur eins von beiden wirklich." Ich war so fassungslos über diese seltsame Erkenntnis, dass mein Verstand anhielt. Ich war bei vollem Bewusstsein, aber es waren keine Gedanken mehr da. Dann fühlte ich mich in eine Art Energiewirbel hineingezogen. Zuerst war die Bewegung langsam, dann beschleunigte sie sich. Ich wurde von heftiger Angst ergriffen und mein Körper begann zu zittern. Wie aus dem Inneren meiner Brust hörte ich die Worte: „Wehre dich nicht!" Ich fühlte, wie ich in eine Leere hineingesaugt wurde. Es fühlte sich an, als sei die Leere in meinem Inneren, nicht außen. Plötzlich war keine Angst mehr da und ich ließ mich in diese Leere hineinfallen. Ich habe keine Erinnerung daran, was danach geschah. (Tolle 2011, 15–16)

In Passage T3 wird der Erzähler zunehmend zum Getriebenen, der immer mehr die Kontrolle verliert: die agenslose Passivkonstruktion „Plötzlich wurde mir bewusst" leitet die entscheidende Wende ein: Der Erzähler wird sich seiner Ich-Dissoziation bewusst, was dann seinen Gedankenstrom zum Erliegen bringt: „Ich war bei vollem Bewusstsein, aber es waren keine Gedanken mehr da." Dann greift nach und nach ein unbenannter Akteur unvermittelt ein, der die Kontrolle übernimmt: Der Erzähler fühlt sich „in eine Art Energiewirbel hineingezogen". Dieser „Energiewirbel" entfaltet eine Eigendynamik, die den Erzähler in Panik versetzt, in ‚Furcht und Zittern'. Ohne den Rahmentext könnte es sich hier auch einfach um einen depressionsbedingten Zusammenbruch handeln, der sogar von Stimmenhören begleitet wird. Da der Rahmentext den Spannungsbogen zum erfolgreichen spirituellen Lehrer aber bereits aufgebaut hat, lässt sich die Beschreibung des Wendepunkts als Erfahrung von Transzendenz lesen. Mit Rudolf Otto könnte man die Passage in dieser Lesart so deuten, dass dem Erzähler ein „*Mysterium tremendum*" (Otto 2014, 13) begegnet sei. In diesem *Mysterium tremendum* hört der Erzähler eine Art Stimme, die dann ebenfalls nicht psychopathologisch zu lesen wäre, sondern als Artikulation transzendenter Erfahrung: „Wie aus dem Inneren meiner Brust hörte ich die Worte: ‚Wehre dich nicht!'" „Wehre dich nicht!" ist eine archaisch anmutende Aufforderung, die an „Fürchte dich nicht!" erinnert. Eine sprachliche Wendung, die unzählige Male in der Bibel zu finden ist, in der Regel genau dann, wenn ein transzendentes Wesen in das Leben eines Menschen als unmittelbare Begegnung eintritt, oder wie Emmanuel Levinas schreibt „Wenn Gott ins Denken einfällt." (Levinas 2004; vgl. Liebert, 2017b, 269). Die Figur des L'Autre erscheint Tolle als unpersönlicher abstrakter „Energiewirbel". Dieser „Energiewirbel" wird dann zu einer „Leere", in die der Erzähler „hineingesaugt" wird. Innen und Außen sind nun für den Erzähler nicht mehr verortbar, seine Angst hat sich aufgelöst. Die abstrakte und zum Teil sogar mechanisch-technische Sprache („Worte", „Energiewirbel", „hineingezogen werden", „Leere", „hineinsaugen"), die der Erzähler hier für das Numinose verwendet, ohne auf jederzeit verfügbare Ausdrücke wie „Gott" oder „Engel" zurückzugreifen, ist ein Hinweis auf einen Text, der sich nicht einfach in die Tradition einer Religion und die Sprache ihrer Erweckungsberichte (vgl. Lasch 2005) einordnen will, sondern nach einer neuen, zeitgenössischen Artikulationsform des Erwachens sucht. Nachdem der Erzähler das Numinose als eine (weder klar innen oder klar außen verortbare) „Leere" artikuliert hat, ist ein entsprechendes Bild für den im Erzähltext folgenden Akt der Hingabe aufgebaut: „ich ließ mich in diese Leere hineinfallen" (ebd.).

Das Substantiv *Leere* ist eine Wortbildung aus *leer*. Das Adjektiv *leer* setzt einen dreidimensionalen Raum voraus, der mit bestimmten Substanzen gefüllt werden kann. Enthält dieser dreidimensionale Raum keine der zum Füllen bestimmten oder möglichen Substanzen, ist er leer. Das Adjektiv *leer* besitzt verschiedene Komplementärbegriffe wie *voll* und ist quantifizierbar und skalierbar. Standardmäßig wird es extensional verwendet. Das Adjektiv *leer* wird jedoch auch metaphorisch für die Innenwelt und allgemein Atmosphärisches übertragen, wenn sich etwa jemand „leer fühlt". Das Substantiv *Leere* weist nun einige grammatische und semantische Besonderheiten auf, die hier relevant werden: Das Substantiv *Leere* kann grammatisch betrachtet nur im Singular verwendet werden (Singulariatantum), eine weitere Besonderheit ist weiterhin der Verlust der Quantifizierbarkeit: *Halbleer* ist üblich, eine *halbe Leere* wäre eine *contradictio in adjecto*. Auch in Bezug auf die Kernbedeutung unterscheidet sich das

Substantiv *Leere*, denn es ist primär mit dem Atmosphärischen und Innerweltlichen verbunden.[9]

Der Erzähler wählt für das Numinose mit *Leere* auf den ersten Blick also einen üblichen, ab Mitte der 1970er Jahre häufiger gebrauchten Ausdruck der deutschen Sprache. Wird jedoch auch der deontische Bedeutungsanteil von *Leere* betrachtet, so zeigen sich einige Unterschiede. Dies betrifft die Komplementfähigkeit von *Leere*. Im Deutschen ist eine Komplementkonstruktion *sich in die Leere hineinfallen lassen* völlig unüblich. Leere ist vielmehr Komplement zu Prädikaten, die Verben wie *füllen* enthalten: *Leere* besitzt in den Belegen des DWDS also die deontische Bedeutung ‚etwas, das gefüllt werden soll'.

Diese im Deutschen übliche Deontik ist aber nun im Beispiel der Erwachsenerzählung gerade nicht enthalten, der Erzähler füllt die Leere durch sein Hineinfallen nicht, sondern löst sich vielmehr in Nichts auf. Um diesen Unterschied zu verstehen, muss eine weitere Bedeutung von *Leere* hinzugezogen werden, die nicht vom DWDS erfasst wird, aber für das Feld der spätmodernen informellen Religiosität durchaus als bekannt vorausgesetzt werden kann: Beispielsweise besitzt das buddhistische Konzept des śūnyatā, das im Deutschen in der Regel mit *Leere* übersetzt wird, eine andere Deontik. *Leere* enthält hier nicht die Bedeutung ‚etwas, das gefüllt werden soll', sondern die Bedeutung ‚etwas, das erkannt werden soll'. Es ist natürlich spekulativ, ob der Erzähler diese Art von Literatur rezipiert hat. Eine entsprechende spirituelle Szene dazu hat existiert, insbesondere, wenn als Erzählzeit der Binnenerzählung die späten 1970er Jahre angenommen werden; die Verwendungen sind sich jedenfalls sehr ähnlich. Betrachtet man das Prädikat „sich hineinfallen lassen", so ist darin das Reflexivum *sich fallenlassen* enthalten, ein Ausdruck, der in der Bedeutung ‚Haltung der Kontrolle aufgeben' und ‚sich jemandem oder etwas vertrauensvoll hingeben' in der psychologischen und psychotherapeutischen Sprache der 1970er Jahre entstanden ist.[10]

Nachdem der Erzähler also das Bild der Leere aufgebaut hat, kann er sich nun – im Bild bleibend und die Metapher expandierend – in einem Akt der Hingabe dort „hineinfallen" lassen. Für den daran anschließenden Prozess kann er nur auf eine Bewusstseins- bzw. Gedächtnislücke und damit auf einen voll-

---

9 Laut DWDS-Wortprofil sind die drei häufigsten Adjektive zu Leere: gähnende, gespenstische und innere. Gefühl ist mit Abstand der häufigste Nominalkern für ein Genitivattribut Leere („Gefühl der Leere", vgl. Digitales Wörterbuch der Deutschen Sprache, https://www.dwds.de/wp/Leere, Abruf: 28.11.2020).
10 Der erste deutschsprachige Beleg findet sich laut DWDS in Volker Elis Pilgrims „Manifest für den freien Mann – Teil 1", Reinbek b. Hamburg: Rowohlt 1983 [1977], S. 143: „Jetzt endlich kann er sich fallenlassen." (vgl. https://www.dwds.de „sich fallenlassen", Abruf am 02.12.2020)

ständigen, sprachlich-mentalen Kontrollverlust und damit auf das Numinose als Unsagbares verweisen (vgl. Liebert 2017b). Rückblickend auf die Ausführungen zu Plessner findet hier kein bewusster oder aktiver „Sprung in den Glauben" statt, sondern vielmehr ein Prozess der von James und Plessner beschriebenen, grundlegenden Unausgeglichenheit, die ins Unerträgliche zugespitzt erscheint, in der dann aber ein Agens mit ungeklärtem Status initiativ wird, in das sich der Erzähler letztlich ergibt. Die Zeit unmittelbar nach dem Wendepunkt wird nun als großer Kontrast zum Lebensgefühl beschrieben, das noch kurz zuvor Wirklichkeit war. Der Erzähler geht hier ins Detail, teilweise werden einzelne Momente und Gedanken dargestellt (T4).

Textauszug (T4)
Ich wurde vom Zwitschern eines Vogels draußen vor dem Fenster geweckt. Nie zuvor hatte ich einen solchen Klang gehört. Meine Augen waren immer noch geschlossen, und ich sah das Bild eines kostbaren Diamanten. Ja, wenn ein Diamant ein Geräusch machen könnte, dann würde sich das so anhören. Ich öffnete meine Augen. Das erste Licht der Morgendämmerung sickerte durch die Vorhänge. Ohne jeden Gedanken wusste ich, fühlte ich, dass es über das Licht unendlich viel mehr zu erfahren gibt, als wir ahnen. Diese weiche Helligkeit, die durch die Vorhänge sickerte, war Liebe selbst. Tränen stiegen mir in die Augen. Ich stand auf und ging im Zimmer umher. Ich erkannte das Zimmer, und doch wusste ich, dass ich es nie zuvor wirklich gesehen hatte. Alles war frisch und unberührt, als ob es gerade erst entstanden wäre. Ich nahm einige Dinge in die Hand, einen Bleistift, eine leere Flasche, voll Wunder über die Schönheit und Lebendigkeit von allem. An diesem Tag ging ich in der Stadt umher, voller Staunen über das Wunder des Lebens auf der Erde, so als wäre ich gerade erst in diese Welt hineingeboren worden. (Tolle, 2011, 16)

Geräusche, Licht und Dunkelheit, die zuvor noch fremd und bedeutungslos waren, sind nun überreich an Bedeutung bis zu synästhetischen Wahrnehmungen, die konjunktivisch im Als-Ob-Modus formuliert werden („Wenn ein Diamant ein Geräusch machen könnte, dann würde sich das so anhören."). Alltägliche Gegenstände werden für den Erzähler als Ausdruck der Liebe und des Heiligen wahrgenommen („Ich nahm einige Dinge in die Hand, einen Bleistift, eine leere Flasche, voll Wunder über die Schönheit und Lebendigkeit von allem."). Die kulturell überformte Wahrnehmung scheint abgelöst durch eine Unmittelbarkeit, die zu einem Gefühl, neu geboren zu sein, führt („An diesem Tag ging ich in der Stadt umher, voller Staunen über das Wunder des Lebens auf der Erde, so als wäre ich gerade erst in diese Welt hineingeboren worden"). Die Wiedergeburtsmetaphorik verdeutlicht, wie stark sich das Leben des Erzählers von suizidaler Ausweglosigkeit in überfließende Glückseligkeit und Heiligkeit verwandelt hat. Es ist eine selbstverständliche Unmittelbarkeit und Fraglosigkeit in das Alltagsleben des Erzählers eingetreten, die – so scheint es – alle Spannungen, die mit der exzentrischen Positionalität einhergehen, aufgelöst hat (T5).

Textauszug (T5)
Fünf Monate lang lebte ich ununterbrochen in einem Zustand tiefen Friedens und tiefer Glückseligkeit. Danach ließ die Intensität etwas nach, oder vielleicht schien es auch nur so, weil mir dieser Zustand so selbstverständlich geworden war. Ich konnte weiterhin in der Welt funktionieren, obwohl mir bewusst war, dass jegliches Tun nicht das Geringste zu dem hinzufügen konnte, was ich bereits hatte. (Tolle, 2011, 16–17)

Die Welt erscheint dem Erzähler durch und durch wundervoll und beseligend, ein Leben aus einer transzendenten Heimat heraus, in der nicht nur das eben diskutierte anthropologische Grundgesetz des utopischen Standorts, sondern auch das der „natürlichen Künstlichkeit" (Plessner 1975, 309–321) und das der „vermittelten Unmittelbarkeit" (ebd., 321–341) aufgehoben zu sein scheint.

Da der Spannungsbogen mit dem vorweggenommenen Ende als erfolgreicher spiritueller Lehrer nach wie vor aufgebaut und wirksam ist, entsteht nun nach und nach ein retardierendes Moment. Wie soll der Erzähler noch zum erfolgreichen spirituellen Lehrer werden, nachdem er ein Leben aus Angst gegen ein Leben aus Glückseligkeit getauscht hat? Kann mit so einem Menschen kommuniziert werden, der jeden Gegenstand betrachtet, als sähe er ihn zum ersten Mal? Dieses retardierende Moment wird vom Erzähler noch intensiviert, indem er schildert, wie er mehr und mehr den Kontakt zur Gesellschaft verliert (T6).

Textauszug (T6)
Es kam dann eine Phase, in der mir auf der körperlichen und materiellen Ebene eine Zeit lang absolut nichts blieb. Ich hatte keine Beziehungen, keine Arbeit, kein Zuhause, keine sozial definierte Identität. Ich verbrachte fast zwei Jahre auf Parkbänken sitzend in einem Zustand intensivster Freude. (Tolle, 2011, 17)

Es wird hier ein anderer Ausgang der Geschichte eröffnet, nämlich in Richtung sozialer Isolation und an die Grenze zum Pathologischen (vgl. Liebert, ersch.). In einem zweiten Wendepunkt nimmt die Geschichte jedoch den guten, von Beginn an angekündigten Ausgang. Wie bei der Peripetie ist auch die Wende im retardierenden Moment nicht vom Erzähler initiiert, sondern kommt von außen. Passanten sprechen den Erzähler an und bitten ihn darum, ihnen zu helfen, ebenso glückselig zu werden wie er selbst (T7):[11]

---

11 Diese Erzählfigur des spirituellen Lehrers findet sich auch im Buddhismus und ist möglicherweise daraus entlehnt: Danach war der Buddha nach dem Erwachen verstummt und hat erst auf Bitten (die sog. Bitte, ‚das Dharmarad zu drehen') damit begonnen, zu spirituellen Dingen zu sprechen (die später als sog. ‚Sutren' verschriftlicht wurden).

Textauszug (T7)
Bevor ich mich versah, hatte ich wieder eine äußere Identität. Ich war zu einem spirituellen Lehrer geworden. (Tolle, 2011, 18)

T7 bildet das Ende der Erwachenserzählung. Es schließen sich hier noch weitere Ausführungen an, beispielsweise dass bestimmte Darstellungsweisen im Buch Ergebnis der Diskussion mit vielen spirituell Suchenden sind. Dies ist für eine ‚offenbarende' Schrift im herkömmlichen Sinn sehr ungewöhnlich, denn es ist ja gerade die Aufgabe des Verkündigenden, das Numinose so zu formulieren, dass es die Gläubigen erreicht. Hier erscheint es so, als liege die Aufgaben des spätmodernen ‚Propheten' darin, dialogisch einen Konsens darüber herzustellen, was als adäquate Artikulation des Numinosen gelten könne.

7 Ergebnisse und offene Fragen

Die Erwachenserzählung von Eckhart Tolle ist hochgradig artifiziell, denn sie erscheint erzähltechnisch genau durchkomponiert: Zunächst baut der Erzähler in einer Rahmenerzählung einen Spannungsbogen auf, indem er das Ende der Erwachenserzählung vorwegnimmt. Der Beginn der Erzählung ist dann so konträr zum vorweggenommenen Ende, dass eine Spannung entsteht, wie es dem Erzähler gelang, von einer suizidalen Situation der Ausweglosigkeit zu einem erfolgreichen, spirituellen Lehrer zu werden. Die Binnenerzählung enthält mit der genauen Beschreibung des Prozesses des Erwachens und dem Wechsel von Depression zu Heiligkeit und Glückseligkeit nicht nur einen zentralen Wendepunkt, sondern auch ein retardierendes Moment, durch das die Erzählung auch in der sozialen Isolation des Erzählers hätte enden können.

Diese Erwachenserzählung kann mit Plessners anthropologischem Grundgesetz des utopischen Standorts gelesen werden als ein Durchleben brutalster Kontingenzerfahrung, die allerdings nicht durch einen bewussten und aktiven „Sprung in den Glauben" aufgelöst wird, sondern dadurch, dass sich etwas Anderes, das jenseits der eigenen Person ist, artikuliert und die Person zum Aufgeben ihrer selbst bewegt. Die Sprache, um das dort thematisierte Numinose auszudrücken, ist abstrakt und teilweise mechanisch-technisch, immer jedoch alltagssprachlich oder an den spirituellen und psychologischen Szenen der 1970er / 1980er Jahre orientiert. Es handelt sich demnach um den ernsthaften Versuch einer neuen Artikulation einer transzendenten Positionierung auf der Grundlage der zeitgenössischen Alltags- und Szenesprache. Viele der bereits genannten Elemente wie die dialogische Verkündigung, der Verzicht auf traditionelle religiöse Formen und Institutionen sprechen jedoch dafür, dass hier eventuell auch eine trans-transzendente Positionierung artikuliert wird, die die zentralen Probleme einer reinen transzendenten Positionierung, die beispielsweise mit einer harten Innen-Außen-Dichotomie belastet ist, überwinden will. Daran lässt sich die weitergehende Vermutung anschließen, dass die Artikulation einer trans-transzendenten Positionierung möglicherweise den Kern spätmoderner informeller Religiosität ausmachen könnte.

Der Erwachenserzählung Tolles kommt durch ihre herausgehobene Position als Eröffnung des Buches nicht einfach die Bedeutung einer Mitteilung zu, sondern auch die eines Autoritätsnachweises. Damit ermächtigt er sich als „spiritueller Lehrer" und zur Artikulation spiritueller Gewissheiten (Offenbarungen), ein *selbstermächtigter Prophet* sozusagen, auch wenn er das Buch laut eigenen Aussagen im Dialog entwickelt hat. Die Erwachenserzählung bildet zudem die Basis für den Erfolg seines Buches, das zu einer Art Heiligen Schrift geworden ist, die millionenfach gekauft und diskutiert wird. In unterschiedlichen Kontexten (z. B. in Eckhart-Tolle-Gruppen, Internet-Foren oder so genannten Retreats) wird versucht, auf der Basis der von Eckhart Tolle proklamierten Spiritualität den eigenen Alltag zu bewältigen (Eudämonie). Wie diese Eudämonie, in dem der Neologismus „Schmerzkörper" eine zentrale Rolle spielt, sprachlich vermittelt wird, konnte hier nicht dargestellt werden, da der Fokus auf der Erwachenserzählung lag.

Gerade der Erfolg der Artikulation einer trans-transzendenten Positionierung könnte so ihren eigenen Untergang bzw. Wechsel zu einer transzendenten Positionierung bewirken. Wenn nämlich ein Werk eine so große Aufmerksamkeit, Anerkennung und Verehrung erlangt, dass es einen Status ähnlich einer Heiligen Schrift erhält, dann werden aus Leser:innen Adept:innen, die nun in den Worten eines spirituellen Lehrers „Geborgenheit" und „Heimat" finden. Dann kann auch aus einer gut gemeinten trans-transzendenten Positionierung eine Sekte oder eine neue Quasi-Institution werden.

Dies ist nun insofern paradox, als vorhin als eines der Probleme spätmoderner informeller Religiosität benannt wurde, dass es keine legitimierten Vermittlerfiguren gebe. Sind diese jedoch einmal legitimiert, sind sie sogleich der Gefahr ausgesetzt, wieder im Bereich traditioneller Religionen zu landen. Sie müssten sich folglich selbst kontinuierlich abwechselnd legitimieren und delegitimieren. Damit ist die Frage nach der Verbindlichkeit in spätmoderner informeller Religiosität neu zu stellen: Handelt es sich um eine neue Form der transzendenten Positionierung, die letztlich in eine neue institutionelle Form einmünden wird oder artikuliert sich tatsächlich eine andere Positionierung? Diese müsste dann mit Widersprüchen umgehen wie etwa eine Bindung zu ermöglichen, diese aber letztlich unverbindlich zu halten, oder dem Widerspruch, Gewissheiten zu präsentieren, die sich für manche als unzuverlässig erweisen. Damit stellt sich die Frage: Eine unzuverlässige Gewissheit, eine unverbindliche Bindung, eine heimatlose Heimat, eine unbehagliche Geborgenheit – Wer will das? Und wie verhalten sich prominente und weniger prominente Figuren zu diesem inneren Widerspruch?

Wie vorhin erwähnt, hat die vorliegende Untersuchung exemplarischen Charakter. So konnten in die Textanalyse insbesondere keine weniger prominenten Texte eingehen, z. B. im Selbstverlag publizierte Texte oder Texte mit geringer Auflage in unbekannten, kleinen Verlagen. Die hier aufgeworfenen Fragen und Vermutungen sollen daher mit einem entsprechend erweiterten Korpus verfolgt werden.

Literatur

Forschungsliteratur

Bochinger, Christoph (1995): „New Age" und moderne Religion: Religionswissenschaftliche Analysen, Gütersloh.

Bochinger, Christoph/Knoblauch, Hubert (1996): ‚New Age' und moderne Religion. Religionswissenschaftliche Analysen. In: Kölner Zeitschrift für Soziologie und Sozialpsychologie 1, 205–207.

Bochinger, Christoph/Engelbrecht, Martin/Gebhardt, Winfried (Hg.) (2009): Die unsichtbare Religion in der sichtbaren Religion. Formen spiritueller Orientierung in der religiösen Gegenwartskultur, Stuttgart.

Engelbrecht, Martin (2009): Die Spiritualität der Wanderer, in: Bochinger, Christoph/ Engelbrecht, Martin/Gebhardt, Winfried (Hg.): Die unsichtbare Religion in der sichtbaren Religion. Formen spiritueller Orientierung in der religiösen Gegenwartskultur. Band 3, Stuttgart, 35–81.

Fischer, Joachim (2016): Exzentrische Positionalität. Studien zu Helmuth Plessner, Weilerswist.

Fritz, Gerd (2016): Beiträge zur Texttheorie und Diskursanalyse. URL: http://geb.uni-giessen. de/geb/volltexte/2016/12024/. Justus-Liebig-Universität Gießen: Gießener Elektronische Bibliothek.

Gebhardt, Winfried/Engelbrecht, Martin/Bochinger, Christoph (2005): Die Selbstermächtigung des religiösen Subjekts. Der „spirituelle Wanderer" als Idealtypus spätmoderner Religiosität, in: Zeitschrift für Religionswissenschaft 13, 133–151.

Hero, Markus (2017): Postmoderne Religiosität und Spiritualität, in: Lasch, Alexander / Liebert, Wolf-Andreas (Hg.): Sprache und Religion, Berlin / Boston, 222–237.

James, William (1917): The Varieties of Religious Experience. A Study in Human Nature. Being the Gifford Lectures on Natural Religion Delivered at Edinburgh in 1901–1902, New York / London / Bombay.

Joas, Hans (2017): Die Macht des Heiligen. Eine Alternative zur Geschichte der Entzauberung, Berlin.

Knoblauch, Hubert (2009): Populäre Religion. Auf dem Weg in eine spirituelle Gesellschaft, Frankfurt a. M.

Krüger, Hans-Peter (2019): Homo absconditus. Helmuth Plessners Philosophische Anthropologie im Vergleich, Berlin / Boston.

Lasch, Alexander (2005): Beschreibungen des Lebens in der Zeit. Zur Kommunikation biographischer Texte in den pietistischen Gemeinschaften der Herrnhuter Brüdergemeine und der Dresdner Diakonissenschwesternschaft im 19. Jahrhundert, Münster.

Lasch, Alexander (2011): Texte im Handlungsbereich der Religion, in: Habscheid, Stephan (Hg.): Textsorten, Handlungsmuster, Oberflächen. Linguistische Typologien der Kommunikation, Berlin / Boston, 536 – 555.

Lasch, Alexander/Liebert, Wolf-Andreas (2015): Sprache und Religion, in: Felder, Ekkehard / Gardt, Andreas (Hg.): Handbuch Sprache und Wissen, Berlin / Boston 475 – 492.

Latour, Bruno (2014): Existenzweisen. Eine Anthropologie der Modernen, Berlin.

Levinas, Emmanuel (2004): Wenn Gott ins Denken einfällt. Diskurse über die Betroffenheit von Transzendenz, Freiburg / München.

Liebert, Wolf-Andreas (2015a): Metaphern der Selbstermächtigung. Max Stirners Philosophie des Einzigen als Bezugsstelle einer diskursiven Bewegung der Spätmoderne, in: Kämper, Heidrun / Warnke, Ingo (Hg.): Diskurslinguistik – Interdisziplinär. Zugänge, Gegenstände, Perspektiven, Berlin / Boston 121 – 144.

Liebert, Wolf-Andreas (2015b): Metaphern der Desillusionierung. Die Bereiche Theater, Höhle, Traum, Phantom, Gefängnis, Simulation und Hologramm als Ressource für Blendings, in: Köpcke, Klaus-Michael / Spieß, Constanze (Hg.): Metapher und Metonymie. Theoretische, methodische und empirische Zugänge, Berlin / Boston 111 – 142.

Liebert, Wolf-Andreas (2016): Kulturbedeutung, Differenz, Katharsis. Kulturwissenschaftliches Forschen und Schreiben als zyklischer Prozess, in: Luth, Janine / Ptashnyk, Stefaniya / Vogel, Friedemann (Hg.): Linguistische Zugänge zu Konflikten in europäischen Sprachräumen. Korpus – Pragmatik – kontrovers, Heidelberg 21 – 42.

Liebert, Wolf-Andreas (2017a): Religionslinguistik. Theoretische und methodische Grundlagen, in: Lasch, Alexander / Liebert, Wolf-Andreas (Hg.): Sprache und Religion, Berlin / Boston, 7 – 36.

Liebert, Wolf-Andreas (2017b): Das Unsagbare, in: Lasch, Alexander / Liebert, Wolf-Andreas (Hg.): Sprache und Religion, Berlin / Boston, 266 – 287.

Liebert, Wolf-Andreas (2018): Können wir mit Engeln sprechen? Über die eigenartige (Un-)Wirklichkeit der Verständigung im Religiösen, in: Felder, Ekkehard / Gardt, Andreas (Hg.): Wirklichkeit oder Konstruktion? Sprachtheoretische und interdisziplinäre Aspekte einer brisanten Alternative, Berlin / Boston, 162 – 193.

Liebert, Wolf-Andreas (2019): Religiöse Sprachverwendung, in: Liedtke, Frank (Hg.): Handbuch Pragmatik, Stuttgart, 404 – 412.

Liebert, Wolf-Andreas (2021): Psychopathologie der Erleuchtung. Psychiatrisch-linguistische Lektüren spiritueller Erwachsenserzählungen, in:
Iakushevich, Marina / Ilg, Yvonne / Schnedermann Theresa (Hg.): Linguistik und Medizin. Sprachwissenschaftliche Zugänge und interdisziplinäre Perspektiven, Berlin / Boston, 473 – 490.

Luckmann, Thomas (1991): Die unsichtbare Religion, Frankfurt a. M.

Lüddeckens, Dorothea / Walthert, Rafael (Hg.) (2010): Fluide Religion. Neue religiöse Bewegungen im Wandel. Theoretische und empirische Systematisierungen, Bielefeld.

Otto, Rudolf (2014): Das Heilige. Über das Irrationale in der Idee des Göttlichen und sein Verhältnis zum Rationalen. Mit einer Einführung zu Leben und Werk Rudolf Ottos von Jörg Lauster und Peter Schütz und einem Nachwort von Hans Joas, München.

Plessner, Helmuth (1975): Die Stufen des Organischen und der Mensch. Einleitung in die philosophische Anthropologie, Berlin / New York.

Remplein, Heinz (1966): Die seelische Entwicklung des Menschen im Kindes- und Jugendalter. 14., umgearbeitete und erweiterte Auflage, München / Basel.
Rosa, Hartmut (2016): Resonanz. Eine Soziologie der Weltbeziehung, Berlin.
Rosa, Hartmut (2020): Unverfügbarkeit. Wien / Salzburg.
Starbuck, Edwin Diller (1911): The Psychology of Religion. An Empirical Study of the Growth of Religious Consciousness, London / New York.
Stuckrad, Kocku von (2013): Discursive Study of Religion: Approaches, Definitions, Implications, in: Method & Theory in the Study of Religion 25 (1), 5–25.
Ulmer, Bernd (1988): Konversionserzählungen als rekonstruktive Gattung, in: Zeitschrift für Soziologie 17, (1) 19–33.

Zitierte Quellen

Antila, Anssi (2014): Jung, chaotisch und erleuchtet. So hab' ich mir das nicht vorgestellt, Norderstedt.
Tolle, Eckhart (2011): Jetzt! Die Kraft der Gegenwart. Ein Leitfaden zum spirituellen Erwachen, Bielefeld.

Moritz von Kalckreuth
Das Wertproblem und die religiösen Werte – eine Bestandsaufnahme

Abstract: In this paper I intend to bring together three different, but somehow connected problems: First of all, I will discuss the possibilities and prospects of a philosophy of value (axiology). This philosophical discipline may rely on our experience of meaningfulness in our everyday life but nevertheless its usual theoretical framework is challenged by different fundamental objections. I shall argue that to be capable of articulating the tension between the historical character of our goods and valuations on one hand and the conceptual relations between values on the other, a general philosophy of value requests a broad perspective including notions of history, society and culture. Secondly, I will discuss the idea of "religious values" and the objects we might have in mind when using this concept. Here I will argue that talking about religious or sacred values might bring about the special role which some artefacts, places, rituals etc. can have in religious practice. At last it is to be shown that a philosophical theory of values with a rich conceptual framework (including for example the difference between values themselves and valuable goods, virtues or sentiments) may also be suitable for the cooperation with social and cultural studies or other humanities.

Keywords: value; goods; feeling; axiology; phenomenology; religious value; holy; sacred; interdisciplinary

Einleitung

Viele interessante Fragen in der Philosophie drehen sich um Selbstverständlichkeiten unseres Lebens: Offenkundig denken wir – aber was das Denken ausmacht, muss philosophisch geklärt werden. Wir fühlen uns in unserer Würde gekränkt und bezeichnen Handlungen oder Entscheidungen als gerecht oder ungerecht – philosophisch ist aber strittig, worin genau Würde und Gerechtigkeit bestehen. Wie in vielen platonischen Dialogen prominent vorexerziert, setzen die Diskussionen, der Streit und damit auch das philosophische Interesse da ein, wo das Selbstverständliche näher spezifiziert werden soll.

Nicht weniger interessant sind philosophische Themen, bei denen bereits der Gegenstand und die Frage, ob er nun existiert oder nicht, Quelle von Streit und Diskussion sind. So verhält es sich offenkundig mit dem Gegenstandsbereich der *Werte:* Es gibt philosophische Positionen, für die die Existenz von Werten so offenkundig zu sein scheint, dass für sie kaum zu verstehen ist, wie man sie denn ‚übersehen' kann. Umgekehrt mangelt es nicht an Ansätzen, für die die Rede von Werten bestenfalls abwegig und schlimmstenfalls kontraproduktiv ist – etwa wenn sie dazu beiträgt, problematische Aussetzer in unserer rationalen Handlungsbegründung zu verschleiern oder kontingente Maßstäbe (z. B. westliche, männliche, bürgerliche) als vermeintlich überzeitliche Werte zu legitimieren. Die Frage nach Werten ist also polarisierend, weshalb es kaum erstaunt, dass die Antworten und Beiträge zu Pauschalisierungen und Einseitigkeiten neigen, was Vermittlungs- oder Kompromissversuche nicht unbedingt erleichtert.

Noch komplizierter wird die Lage bei *religiösen* Werten, denn hier haben wir es gleich mit *zwei* (wenn auch auf verschiedene Weise) umstrittenen Gegenstandsbereichen zu tun: Während bei Werten darüber gestritten wird, ob es sie überhaupt gibt, wird mit Blick auf die Religion darüber gestritten, wie sie näher beschrieben bzw. definiert werden kann. Dabei stellt sich insbesondere die Frage, ob und inwiefern die allgemeine Rede von „der" Religion angesichts der Vielfalt religiöser Bekenntnisse, Lehren, Kulte und Sozialformen überhaupt einzulösen ist. Hier besteht die Gefahr, dass vermeintlich ‚neutrale' Beschreibungen religiöser Grundphänomene, wie sie etwa im Rahmen einer Religionsphänomenologie erfolgt, unter der Hand doch schon ausgehend vom eigenen Bekenntnis bzw. der eigenen theologischen Systematik eingeordnet werden.[1] Zu guter Letzt gibt es auch noch gegenseitige Vorbehalte: Aus der Perspektive einer Philosophie der Werte stellt sich die Frage, ob sich die Auffassung von religiösen Werten als eigener Wertklasse (z. B. im Unterschied zu moralischen und ästhetischen Werten) rechtfertigen lässt. Umgekehrt könnte aus der Perspektive der Religionsforschung gefragt werden, welchen Vorteil die Rede von Werten gegenüber anderen Vorschlägen bieten soll. Es bleibt also festzuhalten: Religiöse Werte stellen nicht unbedingt den dankbarsten Gegenstandsbereich dar.

Angesichts etwas verfahrener Debatten kann es ratsam sein, sich nicht allzu bereitwillig auf eine Seite zu schlagen, sondern stattdessen erst einmal aus sicherer Distanz zu untersuchen, welche Fragen sich die einzelnen Konzeptionen stellen und auf welche Intuitionen sie sich in der Theoriebildung berufen.[2] So

---

[1] Siehe hierzu exemplarisch Michaels 2001. Vgl. auch die Überlegungen in der Einleitung des Bandes.
[2] Prominentes Vorbild für ein solches Verfahren ist Nicolai Hartmann, der Werte zunächst einmal als echtes philosophisches „Problem" betrachtet: Wenn wir anfangen, über Werte nachzudenken, fällt schnell auf, dass es Gegebenheiten und Phänomene gibt, die einander widerstreiten (Hartmann 1958). Diese Gegebenheiten haben zwar nicht den Charakter unumstößlicher Fakten oder Aussagen, nichtsdestoweniger sollten sie zunächst einmal ernst genommen werden und in der Theoriebildung sollten wir etwas zu ihnen zu sagen haben.

sollte beispielsweise eine Konzeption, die annimmt, Werte seien als eigenständige Qualitäten in der Welt, etwas dazu sagen können, warum sich unsere Wertungen historisch ändern und kulturell unterscheiden.

Wie soll nun ein von diesem Grundgedanken geleitetes Vorgehen aussehen? Im ersten Abschnitt des vorliegenden Beitrags werden einige grundlegende Intuitionen und Überlegungen einer Philosophie der Werte angesprochen – ebenso wie Probleme und Argumente (1). Im Anschluss werden die religiösen Werte als ‚Spezialfall' untersucht (2). Dabei wird sich insbesondere die Frage stellen, ob religiöse Werte eine sinnvolle religionsphilosophische Kategorie darstellen und wie weit der Kreis religiöser Werte nun eigentlich reichen soll: Je nachdem, an welchen Begriffen sich die Bestimmung religiöser Werte orientiert, könnte etwa die Heiligkeit einer Gottheit auf der einen und der Wert von Kultgegenständen, Schriften usw. auf der anderen Seite des Spektrums stehen. Im Anschluss wird Rahmen eines Ausblicks kurz aufgezeigt, inwiefern die Phänomenologie Max Schelers vielversprechende Überlegungen enthält (3), bevor auf Potentiale eines inter- bzw. transdisziplinären Austauschs von Philosophie und Geistes- bzw. Kulturwissenschaften hingewiesen wird (4). Dabei deutet sich an, dass es diese Disziplinen durch Kontextualisierungen ermöglichen, die Bedeutsamkeit bestimmter Gebilde und Praktiken zu erfassen – auch wenn sie selbst nicht auf den Begriff des Wertes zurückgreifen. Zuletzt werden die Ergebnisse in einem Fazit zusammengefasst.

1 Überlegungen zum Wertproblem

Zunächst einmal erscheint es sinnvoll, sich zu vergegenwärtigen, welche grundlegenden Intuitionen eigentlich hinter der Annahme von Werten stecken. Besonders zentral ist die Überlegung, dass Dinge, Personen, Handlungen, Ereignisse usw. nicht nur Gegenstand unserer distanzierten Wahrnehmung oder Urteile sind, sondern dass es für uns mit ihnen eine besondere *Bewandtnis* hat und sie uns in der Lebenspraxis als mehr oder weniger *bedeutsam* begegnen.[3] So erleben wir etwa eine Speise oder ein Getränk als *schmackhaft*, ein Werkzeug als *nützlich*, eine Freundschaft als *tief*, einen Roman als *inspirierend* oder *fesselnd*, eine andere Person als *anziehend*, *geheimnisvoll* oder auch *unangenehm* und eine Handlung beispielsweise als *edel* oder *gemein*. Derartige Phänomene spielen in unserer Lebenspraxis eine nicht unwesentliche Rolle, denn sie wirken sich in teils tief-

---

[3] Vgl. u. a. Demmerling 2013. Zu einer ausführlichen Verhältnisbestimmung von „Value" und erlebter „Meaning" siehe Raz 2001.

greifendem Maße auf unser Streben, unsere Ziele und Entscheidungen, aber auch auf unser Selbstverständnis aus.[4]

Die Philosophie der Werte greift die Intuition der Erfahrung von Bedeutsamkeit auf, indem Werte allgemein als das, wodurch etwas für uns Bedeutsamkeit oder Bewandtnis haben kann, verstanden werden. Der Bezug auf unseren lebenspraktischen Zugang zu Dingen, Ereignissen, Personen usw. als bedeutsam mag dabei als Ansatzpunkt zunächst eingängig sein, liefert aber selbst noch keine *Theorie* der Werte. Vielmehr ist es erforderlich, durch eine kritische Auseinandersetzung mit verschiedenen Gegebenheitsweisen und Phänomenen zu klären, was Werte nun eigentlich sind, welche Wertarten sich sinnvoll voneinander unterscheiden lassen und wie unsere Werterfahrung strukturiert ist. Hierbei gibt es unterschiedliche Vorschläge, die an dieser Stelle zumindest kurz erwähnt werden sollen, auch wenn sie nicht alle ausführlich diskutiert werden können.

Eine erste Möglichkeit besteht darin, Werte als „Qualitäten" zu denken, wie es etwa im Rahmen von Max Schelers Phänomenologie erfolgt (vgl. Scheler 1927, 12). Dabei soll es die recht allgemeine Rede von Qualitäten gestatten, zwischen ganz verschiedenen Arten von Werten (z. B. Lebenswerten, Nützlichkeitswerten usw.) und Wertträgern (wie Dingen, Handlungen, Gesinnungen, Personen) zu differenzieren (vgl. ebd., 99–109). Darüber hinaus erleichtert die Rede von Qualitäten die Abgrenzung der Werte von empirisch beobachtbaren Eigenschaften: Es besteht zwar offenkundig ein Zusammenhang zwischen empirischen Eigenschaften wie beispielsweise der Form eines Gesichts, dem Abstand und der Farbe der Augen, der Größe der Nase usw. einerseits und der Wertqualität eines schönen oder geheimnisvollen Gesichts andererseits, dieser Zusammenhang scheint aber nicht so beschaffen zu sein, dass die Veränderung einer Eigenschaft zwingend dazu führe, schön oder geheimnisvoll auszusehen. Somit sind Wertqualitäten zwar nicht von empirischen Eigenschaften losgelöst, scheinen jedoch eine gewisse Ganzheitlichkeit aufzuweisen (vgl. ebd., 12).

Eine zweite Möglichkeit besteht darin, Werte als eine Art Sammelbegriff für Prinzipien, Ideale oder Tugenden wie Tapferkeit, Verlässlichkeit, Integrität usw. zu verstehen, wie es beispielsweise bei manchen neo-aristotelischen Ansätzen der analytischen Tradition erfolgt (vgl. u. a. McDowell 2002; Wolf 2015). Diese Lesart von Werten ist vergleichsweise anspruchsvoll, indem sie in erster Linie auf Wertarten wie moralische, epistemische und ästhetische Werte abhebt.[5] Dabei

---

4 Die eminente Bedeutung von Wertungen für unser Selbstverständnis wurde in jüngerer Vergangenheit insbesondere von Charles Taylor herausgearbeitet. Vgl. Taylor 2009. Siehe dazu auch Joas 1997, 195–226.
5 Für eine ausgezeichnete Darstellung von moralischen und ästhetischen Werten siehe Halbig 2004.

wirkt sich dieser Fokus auch auf den Kreis möglicher Wertträger aus, denn moralische und epistemische Werte können fast ausschließlich menschlichen Personen und ihren Einstellungen, Handlungen usw. zukommen. So oder so fällt auf, dass diese Lesart dem Verständnis von Werten als einer Art normativer Grundlage des Zusammenlebens, wie wir es aus gesellschaftspolitischen Debatten um ‚Grundwerte' um ‚europäische Werte' usw. kennen, recht nahe kommt.[6]

Eine dritte Möglichkeit besteht schließlich darin, Werte vermittelt über Wert*erfahrungen* und *Praktiken* zu thematisieren, wie es in der pragmatistischen Tradition im Anschluss an William James und John Dewey erfolgt. Dabei ist grundsätzlich zu bedenken, dass es um Erfahrung in dem sehr weiten Sinne eines „Genießens" oder „Erleidens", nicht aber als eine bloße Vorstellung von etwas (im Sinne der klassischen Erkenntnistheorie) geht (vgl. Dewey 1995). Insbesondere bei Dewey scheint der Grundgedanke der zu sein, dass eine vermeintlich ‚objektive' Beschreibung der Welt losgelöst von unserer Lebenspraxis (beispielsweise im Rahmen einer Ontologie) nicht möglich ist, weshalb auch Werte im Zusammenhang mit unseren Erfahrungen und Praktiken beschrieben werden.[7] Ein solcher methodischer Zugriff gestattet es, über Werte sprechen zu können, ohne auf die Frage nach dem ontologischen Status von Werten festgelegt zu sein.

Nach dieser ersten Darstellung verschiedener Möglichkeiten der philosophischen Artikulation von Werten soll nun herausgearbeitet werden, was nun eigentlich das Problematische an der Philosophie der Werte ist. Dabei wird die Entscheidung für eine der drei Varianten zunächst noch aufgeschoben, da sich die Einwände (dem Anspruch nach) gegen alle Arten von Werttheorien richten. Bevor wir bei den Einwänden ansetzen, die bereits in der Einleitung erwähnt wurden, soll zudem kurz eine prinzipielle Herausforderung der Philosophie der Werte benannt werden, die aus den Überlegungen der letzten Absätze folgt: Unsere Erfahrungen von Bedeutsamkeit sind denkbar vielfältig, und dieser Vielfalt muss eine Philosophie der Werte gerecht werden: Salopp gesagt wäre es wenig plausibel, den Wert des Wohlgeschmacks von Baumkuchen mit dem Wert einer Lie-

---

[6] Von einer solchen, eher anspruchsvollen Lesart von Werten geht auch die BMBF-Studie über die „Entwicklung von Wertvorstellungen" aus, indem sie fragt, mit welchen Prinzipien (z. B. Selbstverwirklichung, Nachhaltigkeit, Tradition, Religion usw.) sich die verschiedenen Altersgruppen in unserer Gesellschaft identifizieren. (vgl. Klaus et al. 2020) Wolfgang Eßbach weist in seiner *Religionssoziologie* darauf hin, dass verschiedene Versuche, Werte als Prinzipien zu begreifen und in der Welt bestehende Sinnordnungen über eine Wertphilosophie einzuholen, gerade zu Beginn des 20. Jahrhunderts die Rolle einer eher akademischen, säkularen Religiosität gespielt haben könnten. Vgl. Eßbach 2019, 521–545.
[7] Im Laufe der letzten Jahre wurde diese Forschungslinie insbesondere durch Hans Joas und Matthias Jung fortgeführt. Vgl. Joas 1997; Joas 2017; Jung 2014.

besbeziehung gleichzusetzen. Es bedarf hier entweder einer Binnendifferenzierung von Werten (durch Unterscheidung verschiedener Wertarten usw.) oder aber einer Differenzierung des Erlebens von Bedeutsamkeit mit dem Ziel, Werterfahrung als *eine* Möglichkeit des Erlebens von Bedeutsamkeit von anderen zu unterscheiden. Die eigentliche Herausforderung besteht nun darin, dass eine Differenzierung von Werten nur auf zwei Faktoren zurückgreifen kann, nämlich auf die verschiedenen Träger (etwa durch Unterscheidung der Werte von Dingen, Lebewesen, Personen, Handlungen) und auf unser Werterleben (z. B. kurzfristige und oberflächliche Befriedigung vs. langanhaltende Erfüllung).

Nach diesem kurzen Einschub sollen nun drei bereits erwähnte Einwände ausführlicher betrachtet werden: *Erstens* ließe sich einwenden, dass Werte schwerlich mit einer naturalistischen Ontologie vereinbar sein können: Wird beispielsweise angenommen, dass etwas nur dann Gegenstand einer Ontologie sein dürfe, wenn es entweder selbst Gegenstand der Naturwissenschaften (insbesondere der Physik) oder zumindest ausgehend von solchen Gegenständen verständlich sei, so bestehen keine guten Aussichten, Werte ontologisch thematisieren zu können: Offenkundig sind Werte selbst keine naturwissenschaftlich darstellbaren, materiellen Gebilde, zudem erscheint es wenig aussichtsreich, sie unter Wahrung der Vielfalt an Wertphänomenen als Kausalfolgen rein materieller oder ggf. biologischer Prozesse zu denken (vgl. Jung 2017, 23–33).

Zweitens könnte aus der Perspektive philosophischer Positionen, denen es um eine rationale Erörterung von Überzeugungen und Handlungen auf der Basis des Gebens und Einforderns von Gründen geht, eingewandt werden, dass die Annahme von Werten und einem diffusen, intuitiven Wertfühlen letztlich dazu führe, Überzeugungen und Handlungen zu rechtfertigen, ohne jedoch selbst rational überprüfbar zu sein (vgl. Demmerling 2013; Rescher 2017).[8] Besonders deutlich wird dies bei religiösen Zusammenhängen: Wenn beispielsweise ein Freund sagt, ihm sei durch eine plötzliche religiöse Erfahrung klar geworden, dass er seinen Beruf als Beamter aufgeben und ins Kloster gehen müsse, so zieht er seine religiöse Erfahrung und ihre erlebte Eindringlichkeit zur Rechtfertigung einer Handlungsentscheidung heran. Der Vorwurf lautet nun, dass sich nicht objektiv beurteilen ließe, ob diese religiöse Erfahrung oder Haltung zur Rechtfertigung einer solchen Entscheidung ausreicht. Derartige Begründungsversuche durch Werterfahrungen sind umso problematischer, wenn sie sich nicht auf den Bereich einer privaten Selbstverwirklichung beschränken, sondern in politischen oder sozialen Debatten erfolgen.

---

8 Siehe auch die einleitenden Überlegungen in Halbig 2004.

Drittens ließe sich einwenden, dass die Annahme von ontologisch eigenständigen Werten dazu führe, geschichtlich-kontingente Wertungen zu vermeintlich ‚ewigen' Werten zu hypostasieren: Sofern es das Anliegen einer Wertphilosophie sei, überzeitlich gültige Werte und Wertgesetze bestimmen zu wollen, werde davon abstrahiert, dass Wertungen und Wertmaßstäbe unter konkreten historischen und kulturellen Bedingungen entstehen und gültig seien. Es bestehe somit die Gefahr, die eigenen (z. B. bürgerlichen, westlichen, männlichen), eigentlich geschichtlichen Wertvorstellungen unhinterfragt zum Teil von überzeitlichen Wesensbeschreibungen zu machen (vgl. Joas 1997, 33–35). Insbesondere mit diesem letzten Einwand (aber auch mit dem ersten) geht der Vorwurf einher, dass Werte in eine Art spekulative Metaphysik führen.

Wie ist nun mit den einzelnen Einwänden umzugehen? Zunächst mag es etwas kurios wirken, aber tatsächlich stimmen nahezu alle einschlägigen Werttheorien den inhaltlichen Beobachtungen der ersten beiden Einwände zu: Ob Werte nun als Qualitäten, Eigenschaften, Erfahrungen oder Ideale verstanden werden – so oder so sie finden schwerlich einen Platz in einer reduktiv naturalistischen Ontologie (im oben beschriebenen Sinne).[9] Ebenso besteht weitgehende Einigkeit darüber, dass Werterfahrungen eine wichtige Rolle bei unseren Handlungsentscheidungen spielen und insofern den Raum einer rationalen Zwecksetzung zumindest begrenzen.[10] Der Unterschied zwischen der werttheoretischen und kritischen Perspektive beläuft sich darauf, dass erstere diese Beobachtungen überhaupt nicht als problematisch auffassen und sie deshalb auch nicht als Basis für Einwände wahrnehmen, die gegen die Annahme von Werten sprechen würden. Vielmehr scheinen diese beiden Einwände zunächst einmal mehr über die jeweiligen Voraussetzungen auszusagen als über systematische Probleme von Wertbegriffen, indem sie die Gültigkeit einer (reduktiv) naturalistischen Ontologie für ausgemacht halten oder von einer lückenlosen rationalen Durchdringung unserer Handlungsentscheidungen und -rechtfertigungen ausgehen.[11]

---

9 Im Anschluss an Ralf Beckers Untersuchung über Qualitätsunterschiede könnte gesagt werden, dass die Rede von Werte prinzipiell auf eine *qualitative* Dimension verweist, die auf naturwissenschaftlichem (d. h. mit einer messenden und mathematisierenden Methode) schwerlich einzuholen ist. Vgl. Becker 2021.
10 Mit Max Weber könnte man hier von dem Verhältnis von „Zweck"- und „Wertrationalität" sprechen: Aus der Perspektive der meisten Werttheorien besteht kein Zweifel daran, dass es in unserer Entscheidungsfindung zweck- *und* wertrationale Begründungsstrukturen gibt. Siehe Weber 1972, 12–13.
11 Völlig berechtigt ist dagegen die Nachfrage, wie neue Werte erschlossen werden können, wenn der diskursive Austausch von Argumenten offensichtlich nicht zum Ziel führt. Da das eigene Erleben hier eine besondere Rolle spielt, können pädagogische Bemühungen eigentlich nur

Anders verhält es sich mit dem dritten Einwand: Selbst wenn bezweifelt wird, dass der Bezug auf Werte *prinzipiell* in eine Art essentialistische Wertmetaphysik führen müsse, so lässt sich keineswegs abweisen, dass sich Wertbindungen sowohl biografisch als auch historisch und im kulturellen Vergleich unterscheiden bzw. verändern. Mit Blick auf den biografischen Wandel von Wertungen könnte man beispielsweise an einen Teenager denken, für den eine bestimmte Musikrichtung unersetzbar wertvoll ist (etwa weil sie das eigene Lebensgefühl ausdrückt) und der sicher ist, niemals andere Musik schätzen zu können. Einige Jahre später jedoch empfindet er ganz andere Musik als schön und es ist ihm peinlich, an seine musikalische Obsession zu Teenagerzeiten zurückzudenken. Ebenso könnte es passieren, dass sich ein Karrieremensch, für den bislang lediglich Geld, ökonomischer Aufstieg und Statussymbole von Wert waren, durch eine Liebesbeziehung oder auch durch eine Lebenskrise erkennt, dass Gemeinschaft und Solidarität wertvoller sind, als er bislang dachte. In beiden Fällen stellt sich die Frage, wie es sein kann, dass bestimmte Dinge oder Ereignisse Wert erlangen oder verlieren, wenn Werte doch etwas ontologisch Selbständiges sein sollen.

Besonders auffällig ist der historische Wandel von Werthaltungen in der Soziokultur: Während etwa die Generation der heutigen Groß- oder Urgroßeltern Sparsamkeit, Fleiß und Loyalität als wertvoll verstehen, sieht die Generation ihrer Kinder beispielsweise Freiheit und Selbstbestimmung als besonders wertvoll an und die Jugendlichen bzw. jungen Erwachsenen erleben Diversität und die Erhaltung der Natur als besonders bedeutsam.[12] Zudem können große historische Ereignisse und Umwälzungen wie Kriege, Epidemien, Wirtschaftskrisen usw. unsere Wertorientierung verändern. Wenn aber jede Generation ‚ihre' Werte hat, wie soll dann eine Philosophie der Werte möglich sein, ohne die jeweils eigenen Wertbindungen für überzeitliche Werte zu nehmen und damit die Werte der anderen für irrelevant zu erklären?

Zuletzt stellt sich die Frage nach dem Umgang mit Wertbindungen in anderen Kulturen: Wir könnten uns beispielsweise Kulturen vorstellen, in denen Familiengemeinschaft und Ehre besonders wertvoll sind, während etwa die Selbstverwirklichung der Einzelperson oder Gleichberechtigung nicht als wertvoll begrif-

---

darauf abheben, den Blick für einen bestimmten Wert zu öffnen und somit den Zugang zu erleichtern. Siehe hierzu Kalckreuth 2022.

12 Mit Blick auf die im vorliegenden Text immer wieder vorkommenden Verweise auf Scheler sei angemerkt, dass einige der an dieser Stelle genannten Beispiele in seiner Terminologie „Güter", „Gesinnungen" oder „Tugenden" wären (siehe Abschnitt 3). Da im Rahmen der gerade durchzuführenden allgemeinen Überlegungen jedoch die sofortige Engführung auf eine einzelne Konzeption vermieden werden soll, erscheint die Rede von Werten zunächst als angemessener.

fen werden. Eine Werttheorie (aus der europäischen oder angelsächsischen Philosophie) könnte daraufhin entweder einräumen, dass unsere eigenen Werte nicht für alle Kulturen verbindlich seien, oder behaupten, dass die andere Kultur einfach ‚noch nicht so weit' sei, die objektiv richtigen Werte als solche zu erkennen. Beide Alternativen scheinen insofern unattraktiv zu sein, als letztere die eigenen Werte universalistisch verallgemeinert, die Wertordnungen der anderen Kultur hingegen nicht ernst nimmt (ein Selbstverständnis, das im Übrigen stark an koloniale Denkmuster erinnert), während sich erstere als problematisch erweist, wenn bestimmten Konzeptionen (z. B. Menschenwürde) wirklich eine universalistische Geltung zugesprochen werden soll.

Wie soll nun auf den durchaus stichhaltigen Einwand, dass es im Zusammenhang unserer Wertbindungen einen historischen Wandel und kulturelle Relativität gibt, reagiert werden? Auf den ersten Blick läge es nahe, die Behandlung des Wertthemas anzupassen (ggf. mit der Konsequenz, bestimmte Werttheorien auszuschließen). Nun können sich aber auch Theorien, die die Annahme überzeitlicher bzw. zeitloser Werte befürworten, auf gewisse Beobachtungen und Evidenzen berufen. Zunächst einmal ließe sich darauf hinweisen, dass es in den angeführten Beispielen zwar um eine Veränderung in der Priorität einzelner Werte, nicht aber um eine komplette ‚Umwertung' geht: Dass ich auf individueller Ebene auf materiellen Erfolg oder Reichtum verzichte, um den Wert einer Liebesbeziehung oder einer religiösen Lebenshaltung realisieren zu können, heißt *nicht*, dass materieller Erfolg nicht selbst (positiv) wertvoll sei. Ähnlich verhält es sich beim Vergleich verschiedener Generationen, wo etwa die Betonung von Freiheit und Selbstverwirklichung keineswegs bedeutet, dass deswegen Natur oder Solidarität als ‚Unwert' aufgefasst werden. Selbst im interkulturellen Vergleich scheint es im Großen und Ganzen nicht allzu oft vorzukommen, dass der höchste Wert der einen Kultur ein Unwert für die andere ist. So empfinden beispielsweise Europäer den Gemeinsinn mancher ostasiatischer Kulturen als übertrieben, ohne jedoch Gemeinsinn als negativwertig anzusehen.

Eine ähnliche Sichtweise ergibt sich bei einer grundsätzlichen Betrachtung der philosophischen und literarischen Tradition: Es besteht zwar auf der einen Seite kein Zweifel daran, dass sich Welt- und Selbstverständnis, politische Ideen und auch die Wertungen von Dingen, Handlungen und Eigenschaften von der Antike bis heute teils erheblich wandeln, auf der anderen Seite scheint dies aber nicht dazu zu führen, dass wir überhaupt gar keinen Zugang zu den jeweiligen Auffassungen und Haltungen fänden (Krüger 1958, 1–10, 280). Wenn wir also beispielsweise Aristoteles' Überlegungen zur Freundschaft lesen, so haben wir vermutlich den Eindruck, dass einige der Grundgedanken unseren heutigen Intuitionen entsprechen, während uns andere Überlegungen fremd erscheinen. Gerade durch diese Verbindung von Geschichtlichkeit und prinzipiellen Aussagen oder Problemen, die man (mit gewissen Vorbehalten und Vorläufigkeit) als ‚überzeitlich' oder ‚zeitlos' bezeichnen kann, lassen sich philosophische Klassiker sowohl als Momente einer historischen Entwicklung als auch als Beiträge zu einem teils zeitlosen Bestand an Fragen und Problemen begreifen. Hierzu scheint auch zu gehören, dass die Reichweite historischer und prinzipieller Aspekte philosophischer Themen immer wieder neu ausgehandelt wird.[13]

Welchen Aussagewert haben all diese Überlegungen im Anschluss an den vorgebrachten Einwand zur Geschichtlichkeit mit Blick auf Werte? Zunächst einmal wurde deutlich, dass es im Umfeld der Wertphänomene durchaus Geschichtlichkeit und kulturelle Relativität gibt. *Zugleich* scheint es aber auch grundsätzliche Beziehungen oder Gesetzlichkeiten zu geben, die nicht in derselben Weise einem historischen und kulturellen Wandel unterliegen – etwa den Umstand, *dass* sich unsere Wertungen in Kultur und Geschichte prinzipiell unterscheiden oder *dass* es zu Widersprüchen in der Gegebenheit von Werten kommt. Diese Verbindung von prinzipiellen Gesetzlichkeiten und Historischem bezeichnet Hartmann als den Kern des Wertproblems (vgl. Hartmann 1958). Eine Philosophie der Werte, die ernst genommen werden will, muss letztlich beide Intuitionen einfangen und zwischen ihnen vermitteln.

Diese Idee einer Einbeziehung und Vermittlung prinzipieller oder begrifflicher Gesetzlichkeiten einerseits und kultureller bzw. historischer Unterschiede andererseits stellt einen gewaltigen Anspruch: Gerade bei zeitgenössischen Beiträgen fällt oftmals auf, dass die Werte-Thematik im Bereich der Metaethik und ggf. der Ontologie situiert wird – also in Bereichen, die sich schon aufgrund ihres Bestands an relevanten Fragen kaum für Probleme kultureller Relativität oder der Historizität interessieren.[14] Um beide Seiten des Wertproblems adäquat behandeln zu können, dürfte es unumgänglich sein, einen breiteren Zugang zu wählen und Werte als ein Themengebiet zu begreifen, das eben nicht nur (Meta)ethik, Ontologie und ggf. Ästhetik, sondern u. a. auch Kulturphilosophie, Geschichtsphilosophie und politische Philosophie umfasst.

Was ist nun am Ende dieses Abschnitts festzuhalten? Eine Philosophie der Werte steht vor mehreren Herausforderungen: Sie kommt um eine Unterschei-

---

13 Die Frage nach der Verschränkung von Geschichtlichkeit und Zeitlos-Prinzipiellem wurde in der ersten Hälfte des 20. Jahrhunderts besonders gründlich von (dem mittlerweile leider weitestgehend vergessenen) Gerhard Krüger behandelt. Vgl. Krüger 1958, 41–72, 276–281. Auch Paul Tillich unterscheidet in seiner *Systematischen Theologie* eine aus der geschichtlichen Situation heraus „antwortende" von einer prinzipiellen, ‚zeitlosen' Theologie, wobei er darauf hinweist, dass die Theologie als Disziplin beides sein müsse. Vgl. Tillich 1987, 13–15.
14 Siehe exemplarisch die Debatte um Werte als Grundlage für einen „Moralischen Realismus", Sayre-MacCord 1989.

dung verschiedener Wertarten nicht gänzlich herum, kann diese Unterscheidung aber nur auf der Basis von Wertträgern und unserem Zugang zu den Werten durchführen. Noch wichtiger ist jedoch der Umstand, dass sie zwischen prinzipiellen Gesetzmäßigkeiten einerseits und historischen bzw. kulturellen Aspekten andererseits vermitteln und sie dabei *beide* berücksichtigen muss. Diese Feststellung richtet sich vor allem gegen Positionen, die meinen, die Werte-Thematik auf überzeitliche Prinzipien reduzieren und die Geschichtlichkeit unserer Werterfahrung gänzlich ausklammern zu können.

Zuletzt soll an dieser Stelle noch ein wichtiger Punkt ergänzt werden, der rund um die Wertfrage immer wieder mehr oder weniger explizit auftaucht – nämlich die Frage nach dem Verhältnis von *deskriptiver* Ebene im Sinne einer Darstellung faktischer Gegebenheiten und *normativer* Ebene im Sinne eines Sollens. So können wir auf der deskriptiven Ebene beispielsweise untersuchen, auf welche Werterfahrungen sich die verschiedenen Standpunkte in einer gesellschaftspolitischen Debatte berufen. Wir können aber z. B. auch von einem normativen Standpunkt aus diskutieren, ob eine Überzeugung in dieser Debatte aufgrund des Bezugs auf einen höheren Wert stichhaltiger ist als eine andere. Wie schnell beide Ebenen in der Diskussion durcheinander gehen, zeigt beispielsweise die (in Diskussionen um Werte regelmäßig vernommene) Rückfrage, wie denn verhindert werden solle, dass Werterfahrungen zu Fanatismus führen: Auf der deskriptiven Ebene ist völlig klar, dass es zu einer fanatischen Fokussierung auf bestimmte Werte kommen kann, daher wäre es unredlich, eine Werttheorie so zu modifizieren, dass dies ‚auf dem Papier' nicht mehr möglich wäre. Es ließe sich jedoch untersuchen, auf welche Werte sich Fanatismus beruft, für welche Werte er ‚blind' ist und was seine historischen Entstehungsbedingungen sind. Auf der normativen Ebene können wir hingegen danach fragen, zu welchen Werten wir uns im Rahmen des gesellschaftlichen Miteinanders bekennen sollten oder was der angemessene Umgang mit Fanatismen ist. Obwohl es sich hierbei um zwei verschiedene Fragerichtungen handelt, fällt auf, dass zwischen beiden Ebenen verschiedene Zusammenhänge bestehen: Zunächst einmal haben deskriptive Aussagen unmittelbare Folgen für normative Einschätzungen, etwa wenn wir annehmen, dass es bestimmte Wertarten (wie geistige oder gar religiöse Werte) gibt oder nicht. Zweitens gibt es Fragestellungen – etwa nach einer (objektiven) Rangfolge von Werten oder auch nach Werttäuschungen – in denen deskriptive und normative Überlegungen kaum noch zu trennen sind. Eine Philosophie der Werte muss mit diesen Schwierigkeiten konstruktiv umgehen, etwa indem sie sich selbst klar macht, wonach sie eigentlich fragt, und zudem die (normativen) Implikationen ihrer (deskriptiven) Überlegungen im Blick behält.

2 Religiöse Werte

Im Laufe des letzten Abschnitts wurden einige grundlegende Fragen und Probleme rund um die Problematik von Werten vorgestellt. Wie verhält es sich nun aber mit *religiösen* Werten? Dabei wird nachfolgend auf eine Lesart von Werten *als Qualitäten* zurückgegriffen. Zunächst einmal bietet es sich an, danach zu fragen, was für Erfahrungen von Bedeutsamkeit eigentlich mithilfe religiöser Werte eingefangen werden sollen. Relevante, wenn auch extreme Erfahrungen wären dabei unmittelbare Erfahrungen von Gott bzw. einer göttlichen oder heiligen Macht, die uns bis in die Tiefen unserer Person ergreift. Weniger spektakulär, dafür aber mit Blick auf unserer Lebensrealität vermutlich naheliegender wäre das Erleben einer bestimmten Bewandtnis von Orten, bestimmten Kultgegenständen oder Handlungen und Zeremonien. So könnten wir etwa beim Betreten einer Kathedrale oder eines Tempels oder auch beim Anblick einer religiösen Zeremonie etwas erleben, was wir vielleicht schwerlich in Worte fassen können, uns aber tief berührt und mit den Atmosphären anderer Gebäude oder dem Anblick anderer Handlungen nicht vergleichbar ist. Auch bestimmte Schriften, kultische Gegenstände oder Symbole können für unsere Lebensführung eine fundamentale Bedeutung gewinnen. Zuletzt gibt es Personen, an denen eine bestimmte religiöse Lebenshaltung erfahrbar wird und die uns deshalb tief beeindrucken – selbst dann, wenn wir ihre religiösen oder weltanschaulichen Überzeugungen nicht teilen. In all diesen Fällen scheinen wir eine Bedeutsamkeit wahrzunehmen, die von der Bedeutsamkeit vergleichbarer Gebilde (also z. B. anderen Schriften, Dingen, Orte oder Personen) qualitativ verschieden und insofern herausgehoben ist, als wir uns hier als außergewöhnlich ergriffen erleben oder vielleicht sogar dazu bereit sind, uns mit unserer ganzen Existenz für etwas einsetzen. Das scheinen (sehr kurz gesagt) typische Phänomene zu sein, wie man sie mit religiösen Werten einfangen könnte.

Welche Begriffe könnten nun aber dafür geeignet sein? Übliche Verdächtige wären etwa Termini wie „heilig" oder „göttlich", wobei zunächst zu klären wäre, ob diese Begriffe überhaupt auf Werte abheben bzw. eine Wertdimension aufweisen. So handelt es sich beim Göttlichen zweifellos um einen enorm anspruchsvollen Begriff: Göttlich scheint in erster Linie das zu sein, was entweder selbst eine Gottheit oder ihr unmittelbar zuzuordnen ist – z. B. göttliche Macht, göttliches Wirken oder ein göttlicher Ratschluss. Max Scheler verwendet diesen Begriff dann, wenn er im Rahmen seiner Religionsphilosophie in metaphysische Fahrwasser gelangt: In der Metaphysik bezieht sich die Rede vom Göttlichen auf ein *ens a se*, also ein sich selbst begründendes Sein (vgl. Scheler 1923, 101–110). Ein solches absolutes, unendliches Sein kann prinzipiell vom Sein und

Wirken endlicher, irdischer Wesen unterschieden werden. Hierzu passt, dass Scheler bereits im *Formalismus* vereinzelt von „göttlichen" oder „absoluten" Werten spricht, wobei es ihm darum geht, dass bestimmte (höchste) Werte wie beispielsweise der Wert Gottes oder göttlicher Liebe in ihrem Sein nicht von der Existenz von Leben, Kultur oder Geist in der Welt abhängen (Scheler 1927, 96). Insgesamt spielt die Rede vom Göttlichen bei Scheler also in erster Linie eine metaphysische Rolle, indem sie etwas als *aus sich selbst heraus seiend* ausweist – wobei völlig offen bleibt, ob und wie dieses Göttliche erlebt und artikuliert wird. Die Frage, ob bestimmte Werte im metaphysischen Sinne „absolut" sind, scheint allerdings nicht das zu sein, was uns an erster Stelle interessiert, wenn wir über religiöse Wertbindungen sprechen.

Anders verhält es sich mit dem Begriff des Heiligen, den verschiedene Denker entweder selbst als Wert interpretieren oder ihm zumindest eine Wertdimension zusprechen: So weist etwa Rudolf Otto in seiner berühmten Studie über das Heilige darauf hin, dass die Erlebnisqualität des Heiligen als „*mysterium tremendum*" neben verschiedenen anderen Momenten auch den des „*sanctum*" umfasse, womit ein „unüberbietbarer [...] Wert" gemeint sei (Otto 1936, 67).[15] Dieses Wertmoment macht Otto an dem Umstand fest, dass das Heilige nicht nur in einer bestimmten Weise auf uns wirkt (indem es uns einerseits fasziniert aber andererseits Scheu erzeugt), sondern dass wir diese Wirkung zudem als eine „Forderung" an unsere Lebensführung erleben (ebd., 67f.). Mit Blick auf die im vorigen Abschnitt dargestellten Varianten des Fragens nach Werten lassen sich bei ihm vermutlich zwei Lesarten unterscheiden: Fragen wir nach Werten im Sinne von Qualitäten oder Erfahrungen der Bedeutsamkeit, dann liegt es nahe, anzunehmen, dass schon in der Bestimmung als „*mysterium tremendum*" – also als etwas, das wir als anziehend und zugleich Ehrfurcht bzw. Scheu bewirkend erleben (vgl. ebd., 13–55) – eine Erfahrung von (außeralltäglicher) Bedeutsamkeit steckt, auch wenn Otto sie nicht explizit als Werterfahrung benennt. Er selbst verwendet den Wertbegriff dann, wenn nach der Herleitung von Prinzipien des Handelns bzw. der Lebensführung gefragt wird, also im engeren Sinne einer Wert*ethik*.[16]

Auch Scheler verwendet den Begriff des Heiligen, den er als eigene „Wertreihe" auffasst und von anderen Wertreihen wie den sinnlichen Werten, Lebenswerten und geistigen Werten unterscheidet (Scheler 1927, 107). Im Zuge seiner Überlegungen fällt auf, dass ihn die Werte des Heiligen primär als *Personwerte*

---

15 Zur Problematik des Heiligen vgl. Gantke 1998.
16 Siehe hierzu auch Otto 1981. In der Grundüberlegung, dass wir uns bei der Rede von Werten prinzipiell auf der Ebene des Sollens und der Geltung befinden, scheint Otto den neukantianischen Werttheorien zu folgen. Siehe hierzu auch Martern 2014.

interessieren, also als Werte, die der Person (als Trägerin) zugeordnet werden (vgl. ebd., 107).[17] Dabei denkt er zunächst an Gott als „unendliche Person" sowie an religiöse Vorbilder wie Religionsstifter, Propheten oder Heilige, denen sich durch Liebesakte ein Zugang zu Gott eröffnet und an denen dadurch eine religiöse Lebenshaltung anschaulich wird (vgl. Scheler 1923, 50, 415). Die Heiligkeit derartiger Personen gründet also darin, dass sie die Heiligkeit Gottes (oder neutral formuliert: des Glaubensgutes bzw. des Göttlichen) vermitteln. Da es sich bei den Werten des Heiligen um eine Wertreihe handeln soll, in der bereits die Abstufung von göttlicher zu menschlicher Heiligkeit beachtet wird, spräche an und für sich wenig dagegen, eine weitere Abstufung zuzulassen und somit heilige Handlungen, Orte, Schriften und Kultgegenstände zuzulassen.[18] Der Bezug zu Schelers grundlegender Intuition, den Zugang zu Gott und Heiligkeit über personalen Aktvollzug zu denken, ließe sich insofern einholen, als derartige Handlungen, Riten, Schriften, Orte usw. dazu beitragen, ein Glaubensgut erfahrbar zu machen und so (in Schelers Worten) zum personalen Mitvollzug einzuladen. Zuletzt könnten auch politische Ideale oder Weltanschauungen Kandidaten für eine erlebte Heiligkeit sein, die zwar nicht personal strukturiert sind, dafür aber (in Schelers religionsphilosophischer Terminologie) als „Glaubensgut" auftreten, indem sich menschliche Personen bis in die Tiefen ihrer Existenz für sie einsetzen (ebd., 80).

Die Werte des Heiligen sind für Scheler die höchsten Werte (vgl. Scheler 1927, 94–107).[19] Diese Einschätzung rechtfertigt er dadurch, dass das Erleben heiliger Werte eine besonders tiefe, dauerhafte Erfüllung bewirkt: Während etwa die Behaglichkeit eines Kaminfeuers nur so lange anhält, wie wir uns gemütlich am Feuer räkeln, dringt das Gefühl der Seligkeit bis in den Kern der eigenen Person vor, prägt den gesamten Aktvollzug und damit das Verhältnis zur Welt als einer sinnhaften Ganzheit (vgl. ebd., 355–357).[20] Diese Tiefe der Erfüllung zeigt sich

---

[17] Generell muss bedacht werden, dass der Begriff der Person in seiner Phänomenologie eine entscheidende Rolle spielt: Sie wird als „Seinseinheit von Akten" (Scheler 1927, 397 f.) aufgefasst, wobei insbesondere die Akte des Liebens und Hassens von fundamentaler Bedeutung sind, indem sie den Vollzug weiterer Akte ermöglichen oder einschränken. Den einzigen Zugang zu anderen Personen stellen für Scheler Liebe und Mitvollzug dar, weshalb der Mitvollzug religiöser Akte in seinen Überlegungen zur Religion von zentraler Bedeutung ist. Siehe auch Kalckreuth 2021, Kap. 8–9.
[18] Scheler selbst scheint eine ähnliche Abgrenzung im Sinn zu haben, wenn er darauf hinweist, dass es in den Kulturen vieles gebe, was als ‚heilig' gelte, ohne eigentlich heilig zu sein. Vgl. Scheler 1927, 108.
[19] Vgl. dazu Kelly 2011, 27–37.
[20] In seinem Text über die *Probleme der Religion* benennt Scheler diesen Bezug aufs „Ganze" als ein Merkmal religiöser Akte. Vgl. Scheler 1923, 252.

auch darin, dass wir bereit sind, den Einsatz für einen heiligen Wert zu einem wesentlichen Moment unserer Lebensführung zu machen (vgl. Scheler 1923, 283 f.).[21] Darüber hinaus verweist Scheler auf einen Zusammenhang zwischen der Werthöhe und der Möglichkeit kollektiver Wertrealisierungen: Während beispielsweise Nützlichkeitswerte an den Besitz bzw. Gebrauch von etwas und Lebenswerte an einen lebendigen Organismus gebunden seien, können bereits die höheren geistigen Werte gemeinsam genossen und realisiert werden, etwa indem wir gemeinsam eine Symphonie hören, ein Denkmal bauen oder uns moralisch verhalten (vgl. Scheler 1927, 91 f.). Heilige Werte unterscheiden sich von den geistigen Werten nochmals insofern, als ein gemeinschaftliches Werterleben hier nicht nur möglich ist, sondern *prinzipiell* eine Verbundenheit der Personen hergestellt wird (vgl. ebd., 92).

Als letzte Konzeption des Heiligen sei auf die zeitgenössische Position von Hans Joas verwiesen: Bereits sein Buch über die *Entstehung der Werte* befasst sich genau genommen fast ausschließlich mit Werterfahrungen in religiösen Zusammenhängen, vor wenigen Jahren erschien zudem seine umfassende Studie über *Die Macht des Heiligen*.[22] Joas setzt in beiden Büchern bei Erfahrungen der „Selbsttranszendenz" an, d. h. bei Erfahrungen eines besonderen, außeralltäglichen Ergriffenseins, in denen sich unsere Wertbindungen konstituieren (Joas 1997, 10, 183; Joas 2017, 77–81). Im Anschluss an William James und Emile Durkheim betont er allerdings, dass derartige Erfahrungen nicht nur in der Abgeschiedenheit, sondern auch im Rahmen gemeinsamer Praktiken wie z. B. in religiösen Ritualen erlebt werden können (vgl. u. a. Joas 1997, 107–109; Joas 2017, 113–119). In einem zweiten Schritt werden die in Erfahrungen der Selbsttranszendenz entstandenen Wertbindungen in der Soziokultur gedeutet bzw. ausgelegt, was zur Artikulation von „Idealen" und „Sakralisierungen" führt (Joas 2017, 185, 191, 254).[23] Da diese Artikulationen jedoch immer unter bestimmten historischen, sozialen und kulturellen Bedingungen erfolgen, ist zu beachten, dass auch unsere Ideale und Vorstellungen von Heiligkeit prinzipiell geschichtlich sind – selbst wenn sie mit einem universalistischen Anspruch auftreten (vgl. ebd., 421).

Joas' Überlegungen sind zunächst insofern attraktiv, als sie Wertbindungen mit Erfahrungen der Selbsttranszendenz zusammenbringen, was gerade mit Blick auf Werte des Heiligen eingängig erscheint. Vielversprechend ist auch seine These, dass Sakralisierungen nicht an ‚klassisch' konfessionelle Religiosität ge-

---

21 Siehe auch Kalckreuth 2021, 234–250.
22 Für eine breit aufgestellte Auseinandersetzung mit Joas' Theorie des Heiligen siehe Schlette et al. 2022.
23 Siehe auch die recht bündige Zusammenfassung, die Joas im Laufe seines Buches liefert (Joas 2017, 425–440).

bunden sind, sondern in ganz verschiedenen Lebensbereichen (als problematisches Beispiel benennt er die Selbstsakralisierungen von Völkern oder Gruppen) erfolgen können (vgl. ebd., 444, 447). Zudem gelingt es ihm, die Geschichtlichkeit von Erfahrungen des Heiligen auf ansprechende Weise zu denken. Auf der anderen Seite ergibt sich aus seiner spezifischen Herangehensweise (der Untersuchung der Genese von Wertbindungen in individueller und kollektiver Erfahrung sowie ihrer Artikulation), dass eine genauere Unterscheidung verschiedener Wertarten, Wertträger usw. unterbestimmt bleibt.

Inwiefern wäre das Heilige als Wert bzw. Wertreihe nun geeignet, um diejenigen Werte einzufangen, die uns in religiösen Zusammenhängen interessieren? Im Vergleich zur Rede vom Göttlichen scheint der Bezug auf das Heilige insofern attraktiv zu sein, als es hier weniger um eine ontologische oder metaphysische Bestimmung, sondern eher um die erlebte Bindung von Person und heiligem Gebilde geht – wie ja auch die Redensart „Das ist *mir* heilig!" andeutet. Wird der Begriff des Heiligen in seiner ‚Reinform' jedoch für Gott oder etwas Absolutes reserviert, so bedarf es zusätzlich der Annahme einer schwächeren, diesseitigen Heiligkeit, um dasjenige einfangen zu können, was etwa heilige Personen, Handlungen, Orte oder Gegenstände von ihren weltlichen Gegenstücken unterscheidet.[24] Bei diesen Formen von Heiligkeit könnte es allerdings mitunter etwas überzogen wirken, von einem personalen Einsatz für ein „Glaubensgut" (Scheler) oder einer Erfahrung der „Selbsttranszendenz" (Joas) zu sprechen. Wie schon im Absatz zu Scheler angedeutet, könnte ein Kompromiss darin bestehen, das Heilige im Sinne eines „Glaubensgutes" als dasjenige zu begreifen, das uns in Erfahrungen der Selbsttranszendenz gegeben ist und für das wir uns als Personen einsetzen, während heilige Personen, Handlungen und Dinge ihre (schwächere) Heiligkeit nur mittelbar – d. h. über ihre Beziehung zum Glaubensgut – erlangen.

Neben den inhaltlichen Zuspitzungen auf das Göttliche oder das Heilige bestünde eine andere Herangehensweise darin, religiöse Werte nicht als eine eigene, ‚höchste' Wertklasse oder -reihe von vitalen, geistigen, Kulturwerten usw. zu unterscheiden, sondern anzunehmen, dass es sich bei ihnen um eine Gruppierung handle, der Werte aus verschiedenen Klassen oder Reihen angehören können, sofern sie in einem religiösen Zusammenhang oder einer religiösen „Lebensform" eine Rolle spielen.[25] So könnte man etwa Praktiken wie dem Fasten,

---

[24] Unabhängig von der philosophischen Diskussion um geeignete Begriffe fällt auf, dass der Begriff „heilig" und das englische „sacred" in der interdisziplinären Religionsforschung eine große Karriere gemacht haben: Mit Blick auf heilige Gegenstände und Schriften siehe Kohl 2003 u. Bultmann et al. 2005; in Bezug auf Rituale siehe Stollberg-Rilinger 2013 und zu Orten siehe Moser/Feldman 2014; Schlitte 2014.

[25] Zum Begriff der (religiösen) Lebensform siehe Polke 2018.

der Meditation oder dem Pilgern, Institutionen wie einem Orden oder einer gemeinnützigen Einrichtung, einzelnen Regeln des Miteinanders in der Gemeinschaft oder schließlich religiösen Kunstwerken mehr oder weniger hohe religiöse Werte zusprechen, ohne sie deswegen gleich als heilig oder gar göttlich fassen zu müssen. Eine solche Herangehensweise erscheint dann attraktiv, wenn wir es mit Gebilden zu tun haben, deren Bedeutsamkeit mit der Rede von Dingwerten, Kulturwerten, geistigen Werten usw. nicht ausreichend eingefangen wird, die wir jedoch nicht als heilig oder göttlich bezeichnen wollen. Zudem könnte die eher nüchterne und funktionale Rede von religiösen Werten bei einer Auseinandersetzung mit einzelnen Religionen eine stärkere Distanz von der Frage nach dem tatsächlichen Vorhandensein einer göttlichen Macht o. ä. ausdrücken – stärker noch als die womöglich etwas christlich eingefärbte Rede von heiligen Werten.

Der Versuch, religiöse Werte anhand ihrer Rolle oder Funktion in religiösen Zusammenhängen zu verstehen, mag erfreulich unkompliziert erscheinen, ist jedoch keineswegs frei von Problemen: Um Werte auf diesem Wege als ‚religiös' verstehen zu können, bedarf es einer einigermaßen tragfähigen Bestimmung des Religiösen bzw. der Religion. Damit stehen wir aber vor erheblichen Schwierigkeiten, denn die verschiedenen Definitionen oder Bestimmungen von Religion über Gott bzw. eine Gottheit, ein Absolutes, Glaubensakte, eine Erlebnisqualität wie das Numinose, die Verwendung bestimmter Wendungen in der Sprache oder zuletzt einfach die Selbstzuschreibung aus der Teilnehmerperspektive sind allesamt nicht ganz unstrittig.[26]

Vor dem Hintergrund der Absicht, die besondere Wertnuance religiöser Handlungen und Praktiken, Vorbilder, Schriften, Kultgegenstände, Kunstwerke usw. verstehen zu wollen, scheinen unter den besprochenen Möglichkeiten zwei geeignet zu sein: Zum einen könnte auf die Rede vom Heiligen bzw. Sakralen zurückgegriffen werden, wobei es unabdingbar wäre, eine Abstufung verschiedener Formen oder Arten von Heiligkeit zuzulassen und so ‚schwächere' heilige Werte anzunehmen. Ein weiterer (zwar nicht restlos befriedigender, womöglich aber kompromissfähiger) Vorschlag könnte darin bestehen, die Begriffe des Heiligen und der religiösen Werte zu kombinieren, indem die Rede von religiösen Werten die ‚schwächeren' heiligen Werte ersetzt. In diesem Fall hätte etwas religiösen Wert, wenn es zwar selbst nicht heilig ist, dafür aber einen Zugang zu etwas Heiligem vermittelt bzw. zu seiner Vermittlung beiträgt. So hätte beispielsweise ein Kirchenlied keinen heiligen, sondern einen religiösen Wert, weil es dazu beitragen kann, etwas Heiliges erlebbar zu machen. Durch den vermittelnden Bezug auf das Heilige ließe es sich umgekehrt vermeiden, das Religiöse oder die

---

26 Siehe dazu die Einleitung dieses Buches.

Religion definieren zu müssen, denn die religiösen Werte wären über den Bezug auf etwas Heiliges zumindest notdürftig bestimmt.

Was hat dieser Abschnitt gezeigt? Die Lektion, die es zu lernen gibt, scheint zunächst einmal eine eher negative zu sein: Die Rede von „religiösen" Werten ist alles andere als selbsterklärend. Je nachdem, ob wir damit eine Gottheit oder übersinnliche Macht, einen ekstatischen Zustand oder den Wert von Handlungen oder Kultgegenständen meinen, bieten sich unterschiedliche Fassungen oder Abstufungen an, die sich deutlich unterscheiden. Was religiöse Werte sind, versteht sich also nicht von selbst, deshalb sind insbesondere philosophische Beiträge zu Wert- oder auch Emotionstheorien gut damit beraten, bei der verlockenden Rede von ‚den' religiösen Werten – z.B. in Unterscheidung zu anderen Wertarten oder als Kausalursache ‚religiöser Gefühle' – eine gewisse Vorsicht walten zu lassen.

Ebenso wie im vorigen Abschnitt ging es auch hier weniger darum, sich im Streit um die Werte direkt zu positionieren oder schnelle Lösungen zu präsentieren, sondern zunächst einmal darum, einige Probleme im Zusammenhang mit religiösen Werten herauszuarbeiten. Dabei stellte sich erst einmal die Frage, welche Phänomene bzw. Erfahrungen von Bedeutsamkeit wir mit der Rede von religiösen Werten eigentlich einholen wollen: An und für sich könnten sowohl etwas Göttliches oder Heiliges als auch diesseitige Dinge, Praktiken oder Personen wie z.B. Kultgegenstände, religiöse Kunstwerke, Orte, Vorbilder oder Rituale als Kandidaten für Träger religiöser Werte in Betracht kommen. Und da sich eine Theorie religiöser Werte letztlich auch am Maßstab der Phänomene, die mit ihr verstanden werden sollen, messen lassen muss, spielt die Klärung der Frage, welche Phänomene eigentlich eingeholt werden müssen, eine grundlegende Rolle. Je nachdem, wie eng oder weit dieser Phänomenbereich ist, sind die verschiedenen Möglichkeiten zur Fassung religiöser Werte unterschiedlich attraktiv: Geht es uns um absolut seiende, ‚übersinnliche' Werte, so wäre die Zuspitzung auf göttliche oder absolute Werte möglich, geht es uns hingegen um eine erlebte Bindung bzw. um Erlebnisse der Selbsttranszendenz, so läge die Rede vom Heiligen bzw. heiligen Werten nahe. Zuletzt könnten wir mit dem Begriff der religiösen Werte auch schlicht all diejenigen (Kultur-, Handlungs-, Person-, Ding-) Werte meinen, die in religiösen Zusammenhängen eine Rolle spielen – was jedoch wiederum eine Klärung der Frage erfordert, was als ‚religiöser Zusammenhang' oder ‚religiöse Lebensform' gilt.

Die grundlegende Intuition des Abschnitts bestand darin, dass die Zuspitzung religiöser Werte auf Werte des Göttlichen oder auf das Heilige (in einem anspruchsvollen Sinne, wie er nur Gott oder einem „Glaubensgut" zukommt) zu eng gefasst ist: Praktiken wie Gebete, Fasten oder gemeinsamer Dienst an Armen und Kranken, religiöse Symbole, Schriften, Talismane und Kunstwerke und vieles mehr sind nicht in demselben Maße heilig wie eine Gottheit, nehmen doch aber im Vergleich mit anderen Werten eine herausgehobene Stellung ein. Die Annahme religiöser Werte wäre ein möglicher Weg, diese herausgehobene Bedeutsamkeit einzufangen, wofür sich (wie zuletzt angedeutet) wohl entweder eine ‚gestufte' Theorie heiliger Werte (d.h. mit einer Unterscheidung vom Heiligen im anspruchsvollen Sinn einerseits und heiligen Gegenständen, Handlungen usw. andererseits) eignen könne, oder aber die Überlegung, dass religiöse Werte denjenigen Gebilden und Praktiken zukommen, die einen Zugang zu einem Heiligen (wiederum im anspruchsvollen Sinne) vermitteln.

3 Ausblick: Max Schelers Beitrag zu einer Philosophie der Werte

Bereits in den beiden vorigen Abschnitten wurde die eine oder andere Überlegung aus Max Schelers phänomenologischer Werttheorie aufgegriffen – was die Vermutung nahelegt, dass die mal explizit ausgesprochene, mal latent angedeutete Aussage, Scheler und seine Wertphilosophie seien eine Art ‚hoffnungsloser Fall', im Rahmen dieses Beitrags nicht geteilt wird.[27] Umgekehrt dürfte aber auch klar sein, dass mit einer bloßen ‚Rückkehr zu Scheler' kein Staat zu machen ist. Vielmehr wäre zu untersuchen, welche Überlegungen Schelers zum oben skizzierten Anliegen einer breit aufgestellten, (selbst)kritischen Philosophie der Werte und den in diesem Zusammenhang zu verhandelnden Sachproblemen etwas beitragen können und welche sich als Sackgassen erweisen. Um aber klären zu können, welche Momente der Phänomenologie Schelers anschlussfähig sind, bedarf es zunächst wiederum einer zeitgemäßen Reformulierung seiner Überlegungen, um Missverständnisse zu vermeiden.[28] Es versteht sich wohl von selbst,

---

[27] So würdigt beispielsweise Hans Joas Schelers Theorie des Wertfühlens, die es erlaubt, innerhalb der denkbar allgemeinen Rede von ‚Werterfahrungen' zu differenzieren (vgl. Joas 1997, 153–161). Deutlich wird aber auch, dass Joas – und stärker noch Matthias Jung – schnell damit bei der Hand sind, Schelers materiale Beschreibungen von Werten als „Wertrealismus" oder „-platonismus" *ad acta* zu legen. Die Vermeidung einer naiven Werttheorie, die eigene Wertungen und Vorzugssetzungen für apriorisch nimmt, ist zweifellos ein wichtiges Anliegen, allerdings könnte etwa Schelers Unterscheidung verschiedener Wertarten (Selbstwerte, Dingwerte, Symbolwerte, Kulturwerte usw.) auch aus pragmatistischer Perspektive interessante Impulse zur näheren Spezifizierung von Werten geben, sofern sich die Unterscheidungen an der Erfahrung und Praxis sichern lassen.

[28] Die Bedeutung einer solchen Reformulierung habe ich bereits in meiner Arbeit über Personalität hervorgehoben: Termini wie „Wesen", „Wesenheiten", „Aktvollzug" oder „materiale

dass ein solches Programm an dieser Stelle nicht geleistet werden kann. Nichtsdestoweniger sollen jedoch einige vielversprechende Überlegungen Schelers ausblickhaft angesprochen und einige Konsequenzen dargestellt werden.[29]

Wie bereits im 1. Abschnitt erwähnt, versteht Scheler Werte als Qualitäten, die an den Dingen, Personen, Lebewesen, Handlungen, Ereignissen usw. in der Welt angetroffen werden, wobei derartige Qualitäten von empirisch untersuchbaren Eigenschaften abzugrenzen seien (vgl. Scheler 1927, 8). Von grundlegender Bedeutung ist zudem die Unterscheidung von Werten und Gütern: Während es sich bei Werten um Qualitäten handelt, sind Güter materielle oder auch immaterielle Gebilde, die in ihrem Sein durch Werte bestimmt werden. In diesem Sinne wären etwa eine Freundschaft oder ein Gemälde Beispiele für Güter, wobei sie insofern durch Werte bestimmt oder geprägt sind, als in der Freundschaft ein geistiger und im Gemälde ein ästhetischer Wert realisiert sein muss.[30] Auch Gesinnungen und Tugenden hängen für Scheler eng mit Werten zusammen und sind zudem zweifellos wertvoll, ohne jedoch selbst Werte zu sein (vgl. ebd., 24, 112). Als Beispiel eignet sich hier die Tugend der Ehrfurcht: Ehrfurcht bedeutet für Scheler, um die Fehlbarkeit des eigenen Werthorizonts zu wissen und die für sich selbst als bedeutsam erfassten Werte nicht für einen absoluten Maßstab zu nehmen (vgl. Scheler 1919a) – somit hat sie mit unserer Orientierung gegenüber der Fülle an Werten zu tun. Zudem ist sie selbst wertvoll, indem sie einen moralischen Wert realisiert. Insgesamt bietet Schelers Unterscheidung von Werten, Gütern, Tugenden und Gesinnungen den Vorteil, dass sie uns dabei hilft, gerade in moralischen und gesellschaftspolitischen Zusammenhängen eine inflationäre Rede von Werten zu vermeiden: Tradition, Selbstverwirklichung, Freundschaft, Familie usw. können zweifellos wertvoll sein (realisieren also Werte), und wären u. a. Kandidaten für Güter, ebenso wie Toleranz, Hilfsbereitschaft oder Tapferkeit Kandida-

---

Apriori" bringen heute Assoziationen mit sich, die von Scheler nicht unbedingt intendiert wurden. So erfüllt bei ihm die Rede vom „Wesen" des Mitgefühls, der Person, des Ressentiments, der Gesellschaft usw. eine ähnlich allgemeine Funktion wie die heutige Rede vom „Begriff" der Liebe, der Person etc. Dass er sich in seiner Terminologie für die Rede vom Wesen entscheidet, liegt wohl weniger an einer platonistischen oder essentialistischen Grundhaltung, sondern eher daran, dass er die Rede vom Begriff zu Beginn des 20. Jahrhunderts für erkenntnistheoretisch kontaminiert hielt. Vgl. zu ähnlichen Problemen Kalckreuth 2021, 175–193. Für Schelers kritische Opposition zum Neukantianismus in Bezug auf Werte siehe Wendt 2021.

29 Für einen aktuellen Überblick über die Forschung zu Scheler sei verwiesen auf Schloßberger 2023. Siehe zudem Bermes et al. 2000; Kelly 2011.

30 Ästhetische Werte mögen beliebte, weil naheliegende Beispiele für Werte sein, bieten jedoch den gravierenden Nachteil, dass der Zugang zu Werten dadurch leicht als Geschmackssache missverstanden wird: Ein Kunstwerk kann auch dann ästhetischen Wert haben, wenn es mir nicht gefällt oder wenn ich es nicht verstehe.

ten für (wertvolle) Gesinnungen bzw. Tugenden wären, ohne deswegen gleich selbst Werte sein zu müssen.[31]

Wie oben bereits angesprochen erarbeitet Scheler eine umfassende Differenzierung von Werten: Neben verschiedenen „Wertreihen" wie etwa sinnlichen Werten, vitalen Werten und geistigen Werten, die in einer Rangfolge stehen, unterscheidet er „Selbst- und Konsekutivwerte", „Symbolwerte" und weitere (vgl. Scheler 1927, 98–103). Hinzu kommt noch die Einbeziehung verschiedener Träger (also Dinge, Personen, Handlungen usw.). Aus einer kritischen Perspektive mag sich zwar die Frage stellen, ob all diese Differenzierungen in der vorliegenden Form und Strenge haltbar sind, grundsätzlich erscheint die Einteilung von Werten in verschiedene Reihen oder Klassen aber sinnvoll wenn nicht unerlässlich, um mit der großen Vielfalt an Werten umgehen und Eigengesetzlichkeiten einfangen können. Dies erwies sich auch im vorigen Abschnitt als Vorteil, denn es konnten so mehrere Alternativen aufgezeigt werden, um religiöse Werte zu thematisieren.

Neben seinen Überlegungen zu den Wertqualitäten selbst befasst sich Scheler besonders intensiv mit der Frage nach unseren Zugängen zu Werten, wobei er verschiedene Phänomene herausarbeitet: Erstens unterscheidet er auf der Ebene des Aktvollzugs menschlicher Personen verschiedene emotionale Akte, in denen uns Werte begegnen, nämlich intentionales „Wertfühlen" als Erleben eines bestimmten Wertes, „Vorziehen" bzw. „Nachsetzen" als Erleben verschiedener Werte in Relation zueinander sowie Liebe und Hass als Erweiterung oder Verengung unseres Horizonts für bestimmte Werte (ebd., 61, 85–87, 260–268).[32] Zudem weist er darauf hin, dass verschiedene emotionale Phänomene wie etwa das Ressentiment unseren Zugang zu Werten beeinflussen (vgl. Scheler 1919b). Zweitens entwickelt er eine Lehre vom Vorbild, das uns durch den „Mitvollzug" die Augen für Werte öffnet, die uns bislang verborgen blieben (vgl. ebd., 598–609).[33] Drittens ist er sich darüber im Klaren, dass unser Zugang zu Werten auch über die Moral unserer Soziokultur vermittelt wird, wobei im Laufe der Zeit sowie im Vergleich zwischen den Kulturen verschiedene Vorzugsordnungen vorherrschen, sodass

---

31 Aus diesen Darstellungen ergibt sich, dass viele der in Abschnitt 1 genannten Beispiele für Scheler Güter, Gesinnungen, Tugenden o. ä. wären. Diese Unterscheidung ist aus Schelers Perspektive insofern von Bedeutung, als insbesondere Güter, aber auch Tugenden und Gesinnungen unter geschichtlichen Bedingungen entstehen und an sie gebunden sind.
32 Vgl. hierzu exemplarisch Keller 2002.
33 Diese Denkfigur ist nicht unerheblich, da sich ausgehend von der Annahme eines fühlenden Zugangs zu Werten durchaus die Frage stellt, wie ‚neue' Wertbindungen entstehen können. So kann es beispielsweise der gemeinsame Besuch einer Ausstellung ermöglichen, den Wert eines Kunststils wahrzunehmen. Siehe Kalckreuth 2019; Kalckreuth 2022.

sich (wie bei Nietzsche) mit einigem Recht von „Moralen" im Plural sprechen lässt (vgl. ebd., 310, 513f.).

Nach dieser Darstellung einiger grundlegender Thesen und Überlegungen Schelers ergeben sich zwei fundamentale Fragen: Zum einen stellt sich die Frage, worin nun eigentlich Schelers Wert*ethik* bestehe, oder zugespitzt: Welchen ‚Imperativ' gibt er uns an die Hand? Bei der Lektüre seines Werkes fällt auf, dass es ihm genau genommen vor allem darum geht, die Fülle von Wertvollem in der Welt zu beschreiben und der Leserin dafür die Augen zu öffnen. Angesichts der Mannigfaltigkeit von Werten versteht es sich jedoch schon beinahe von selbst, dass das Ziel kaum darin bestehen kann, *alle* Werte in der Welt wahrzunehmen: Hier ist immer schon klar, dass sowohl eine einzelne Person als auch eine Moral nur einen Ausschnitt dieser Mannigfaltigkeit erschließen können. Auch die von ihm angenommene objektive Rangordnung der Werte wird nicht einfach in den Imperativ umgemünzt, sich in der eigenen Lebensführung gefälligst an diese Rangordnung zu halten.[34] Stattdessen belaufen sich die normativen Aussagen Scheler vor allem auf eine Kritik der bürgerlichen Moderne, der er eine an Nützlichkeit orientierte Vorzugsordnung, ein Fremdeln mit existenziell bedeutsamen Akten wie Demut, Reue oder Ehrfurcht sowie ein mangelnde Solidarität attestiert, ohne jedoch seine Leserschaft als ‚happy few' zum Umkrempeln der Verhältnisse aufzufordern (vgl. Scheler 1919b, 182–236).

Zum anderen stellt sich die Frage, wie weit die von Scheler angenommenen „Wesensgesetze" bzw. das „*Apriori*" reichen. Der bekannte Vorwurf des ‚Platonismus' oder die Rede vom ‚Wertehimmel' legen nahe, dass jeder einzelne Wert als eine Art platonische Idee ewig vor sich hin existiere. In diesem Sinne hätte beispielsweise der Wert von Sibelius erster Symphonie schon immer existiert, käme durch das Schreiben des Stücks und seiner Aufführung unter uns und würde auch dann weiter existieren, wenn es niemanden mehr gäbe, der die Symphonie hören könnte. Die einschlägigen Überlegungen Schelers könnten aber auch so verstanden werden, dass es bei Werten prinzipielle bzw. zeitlose Gesetze gebe, die von den konkreten Verwirklichungen in Gütern oder Dingen unabhängig sind: Dass eine Symphonie einen ästhetischen Wert hat (und beispielsweise keinen Lebenswert) oder dass Nützlichkeit an eine Funktion gebunden ist, wären Gesetzlichkeiten, bei denen die Rede von einer prinzipiellen, zeitlosen Geltung weit geringere Bauchschmerzen bereiten würde. Das *Apriori* würde sich in diesem Fall auf bestimmte Zusammenhänge wie die Rangordnung der Werte oder die

---

[34] Überhaupt sind die moralischen Werte in Schelers Schriften eher wenig präsent. Entsprechend verwundert es nicht, wenn etwa Christian Bermes darauf hinweist, dass es Scheler um die *Grundlegung* einer Wertethik gehe, nicht aber um die Durchführung. Vgl. Bermes 2014.

Zuordnung von Werten und möglichen Wertträgern beschränken, nicht aber auf das Sosein jedes einzelnen Wertes.

Insgesamt lässt sich wohl festhalten, dass Schelers Phänomenologie in der Tat einige begriffliche Ressourcen bereitstellt, die für das Anliegen einer breit aufgestellten Philosophie der Werte attraktiv sind. Es ist zwar richtig, dass er von *a priori* geltenden Wesensgesetzen ausgeht (z. B. der Rangordnung oder den Zuordnungen von Wert und Wertträger), damit könnte jedoch auch zu einem guten Teil das gemeint sein, was wir in heutigen Debatten recht allgemein als ‚prinzipielle' oder ‚begriffliche' Zusammenhänge bezeichnen.

4 Wertforschung – Philosophie im Austausch mit Sozial- und Kulturwissenschaften

In der philosophischen Debatte um Werte und insbesondere im Rahmen der vorgebrachten Einwände wird in der Regel unterschlagen, dass Werte nicht nur in der Philosophie, sondern auch in anderen Disziplinen vorkommen. So befasst sich beispielsweise die Soziologie mit der Rolle von Wertungen in gesellschaftlichen Prozessen und Handlungen, in der klassischen ökonomischen Theorie markiert der Begriff des Wertes einen Übergang von Lebenspraxis in ökonomisches Handeln, in der Politikwissenschaft wird nach normativen Prinzipien unseres Staatswesens gefragt und auch in Ethnologie und Archäologie könnte die Rede von Werten bemüht werden, um die Bewandtnis, die es mit bestimmten Artefakten für menschliche Personen hat, auszudrücken. Leider scheint es zurzeit keinen umfangreichen inter- oder transdisziplinären Austausch über Werte zu geben, obwohl es sich angesichts der Vielfalt einschlägiger Disziplinen durchaus anböte, zu überlegen, in welchem Verhältnis die verschiedenen Fragerichtungen und Theorien zueinander stehen. Auch an dieser Stelle können nur ausblickhaft einige, auf das Thema des Beitrags zugeschnittene Ansatzpunkte aufgezeigt werden.

Zunächst einmal dürfte einleuchten, dass eine philosophische Theorie der Werte prinzipiell nur auf einen begrenzten Bestand an Wertungen, Gütern, Tugenden usw. zurückgreifen kann, da sie bei der eigenen Lebensrealität ansetzt. Da es ihr aber dennoch ein Anliegen ist, die Wertungen und Güter anderer Kulturen und historischer Epochen in die eigenen Überlegungen mit einzubeziehen, bedarf es eines adäquaten Zugangs zu einschlägigen Phänomenen. Dies ist einfacher gesagt als getan, denn was für Werte beispielsweise einem afrikanischen Dolch zugesprochen werden, wird sich bei einer oberflächlichen Betrachtung nicht ohne weiteres erschließen. Ebenso wenig kann aus einer philosophischen Theorie heraus beurteilt werden, ob feudale Lehenstreue als Gesinnung bzw. Tugend einen politischen, moralischen oder religiösen Wert realisiert (bzw. ob sie diese Unterscheidung unterläuft) und welche historischen Entstehungsbedingungen dafür erforderlich waren. Hier bedarf es der Ergebnisse von Disziplinen wie Archäologie, Geschichte, Ethnologie, Religionswissenschaften usw., die die entsprechenden Gebilde, Güter oder Praktiken kontextualisieren und auf diese Weise Aussagen über realisierte Werte oder Wertungen ermöglichen.[35]

Diese Beobachtung lässt sich auch auf die Frage nach religiösen Werten übertragen: Die eigenen Praktiken, Gegenstände, Tugenden usw. sind uns zwar grundsätzlich vertraut, aber schon hier sind die Fragen, ob und warum beispielsweise Fasten, Pilgern, Ge- und Verbote als wertvoll gelten, keineswegs leicht zu beantworten. Umso komplizierter wird es bei uns fremden Formen von Religiosität: Hier sind Disziplinen wie Religionswissenschaften und Religionsgeschichte, Archäologie und Ethnologie in der Lage, zu beurteilen, welche Rolle bestimmte Artefakte oder Dinge in der religiösen Praxis spielen (vgl. u. a. Kohl 2003), welche Rituale, Traditionen und Symbole als wertvoll gelten (vgl. u. a. Stollberg-Rillinger 2013; Althoff 2004) oder warum bestimmte Sprachen oder Schriften ‚heilig' sind (vgl. Bultmann et al. 2005; Bennett 2018). All dies könnte eine Philosophie der Werte selbst nicht leisten, weshalb die Ergebnisse solcher Forschungen für sie selbst dann interessant sein können, wenn in den einschlägigen Disziplinen nicht explizit von Werten gesprochen wird. Umgekehrt mag der Wertbegriff für viele der genannten Einzeluntersuchungen zu unspezifisch und daher zunächst wenig attraktiv sein, er könnte sich jedoch gerade wegen seiner Allgemeinheit als brauchbare Hilfskonstruktion erweisen, um strukturell ähnliche Erfahrungen in verschiedenen Kulturen zu vergleichen.

Soziologie und Politikwissenschaften unterscheiden sich in ihrem Zugang zu Werten dahingehend von philosophischer Forschung, als bei ihnen quantitative Methoden wie Umfragen, Statistiken usw. eine große Rolle spielen. Dieser Zugang ermöglicht es zu untersuchen, welche konkreten Güter, Tugenden und Wertbindungen gesamtgesellschaftlich oder innerhalb verschiedener sozialer Gruppierungen faktisch vorherrschen. Allerdings setzt die Anwendung solcher Verfahren zunächst eine ungefähre inhaltliche Klärung dessen voraus, was als Wert, Gut etc. gilt.[36] Auch mit Blick auf religiöse Werte springt das Potential ins Auge, empirisch

---

[35] Für einen Austausch in diesem oder einem sehr ähnlichen Sinne siehe die Beiträge in Althoff 2004. Mit Blick auf Ritual- und Kooperationsforschung siehe Hartung 2016.
[36] Als Beispiel für eine von einer Werttheorie ausgehenden Kritik am Design von Umfragen bietet sich die kürzlich durchgeführte Umfrage zur „Entwicklung von Wertvorstellungen in unserem Land" an: Abgesehen davon, dass dort etwa Selbstverwirklichung, materieller Wohlstand und

untersuchen zu können, was innerhalb der Gesellschaft als religiös wertvoll oder heilig angesehen wird. Jedoch ist hier ebenfalls zu bedenken, dass die erhobenen Daten von der Selbstbeschreibung der Individuen abhängen: So könnte einerseits die Bindung an religiöse Werte unter Umständen nicht als ‚religiös' wahrgenommen werden, wenn eine religiös wertvolle Handlung außerhalb der klassisch konfessionellen Religiosität stattfindet. Andererseits wäre denkbar, dass sich die Teilnahme an religiösen Praktiken ohne tatsächliche Bindung an religiöse Werte vollzieht – beispielsweise bei einer Teilnahme am ländlichen Erntedank-Gottesdienst aus Gründen der Geselligkeit.

Zuletzt stellt sich die naheliegende Frage, was nun eigentlich die Aufgabe der Philosophie im Miteinander mit den anderen Disziplinen sein soll. Ein großer Vorteil philosophischer Theoriebildung besteht darin, bei der Frage nach prinzipiellen, begrifflichen Zusammenhängen oder typologischen Differenzierungen weder auf empirische Daten noch auf Funde oder Quellen angewiesen zu sein. Mit Blick auf die Frage nach Werten bedeutet dies, dass sie ausgehend von unseren lebensweltlichen Erfahrungen von Bedeutsamkeit Kandidaten für Werte identifizieren, nach Möglichkeiten der Einteilung in Wertarten oder -reihen fragen sowie prinzipielle Gesetzlichkeiten untersuchen kann. So wurde etwa im vorliegenden Beitrag das Für und Wider unterschiedlicher Fassungen von religiösen Werten – z. B. anhand des Göttlichen, des Heiligen oder einer Religionsdefinition – erörtert. Ein weiterer Vorteil der größeren Distanz von Quellen und Daten besteht darin, dass bei der Erarbeitung von Typologien auch Kandidaten berücksichtigt werden können, bei denen die Daten- oder Quellenbasis dünn ist. Mit Blick auf Werte könnte man an die göttlichen Werte denken, aber auch an die von Scheler benannten „vitalen Werte" bzw. „Lebenswerte", die wir zwar aus unserer alltäglichen Lebenspraxis heraus irgendwie einordnen könnten, die aber nicht gänzlich mit den Gegenstandsbereichen von Natur-, Kultur- und Sozialwissenschaften in Deckung zu bringen sind. Zuletzt (und vor allem!) lassen sich jedoch in der Philosophie fundamentale Probleme artikulieren, die sich aus widersprüchlichen Gegebenheiten oder Erfahrungen ergeben, z. B. das oben behandelte Problem des Zusammenhangs von Geschichtlichkeit und ‚Überzeitlichkeit' der Werte.

Familie als Werte bezeichnet werden, wird die Religion pauschal den traditionellen Werten zugeschlagen, also offenkundig auf konfessionelle Zugehörigkeit reduziert. Siehe Klaus et al. 2020.

5 Fazit

Der vorliegende Aufsatz hat – wie schon in der Einleitung angekündigt – verschiedene Fragen und Probleme zusammengeführt. Dabei bestand das Anliegen des Textes keineswegs darin, all diese Probleme im Handstreich zu lösen, sondern eher darin, durch eine Besinnung darauf, wonach wir rund um die Wertthematik fragen können, einen Ausweg aus der recht festgefahrenen philosophischen Debatte um Werte zu finden. Ansatzpunkt war zunächst die Frage, was wir eigentlich mit der Rede von Werten einzuholen gedenken und welche Probleme sich daraus ergeben (1). Einer Philosophie der Werte geht es zunächst einmal darum, unsere Erfahrungen von Bewandtnis und Bedeutsamkeit in der Welt zu artikulieren, wofür wiederum verschiedene begriffliche Ressourcen (u. a. Werte als Erfahrungen, als Qualitäten oder als Prinzipien) bereitstehen. Im Laufe des Abschnitts wurde versucht, gängige Einwände zu diskutieren und hinsichtlich ihrer Stichhaltigkeit einzuordnen. Diese Diskussion führte zu der These, dass eine Philosophie der Werte nicht grundsätzlich problematisch sein muss, dass sie jedoch inhaltlich breit aufgestellt sein sollte, um Ansprüche, die sich aus den Einwänden ergeben, einlösen zu können.

Im nachfolgenden Abschnitt rückte die Problematik religiöser Werte in den Mittelpunkt (2). Auch hier wurde bei der Frage angesetzt, welche Phänomene wir mit der Rede von religiösen Werten eigentlich einfangen wollen. Die Beantwortung dieser Frage erwies sich als nicht selbstverständlich, denn es gibt verschiedene, unterschiedlich anspruchsvolle Kandidaten für religiöse Werte. Dabei wurde die Vermutung geäußert, dass die Annahme religiöser Werte in erster Linie attraktiv sein könnte, um den besonderen Status ‚diesseitiger' Artefakte, Praktiken, Schriften, Vorbilder usw., die einen Zugang zu etwas Heiligem vermitteln, einzufangen. Dies erscheint auch insofern sinnvoll, als derartige Phänomene in der Religionsphilosophie für gewöhnlich eher randständig betrachtet werden.

Nach diesen beiden langen Abschnitten folgten zwei kürzere, von denen der erste eine ausblickhafte Diskussion der Anschlussfähigkeit von Max Schelers Phänomenologie der Werte beinhaltete (3). Obwohl einige der dort verhandelten Fragen etwas fern des eigentlichen Anliegens lagen, so erschien die Einbeziehung doch insofern wichtig, als hier einige Auffassungen Schelers, die sich für die anderen Abschnitte als relevant erwiesen (z. B. die Unterscheidung von Werten und Gütern), genauer dargestellt werden konnten. Schließlich wurden im letzten Abschnitt kurz einige Möglichkeiten der Kooperation mit Geistes- Kultur- und Sozialwissenschaften skizziert (4).

Was ist insgesamt festzuhalten? Sofern wir uns darauf einigen, dass Werterfahrungen, -bindungen und Wertungen Teil unserer Lebensführung sind, tut die

Philosophie gut daran, etwas zu ihnen zu sagen zu haben. Dabei scheint nicht jede Weise, nach Werten zu fragen, zwingend in eine Katastrophe führen zu müssen. Stattdessen bietet der umkämpfte Status des Wertbegriffs womöglich sogar den Vorteil, dass verschiedene Gegebenheiten, Einwände usw. beim Fragen nach den Werten und der Theoriebildung ernst genommen werden können. Dies setzt jedoch nicht nur einen langen Atem beim Gang der Untersuchungen voraus, sondern erfordert auch einen Ansatz, der breit genug ist, die konkreten Phänomene adäquat zu interpretieren: Keine Philosophie der Werte ohne Philosophie der Kultur, der Geschichte, des Politischen und des Sozialen.

Anmerkung

Dieser Beitrag entstand im Rahmen des von der Deutschen Forschungsgemeinschaft (DFG) geförderten Projekts „Zur interdisziplinären und innerphilosophischen Rechtfertigung einer Philosophie der Werte", DFG-Projekt Nr. 457895741. Ich danke Magnus Schlette, Gerald Hartung und den Kolleg*innen vom Max-Weber-Kolleg für viele hilfreiche Rückmeldungen zu einem ersten Entwurf des Textes.

Literatur

Althoff, Gert (Hg.) (2004): Zeichen – Rituale – Werte, Münster.
Becker, Ralf (2021): Qualitätsunterschiede. Kulturphänomenologie als Kritische Theorie, Hamburg.
Bennett, Brian P. (2018): Sacred Languages of the World. An Introduction, Oxford.
Bermes, Christian (2014): Einleitung: Die Erkundung der Moralität. Schelers Grundlegung der Ethik, in: Scheler, Max: Der Formalismus in der Ethik und die materiale Wertethik. Neuer Versuch der Grundlegung eines ethischen Personalismus, Hamburg, XI–XXX.
Bermes, Christian / Henckmann, Wolfhart / Leonardy, Heinz (Hg.) (2000): Person und Wert. Schelers „Formalismus" – Perspektiven und Wirkungen, Freiburg / München.
Bultmann, Christoph, et al. (Hg.) (2005): Heilige Schriften. Ursprung, Geltung und Gebrauch, Münster.
Demmerling, Christoph (2013): Werte, Wertschätzen und Gefühle, in: Deutsche Zeitschrift für Philosophie 61 (1), 69–72.
Dewey, John (1994): Erfahrung und Natur, Frankfurt a. M.
Eßbach, Wolfgang (2019): Religionssoziologie, Bd. 2. Entfesselter Markt und Artifizielle Lebenswelt als Wiege neuer Religionen, Paderborn / Leiden.
Gantke, Wolfgang (1998): Der umstrittene Begriff des Heiligen. Eine problemorientierte religionswissenschaftliche Untersuchung, Marburg.
Halbig, Christoph (2004): Ethische und ästhetische Werte. Überlegungen zu ihrem Verhältnis, in: Althoff, Gert (Hg.): Zeichen – Rituale – Werte, Münster, 37–53.

Hartmann, Nicolai (1955): Systematische Selbstdarstellung, in: Ders.: Kleinere Schriften, Bd. I. Abhandlungen zur systematischen Philosophie, Berlin, 1–51.
Hartmann, Nicolai (1958): Das Wertproblem in der Philosophie der Gegenwart, in: Ders.: Kleinere Schriften, Bd. III. Vom Neukantianismus zur Ontologie, Berlin, 321–327.
Hartung, Gerald (2016): On Rituals and Values, in: Jahrbuch Interdisziplinäre Anthropologie 3, 55–59.
Joas, Hans (1997): Die Entstehung der Werte, Frankfurt a. M.
Joas, Hans (2017): Die Macht des Heiligen. Eine Alternative zu der Geschichte von der Entzauberung, Berlin.
Jung, Matthias (2014): Gewöhnliche Erfahrung, Tübingen.
Jung, Matthias (2017): Symbolische Verkörperung. Die Lebendigkeit des Sinns, Tübingen.
Kalckreuth, Moritz von (2019): Wie viel Religionsphilosophie braucht es für eine Philosophie der Person?, in: Neue Zeitschrift für systematische Theologie und Religionsphilosophie 61 (1), 67–83.
Kalckreuth, Moritz von (2021): Philosophie der Personalität. Syntheseversuche zwischen Aktvollzug, Leiblichkeit und objektivem Geist, Hamburg.
Kalckreuth, Moritz von (2022): Philosophische Überlegungen zum Zugang zu Werten, in: Weilert, Katharina (Hg.): „Werteerziehung" durch die Schule – staatliche Bildungs- und Erziehungsziele in interdisziplinärer Reflektion, Tübingen.
Keller, Thomas (2002): Liebesordnungen, in: Raulet, Gerard (Hg.): Max Scheler. L'Anthropologie philosophique en Allemagne dans l'Entre-deux-Guerres. Philosophische Anthropologie in der Zwischenkriegszeit, Paris, 126–157.
Kelly, Eugene (2011): Material Ethics of Value: Max Scheler and Nicolai Hartmann, Dordrecht.
Klaus, Cordula et al. (2020): Zukunft von Wertvorstellungen der Menschen in unserem Land, Studie beauftragt vom BMBF, o. O.
Kohl, Karl-Heinz (2003): Die Macht der Dinge. Geschichte und Theorie sakraler Objekte, München.
Krüger, Gerhard (1958): Grundfragen der Philosophie. Geschichte – Wahrheit – Wissenschaft, Frankfurt a. M.
Martern, Harald (2014): Wertgefühle und gelebte Moral. Rudolf Ottos Begründung der Ethik im Anschluss an Kant, in: Lauster, Jörg et al. (Hg.): Rudolf Otto. Theologie – Religionsphilosophie – Religionsgeschichte, Berlin Boston 2014, 391–402.
McDowell, John (2002): Wert und Wirklichkeit. Aufsätze zur Moralphilosophie, Frankfurt a. M.
Michaels, Axel et al. (Hg.) 2001: Noch eine Chance für die Religionsphänomenologie?, Bern.
Moser, Claudia / Feldman, Cecelia (Hg.) (2014): Locating the Sacred. Theoretical Approaches to the Emplacement of Religion, Oxford.
Otto, Rudolf (1936): Das Heilige. Über das Irrationale in der Idee des Göttlichen und sein Verhältnis zum Rationalen, München.
Otto, Rudolf (1981): Aufsätze zur Ethik, München.
Polke, Christian (2018): Lebensformen. Vom Stoff der Ethik, in: Zeitschrift für Theologie und Kirche 115 (3), 329–360.
Raz, Joseph (2001): Value, Respect, and Attachment, Cambridge.
Rescher, Nicholas (2017): Value Reasoning. On the Pragmatic Rationality of Evaluation, Cham.
Sayre-MacCord, Geoffrey (Hg.) (1989): Essays on Moral Realism, Ithaca (NY).
Scheler, Max (1919a): Zur Rehabilitierung der Tugend, in: Ders.: Vom Umsturz der Werte. Abhandlungen und Aufsätze, Bd. 1, Leipzig, 11–42.

Scheler, Max (1919b): Das Ressentiment im Aufbau der Moralen, in: Ders.: Vom Umsturz der Werte. Abhandlungen und Aufsätze, Bd. 1, Leipzig, 43–236.

Scheler, Max (1923): Vom Ewigen im Menschen, Teilband II, Leipzig

Scheler, Max (1927): Der Formalismus in der Ethik und die materiale Wertethik. Neuer Versuch der Grundlegung eines ethischen Personalismus, Halle a. d. Saale.

Schlette, Magnus et al. (Hg.) (2022): Idealbildung, Sakralisierung, Religion: Beiträge zu Hans Joas' „Die Macht des Heiligen", Frankfurt a. M.

Schlitte, Annika (2014): Heilige Orte – Orte des Erhabenen? Überlegungen zu einem Berührungspunkt von Naturästhetik und Religionsphilosophie bei Kant und Otto, in: Lauster, Jörg et al. (Hg.): Rudolf Otto. Theologie – Religionsphilosophie – Religionsgeschichte, Berlin Boston 2014, 435–448.

Schloßberger, Matthias (2023): Max Scheler Handbuch. Leben – Werk – Wirkung, Stuttgart [in Vorbereitung].

Stollberg-Rilinger, Barbara (2013): Rituale, Frankfurt a. M.

Taylor, Charles (2009): Quellen des Selbst. Die Entstehung der neuzeitlichen Identität, Frankfurt a. M.

Tillich, Paul (1987): Systematische Theologie, Bd. I/II, Berlin / New York.

Weber, Max (1972): Wirtschaft und Gesellschaft. Grundriss der verstehenden Soziologie, Tübingen.

Wendt, Alexander Nicolai (2021): Unsichtbar und unerhört. Kontroversen um Max Schelers Wertphilosophie, in: Dzwiza-Ohlsen, Erik / Speer, Andreas (Hg.): Philosophische Anthropologie als interdisziplinäre Praxis, Paderborn, 114–133.

Wolf, Susan (2015): The Variety of Values. Essays on Morality, Meaning, and Love, Oxford.

Georg Kalinna
Lokalisierung und Apologetik

Die Bedeutung von Wolfhart Pannenbergs Rezeption der Philosophischen Anthropologie für die theologische Anthropologie der Gegenwart

Abstract: The article analyzes Wolfhart Pannenberg's reading of the philosophies of Max Scheler, Helmuth Plessner, and Arnold Gehlen to shed light on the contemporary challenges to an interdisciplinary approach in theological anthropology. It assumes that the 'localization' of human beings is a central task both of philosophical and of theological anthropology and argues that Pannenberg uses the theories of the German tradition of philosophical anthropology to localize human beings in relation to society, animals, nature, the universe and God. It will show that Pannenberg's reading is not only motivated by the need to localize human beings, but also follows an apologetic logic because he uses these theories to establish that, firstly, traditional distinctions between humans and other animal species are legitimate, and, secondly, that religion is natural and necessary for human beings. The article will come to the conclusion that theology would do well to avoid these preconceptions and to draw upon recent theories such as those proposed by Michael Tomasello to rewrite its own traditions in a creative way.

Keywords: philosophical anthropology; theological anthropology; localization; apologetics; human; animals; God; theology; Wolfhart Pannenberg

1 Einleitung

Die evangelische Theologie unserer Tage ist insgesamt weit davon entfernt, das Verhältnis von nichttheologischer und theologischer Anthropologie als „Konkurrenz" (Barth 1948, 23) zu verstehen oder diese gar als „Feind" (ebd., 24) zu interpretieren.[1] Solche Verhältnisbestimmungen, die bis zur Mitte des 20. Jahr-

---

[1] Auch wenn diese konfrontative Zuordnung für Karl Barth als typisch gelten darf, ist damit nicht das letzte Wort über seine Anthropologie gesagt. Liest man sich in den Duktus seiner Ausführungen ein, wird schnell deutlich, dass seine Überlegungen durchaus stärker von der konstruktiven Auseinandersetzung mit anderen Wissenschaften geprägt sind, als es einige seiner steilen Aussagen vermuten lassen. Den Ausdruck der „Feindschaft" möchte Barth ausdrücklich nur auf

hunderts wirkmächtig waren, haben ihr historisches Recht und auch ein systematisches Verdienst, der in dem Hinweis besteht, dass die Theologie einer eigenständigen Fragestellung bedarf, um relevant zu sein. Dennoch hat sich mit guten Gründen weitgehend die Auffassung durchgesetzt, dass sich die theologische Anthropologie kritisch wie konstruktiv auf areligiöse Deutungen menschlichen Daseins beziehen muss, um ihrer Aufgabe gerecht zu werden.² Doch wie genau das Verhältnis von natur- bzw. sozialwissenschaftlichen oder philosophischen Aussagen über den Menschen mit der christlichen Überlieferung konstruktiv in ein Gespräch zu bringen ist, ist ein Thema von andauernder Bedeutung.

Der folgende Beitrag soll dieses Verhältnis genauer zu klären, und zwar anhand von Wolfhart Pannenberg, der innerhalb der deutschsprachigen evangelischen Theologie des 20. Jahrhunderts wie kaum ein zweiter für den Dialog mit der Philosophie und den Naturwissenschaften steht. In seinem wissenschaftlichen Wirken hat er beständig darauf insistiert, dass die Interdisziplinarität theologischer Forschung eine notwendige Voraussetzung ist, um Religion und Theologie nicht in einen Irrationalismus oder eine intellektuelle Selbstabschottung zu treiben.³ Ein Strang dieses Plädoyers für den Dialog mit Philosophie und Wissenschaften ist Pannenbergs Interesse an der Philosophischen Anthropologie.⁴ Anhand dieser Rezeption möchte ich exemplarisch Motive, Funktionen und Fallstricke eines solchen Dialogs zeigen. Die Frage lautet: Warum benutzt Pannenberg die Einsichten der Philosophischen Anthropologie in so prominenter Weise, wofür benutzt er sie und wie ist ihr Gebrauch durch Pannenberg zu beurteilen? Gerade dieses Rezeptionsverhältnis kann als besonders aufschlussreich gelten, da die Philosophische Anthropologie ebenso wie die theologische Anthropologie selbst explizit interdisziplinär orientiert war. Empirische Erkenntnisse werden von Scheler, Plessner und Gehlen nicht einfach übernommen, sondern interpretiert. Deshalb ist der Rückgriff auf die Philosophische Anthropologie von vornherein vor dem Verdacht geschützt, als eine Rezeption vermeintlich reiner Empirie zu fungieren. Ein Grund für die Entstehung der Philo-

---

solche Deutungen des Menschen erstrecken, die sich nicht empirisch-wissenschaftlicher Forschung verdanken.
2 Vgl. hierzu die neueren Beiträge zur theologischen Anthropologie, Langenfeld/Lerch 2018 und Moxter 2018.
3 Vgl. zu Pannenbergs Anthropologie insgesamt Overbeck 2000 und Apsel 2018, 33–68.
4 Zur Bezeichnung der spezifischen Strömung namens Philosophischer Anthropologie, also zur Bezeichnung der Philosophien von Max Scheler, Helmuth Plessner und Arnold Gehlen, benutze ich im Folgenden „Philosophische Anthropologie", zur Bezeichnung der Anthropologie als allgemeinem Thema der Philosophie „philosophische Anthropologie". Vgl. Fischer 2009.

sophischen Anthropologie war gerade das Interesse an einer reflektierten Aneignung – und nicht einfach Wiedergabe – der Ergebnisse der empirischen Wissenschaften (vgl. Schnädelbach 1983, 263).[5] Gerade das macht sie für die theologische Anthropologie interessant, da auch sie Brückentheorien zur Wahrnehmung und Integration empirischer Erkenntnisse braucht.

Ich beschränke mich hierfür im Wesentlichen auf Pannenbergs frühen Band zur Anthropologie, *Was ist der Mensch?*, und weise nur da, wo es weiterführend ist, auf Kontinuität und Wandel in seiner größer angelegten *Anthropologie in theologischer Perspektive* hin (2). Es wird sich zeigen, dass Pannenbergs Rezeption ein Doppelgesicht trägt. Einerseits bezieht er sich auf die Philosophische Anthropologie mit dem theologisch-anthropologisch berechtigten Anliegen, den Menschen innerhalb der Welt zu lokalisieren. Damit verbindet sich jedoch andererseits eine apologetische Stoßrichtung, die in problematischer Weise über eine kritisch-konstruktive Aneignung hinausgeht. Der Vorschlag zum Ende dieses Aufsatzes wird darin bestehen, Pannenbergs Programm im Gespräch mit grundlegenden Erkenntnissen der Evolutionsbiologie und Kulturanthropologie fortzuentwickeln (3).

2 Der Bezug auf Philosophische Anthropologie in den Werken Wolfhart Pannenbergs

Würde eine einunddreißigjährige Privatdozentin oder ein einunddreißigjähriger Privatdozent heute vor einen Hörsaal treten, um seiner Zuhörerschaft eine Vortragsreihe mit dem Titel *Was ist der Mensch?* darzubieten, wäre die Skepsis vermutlich groß. Der Rekurs auf Immanuel Kants berühmte vierte Frage der Philosophie – hörte man ihn denn mit –, würde vermutlich nicht den ersten Eindruck mildern, dass es sich hierbei um ein an Hybris grenzendes Unterfangen halten könnte.[6] Nun war Wolfhart Pannenberg mit seinen einunddreißig Jahren bereits seit vier Jahren habilitiert und seit einem Jahr ordentlicher Professor an der Kirchlichen Hochschule Wuppertal, als er eine gleichnamige Vortragsreihe gehalten hat (vgl. Pannenberg 1995). Sein Aufstieg zu einem der bedeutendsten Theologen des 20. Jahrhunderts hat die Wahl des Titels ins Recht gesetzt. Pannenbergs *Anthropologie der Gegenwart im Lichte der Theologie*, so der Untertitel

---

5 Siehe auch Fischer 2009.
6 Vgl. Kant 1983, A 26: „Das Feld der Philosophie in dieser weltbürgerlichen Bedeutung lässt sich auf folgende Fragen bringen: 1) Was kann ich wissen? 2) Was soll ich thun? 3) Was darf ich hoffen? 4) Was ist der Mensch?"

der veröffentlichten Vorträge, war nicht nur so erfolgreich, dass sie zwei Jahre später im Norddeutschen Rundfunk ausgestrahlt wurden, sondern auch, dass der knapp einhundert Seiten kurze Band acht Auflagen erlebt hat und damit für die evangelische Theologie ein veritabler Bestseller geworden ist.

„Wir leben in einem Zeitalter der Anthropologie." (Pannenberg 1995, 5) So eröffnet Pannenberg seinen Vortrag, der sich in eine vielschichtige historische Situation einfügt. Hatte sich die Theologie zwischen dem Ersten und dem Ende des Zweiten Weltkriegs programmatisch vom Theologieverständnis des 19. Jahrhunderts abgewandt, das man nun als anthropologische Reduktion brandmarkte, so befand sich die Theologie nach dem Zweiten Weltkrieg in einer veränderten Debattenlage. ‚Offenbarung' und ‚Wort Gottes' blieben zwar weiterhin die Leitkategorien theologischen Denkens.[7] Doch zur Bewältigung der Erfahrungen von NS-Diktatur, Zweitem Weltkrieg und atomarem Wettrüsten rückte die Anthropologie erneut in den Mittelpunkt. Diese Ereignisse trugen zu der theologiehistorischen Entwicklung bei, die man im Nachhinein als „anthropologische Wende" (Fischer 2002a, 313–316) bezeichnet hat. Pannenbergs Bemerkung ist daher zunächst Ausdruck eines theologischen Paradigmenwechsels, dem in je unterschiedlicher Weise auch Rudolf Bultmann, Friedrich Gogarten und Paul Tillich zuzurechnen sind. Auch wenn die offenbarungstheologischen und christozentrischen Prämissen der Zwischenkriegszeit bis zur Wiederentdeckung Friedrich Schleiermachers seit den späten 1960er Jahren weitgehend nicht in Frage gestellt wurden, so rückt der Mensch doch zumindest als Adressat der christlichen Botschaft, als „Anknüpfungspunkt" (Bultmann 1952), erneut ins Zentrum der Theologie. Bultmanns Satz über die Theologie des Paulus kann demnach durchaus auch als repräsentativ für die Theologie seiner Zeit gelten: „Jeder Satz über Gott ist zugleich ein Satz über den Menschen und umgekehrt. Deshalb und in diesem Sinne ist die paulinische Theologie zugleich Anthropologie." (Bultmann 1953, 187) Selbst Karl Barth betonte in seiner letzten Vorlesung aus dem Jahr 1961/62, die Theologie habe es „mit Gott als dem Gott des *Menschen*, eben darum aber auch mit dem Menschen als dem Menschen *Gottes* zu tun", weshalb man, so gibt er zu bedenken, die Aufgabe der Theologie guten Gewissens auch als „Theanthropologie" bezeichnen könnte (Barth 2013, 18). Pannenberg trifft mit seiner programmatischen Bezugnahme auf Anthropologie daher den theologischen Zahn der Zeit.

Gleichzeitig handelt es sich bei Pannenbergs Gedanken zur Anthropologie jedoch auch um einen eindeutigen Gegensatz zu Karl Barths christozentrischer

---

[7] Kurz und präzise lässt sich das neben einer Reihe an damaligen Veröffentlichungen an Rudolf Bultmanns Deutung der liberalen Theologie nachvollziehen: „Der Gegenstand der Theologie ist Gott, und der Vorwurf gegen die liberale Theologie ist der, dass sie nicht von Gott, sondern von Menschen gehandelt hat." Bultmann 1954, 2.

Anthropologie, die dieser im Rahmen der monumentalen *Kirchlichen Dogmatik* ein gutes Jahrzehnt zuvor (Barth 1948) veröffentlicht hatte. Ein echtes – und vor allem theologisches – Wissen um den Menschen zeichnet sich demzufolge dadurch aus, dass es ganz auf der Christologie beruht, oder, wie Karl Barth schreibt: „Indem der Mensch Jesus das offenbare Wort Gottes ist, ist er die Quelle unserer Erkenntnis des von Gott geschaffenen menschlichen Wesens." (Barth 1948, 1) Pannenbergs Ansatz unterscheidet sich davon radikal. Nicht umsonst lautet der Titel seiner Vorträge bzw. seines Buches gerade nicht „Theologische Anthropologie", sondern *Die Anthropologie der Gegenwart im Lichte der Theologie*. Gegenstand ist die Anthropologie, wie sie im Lichte der Theologie zu deuten ist, nicht eine theologische Anthropologie mit klassischen Topoi aus der christlichen Tradition. In deutlichem Kontrast zu Barths programmatischer Reduzierung der Anthropologie auf die Christologie betont Pannenberg – in seiner interdisziplinären Ausrichtung durchaus auch über stärker offenbarungstheologisch argumentierende anthropologische Ansätze seiner Zeit hinausgehend –, dass eine „umfassende Wissenschaft vom Menschen" nicht nur das „Hauptziel der geistigen Bestrebungen der Gegenwart" sei (Pannenberg 1995, 5). Es gebe auch berechtigten Anlass zur Hoffnung, dass unterschiedliche Wissenszweige „in der Frage nach dem Menschen verwandte Einsichten und zum Teil auch eine gemeinsame Sprache gefunden haben." (ebd., 5) Pannenbergs Band ist daher geprägt von einer hohen Aufgeschlossenheit vor allem gegenüber philosophischen und sozialwissenschaftlichen, aber auch gegenüber naturwissenschaftlichen Disziplinen.[8] Es geht Pannenberg, anders gesagt, ausdrücklich darum, disziplinäre Grenzen zu überbrücken und damit einen Akzent gegen theologische Ansätze zu setzen, die in der sachlichen wie sprachlichen Distinktion einen Ausweis echter Theologie sehen. Es verwundert kaum, dass die Suche nach einer „umfassende[n] Wissenschaft vom Menschen", die die Einzelwissenschaften in eine Synthese überführen kann, auf die Philosophische Anthropologie führt. Schließlich war die Philosophische Anthropologie gerade dazu angetreten, eine solche Synthese zu formulieren und hierbei die damit verbundenen Schwierigkeiten zu reflektieren.

Neben den geistesgeschichtlichen Kontexten spielt jedoch auch der weitere historisch-politische Kontext eine wichtige Rolle für die Frage, warum Pannenberg sich und seine Zuhörerinnen und Zuhörer im „Zeitalter der Anthropologie" wähnt. Die mit dem Ende der 1950er Jahre anbrechende Phase der Bundesrepu-

---

[8] Genannt seien neben den uns hier besonders interessierenden Vertretern der Philosophischen Anthropologie nur Martin Heidegger, Ernst Cassirer, Hans-Georg Gadamer, Erik Erikson, Heinrich Popitz, Mircea Eliade, Peter Berger, Thomas Luckmann und Helmut Schelsky.

blik gilt in der gegenwärtigen Geschichtsschreibung als Beginn einer Epoche der dynamischen Umbrüche, in der die Stabilität des Nachkriegsjahrzehnts zusehends rapiden gesellschaftlichen Wandlungsprozessen weicht (vgl. Schildt 2000 und Frese 2004). Der technische Fortschritt und seine Ambivalenzen rückten angesichts des atomaren Wettrüstens der beiden Großmächte in die öffentliche Debatte. Erst ein Jahr vor Pannenbergs Vortragsreihe diskutierte die Bundesrepublik unter reger Beteiligung der Kirchen in äußerster politischer Schärfe über die atomare Aufrüstung der Bundeswehr, wogegen sich mit der „Atomtod"-Bewegung eine dezidiert christliche Protestbewegung formierte. Literatur, Philosophie und Kunst beschäftigten sich intensiv mit der Frage, welche Bedeutung die Atombombe für das Selbstverständnis der Menschheit hat. Exemplarisch kommt dies etwa bei Friedrich Dürrenmatts *Die Physiker* (1962) und Karl Jaspers' *Die Atombombe und die Zukunft des Menschen* (1958) zum Ausdruck.

In gut protestantischer Tradition deutet Pannenberg die hier aufbrechenden Fragen als Ausdruck der Zweideutigkeit menschlicher Freiheit. Sie schien ihm derart entfesselt, dass ihr ganze Nationen und Völker zum Opfer fallen konnten. Pannenberg formuliert es zwar als Anliegen der Geistesgeschichte seit Blaise Pascal, es ist aber wohl eher ein Kommentar über die geistigen Fragen seiner eigenen Zeit, wenn er „das Erschrecken vor der schrankenlosen Freiheit des modernen Menschen" (Pannenberg 1995, 6) an den Anfangspunkt seiner Überlegungen stellt. „Sind wir nicht so weit gelangt, das Leben auf dieser Erde und die Menschheit selbst vernichten zu können?" (ebd.) Die Möglichkeit des Gebrauchs technischer Möglichkeiten und vor allem der Fähigkeit, die Menschheit nuklear auszulöschen, bildet den Hintergrund für die Diagnose, dass eine umfassende Theorie des Menschen nötig ist. Denn dieser Mensch versteht sich angesichts seiner Möglichkeiten, so könnte man Pannenberg paraphrasieren, selbst nicht mehr. Ausdruck der geradezu titanisch anmutenden Freiheit ist die Ortlosigkeit des Menschen. „Der Mensch will sich nicht mehr in eine Ordnung der Welt, der Natur einfügen, sondern er will über die Welt herrschen." (ebd., 5) Er habe „den alten Halt an festen Ordnungen verloren" (ebd., 6). Es ist diese Konstellation – die zerstörerische Ambivalenz menschlicher Freiheit und die damit zusammenhängende Ortlosigkeit des modernen Menschen –, die Pannenberg zur Philosophischen Anthropologie führt. Denn in deren Kernbegriffen „Weltoffenheit" und „exzentrischer Position" sieht er hilfreiche Konzepte zur Auslegung der menschlichen Freiheit, zur Verortung des Menschen in der Welt und, so ergänzt Pannenberg, zur Interpretation des Verhältnisses des Menschen zu Gott.[9]

---

[9] Ich beschränke mich im Folgenden vor allem auf die Darstellung seiner Ausführungen zur Weltoffenheit. Die stärkere Berücksichtigung von Plessners Ausdruck der positionellen Exzen-

Jenseits dieser spezifisch historischen Konstellation gibt es aber auch systematische Gründe für Pannenbergs Rezeption der Philosophischen Anthropologie. Denn er nimmt sie in Anspruch für die Lösung einer Aufgabe, vor der jede theologische Anthropologie steht: die Verortung des Menschen innerhalb eines großen Ganzen und innerhalb verschiedener, miteinander verwobener Ebenen. Die Theologie verortet den Menschen in seiner Relation zum Göttlichen, in seiner Relation zu den Mitmenschen bzw. der (menschlichen) Gesellschaft, in Relation zum organischen Leben auf dem Planeten und in Relation zum Universum.[10] Es handelt sich dabei um eine komplexe Aufgabe, die darauf zurückzuführen ist, dass jede dieser Ebenen in Wechselwirkung mit den anderen steht. Das kann sich man sich an der Lokalisierung des Menschen innerhalb der reformatorischen Anthropologie des 16. Jahrhunderts verdeutlichen.[11]

Das Verhältnis des Menschen zu Gott ist zuvorderst von der Dialektik von Glaube und Unglaube bestimmt, die wiederum durch die Dialektik von Anforderung und Zuspruch (Gesetz und Evangelium) präzisiert wird (vgl. Luther 2013, 515–523; Ebeling 2017, 120–136). Die ‚Welt' ist der Ort des Menschen. Seine rechte Beziehung zu Gott besteht vorrangig im passiven Empfangen und in der inneren, geistlichen Freiheit (vgl. Luther 2012, 283–285). Gleichzeitig hat Gott den Men-

---

trizität findet sich vor allem in Pannenbergs *Anthropologie in theologischer Perspektive*. Hier entwickelt er die positionelle Exzentrizität nicht nur als Vertiefung des Gedankens der Weltoffenheit im Rahmen einer Deutung der Gottebenbildlichkeitsvorstellung (Pannenberg 1983, 34 f.). Die „Zentriertheit" dient ihm auch in ihrem Gegensatz zur „Exzentrizität" des Menschen zur Deutung des Sündenbegriffs (vgl. ebd., 77–80).

10 Gerhard Ebeling hat diesen Sachverhalt in großer analytischer Schärfe mithilfe des von Luther entnommenen *coram*-Begriffs theologisch durchdacht und in eine relationale Ontologie und Anthropologie überführt. Vgl. Ebeling 1979, 334–355.

11 Der Begriff der Lokalisierung verdankt sich zwei Quellen. Johannes Fischer vertritt die These, dass ‚Lokalisierung' die spezifische Aufgabe christlicher Theologie bezeichnet (vgl. Fischer 2002b, 15–44). Den Grund sieht er darin, dass der Glaube den Glaubenden in vierfacher Hinsicht „lokalisiert": „in Bezug auf Gott", „innerhalb einer Glaubensgemeinschaft bzw. Konfession im Gegenüber zu anderen Religionen und Glaubensweisen", und „innerhalb der christlich symbolisierten Welt [...] im Unterschied zur säkularen ‚Welt'" (ebd., 16). „Jede dieser Lokalisierungen fordert auf eine spezifische Weise zu theologischem Denken heraus, und jeder entsprechen bestimmte Formen theologischen Denkens." (ebd., 17)

Der Begriff verdankt sich zum anderen Douglas Ottati, der in seiner *Theology for Liberal Protestants* die Auffassung vertritt, dass wir in einem Zeitalter der „dislocation" leben. „Having dislodged ourselves from our pivotal link in the classical chain of being, we have trouble locating ourselves at all. [...] The theology I wish to present here insists that a fuller and deeper response to the question of meaning, or of what people are for, poses yet another and prior question: What is the place and worth of human beings? Where do we fit, and how does our ‚location' indicate our true significance?" (Ottati 2013, 17 f.)

schen innerhalb der Welt an einem *besonderen* Ort im Gesamtgefüge der Schöpfung gestellt. Er ist zur Gottebenbildlichkeit bestimmt und mit ihm kulminiert die Schöpfung, die seinetwillen vorhanden ist (vgl. Luther 2013, 578–581). Bereits hier zeigt sich freilich, wie sich Lokalisierungen gegenseitig beeinflussen. So ist etwa die Beziehung des Menschen zu seinen Mitgeschöpfen in hohem Maße von der Lokalisierung des Menschen zu Gott geprägt. Die Mitgeschöpfe sind dem Herrschaftsauftrag unterworfen, der Gott dem Menschen aufgegeben hat. Aus dem Gegenüber zu Gott resultiert auch die Verortung des Einzelnen zum Nächsten. Das rechte Gottesverhältnis, der Glaube, setzt bekanntlich für die Reformatoren das rechte Verhältnis zum Mitmenschen, die Nächstenliebe, aus sich heraus. Gott hat jedem und jeder einen Ort (Beruf oder Amt) innerhalb des gesellschaftlichen Gefüges gegeben, der sich innerhalb der drei Stände des spätmittelalterlichen Gesellschaftsmodells befindet (vgl. Anselm 2012, 258 f.). Hier berührt sich die gesellschaftliche Verortung des Menschen so stark mit dem Gottesgedanken, dass beide kaum voneinander zu trennen sind. Wie sehr sich diese Verortungen gegenseitig durchdringen und welche Folgen sie für ethische Fragestellungen haben, kann man exemplarisch an Luthers Umgang mit dem Bauernkrieg (1524/25) sehen.[12] So bestritt Luther sowohl energisch, dass sich die aufständischen Bauern für ihr Vorhaben auf die christliche Freiheit berufen können, da es sich hierbei ‚nur' um eine innere Freiheit handele, als auch dass gegen Feudalherrscher Widerstand denkbar sei. Als von Gott eingesetzte Herrscher sei ihnen in jedem Fall Gehorsam zu leisten (vgl. Luther 2016, 471, 491). Zwar betont Luther, dass „auf beiden Seiten nichts Christliches ist" (Luther 2016, 493), faktisch haben solche Aussagen freilich diejenigen gestützt, die sich aufgrund des geltenden Gesellschaftsmodells in Herrschaftspositionen befunden haben. Für Luther gab es keine gedanklichen Alternativen zu den gesellschaftlichen Strukturen, deren Folge gerade die Zustände waren, die die Bauern zu ihren Aufständen veranlasst haben. Dass eine Veränderung dieser gesellschaftlichen Strukturen auch aus theologischen Gründen denkbar wäre, war für Luther wie für seine Zeitgenossen weitgehend undenkbar.[13] So müßig es ist, ihn dafür zu kritisieren, so deutlich wird doch, dass theologisch untermauerte gesellschaftliche Ortsangaben oder Lokalisierungen erhebliche Folgen haben. Das führt uns zurück zu Pannenbergs Rezeption der Philosophischen Anthropologie.

---

12 Vgl. zu den historischen Hintergründen Kaufmann 2009, 487–501.
13 Das „weitgehend" soll anzeigen, dass Luther in vielen Bereichen selbstverständlich erheblich zur Gestaltung und Veränderung der sozialen Welt beigetragen hat, etwa bei der Neugestaltung des Schulwesens und nicht zuletzt *nolens volens* bei der Neugestaltung kirchlicher Strukturen. Gleichzeitig ist festzuhalten, dass Luther Veränderungen wie diese stets nur als Rückkehr zu einer von Gott eingesetzten Ordnung verstanden hat. Vgl. hierzu Kaufmann 2009, 420–428, 502–515.

Pannenberg weiß selbstverständlich, dass eine gegenwartsangemessene Lokalisierung des Menschen nicht mithilfe vormoderner Theoriemuster möglich ist. Explizit erwähnt er, dass die alte Metaphysik nicht mehr dabei hilft, um den Ort des Menschen innerhalb des Weltganzen zu situieren. Genau hierfür bezieht Pannenberg die Philosophische Anthropologie in seine Überlegungen ein. Er interessiert sich daher nicht so sehr für die etwa bei Scheler und Plessner zu findenden explizit religionsphilosophischen Impulse, als vielmehr für deren Ansichten zur *Stellung des Menschen im Kosmos*, wie Max Schelers einflussreiches Spätwerk heißt, bzw. für die „Position" (Plessner), die der Mensch im Verhältnis zu seinem organischen und anorganischen Umfeld einnimmt. Der Rekurs auf die Philosophische Anthropologie dient der Verortung des Menschen, der aus der Wahrnehmung von Pannenberg und seiner Zeitgenossen ortlos geworden ist. Wie geht Pannenberg nun im Einzelnen vor?

„Weltoffenheit" und „Exzentrizität" sind die beiden Kernbegriffe, die Pannenberg von Max Scheler, Arnold Gehlen und Hellmuth Plessner übernimmt. Beide Begriffe, besonders jedoch der der Weltoffenheit, dienen ihm zur Lokalisierung des Menschen innerhalb seiner Umwelt, nämlich im Verhältnis zum „Tier" und zur „außermenschliche[n] Natur" (Pannenberg 1995, 6).[14] In einer konzisen Interpretation gibt Pannenberg den Gedanken der Weltoffenheit wieder, indem er den Menschen von der instinktgesteuerten Eingebundenheit ‚des' Tieres in seiner jeweils artspezifischen Umgebung abhebt. Während Tiere „nur einen Ausschnitt der [...] Welt kennen", nämlich den Ausschnitt, der für sie „triebwichtig" ist, ist der Mensch „nicht auf eine bestimmte Umwelt [...] beschränkt" (ebd., 7). An die Stelle der „Umwelt" tritt beim Menschen die Kultur. Dass der Mensch „weltoffen" ist, bringt insofern den Gegensatz zu der Umweltgebundenheit der Tiere zum Ausdruck. Die Pointe besteht darin, dass der Mensch „immer neue und neuartige Erfahrungen machen [kann]" und dass „seine Möglichkeiten, auf die wahrgenommene Wirklichkeit zu antworten, [...] nahezu unbegrenzt wandelbar [sind]." (ebd., 8) Die Schaffung einer künstlichen, kulturellen Umwelt ist daher für den Menschen nicht nur Möglichkeit, sondern auch Notwendigkeit. In diesem Sinne ist die Weltoffenheit, darauf legt Pannenberg Wert, doppeldeutig. Diese Doppeldeutigkeit verschärft sich ihm zufolge seit dem Beginn der Neuzeit. „Mit unwiderstehlicher Gewalt [...] hat sich dem neuzeitlichen Menschen die Erfahrung aufgedrängt, dass er über jeden Horizont, der sich ihm auftut, immer noch hinausfragen kann, so dass sich geradezu durch ihn, den Menschen, erst entscheidet, was aus der Welt werden soll." (ebd., 9)

---

14 Siehe auch Fischer 2009, 515–558.

Der Rückgriff auf die Einsichten der Philosophischen Anthropologie dient, so zeigt sich hier noch einmal deutlich, einer Lokalisierung des Menschen, die an die Stelle überholter Lokalisierungsbemühungen tritt.

Entscheidend ist nun, dass Pannenberg zur Lokalisierung des Menschen einen besonderen Wert auf die Feststellung legt, dass der Mensch *qualitativ* vom ‚Tier' zu unterscheiden ist. Das „Verhältnis der Menschen zur Welt" ist „grundsätzlich von dem der Tiere zu ihrer Umwelt" zu unterscheiden. Es gibt, so Pannenberg, einen „tieferen Unterschied" von Mensch und Tier, „nicht nur dem Grade nach, sondern grundsätzlich" (ebd.). Pannenberg lokalisiert den Menschen innerhalb der Welt ausgehend von einem strikten Gegenüber zu anderen Tieren und beruft sich hierfür auf die Autorität Schelers, Plessners und Gehlens. Nun ist klar, dass Pannenbergs Ausführungen vor dem Aufkommen der ökologischen Bewegungen und ihrer Reflexionsgestalten liegen und dass seine Einschätzung als Ausdruck eines spezifisch historischen Kontextes zu verstehen ist. Vor dem Hintergrund der grauenerregenden Verletzungen der Menschenwürde im Zweiten Weltkrieg, musste es *prima facie* als enorm plausibel gelten, auf den besonderen Wert des Menschseins zu bestehen und diesen im strikten Gegenüber zum ‚Tier' auszulegen. Die starke Unterscheidung von Mensch und Tier war damaligen Denkern selbstverständlich und diente nicht zuletzt dem Bestreben, dem zur Zeit des Nationalsozialismus gängigen Sozialdarwinismus entgegenzutreten (vgl. Adam 2017). Will man also an dieser Stelle systematische Kritik an Pannenberg üben, ist es notwendig, diese Anmerkung vor die geistige Klammer zu stellen.

Es sei weiterhin nicht bestritten, dass sich Pannenberg mit gutem Recht auf Scheler, Plessner und Gehlen für den Gedanken berufen kann, dass zwischen Mensch und Tier ein qualitativer Unterschied herrscht. Gegenwärtige Anknüpfungsversuche an die Philosophische Anthropologie bewerten diese Überlegungen unterschiedlich: So markieren einige diese Dualität vor allem als Problem und weisen kritisch darauf hin, dass die Philosophische Anthropologie kein konstruktives Verhältnis zur Evolutionstheorie hatte.[15] Anders etwa als der amerikanische Pragmatismus hätten sich die Vertreter der Philosophischen Anthropologie für ihre Gedanken ausgerechnet auf diejenigen Wissenschaftler berufen, die „bekennende Anti-Darwinisten" (Thies 2018, 21) waren. Selbst hartgesottene Verfechter von Humanitätstheorien, die gegenüber naturalistischen Menschenbildern skeptisch sind, erkennen an, dass eine solche Dichotomie unter gegen-

---

15 Vgl. dazu das Urteil von Christian Thies: „Zwar haben sich Scheler, Plessner und Gehlen sehr intensiv mit dem biologischen Wissen ihrer Zeit beschäftigt, aber schließlich landen alle drei bei einem nicht-biologischen Menschenbild, einem *negativen Naturalismus.*" (Thies 2018, 20) Das wiederum hat ihm zufolge mit der falschen Einschätzung der Evolutionstheorie zu tun, deren Bedeutung keiner der drei erkannt habe.

wärtigen Bedingungen nicht mehr haltbar wäre (vgl. Gerhardt 2019, 9 – 14). Auf der anderen Seite erinnert man daran, dass es Denkern wie Scheler und Plessner vor allem darum gehe, dass die Betrachtung des Menschen als Naturwesen zwar unstrittig sei, zugleich jedoch der Zugang des Menschen zu sich selbst als „Person" (Kalckreuth 2021) nicht vollends in eine rein biologische Verhaltensbeschreibung aufgelöst werden könne.[16]

Doch gibt es womöglich tiefer liegende Gründe, warum Pannenberg den Menschen so im Weltganzen verorten will, dass dieser sich von allen anderen Lebewesen qualitativ auszeichnet, und ist es hilfreich, sich zur Begründung dieser Auffassung auf philosophische Gewährsmänner zu beziehen? Zur Beantwortung dieser Fragen wird es hilfreich sein, Pannenbergs weiteren Gedankengang zu verfolgen, in dem er den Gedanken der Weltoffenheit zu dem einer „Gottoffenheit" fortschreibt.

Weltoffenheit ist Pannenberg zufolge nicht radikal genug verstanden, wenn der Ausdruck eine rein immanente Beobachtung beschreibt. Vielmehr ist der Mensch so weltoffen, dass er „auch über die Welt hinaus" fragt und auch in der Schaffung von Kultur nicht zur Ruhe kommt. Die kulturellen Schöpfungen seien vielmehr ebenfalls „nur Stufen auf einem Weg zu einem unbekannten Ziel" (Pannenberg 1995, 10). Der Mensch ist, so schreibt Pannenberg unter Berufung auf Gehlen, von einem „Antriebsdruck" geleitet, der den Menschen „scheinbar ziellos" über jeden neuen Horizont führt (ebd.). An dieser Stelle ergreift Pannenberg gegen Gehlen Partei für Scheler. Denn auf letzteren kann man sich mit guten Gründen berufen, wenn man die Auffassung vertreten will, dass Weltoffenheit eine religiöse Dimension hat. So ging Scheler davon aus, dass es folgerichtig ist, anzunehmen, dass „der Mensch auch sein Zentrum irgendwie außerhalb und jenseits der Welt verankern [musste]" (Scheler 1947, 82), dass also die menschliche Fähigkeit zur Selbsttranszendenz auf eine Transzendenz universalen Maßstabs verweist. Gehlen erscheint Pannenberg demgegenüber als reduktionistischer Denker, da dieser im menschlichen Handeln die einzig mögliche, aber auch einzig nötige Form der Bewältigung dieser Weltoffenheit sieht. Aus Pannenbergs Sicht übersieht Gehlen damit die Ambivalenz der Weltoffenheit, die bleibende „Angewiesenheit" (Pannenberg 1995, 104, Fn. 5), die durch den Menschen nicht beherrschbar ist. Daher kann er sich auch nicht damit begnügen, wenn Gehlen die Religion als menschliches Produkt der in der Weltoffenheit begründeten schöpferischen Kräfte des Menschen sieht. Stattdessen wehrt sich Pannenberg entschieden gegen den Gedanken, dass Religion lediglich ein menschliches Produkt sei. „Aller Tätigkeit der Phantasie in der Bildung der Religion geht schon etwas

---

16 Vgl. auch Wunsch 2018.

anderes voraus, und dadurch ist Religion mehr als bloß eine Schöpfung des Menschen." (ebd., 11) Was dieses ‚Andere' ist, bestimmt Pannenberg wiederum näher im Vergleich zur Wirklichkeit der Tiere, wiederum ein Hinweis, dass die Lokalisierungsebenen sich gegenseitig beeinflussen. Tiere seien auf ihre Umwelt angewiesen, z. B. auf klimatische Bedingungen oder auf Nahrung. Wenn nun die Umwelt der Tiere, wie Pannenberg ja bereits festgestellt hat, beschränkt ist, sind folglich auch ihre Bedürfnisse auf die Umwelt beschränkt. Pannenberg zieht nun den Umkehrschluss aus seiner Behauptung, dass der Mensch nie eine endgültige Befriedigung seiner Bedürfnisse kennt, weil sie nicht auf eine Umwelt festgelegt werden können. So unbegrenzt wie die Fähigkeiten des Menschen sei, so unbegrenzt sei auch sein Sehnen. Der Mensch sei immer angewiesen „auf etwas, das sich ihm entzieht, sooft er nach einer Erfüllung greift", das aber, die „chronische Bedürftigkeit", setze „ein Gegenüber jenseits aller Welterfahrung" voraus (ebd., 11).

Nun wäre diese Einführung des Gottesgedankens in die Überlegungen zur Deutung des Begriffs der Weltoffenheit falsch verstanden, wenn man hierin einen Theismus sehen würde, der sich durch eine Art anthropologischen Gottesbeweis absichern will. Denn ob der Mensch dieses Gegenüber als Gott bezeichnet oder nicht, ist Pannenberg zufolge eine Frage der Sprache und der Phantasie, also der kulturellen Konvention. An der Behauptung eines „unbekannte[n] Gegenüber[s]" jedoch hält er entschieden fest. Ihm zufolge handelt es sich bei der Postulierung eines solchen Gegenübers um die folgerichtige und notwendige Konsequenz eines angemessenen Selbstverständnisses der „biologischen [!] Struktur des Menschseins", und zwar explizit unabhängig von der Frage, ob der oder die Einzelne das „weiß oder nicht" (ebd.). Das menschliche Bedürfnis oder Sehnen findet seinen Ausdruck in der Haltung des permanenten Suchens. Denn: „Die Angewiesenheit auf Gott ist gerade darin unendlich, dass die Menschen diese ihre Bestimmung nicht immer schon haben, sondern nach ihr suchen müssen." (ebd., 12) Das bedeutet: Pannenberg greift nicht nur auf die Philosophische Anthropologie zurück, um den Menschen in seiner irdischen Umwelt, in dem organischen Leben, zu lokalisieren. Stattdessen nutzt er sie auch, um Religion als anthropologische Konstante auszuweisen. Pannenberg meint sich dafür auf die Ursprünge der Philosophischen Anthropologie selbst berufen zu können. Dafür verweist er ausdrücklich auf Arnold Gehlens Rückgriff auf Johann Gottfried Herder. „Der Stammbaum der modernen Anthropologie weist zurück auf die christliche Theologie. Und dieser Herkunft ist sie auch heute noch nicht erwachsen; denn, wie sich uns gezeigt hat, ihr Grundgedanke enthält immer noch die Frage nach Gott." (ebd.) Der kürzeste Begriff für diesen Gedankengang, der den Begriff der Weltoffenheit auf Religion anwendet, heißt bei Pannenberg „Gottbezogenheit". Die menschlich unhintergehbare Struktur des Fragens und Suchens findet ihm zufolge Ausdruck in der Frage nach Gott. Das fasst Pannenberg in den Spitzensatz: „Was für das Tier die Umwelt, das ist für den Menschen Gott: das Ziel, an dem allein sein Streben Ruhe finden kann und wo seine Bestimmung erfüllt wäre." (ebd., 13) Es zeigt sich: Der Lokalisierung des Menschen im Verhältnis zum ‚Tier' korrespondiert eine Lokalisierung im Weltganzen und vor allem zu einem Göttlichen, das dem Weltganzen immer vorausliegt und – für Pannenberg – ein konstitutives Element menschlichen Lebensvollzugs ist.

Pannenbergs Deutung und Aneignung der Philosophischen Anthropologie dient dazu, ein Gleichgewicht zwischen dem Eigensinn religiöser Weltdeutung und dem Beitrag der philosophischen Weltdeutung herzustellen. Würde die theologische Perspektive der philosophischen nichts hinzufügen, schiene es, als würde Pannenbergs Alternative zur offenbarungstheologischen Anthropologie Barths auf der anderen Seite vom Pferd zu fallen: Die theologische Perspektive hätte neben einer philosophischen keine erkennbare Daseinsberechtigung. Egal, wie man sich zu Pannenbergs Ergebnis einer philosophisch-anthropologisch begründeten religiösen Konstante menschlichen Daseins verhält; man wird kaum umhinkommen, den Schritt Pannenbergs als notwendige Ergänzung zu verstehen. Ohne eine theologische Deutung der philosophischen (oder wissenschaftlichen) Einsichten wäre eine theologische Perspektive überflüssig.

Doch kehren wir an dieser Stelle zu der Frage zurück, warum ihm die Bezugnahme auf die Philosophische Anthropologie gerade in der Lokalisierung des Menschen in Abgrenzung zum Tier wichtig ist. Berücksichtigt man nun Pannenbergs Gedanken zur anthropologischen Universalität von Religion, zeigt sich, dass es sich bei der Rezeption der philosophisch-anthropologischen Lokalisierung des Menschen gerade nicht um eine unbefangene Rezeption wissenschaftlicher oder philosophischer Erkenntnisse handelt, sondern eine theologisch-apologetische Stoßrichtung verfolgt. Die Philosophische Anthropologie dient der Bestätigung und philosophischen Legitimation einer Vorstellung, die tief in die christliche Tradition eingeschrieben, von philosophischen Traditionen fortgeführt, und bis in die Gegenwart latent virulent ist: der Idee vom Menschen als einer Art Krone der Schöpfung, der aus der übrigen Schöpfung herausgehoben ist, u. a. durch seine Religiosität. Man mag die Ansicht vertreten, dass diese Deutung des Menschen korrekt ist. Methodisch schwierig erscheint es aber, diese hergebrachte Deutung auf eine gegenwärtige Philosophie zu stützen, anstatt sich gerade hier von der Philosophie kritisch in Frage stellen zu lassen. Die Rezeption der Philosophischen Anthropologie dient bei ihm also nicht nur der notwendigen Lokalisierung des Menschen im Weltganzen, sondern sie erfüllt auch einen mehr oder weniger unausgesprochen apologetischen Zweck. Dieser Eindruck verstärkt sich dadurch, dass Pannenberg diese apologetische Stoßrichtung auch in den folgenden Jahrzehnten stark macht. Er ist von dieser Auffassung weder in seiner

Anthropologie in theologischer Perspektive aus dem Jahr 1983 abgerückt noch in seiner später erschienenen *Systematischen Theologie*, sondern hat sie auch hier ausdrücklich bestätigt. Die „ganze Schöpfung [kulminiert] im Menschen." (Pannenberg 2015, 203)[17]

In gewisser Weise verschärft Pannenberg die apologetische Stoßrichtung seiner Anthropologie in seinem später erschienenen Band. Der Kontext ist hier nicht mehr die Frühphase der Bundesrepublik, sondern die frühen 1980er Jahre. Das zeigt sich etwa darin, dass Pannenberg Säkularisierung und Traditionsabbruch des kirchlichen Christentums ausdrücklich als Kontextbedingungen seiner erneuten Ausführungen zur Anthropologie nennt und deshalb das Verhältnis von theologischer und säkularer Weltdeutung explizit in den Vordergrund rücken will.[18] Bereits im Vorwort beklagt er: „Bei der Frage nach der Natur des Menschen ist in der säkularen Kultur der abendländischen Neuzeit keine Seite der menschlichen Wirklichkeit so sehr vernachlässigt worden wie die Religion." (Pannenberg 1983, 7) Als Folgen dieser Vernachlässigung sieht er ausdrücklich psychologische und soziale Pathologien, darunter etwa die „Verbreitung neurotischer Persönlichkeitsdeformationen" und „den schleichenden Legitimitätsverlust der gesellschaftlichen Institutionen" (ebd.).

Stärker noch als in seinen früheren Ausführungen ist Pannenberg – ein Grundthema seiner Theologie – daran gelegen, die *Wahrheit* des christlichen Glaubens zu behaupten und im Einzelnen auszuweisen. Glaubenssätze und -vollzüge müssen auf Wahrheit im emphatischen Sinne bezogen sein, um ihre Geltung begründen zu können. Das bedeutet für die theologische Anthropologie, dass sich der Geltungsanspruch christlicher Aussagen über den Menschen gerade nicht auf der „Zahl ihrer Anhänger", sondern auf dem „Gewicht ihrer Wahrheitsansprüche" (ebd., 8) beruhen muss. „Ohne einen stichhaltigen Anspruch auf Allgemeingültigkeit können der christliche Glaube und die christliche Verkündigung das Bewusstsein ihrer Wahrheit nicht bewahren" (ebd., 15). Deshalb besteht das erklärte Ziel Pannenbergs darin, die Allgemeingültigkeit theologischer, darunter auch theologisch-anthropologischer, Aussagen sicherzustellen. Daraus zieht Pannenberg nun noch expliziter als zwanzig Jahre zuvor den Schluss, dass die Theologie zeigen müsse, dass Religion eine anthropologische Konstante sei. Die säkulare Beschreibung der Human-, Sozialwissenschaften und der Philosophie begreift er als eine „vorläufige Auffassung", die durch die

---

[17] Es erscheint durchaus als eine denkerische Spannung innerhalb des Werks von Pannenberg, der gleichzeitig als ausdrücklicher Befürworter eines Gesprächs von Natur- und Geisteswissenschaften und insbesondere der Evolutionstheorie gilt. Gerade mit dieser aber müsste man zu anderen Ergebnissen kommen, wenn man die Stellung des Menschen im Kosmos deuten will.
[18] Vgl. zum Kontext Großbölting 2013, 181–200, 229–256.

Theologie „zu vertiefen" sei, indem die Theologie anhand der Befunde „eine weitere, theologisch relevante Dimension" aufzeigt (ebd., 19).

Es ist klar, dass die Theologie eine Einbettung des Menschen in das Weltganze, eine Lokalisierung, nur im Rekurs auf allgemein anerkannte Deutungen entwerfen kann. Deshalb trägt die theologische Anthropologie unbestritten einen interdisziplinären Charakter – ein Umstand, der nicht zuletzt auch dem Wirken von Wolfhart Pannenberg zu verdanken ist. Es ist aber zu fragen, auf welche Theorieangebote sich die Theologie hierfür beruft und zu welchem Zweck sie das tut. Denn der Theologie wäre ein Bärendienst erwiesen, wenn sie den Anschein erweckt, als ginge es ihr nur um die Inanspruchnahme einer unverdächtigen Autorität zur Legitimierung überkommener religiöser Auffassungen von der Stellung des Menschen im Kosmos. Eine *apologetisch motivierte* Interdisziplinarität ist der Theologie auch deshalb abträglich, weil sie sie so nichts von den anderen Disziplinen lernt, um ihre eigenen Traditionen kreativ weiterzuentwickeln. Zum Abschluss möchte ich daher im Sinne von Pannenbergs Anliegen interdisziplinäre Angebote daraufhin befragen, wie die Theologie die Menschheit so im Weltganzen zu lokalisieren wäre, dass vor allem die Erkenntnisse der empirischen Wissenschaften berücksichtigt würden.

3 Mensch und Tier als Thema der theologischen Anthropologie – auf der Suche nach einer anderen Verortung

Die Lokalisierung des Menschen bleibt eine bleibend notwendige Aufgabe für die Theologie. Zu ihrer Durchführung bedarf es unter gegenwärtigen Bedingungen einer Berücksichtigung der kulturanthropologischen und evolutionsbiologischen Forschung, und zwar gerade nicht im Interesse, religiöse Auffassungen über die Sonderrolle des Menschen zu bestätigen oder Religiosität als anthropologische Grundkonstante zu begründen. Die impliziten oder expliziten Fragen sollten also nicht lauten: Mit welcher Theorie lässt sich am besten begründen, warum der Mensch den Tieren etwas voraushat („Weltoffenheit")? Oder: Wie lässt sich begründen, dass es echte Religionslosigkeit nicht gibt („Gottoffenheit")? Glaubwürdiger ist die Theologie dann, wenn sie sich transparent, kritisch und konstruktiv auf die Einsichten anderer Wissenschaften bezieht, ohne diese theologisch überbieten zu wollen und ohne sie in apologetischer Absicht zu vereinnahmen.

Eine grundlegende Erkenntnis, die es in dieser Hinsicht wahrzunehmen gilt, lautet schlicht und ergreifend: „Wir sind Primaten." (Suddendorf 2014, 29) Der Eindruck, dass es auf biologischer Ebene einen kategorialen oder gar qualitativen Unterschied zwischen ‚Mensch' und ‚Tier' gibt, ergibt sich lediglich aus der kurzsichtigen Perspektive unserer Gegenwart. *Homo sapiens sapiens* ist schlicht der letzte Überlebende der Gattung *homo,* deren verschiedene Vertreter teilweise Millionen Jahre lang nebeneinander existiert haben. Das aber bedeutet: „Unsere vor 40.000 Jahren lebenden Vorfahren hätten viel weniger Grund zu der Annahme gehabt, sie seien über die restlichen Wesen auf der Erde weit erhaben." (Suddendorf 2014, 23f.) Von den restlichen Tieren unterscheiden wir uns in vielerlei Hinsicht nur deshalb so deutlich, „weil alle unsere nah verwandten Spezies nach und nach ausgestorben sind." (ebd., 24)

All das sind selbstverständlich wiederum interpretationsbedürftige Zusammenhänge.[19] Doch die Einbettung des Menschen in die Geschichte der biologischen Herkunft, scheint mir eine Lokalisierung zu sein, die unhintergehbar ist und sichtbarere Auswirkungen auf die theologische Anthropologie haben sollte. Nun ist mit Blick auf die deutsche theologische Landschaft klar, dass es wohl keinen seriösen Vertreter oder eine seriöse Vertreterin der Theologie gibt, der oder die der Tatsache der evolutionären Geschichte des Menschen an sich widersprechen würde. Die stillschweigende Anerkennung dieser Tatsache steht jedoch häufig unverbunden neben sehr abstrakten und generellen Aussagen über den Menschen, dessen Herkunftsgeschichte keine Rolle spielt. Doch diesen unseren ‚Ort' in der Geschichte dieses Planeten und damit unseren Ort im Universum ernst zu nehmen, ist nicht nur ein Gebot intellektueller Redlichkeit oder gar Anpassung. Sondern sie bietet auch faszinierende Erkenntnisse, die die christliche Anthropologie mit Gewinn rezipieren kann. Greift man Pannenbergs Anliegen in dieser Weise auf, so könnte man beispielsweise Michael Tomasellos Gedanken zur Stellung des Menschen für die christliche Anthropologie fruchtbar machen (vgl. Tomasello 2014, Tomasello 2016, Tomasello 2019). Die hierbei denkbaren Anstöße sollen hier nur in wenigen Zeilen skizziert werden.

Tomasello untersucht Unterschiede zwischen dem Verhalten von Menschen und Tieren auf der Grundlage einer Verhaltensforschung und evolutionsbiologischer Erkenntnisse. Ihm zufolge bestehen die Fähigkeiten, die den Menschen im Laufe der evolutionären und der individuellen Entwicklung vor anderen Tieren auszeichnet, in größeren kommunikativen und sozialen Kompetenzen, in Kollaboration, Interdependenz und kollektiver Intentionalität (Vgl. Tomasello 2019, 10–42).[20] Theologische Grundbegriffe wie Sünde oder Gottebenbildlichkeit ließen sich durch die kritisch-konstruktive Aneignung solcher Konzepte und die

---

19 Umgekehrt ist natürlich auch klar, dass unsere Selbstbeschreibung als Personen nicht einfach auf die Formel einer rein biologischen Verhaltensbeschreibung zu bringen ist.
20 Siehe dazu auch Wunsch 2016.

Einbettung des Menschen in die Evolutions- und Kulturgeschichte neu interpretieren. (Vgl. Breul 2019; Deane-Drummond/Fuentes 2020). Dies würde vor einseitigen oder zu einfachen Verallgemeinerungen schützen. Wenn etwa die Rede davon ist, dass die christliche Anthropologie besonders dazu geeignet sei, der eigentümlichen Ambivalenz des Menschen gerecht zu werden, so helfen solche Theorien dabei, diesen Ambivalenzen besser zu verstehen, und zwar *ohne* diese metaphysisch zu begründen. Kollektive Kooperation und unser lebensnotwendiges Bedürfnis, zu einer Gruppe zu gehören, stehen nicht nur in engem Zusammenhang mit elementaren Symbolen, Praktiken und Institutionen des christlichen Glaubens, sondern sie sind – hierin liegt die Ambivalenz des Menschen – auch die Wurzel größter Grausamkeit. Unser Bedürfnis nach Konformität ist nicht zu verdammen, sondern gehört zu unserer evolutionären Ausstattung; gleichzeitig setzt dieses Bedürfnis die destruktivsten Potentiale des Menschen frei.

Dass Menschen sich dadurch auszeichnen, dass sie ein ‚Wir' von einem ‚Ihr' unterscheiden, ist nicht einfach zu bekämpfen (was angesichts unserer sozialen Verfasstheit an Naivität grenzte). Es ist aber auch nicht einfach als natürlich hinzunehmen, sondern in seiner Komplexität zum Thema zu machen. Statt eine Sündenlehre vom Gedanken der destruktiven Selbstliebe *(amor sui)*, vom Begehren *(concupiscentia)* oder vom Unglauben her zu konstruieren, so wie es der zweite Artikel des *Augsburger Bekenntnisses* (1530) tut, ließe sich ein Ausgangspunkt in der Ambivalenz des Bedürfnisses nach Geborgenheit suchen. Das Abgründige und Ambivalente am Menschen ist daher weder mit Lieblosigkeit noch mit Egoismus hinreichend beschrieben. Stattdessen ist es notwendig, dass die Sündenlehre Zugehörigkeitsbedürfnisse, die Liebe zu Kollektiven und ihren Mitgliedern als Themen entdeckt.[21] Das wiederum würde mit Blick auf gesellschaftliche Zusammenhänge Theorieangebote nahelegen, die sich mit dem Phänomen sozialer Identität beschäftigen.[22] Die Frage „Was ist der Mensch?" wäre dann zu interpretieren als die Frage nach sozialer Identität. Interpretationsbedürftig wären dann Soteriologie und Tauftheologie als Zueignung einer zugesprochenen Identität, die Lehre von der Gottebenbildlichkeit als der Bestimmung zu einer relational bestimmten Identität sowie Fragen der Ekklesiologie und der Kirchentheorie.

---

21 Weiterführendes hierzu findet sich auch bei Josiah Royce mit seinem Gedanken, dass Menschen sich ‚causes' suchen, zu denen sie sich ‚loyal' verhalten. Vgl. Royce 2005.
22 Dabei ist vor allem an die in der Sozialpsychologie beheimatete Theorie sozialer Identität (genauer: „social identity theory of intergroup relations") gedacht, die von Henri Tajfel begründet wurde. Vgl. Tajfel 1970 und Tajfel 1982.

Schließlich bedeutet eine solche Einbettung in ethischer Perspektive, dass die theologische Tradition stärker auf das Verhältnis von Mensch und Tier zu hinterfragen wäre und das bedeutet auch, dass Solidarität mit der nichtmenschlichen Tierwelt zu stärken wäre (vgl. Singer 2011, 48–70, 94–122; Vogt 2019).[23] Mensch, organisches Leben, Planet, Universum und Gott geraten dadurch in ein neues Gefüge. Sie sind je anders zu ‚lokalisieren'. Weder ist der Mensch die Krone der Schöpfung, dem die Tierwelt zur Verfügung überlassen ist, noch ist das Universum um des Menschen willen vorhanden. Stattdessen ist der Mensch ein Wesen, das innerhalb der menschlichen Gemeinschaft wie seiner planetaren Umwelt in ein komplexes Netz natürlicher und sozialer Art eingebunden ist. Das stärker wahrzunehmen, würde bedeuten, theologischen Generalisierungen entgegenzuwirken und sich auf Lokalisierung zu konzentrieren, anstatt Apologetik zu betreiben.

Literatur

Adam, Thomas (2017): Sozialdarwinismus als politisches Handlungsinstrument im 20. Jahrhundert, in: Schwarz, Angela (Hg.): Streitfall Evolution. Eine Kulturgeschichte, Köln u. a., 394–411.

Anselm, Reiner (2012): Schöpfung als Deutung der Lebenswirklichkeit, in: Schmid, Konrad (Hg.): Schöpfung (Themen der Theologie, Bd. 4), Tübingen, 225–294.

Apsel, Benjamin (2018): Geeinte Vielfalt – Versöhnte Verschiedenheit. Die Ekklesiologie Wolfhart Pannenbergs in anthropologischer, gesellschaftspolitischer und ökumenischer Perspektive, Göttingen.

Barth, Karl (1948): Die Kirchliche Dogmatik. Bd. 3. Die Lehre von der Schöpfung. 2. Teil, Zürich.

Barth, Karl (2013): Einführung in die evangelische Theologie, Zürich.

Breul, Martin (2019): Philosophical Theology and Evolutionary Anthropology. Prospects and Limitations of Michael Tomasello's Natural History of Becoming Human, in: Neue Zeitschrift für Systematische Theologie und Religionsphilosophie 61, (3) 354–369.

Bultmann, Rudolf (1952), Anknüpfung und Widerspruch, in: Ders., Glauben und Verstehen. Gesammelte Aufsätze, Bd. 2, Tübingen, 117–132.

Bultmann, Rudolf (1954): Die liberale Theologie und die jüngste theologische Bewegung (1924), in: Ders.: Glauben und Verstehen. Gesammelte Aufsätze, Bd. 1, Tübingen, 1–25.

Bultmann, Rudolf (1953): Theologie des Neuen Testaments, Tübingen.

Crary, Alice (2019): Die unerträgliche Geschichte des Vergleiches zwischen geistiger Behinderung und Animalität (und der Versuch sie hinter sich zu lassen), in: Zeitschrift für Ethik und Moralphilosophie 2, 123–126.

---

23 Problematisch ist bei Singer jedoch, dass der von ihm eingeschlagene Weg der Kritik an rationalistisch gedachten Begründungen des normativen Status von Menschen letztlich dazu führt, behinderte Menschen faktisch als Tiere zu verstehen. Vgl. Crary 2019.

Deane-Drummond, Celia / Augustin, Fuentes (Hg.) (2020): Theology and Evolutionary Anthropology. Dialogues in Wisdom, Humility, and Grace, Abingdon.
Ebeling, Gerhard (1979): Dogmatik des christlichen Glaubens, Bd. 1. Prolegomena. Erster Teil. Der Glaube an Gott den Schöpfer der Welt, Tübingen.
Ebeling, Gerhard (2017), Luther. Einführung in sein Denken, Tübingen.
Fischer, Hermann (2002a): Protestantische Theologie im 20. Jahrhundert, Stuttgart.
Fischer, Joachim (2009): Philosophische Anthropologie. Eine Denkrichtung des 20. Jahrhunderts, Freiburg / München.
Fischer, Johannes (2002b): Theologische Ethik. Grundwissen und Orientierung, Stuttgart.
Frese, Matthias / Paulus, Julia / Teppe, Karl (Hg.) (2003): Demokratisierung und gesellschaftlicher Aufbruch. Die sechziger Jahre als Wendezeit der Bundesrepublik, Paderborn.
Gerhardt, Volker (2019): Humanität. Über den Geist der Menschheit, München.
Großbölting, Thomas (2013): Der verlorene Himmel. Glaube in Deutschland seit 1945, Göttingen.
Kalckreuth, Moritz von (2021): Philosophie der Personalität, Hamburg.
Kant, Immanuel (1983), Logik (1800), in: Ders.: Werke in zehn Bänden, Bd. 5. Schriften zur Metaphysik und Logik, Darmstadt.
Kaufmann, Thomas (2009): Geschichte der Reformation, Frankfurt.
Langenfeld, Aaron / Lerch, Magnus (2018): Theologische Anthropologie, Paderborn.
Luther, Martin (2012): Von der Freiheit eines Christenmenschen (1520), übertragen von Dietrich Kosch, in: Korsch, Dietrich (Hg.), Martin Luther. Deutsch-deutsche Studienausgabe, Bd. 1. Glaube und Leben, Leipzig, 277–316.
Luther, Martin (2013): Der große Katechismus (1530), übertragen von Hans-Otto Schneider, in: Vereinigt-Evangelisch-Lutherische Kirche Deutschlands (Hg.), Unser Glaube. Die Bekenntnisschriften der evangelisch-lutherischen Kirche, Gütersloh, 501–644.
Luther, Martin (2016): Ermahnung zum Frieden als Antwort auf die zwölf Artikel der Bauernschaft in Schwaben (1525), in: Zschoch, Hellmut (Hg.): Martin Luther. Deutsch-deutsche Studienausgabe, Bd. 3. Christ und Welt, Leipzig, 453–499.
Moxter, Michael (2018): Anthropologie in systematisch-theologischer Perspektive, in: Oorschot, Jürgen van: Mensch (Themen der Theologie Bd. 11), Tübingen, 141–186.
Ottati, Douglas (2013): Theology for Liberal Protestants, Bd. 1. God the Creator, Grand Rapids.
Overbeck, Franz-Josef (2000): Der gottbezogene Mensch. Eine systematische Untersuchung zur Bestimmung des Menschen und zur ‚Selbstverwirklichung Gottes' in der Anthropologie und Trinitätstheologie Wolfhart Pannenbergs, Münster.
Pannenberg, Wolfhart (1983): Anthropologie in theologischer Perspektive, Göttingen.
Pannenberg, Wolfhart (1995): Was ist der Mensch? Die Anthropologie der Gegenwart im Lichte der Theologie, Göttingen.
Pannenberg, Wolfhart (2015): Systematische Theologie, Bd. 2, Göttingen.
Royce, Josiah (2005): The Philosophy of Loyalty, in: Ders.: The Basic Writings of Josiah Royce, Bd. 2. Logic, Loyalty, and Community, New York, 855–1013.
Scheler, Max (1947): Die Stellung des Menschen im Kosmos, München.
Schildt, Axel / Siegfried, Detlef / Lammers, Karl (Hg.) (2000): Dynamische Zeiten. Die 60er Jahre in den beiden deutschen Gesellschaften, Hamburg.
Schnädelbach, Herbert (1983): Philosophie in Deutschland 1831–1933, Frankfurt a. M.
Singer, Peter (2011): Practical Ethics, New York.

Suddendorf, Thomas (2014): Der Unterschied. Was den Mensch zum Menschen macht, Berlin.
Tajfel, Henri (1970): Experiments in intergroup discrimination, in: Scientific American 223, 96–102.
Tajfel, Henri (1982): Social Psychology of Intergroup Relations, in: Annual Review of Social Psychology 33, 1–39.
Thies, Christian (2018): Philosophische Anthropologie als Forschungsprogramm, in: Ders.: Philosophische Anthropologie auf neuen Wegen, Weilerswist, 11–24.
Tomasello, Michael (2014): Eine Naturgeschichte des menschlichen Denkens, Frankfurt a. M.
Tomasello, Michael (2016): Eine Naturgeschichte der menschlichen Moral, Frankfurt a. M.
Tomasello, Michael (2019): Becoming Human. A Theory of Ontogeny, Cambridge.
Vogt, Markus (2019): Tierethik. Philosophische und theologische Ansätze des gegenwärtigen ‚animal turn', in: Münchener theologische Zeitschrift 70, (4), 333–354.
Wunsch, Matthias (2016): Was macht menschliches Denken einzigartig? Zum Forschungsprogramm Michael Tomasellos, in: Jahrbuch interdisziplinäre Anthropologie 3, 259–288.
Wunsch, Matthias (2018): Vier Modelle des Menschseins, in: Deutsche Zeitschrift für Philosophie 66 (4), 471–487.

Gerald Hartung
Person und Welt

Zum Verhältnis philosophischer und theologischer Anthropologie

Abstract: The aim of this paper is to discuss various attempts to understand the concept of person presented by philosophical and theological anthropology. While many contemporary philosophical theories of personhood follow Kant and his focus on rationality and self-consciousness, Max Scheler, Nicolai Hartmann and Wolfhart Pannenberg offer several interesting alternatives: For Scheler, the person has to be understood in correspondence with the world, which includes also the idea of opening to it and to other persons in our emotional life (especially in love and hatred), but this might culminate to the idealistic idea that the person creates their own world. Hartmann criticises this metaphysical view maintaining that the relational dimension of personhood is to be understood in relation to other persons and the sphere of objective spirit. In his theological anthropology, Wolfhart Pannenberg discusses the notions of the person proposed by philosophical anthropology. He also stresses the significance of the relation to other persons, but maintains that a dialogical relation to other persons must be founded in a relation to God.

Keywords: person; personhood; philosophical anthropology; ontology; theological anthropology; Max Scheler; Nicolai Hartmann; Wolfhart Pannenberg

Einleitung

Der Begriff der Person ist zu einem Schlüsselbegriff aktueller Debatten in der Ethik, der Theologie, der Jurisprudenz, in verschiedenen Bereichen der Philosophie und den weiten Feldern der Kulturwissenschaften geworden. Dieser Begriff stellt sich dabei als erstaunlich leistungsfähig heraus, weil er einerseits Schnittstellen der einzelnen Disziplinen markiert, andererseits aber auch keine Definition enthält, die angrenzende Bestimmungen der menschlichen Subjektivität, der Rechtsfähigkeit, der Vernunftfähigkeit, der Leiblichkeit usw. apriori aus- oder einschließt.[1]

---

[1] Siehe exemplarisch Wunsch/Römer 2013; Kalckreuth 2021.

Der Begriff der Person scheint so das zu sein, was die bezeichnete Sache an ihrem Ursprung auch war: eine Hülle, eine Art Maske, hinter der sich andere, zutiefst rätselhafte Konzepte verbergen, die bis heute Merkmale unserer kulturellen Tradition sind und noch gegenwärtig wirksam sind. Wenn wir von ‚Person' sprechen, dann meinen wir ein Konzept von Individualität, von Selbstbestimmung, von Rationalität und ihrer Artikulation, wie auch von der Würde des Menschen.[2] ‚Person' ist hier gleichsam ein Schutzraum für den unerklärlichen Bereich des menschlichen Selbst, das sich – wie schon Kant gesehen hat – nur im Vollzug seines Selbstseins erweist: „Daß der Mensch in seiner Vorstellung das Ich haben kann, erhebt ihn unendlich über alle andere auf Erden lebende Wesen. Dadurch ist er eine Person und, vermöge der Einheit des Bewußtseins, bei allen Veränderungen, die ihm zustoßen mögen, eine und dieselbe Person [...]." (Kant AA 7, 127).

1 Kant und die Analytik der ‚Person'

Im Schatten von Kant erfolgte die Festlegung der Debatte über Funktion und Sinn des Personkonzepts auf das Moment des Ich-Bewusstseins und die Vorstellung der Einheit des Bewusstseins, die gegen alle Veränderung zu behaupten ist. Noch in der aktuellen, von der analytischen Philosophie geprägten Forschung, der wir mit den Studien von Peter Strawson und Daniel Dennett viel verdanken, bleibt es bei der Kantischen Engführung (vgl. Strawson 1959; Dennett 1978). Hier gelten als notwendige Bedingungen von Person-Sein: Personen verhalten sich rational, sie sind Subjekte propositionaler Einstellungen und Objekte spezifischer Einstellungen, sind also zur Intentionalität zweiter Stufe befähigt; hinreichende Bedingungen hierfür sind die Fähigkeit zur Erwiderung der spezifischen Einstellungen, die Fähigkeit zur Kommunikation und der Ausweis eines Selbstbewusstseins sowie eines aktivischen und evaluativen Selbstverhältnisses. Im Anschluss an die Darstellung von Michael Quante lassen sich die analytischen Bestimmung der ‚Person' folgendermaßen zusammenfassen: Die Analytik der ‚Person' ist lehrreich, verdeutlicht sie doch auf der einen Seite, was wir in der Regel voraussetzen, wenn wir uns wechselseitig den Status des Person-Seins zusprechen, während auf der anderen Seite in systematischer und historischer Hinsicht ungeklärt bleibt, welchen Geltungsanspruch wir hiermit erheben (vgl. Quante 2007). Viele Fragen schließen sich an: Wie verstehen wir die Differenz von Mensch und Person? Warum gibt es nicht in allen Kulturen und nicht einmal in unserer Kultur in grauer

---

[2] Vgl. Welker 2002, 9–13 sowie ausführlicher Welker 2000, 247–262.

Vorzeit einen Begriff der Person?[3] Trotz offenkundiger Differenzen erheben wir für den Menschen in universaler Absicht – ganz im kantischen Sinne – den Anspruch, dass mit seinem Ichbewusstsein und der Behauptung seiner Einheit das ‚Person-Sein' eine anthropologische Gegebenheit ist.

An diesem Punkt sind Kulturhistoriker, Ethnologen und Anthropologen aufgerufen zu überprüfen, wie die Reichweite des Person-Konzepts mitsamt den genannten Bedingungen zu taxieren ist. Diese Überlegungen sind keineswegs trivial, auch wenn dies aktuell zur Aufhellung des Bedeutungssinns von ‚Person' in unserem alltäglichen Sprachgebrauch nichts beiträgt. Gegenüber einem Vorbehalt seitens der analytischen Philosophie ist hier zu betonen, dass es nicht darum geht, den normativen Gehalt des Begriffs zu relativieren, sondern ihn in Relation zu geschichtlichen, sozialen und kulturellen Faktoren zu betrachten und dadurch besser zu verstehen. Erst in diesem Zusammenhang werden wir sehen, was es heißt, das Person-Sein an eine bestimmte Weise der Lebensführung anzuknüpfen. Damit sind wir gar nicht zu weit von einer analytischen Betrachtung des Problems entfernt, wie eine Überlegung Quantes zeigt:

> Subjekte, die ein solches praktisches, d. h. auf Werte und Normen bezogenes Selbstverhältnis ausbilden, nennen wir Personen. Sie haben nicht nur ein Leben, sondern führen es im Lichte ihrer Wünsche und Vorstellungen. Zumindest bemühen sie sich darum und stellen sich selbst unter das Ideal, in ihrem Leben ihren eigenen Weg zu finden, eine eigene Persönlichkeit auszubilden und sich selbst treu zu bleiben. (Quante 2007, 29).

Hier wird ein Licht auf die Genese des Selbst-Verhältnisses als Person geworfen, insofern die Bindung an Werte und Ideale der Lebensführung genannt wird. Der soziale und geschichtliche Kontext scheint demnach, auch in der Perspektive analytischer Philosophie, eine konstitutive Rolle für die Bestimmung des Konzepts der Person zu spielen. Aber in der Reduktion der Person auf ein Selbst-Verhältnis liegt eine systematische Engführung vor. Gar nicht reflektiert wird die Möglichkeit, dass eine interne Relation von Bewusstsein und Selbstbewusstsein, die sich als Einheit des Bewusstseins fassen lässt und der wir den Namen ‚Person' geben, in Korrelation zu einer äußeren Instanz steht; dass gewissermaßen die Ausbildung eines ‚Ich' nicht unabhängig von einer Relation zu einem ‚Du' geschehen kann.[4]

---

[3] Vgl. Trendelenburg 1908; Mauss 1968, 121–135. Für den Zusammenhang siehe Hartung 1998, 259–291.

[4] Vgl. dazu auch die Kritik von Moritz von Kalckreuth (Kalckreuth 2021, 29–52). Er weist auch darauf hin, dass es die analytische Debatte um Personalität der letzten Jahre fast komplett versäumt hat, andere Debatten wie die Frage nach (leiblicher) Verkörperung und nach (sozialen)

Im Nachdenken über die – sich möglicherweise wechselseitig bedingende – Relation von Selbst- und Weltverhältnis (zum Anderen, zu Dingen, in bestimmten Situationen usw.) dringen wir zu der entscheidenden Frage einer philosophisch-anthropologischen und -theologischen Theorie der Person durch. Denn als „das eigentlich Strittige in den Streitigkeiten über den Bezug der Person zu Individuum, Substanz und Selbst hat sich in der Tat die Frage erwiesen, ob menschliche Personalität den Charakter der Absolutheit oder der Endlichkeit, d.h. der radikalen Angewiesenheit habe" (Theunissen 1966, 471).

Die analytische Philosophie hat diese Fragestellung in ihrer Radikalität bislang nicht in den Blick genommen, geschweige denn für das Grundproblem der Bestimmung des Person-Seins eine Erklärung gefunden. Sie übersieht die Fragestellung, ob die ‚Person' im Hinblick auf ihre Ausbildung in der je individuellen Lebensführung in einem Selbstverhältnis fundiert oder ob dieses Selbstverhältnis in seiner Fundierung auf die Begegnung mit anderen angewiesen ist – und wenn letzteres, wie sich dieses Angewiesensein auf Anderes bzw. den Anderen mit der Selbständigkeit verträgt.[5] Diese Zweideutigkeit des Lebens, von Anderen getragen zu sein und doch verantwortlich sein Leben führen zu müssen, ist lebensweltlich evident. Eine philosophische Theorie des Menschen und der menschlichen Personalität, die diesen Zusammenhang außer Acht lässt, verpasst den Anschluss an die Phänomene des Lebens und bleibt in ihrer Durchführung unklar.

So viel Unklarheit müsste aber gar nicht sein. Vergessen wird in der aktuellen Debatte doch weitgehend, dass es eine umfassende Diskussion über die ‚Person' als eine komplexe Denkfigur schon in Anthropologie, philosophischer Ethik und Theologie des frühen 20. Jahrhunderts gibt. Es ist gleichsam grob fahrlässig, die Ergebnisse dieser Diskussion nicht zur Kenntnis zu nehmen und sie als Ballast einer überkommenen philosophischen Tradition abzustempeln. Dieses Urteil soll im Folgenden revidiert werden. Meine Überlegungen dienen einer Rekonstruktion der Denkansätze von Max Scheler und Nicolai Hartmann zur Theorie der Person und der Bestimmung menschlichen Person-Seins in der theologischen Anthropologie und systematischen Theologie Wolfhart Pannenbergs.

Lebensformen zu rezipieren, die aus einer solchen Engführung zumindest ein Stück weit hätten herausführen können. Vgl. ebd., 156–174.

5 Matthias Wunsch hat im Zusammenhang seiner Untersuchungen zum *Fragen nach dem Menschen* herausgearbeitet, dass die Mitweltlichkeit von Personen für eine Philosophie der menschlichen Person von zentraler Bedeutung ist. Vgl. Wunsch 2014.

2 Max Scheler und das ‚Sein der Person'

Max Scheler hat in seiner großen Abhandlung *Der Formalismus in der Ethik und die materiale Wertethik* von 1913 u. 1916 eine umfassende Kritik der Ethik Kants geliefert. Im Zentrum steht dabei eine Auseinandersetzung mit der kantischen Engführung des Person-Begriffs (Scheler 2014, 383–495). Scheler kritisiert an der formalen Ethik, dass sie die menschliche Person lediglich als „*Vernunft*person" erfasst und damit alle Schichten des emotionalen Lebens ausblendet (ebd., 384; Hervorhebung im Original – GH). Richtig wird von Kant gesehen, dass die Person nicht als ein „Ding" oder eine „Substanz" missverstanden werden darf; übersehen wird jedoch die Fundierung der Person im Mensch-Sein, der zufolge sie „die unmittelbar miterlebte Einheit des Er-lebens – nicht ein nur gedachtes Ding hinter und außer dem unmittelbar Erlebten" ist (ebd., 385).

An die Stelle der „Einheit des Bewusstseins" tritt bei Scheler die Rede von der „Einheit des Erlebens". In dieser Perspektive soll gewährleistet sein, dass im Konzept der Person nicht nur die allgemeine Struktur (Vernunfttätigkeit), sondern auch die individuellen Momente (Emotionen, Stimmungen, Einstellungen usw.) zur Geltung kommen.[6] Der Bruch mit Kant liegt an der Stelle, wo Scheler die Person unter dem Gesichtspunkt der Endlichkeit menschlicher Existenz betrachtet; so gesehen ist jede Person ein Individuum „und dies als Person selbst" (ebd., 385). Sie ist nach Schelers Auffassung die individuelle, konkrete und wesenhafte Einheit differenter Akte des Sich-und-die-Welt-Erlebens – von der äußeren über die innere Wahrnehmung, vom äußeren und inneren Wollen, Fühlen, Lieben usw. – und im Sinne des Apriorischen nicht *vor* diesen Akten, sondern *im* Aktvollzug diese fundierend (vgl. ebd., 398).[7] So kommt Scheler zu dem scheinbar paradoxen Zwischenergebnis seiner Analyse, dass in jedem Akt des Wahrnehmens, Wollens und Fühlens „die ganze Person" steckt, diese zugleich aber in und durch jeden Akt „variiert" (ebd., 400).[8] Es handelt sich nur um eine scheinbare Paradoxie, denn die Ganzheit und Einheit der Person ist keine Gegebenheit, keine Substanz und kein Ding, auch keine bloße Funktionseinheit der Sinne, sondern vielmehr eine Vollzugseinheit des Erlebens. „[Z]um *Wesen* der Person gehört, daß

---

6 Zur Interpretation von Liebe und Hass, Gefühlen und Wertfühlen, Religion usw. als Phänomene in einem „personalen Lebenszusammenhang" vgl. Kalckreuth 2021, 234–262.
7 Wörtlich lautet die Textstelle: „*Das Sein der Person ‚fundiert' alle wesenhaft verschiedenen Akte.*" (Scheler 2014, 398; Hervorhebungen im Original – GH)
8 Für eine detaillierte Darstellung von Schelers Konzeption der Person als Einheit von Akten und den aus seiner Theorie der Akte folgenden Implikationen für den Personbegriff siehe Kalckreuth 2021, 198–206.

sie nur existiert und lebt im Vollzug *intentionaler* Akte." (ebd., 405; Hervorhebungen im Original – GH).

Schelers Bestimmung der Person manifestiert sich vor allem in ihrer Relation zur Welt (vgl. ebd., 408–410). Die Welt kann entsprechend nicht etwas Dinghaftes sein, dem das zunächst einmal isolierte personhafte Selbst sich nachträglich annähert, um sie sich anzueignen. Die cartesische Dualität von Selbst und Welt, die auch noch die Kantische Ethik prägt, gilt Scheler als Abstraktion. Schon Wilhelm Dilthey hat gefordert, dass wir „wir Ernst mit dem Satze [machen], daß auch das Selbst nie ohne dies Andere oder die Welt ist, in deren Widerstand es sich findet, [denn] die Welt ist stets nur Korrelat des Selbst" (Dilthey 1968, 18). Scheler nimmt diese Forderung von Dilthey und seinem Lehrer Edmund Husserl auf und baut sie zu einer phänomenologisch-anthropologischen Theorie der Welthaftigkeit der Person aus.[9] Die zentralen Überlegungen Schelers sind: In jedem emotionalen und kognitiven Erlebniszusammenhang sind Person und Welt als „Sachkorrelat[e]" zu betrachten (Scheler 2014, 408). Das heißt, jede Welt *ist* im konkreten Sinn *nur als* Welt einer Person (vgl. ebd., 408f.). Im Aktvollzug konstituieren sich Welt und Person in ihrer Einheit, Ganzheit und radikalen Individualität. Es ist ihrer Korrelation wesentlich, dass ‚meine Welt' und ihre ‚Wahrheit' für mich in einem absoluten Sinn gelten, der alle vermeintliche Subjektivität und Relativität übersteigt (vgl. ebd., 410).

Scheler kommt es darauf an, die Korrelation von Person und Welt nicht als einen Funktionszusammenhang, sondern als Wesenszusammenhang zu begreifen. Festzuhalten ist, dass für Scheler das Person-Sein in fundamentaler Weise auf den erlebenden Bezug zu einer Umwelt angewiesen ist, die sie jedoch transzendiert. Innerhalb der „Grenzen des apriorischen Weltgefüges" (ebd., 410) kommt der geschichtlich und soziokulturell variablen Umwelt keine fundierende Funktion zu; sie ist nur der Horizont, in dem sich die Person als „Einheit des Erlebens" behauptet und sich die Einheit einer konkreten Welt entwirft. Dieses Korrelationsverhältnis ist, so betont es Scheler, die Grundlage für alles Begegnen von Anderem – Personen oder Sachen – in einer geschichtlich, sozial und kulturell geprägten Umwelt.

---

9 Vgl. u. a. Husserl 2002, 7, 49 und passim. Siehe dazu Bermes 2004, insbes. S. 145 ff.

3 Nicolai Hartmann und die ‚Wirklichkeit der Person'

Nicolai Hartmann setzt sich in seiner *Ethik* (1926) kritisch mit der materialen Wertethik Schelers auseinander. Dabei geht es ihm zwar um eine gemeinsame Ausgangsbasis – die Stellung gegen den cartesischen Dualismus von Geist und Körper, psychischer und physischer Welt – jedoch um divergierende Lösungsvorschläge. Gegenüber Scheler betont Hartmann, dass Personen sehr wohl auch einem Gegenstandsbereich zugeordnet werden können, ohne sie auf den Status bloßer Sachen zu reduzieren; zudem ist eine Beschreibung des Wesens der Person nicht in gänzlicher Unabhängigkeit vom Standpunkt der Subjektivität möglich.[10] Das heißt, positiv gewendet, dass wir die Person nicht aus der Korrelation von ‚Ich' und ‚Du' herausnehmen können. Der Begriff der Person ist kein absoluter Begriff, sondern umfasst die Relation zwischen Subjekten, die sich in personaler Zuordnung als ‚Ich', ‚Du' oder ‚Wir' ansprechen (vgl. Hartmann 1949, 227–239).

Das zentrale Argument Hartmanns richtet sich, in vergleichbarer Stoßrichtung, gegen Schelers Behauptung einer Korrelation von Person und Welt. Er erkennt bei Scheler zwar einen berechtigten kritischen Impuls gegen die idealistische Annahme eines ‚Bewusstseins überhaupt'. Gleichwohl führt Schelers These zu unbegründbaren ontologischen Aussagen über die Welt, die in vermeintlicher Abhängigkeit zur Person stehen soll. Der treffende ontologische Befund ist nach Hartmanns Auffassung, dass eine Abhängigkeit der realen Welt von irgendeiner Korrelation nicht begründbar ist. Nahe liegender ist ihre Unabhängigkeit, wie sie das Hartmannsche ontologische Modell der physischen, organischen, psychischen, seelischen und geistigen Seinsschichten (von unten gesehen) vorgibt, das eine Unabhängigkeit der jeweils unteren Schichten in Bezug auf ihren Überbau impliziert. So gesehen ist der Bestand der Welt nicht abhängig davon, dass diese Gegenstand der Erkenntnis und der ethischen Bewältigung wird.

„Die reale Welt besteht, auch sofern sie gar nicht angeschaut, niemandem gegeben ist." (ebd., 237) In ontologischer Hinsicht ist die Welt nicht Korrelat von etwas und in keinem Fall relativ auf etwas. Immer ist mit Welt

> „das Ganze gemeint, das alle Korrelationen schlechthin umspannt. [...] ‚Die Welt', dieser ewige Singular, ist weit entfernt bloß die Welt der Sachen zu sein [...], dieselbe Welt ist vielmehr ebenso ursprünglich die Welt der Personen; sie umschließt den realen Lebenszusammenhang der Personen, einschließlich ihrer spezifisch ethischen Beziehungen, genau

---

10 Zur Kritik Hartmanns an Schelers Philosophie der Person vgl. auch Da Re 2019.

ebenso primär wie den allgemeinen Seinszusammenhang des Realen überhaupt." (ebd., 238).

Daraus folgt zweierlei: Zum einen wird die Korrelation – sprich: wechselseitige Abhängigkeit von Person und Welt – aufgelöst und zum anderen wird auf diese Weise die relative Freiheit der Person von allen physisch, physiologisch, psychologisch und soziologisch zu beschreibenden Bedingungen behauptet.

In seiner Abhandlung *Das Problem des geistigen Seins. Untersuchungen zur Grundlegung der Geschichtsphilosophie und der Geisteswissenschaften* (1933) hat Hartmann auf der dargestellten Basis seiner Ontologie eine Theorie der Person weiterentwickelt (vgl. Hartmann 1933, 107 ff.). Er verweist darauf, dass wir schon im alltäglichen Sprachgebrauch die Einheit des geistigen Einzelwesens als Person bezeichnen. Wir meinen damit menschliche Individuen, die als handelnde, sprechende, strebende usw. mit ebensolchen anderen Individuen in einer Mitwelt verbunden sind, diesen begegnen und zu ihnen Stellung nehmen. „Der Mensch steht dem Menschen nicht als Subjekt, sondern als Person gegenüber, und mit Personen als Gegenspielern rechnet er im Getriebe des Lebens." (ebd., 108) Das ist – mit Helmuth Plessner gesprochen – durchaus eine „Vorbedingung der Sphäre menschlicher Existenz" (Plessner 1975, 301).[11]

Auf der Ebene des Tätigseins, Gestaltens und Begegnens eröffnen die Menschen sich eine geistige Welt. Erst auf dieser Ebene kann von einer Korrelation von Person und Welt als einem gegenseitigen dynamischen Verhältnis des Formens und Geformtwerdens die Rede sein. Wenn menschliches Tätigsein auch „in der Weite der Welt verschwindet", wie Hartmann angesichts des prekären Getragenseins der geistigen Realität von ihren physischen, organischen und psychischen Fundamenten festhält, so ist der Mensch doch befähigt, Gebilde von „anderer Seinshöhe" zu schaffen. Er ist der Schöpfer „eine[r] Welt des Geistes in der geistlosen Welt". In diesem Sinne ist „das personale Wesen [...] Mitschöpfer der Welt" (Hartmann 1933, 109). Nun ist es so, dass dieser Zusammenhang in der menschlichen Rede, vor allem im Gebrauch der Personalwörter, ganz selbstverständlich zum Ausdruck kommt. Das bestätigt, so Hartmann, die erkenntniskritische Regel, dass das Bekannteste das am wenigsten Erkannte und Erkennbare ist. *Praktisch* irren wir uns nie über den Personcharakter, wo wir es mit Personen

---

11 Wörtlich heißt es bei Plessner: „Jeder Realsetzung eines Ichs, einer Person in einem einzelnen Körper ist die Sphäre des Du, Er, Wir vorgegeben. Daß der einzelne Mensch sozusagen auf die Idee verfällt, ja daß er von allem Anfang an davon durchdrungen ist, nicht allein zu sein und nicht nur Dinge, sondern fühlende Wesen wie er als Genossen zu haben [...], gehört zu den Vorbedingungen der Sphäre menschlicher Existenz." (Plessner 1975, 301). Siehe dazu auch Wunsch 2013; Kalckreuth 2019; Kalckreuth 2021, 85–155.

zu tun haben. Insofern ist Personalität – verstanden hier als die strukturelle Vorbedingung menschlicher Existenz – unverkennbar. Aber wir scheitern *theoretisch*, denn wir wissen nicht um die ontologische Fundierung eines selbstverständlichen und regelhaften Umgangs miteinander. Anders gesagt, wir wissen „auf eine erlebende Art um Personen", denn die Gegebenheit der fremden Person ist eine unmittelbare, nicht erkenntnismäßige, die mit der Lebensbeziehung zu ihr da ist. „Die Personalität [...] ist unmittelbar gegeben, vor aller weiteren Erfahrung mit dem Einzelmenschen." (Hartmann 1933, 111).

Hat Hartmann einmal die Unabhängigkeit der realen Welt von geistigen Formen und umgekehrt die relative Autonomie der geistigen Formen von niederen Seinsschichten freigelegt, ist es ihm in einem zweiten Schritt darum zu tun, die kategoriale Verfasstheit der geistigen Welt herauszuarbeiten. Wichtig ist hierbei, auf jeder Ebene des Seins kategoriale Verhältnisse zu fixieren, die den jeweiligen Realitätscharakter verbürgen. In der geistigen Welt sieht Hartmann die unmittelbare Gegebenheit der Personalität als Indiz dafür an, dass wir es hier mit einer Anschauungs- und Realkategorie des Geistes zu tun haben. Ihre unmittelbare Evidenz ergibt sich aus einem unmittelbaren Wissen um den Anspruch einer fremden Person, als Person genommen und behandelt zu werden. In dieser unmittelbaren Gegebenheit von Personalität im Erlebniszusammenhang ist auch der Aspekt der Ganzheit transportiert. Ganzheit ist unmittelbar in der Anschauung gegeben, tatsächlich aber ist sie in das Leben, die Dauer, den Wandel auseinander gezogen. Der empirische Mensch in seiner Halbheit ist nicht Person, nur „Person ist Ganzheit. Sie ist das geistige Wesen, das sich zu dem immer erst machen muß, was es in Wahrheit ist." (ebd., 114).

Was also in der unmittelbaren Anschauung als Gegebenheit erscheint, muss sich erst im Vollzug des Lebens als Realkategorie des Geistes erweisen. Anthropologisch ist in diesem Zusammenhang bedeutsam, dass der Mensch als Person – im Gegensatz zum Tier – nicht in einer Umweltsituation steht, sondern ein Bild der Situation hat, dieser gegenüber geöffnet ist, nicht an die Wirklichkeit des Umwelthaften gebannt ist, sondern Möglichkeiten sehen, das bloß Wirkliche transzendieren kann. Der Erlebniszusammenhang von Person und Welt erweist sich als ein Beziehungsreichtum zur Welt, dem die Person erst Identität abringen muss. Der „Lebenskreis der Person, ihr Bannkreis – oder wenn man so will, ihr magischer Kreis – ist ein fundamentaler Grundzug der ‚Personalität' als Realkategorie, realitätsgestaltend, weltformend weit über die eigentlich bewußte Aktivität der Person hinaus, das greifbare, erlebbare, offen zutage liegende Wunder ihres Wesens." (ebd., 121).

Hartmann hebt hervor, wie dieses Wunder zumindest indirekt zu verstehen ist. Es zeigt sich immer dort, wo in jeder einzelnen Lebenssituation das Selbstbewusstsein sich als sekundär erweist. In praktischer Hinsicht gibt es ein elementares „Mitwissen um sich selbst", da die Person ihren eigenen Wert in ihrem Verhalten zu anderen Personen erfährt. Der Anfang der Selbsterkenntnis liegt nicht in der Reflexion, sondern in der Tat. Das gilt für das moralische Sein der Person insgesamt: Erst Tat und Situation offenbaren mir selbst und anderen, wer ich bin. Nach und nach erfährt die Person im Leben, was sie ist – dafür bedarf es einer Kette der Lebenssituationen. Die personhafte Spannung, von der auch Scheler und Plessner sprechen, kehrt bei Hartmann wieder in der Rede von einer Spannung zwischen „Hinausleben aus sich selbst" und dem „Zurückgeworfensein auf sich selbst", durch die das ganze Leben der Person charakterisiert ist (ebd., 127).[12]

Hinter dem existentiellen Befund steht der kategoriale Gegensatz von Möglichkeit und Wirklichkeit, der Weite des Vorblicks und der Begrenzung im Handeln. Die Vorsehung als eine Weise des Hinauslebens scheint Hartmann von entscheidender Bedeutung für die Stellung des Menschen als Person in der Welt zu sein. An ihr hängt alle Aktivität, alles Gestalten. Ohne Vorsehung kein Handeln, kein Ethos, keine Verantwortlichkeit. Erst die Vorsehung erhebt den Menschen über das „gegenwartsgefangene geistlose Bewußtsein" und lässt ihn zur Ganzheit und Einheit der Person streben (ebd., 137).

In diesem Spannungsverhältnis steht der Mensch als Bürger zweier Welten, die er vereinen muss, und zwar in der Spannung zwischen Verantwortung und Versagen. Diese Zwischenstellung des Menschen ist in der anthropologischen Debatte immer schon betont worden.[13] Die Prädikate menschlicher Personalität, in denen die überlegene Stellung des Menschen in der Natur zum Ausdruck kommt, erinnern an die göttlichen Prädikate, wie Hartmann anführt. Sie erscheinen nun verkleinert, „verendlicht am endlichen Geiste", dadurch aber keineswegs entkräftet. „Das Ethos des Menschen [...] ist wesensgleich mit dem, was der Glaube in der Gottheit verehrt. Nur die Unendlichkeit fehlt ihm dazu." (ebd., 141) Die Freiheit der Entscheidung, das Gefühl für die Werthaftigkeit der Welt und die Macht geistigen Gestaltens sind das „am meisten Metaphysische und Gottgleiche in ihm". Hier aber liegt auch die innere Gefahr, denn die Entscheidung kann ins Leere gehen, das Wertfühlen kann unbeantwortet bleiben und die Sinnproduktion kann sich als illusorisch herausstellen (ebd., 143 f.).

Die Selbstbehauptung des Menschen als Person hängt an der Zuversicht, dass sich in der Teilhabe an den Prozessen des Lebens jenseits des Erkennbaren etwas

---

[12] Siehe zum personalen Betroffensein und Rückbetroffen-Werden auch Kalckreuth 2019; Kalckreuth 2021, 137–140.
[13] Vgl. Hartung 2008, 14–43.

an Wert und Sinn zeigt.¹⁴ Im Diesseits gibt es nur eine Quelle der Zuversicht, die am realen Lebenszusammenhang der Personen hängt und im Miteinanderleben der Menschen wurzelt. Jeder Mensch, so streicht es Hartmann heraus, braucht den Mitmenschen, um für ihn er selbst sein zu können. Umgekehrt würde der Mensch, wenn er bloß auf sich selbst zurückgeworfen wäre, verkümmern. In der Weltbezogenheit und in der Bezogenheit der Menschen aufeinander realisiert sich der personale Geist, in der „Leere und Lieblosigkeit hingegen würde er vernichtet" (ebd., 148 f.).¹⁵

Es stimmt also, im Hinblick auf Hartmanns Theorie von einem „relationistischen Personbegriff" zu sprechen, wie Michael Theunissen es getan hat. Dennoch greift diese Umschreibung zu kurz. Bei Hartmann zeigt sich in der Relationalität der Person etwas Fundamentales, das über den konstruktiven Aspekt der Relationalität – wie ihn Scheler im Aktvollzug denkt – hinausweist: Wir Menschen nehmen an Lebensprozessen teil, die wir einerseits im Erkennen und Handeln gestalten, deren Strukturen uns andererseits aber auch in unserer Existenz tragen. Person *ist*, wenn die Widersprüchlichkeit solchen Erlebens in einer Ganzheit und Einheit gebannt wird. Die Einsicht, dass dies überhaupt gelingen kann, dass wir Menschen ein Selbst-Verhältnis sind, hängt daran, dass wir „auf erlebende Art" um Personen wissen. Dieses Wissen *vor* aller Erkenntnis ist die Vorbedingung personaler Existenz.

4 Wolfhart Pannenberg und die konstitutive ‚Zweideutigkeit der Person'

Die folgenden Überlegungen haben das Ziel zu zeigen, dass in der theologischen Anthropologie Wolfhart Pannenbergs der Personbegriff Hartmanns Aufnahme und Kritik zugleich erfährt. Tatsächlich steht und fällt auch bei Pannenberg das

---

14 Ähnlich formuliert es Arnold Gehlen, wenn er schreibt: „[W]ir können nur die Umstände, unter denen der Mensch existiert, angeben, sowie die in ihm selbst und außer ihm erreichbaren Mittel, diese Umstände zu bewältigen, aber nicht das ‚Wie' des Existierens und Bewältigens, das wir eben *sind* und *vollziehen* – so ist weder die Aussage möglich, das Leben sei ‚sinnlos', noch die: es hat etwas im erfahrenden und denkenden Bewußtsein Gegebenes zu ‚realisieren', um selbst Sinn zu bekommen. Es könnte aber sehr wohl sein, daß sich im Lösen der Aufgabe, vor welche der Mensch mit seinem bloßen Dasein gestellt ist, etwas sehr entscheidendes *mit vollzieht*." (Gehlen 1997, 72).
15 Vgl. dazu Theunissen 1966, 474.

Konzept der Person mit der Realität menschlicher Beziehungen, in denen sich eine Abhängigkeit des Individuums von anderen zeigt.[16]

> Die Beziehungen zwischen Menschen sind nur insoweit menschliche Beziehungen, wie man einander als Personen gelten läßt. Als Person wird der andere dann respektiert, wenn ich in ihm dieselbe unendliche Bestimmung, die in keiner schon vorhandenen Lebensgestalt aufgeht, am Werke weiß wie in mir selbst. (Pannenberg 1995, 60)

Von Pannenberg wird in die Realität menschlicher Beziehungen ein qualitatives Moment eingeführt. Es geht nicht nur um die Offenheit der Person für den jeweils anderen, sondern auch um die Erkenntnis einer „unendlichen Bestimmung" im Menschen, die seine Offenheit der personalen Struktur zu einem konstitutiven Moment macht.

In theologischer Hinsicht ist dies der Ort, an dem das Problem der Gottebenbildlichkeit des Menschen diskutiert wird.[17] Pannenberg weist auf eine Spannung hin, die zwischen einer theologischen und einer philosophisch-theologischen Position besteht. Erstere sieht in der Gottebenbildlichkeit eine Bestimmung des Menschen in Gottes Absicht, wobei diese Verheißung von jeglicher, dem Menschen eigenen Qualität abgetrennt ist (Karl Barth). Zweitere bemüht sich in der Nachfolge Johann Gottlieb Herders darum, „die Anlage zur Gottebenbildlichkeit in den Einzelheiten der natürlichen Ausgangslage des Menschen aufzuweisen" (Pannenberg 1983, 56). Dieser Position rechnet sich Pannenberg explizit zu, obwohl sein Verhältnis zur philosophischen Anthropologie, und insbesondere zu einer anthropologischen Theorie der Personalität, kritisch bleibt. Sein Hauptargument lautet: Die in einer Theorie der Personalität angesprochene Ganzheit der Person transzendiert die weltimmanente Perspektive Hartmanns. Nehmen wir Ganzheit als Ziel individueller Entwicklung, so ist diese auf der Basis der differenzierten Herausbildung eines eigenen Selbst unerreichbar und nicht vollendbar.

In anthropologischer Hinsicht impliziert die Rede von der Ganzheit des eigenen Daseins – das zeigt sich in der Zuspitzung von Heideggers fundamentalontologischer Analytik des Daseins –, dass der Mensch sich anmaßt, Gott sein zu wollen. Theologisch gesehen heißt das, der Mensch kann seine Ganzheit nur als das von Gott ihm verheißene und zuteilwerdende ‚Heil' erlangen. Das Problem der Ganzheit ist also nicht ein Reservat der Theologie, aber auch nicht von Psychologie und Anthropologie. Zwar wird die Frage nach der Ganzheit als Thema der

---

16 Vgl. dazu auch Scholz 2021, 117–127.
17 Vgl. zur Gottebenbildlichkeit des Menschen, mit der ihm „die Tiefe seiner Person" gegeben ist: Welker 2000, 258–262.

selbständigen Identitätsbildung in der Adoleszenzphase des Menschen aufgeworfen – insofern hat die Entwicklungspsychologie ihr Recht –, aber sie ist nicht auf diesen Entstehungskontext zu reduzieren. Die Frage nach der Ganzheit ist, wie Pannenberg im Rückgriff auf die religiösen Implikationen der Herder'schen – bei Gehlen prominent wiederkehrenden – Rede vom menschlichen Mängelwesen betont,

> vielmehr inmitten der Unabgeschlossenheit seines durch „Mangel' an Sein gekennzeichneten Lebensvollzugs schon gegenwärtig. [...] Die die Beschränktheit des jeweiligen Lebensmomentes unendlich übersteigende Ganzheit des Selbst kommt zur gegenwärtigen Erscheinung als Personalität. Person ist der Mensch in seiner Ganzheit, die das Fragmentarische seiner vorhandenen Wirklichkeit überschreitet. (Pannenberg 1983, 228)

Die meint nicht nur ein Entwicklungsmoment individuellen Lebens, sondern im Sinne Plessners und Hartmanns eine Vorbedingung der Sphäre menschlicher Existenz.

Die Überschreitung eines fragmentarischen Lebensvollzugs – und die mit ihr zusammenhängende Unverfügbarkeit der Person, im Unterschied zur Sache – weisen ins Zentrum der Konzeption Pannenbergs (vgl. Pannenberg 1961, 231 f.).[18] Die theologische Anthropologie stellt das qualitative Moment des ‚Mangels an Sein' ins Zentrum, um jede Verwechslung mit natürlichen Bestimmungen des Menschen zu vermeiden. Pannenberg legt den Schwerpunkt auf die systematische Erkundung der Einsicht, dass „der Mensch [...] erst dadurch Person [ist], daß er Gott als Person sich gegenüber findet" (ebd., 232).[19]

---

18 Vgl. dazu die anderen großen Lexikonartikel zum Thema: Heinrichs 1996; Stock 1996; Herms 2003.
19 An anderer Stelle schreibt Pannenberg: „Ohne das Wirken des göttlichen Geistes im Menschen wäre ihm keine Personalität im tieferen Sinne des Wortes zuzuerkennen. Denn Personalität hat es zu tun mit dem Inerscheinungtreten der Wahrheit und Ganzheit des individuellen Lebens im Augenblick des Daseins. Der Mensch ist nicht dadurch schon Person, daß er Selbstbewußtsein besitzt und das eigene Ich von allem anderen zu unterscheiden und festzuhalten vermag [FN: Gegen I. Kant: Anthropologie in pragmatischer Hinsicht, 1798, § 1]. Er hört auch nicht auf, Person zu sein, wo solche Identität im Selbstbewußtsein nicht mehr besteht, noch ist er ohne Personalität, wo sie noch nicht vorhanden ist. Personalität ist begründet in der Bestimmung des Menschen, die seine empirische Realität immer übersteigt. Sie wird primär am anderen, am Du, erfahren als das Geheimnis eines Insichseins, das nicht aufgeht in alledem, was äußerlich vom anderen wahrnehmbar ist, so daß mir dieser andere als ein Wesen begegnet, das nicht nur von sich aus, sondern auch von einem allem äußeren Eindruck letztlich entzogenen Grund seines Daseins her tätig ist." (Pannenberg 1983, 227–228). Zur Frage nach der Aktualität der theistischen Rede von Gott selbst als Person siehe Polke 2021.

Hervorzuheben ist hier die interne Verknüpfung zweier Relationen – auf Gott, auf den Anderen – in ihrer Unabtrennbarkeit. Personalität basiert auf der Gegenwart eines Selbst im sprechenden, handelnden ‚Ich', die es in Bezug auf Gott wie auch das relationale ‚Du' in der dialogisch strukturierten Sozialsphäre überschreitet. Pannenberg zitiert in diesem Zusammenhang ausführlich Hartmanns *Das Problem des geistigen Seins*, in dem die Zweideutigkeit der Person in ihrem Streben nach Ganzheit und ihrem Auseinandergezogensein über die Zeit hinweg erkannt wird. Bei Hartmann fehlt allerdings, so Pannenberg in kritischer Distanz, eine Erklärung dafür, auf welchem Grund die Person sich zur Ganzheit zusammenschließt. Wie kann die Person, die über ihren eigenen zeitlichen Wandel hinausgreift, als Grund und Resultat ihrer selbst gedacht werden? Bei den Vertretern der philosophischen Anthropologie vermisst Pannenberg einen Hinweis auf die Bestimmung des Menschen. Wie kann es sein, dass wir auf dem Weg zur Ganzheit unseres Daseins im gegenwärtigen Augenblick, immer schon wir selbst, das heißt Personen, sein können? Wie kommt es im unabgeschlossenen Lebenshorizont zu einer Gegenwart unseres „wahrhaften Selbst" und nicht zu bloß illusionären Figurationen?

Pannenbergs Antwort lautet: Weil Personalität durch die Beziehung von Ich und Du in einer sozialen Lebenswelt bestimmt ist; im Regelfall ist die Person nicht auf ihr eigenes Selbst, sondern auf andere Personen und auf die Gruppe bezogen. „Dem Du und der Gruppe gegenüber ist sie sie selbst." (ebd., 234)[20] Aber die Person zeichnet sich zugleich durch eine Transzendenz des Selbstseins über die soziale Situation aus. Die Vergegenwärtigung und Artikulation des Selbstseins in der sozialen Situation geht nicht in deren Grenzen auf, sondern gründet „letztlich" im Gottesbezug des Menschen. In diesem Letztbezug ist auch die Selbständigkeit und Freiheit des Menschen gegenüber der geschichtlich-konkreten Gestalt der sozialen Verhältnisse erfasst.

In einem Kapitel seiner *Systematischen Theologie*, das von „Würde und Elend des Menschen" handelt, hat Pannenberg erläutert, wie die philosophische Anthropologie seiner Ansicht nach ergänzt werden muss (vgl. Pannenberg 1991, 203–314). Am Beispiel der Person erörtert er, dass der Begriff zwar im paganen Kontext des Kulturkreises der Antike entstanden ist, dass aber die fundamentale, von allem Zweifel der Kontingenz unberührte Auszeichnung des individuellen Lebens sich erst im christlichen Denken herausgebildet hat. Nach dieser nicht bloß geschichtlichen, sondern fundamentalen Bestimmung ist „jeder

---

[20] Mit Pannenberg ließe sich sagen: Nur im Erleben menschlicher Gemeinschaft, nur im anderen Menschen begegnet ein Leben, das in seinem Lebensgefühl ebenfalls vom Wissen um den unendlichen Grund der Welt durchdrungen ist. Nur hier zeigt sich „personale Tiefe" (Pannenberg 1983, 227).

Mensch ‚Person' durch die sein Dasein im Ganzen begründende Beziehung zu Gott" (ebd. 221).[21] Es ist das Verdienst der Paulinischen Anthropologie, dass sie den Blick auf die in Christus eingelöste Ebenbildlichkeit mit Gott gelenkt hat. Es ist damit ein Gegensatz zwischen der Vollendung der Gottebenbildlichkeit des Menschen in und durch Jesus Christus und der Rede von einer Restitution der Gottebenbildlichkeit Adams benannt. Im christlichen Denken kommt es auf die Aspekte der Zukünftigkeit und Unvollendetheit an – hier liegt die notwendige Ergänzung philosophischer Anthropologie. Bei Paulus tritt der Kern einer christlichen Anthropologie hervor, die in Christus die Möglichkeit einer Vervollkommnung der Gottebenbildlichkeit, im gegenwärtigen Menschen aber nur die Bestimmung zur Vervollkommnung sieht (vgl. ebd., 249).

Die von Herder kommende philosophische Anthropologie hat gemäß Pannenberg den Gedanken der Nicht-Festgestelltheit des Menschen formuliert, dabei nur verkürzt gedacht. Demgegenüber sei zu betonen, dass die Wahrheit menschlicher Existenz allein in der wechselseitigen Bezugnahme von Anthropologie und Christologie hervortritt (vgl. ebd., 315–364). Methodisch ist es daher richtig, von einer „zirkulären Wechselbedingtheit" von Anthropologie und Theologie zu sprechen (ebd., 232–333).[22] Die Auffassungen des sich, in der Geschichte der Menschheit in Christus geoffenbarten Gottes, und unsere Vorstellungen von der Natur und Bestimmung des Menschen ergänzen sich wechselseitig. Im Person-Sein des Menschen zeigt sich seine besondere Auszeichnung erst durch seine Bezogenheit auf Gott. Diese Bezogenheit ist in geschichtlich-anthropologischer Perspektive ein entscheidendes Datum, weil es die Selbstdistanznahme des Menschen zum Ausdruck bringt: in der Unterscheidung Gottes vom eigenen Dasein und von allem Endlichen. „Was Menschsein heißt, wird ohne Religion den Menschen selber nicht voll durchsichtig." (ebd., 230)

---

21 Ebendort heißt es: „Grundlegend für die Personalität jedes einzelnen Menschen ist seine Bestimmung zur Gemeinschaft mit Gott." (Pannenberg 1991, 229).
22 Hier nimmt Pannenberg zustimmend auf Karl Rahner Bezug, nach dessen Auffassung „Anthropologie […] defiziente Christologie [ist], insofern Anthropologie als solche eben noch nicht die Einheit des Menschen mit Gott in Unterschiedenheit von ihm zum Thema hat." Pannenberg 1991, 232–333.

5 Zur Komplexität der Person. Philosophische und Theologische Aspekte

Wir haben gesehen, dass die analytische Theorie der Person ihre anthropologische Voraussetzungen nicht reflektiert und mit der Fundierung der Personalität als Selbst-Verhältnis einen engen Weg beschreitet, der den Phänomenen der Lebenswelt nicht gerecht wird. Die ungenaue Rede vom „Ideal, im Leben einen eigenen Weg zu finden, eine eigene Persönlichkeit auszubilden und sich selbst treu zu bleiben" (Quante 2007, 29), ist der Zweideutigkeit des Lebens, in der Angewiesenheit auf andere und in der Selbständigkeit verantwortlicher Lebensführung, nicht angemessen.

Wir haben des Weiteren gesehen, wo der andere Weg verläuft, die Strukturen der Personalität aus einem Wechselverhältnis von ‚Ich' und ‚Du' – dem Anderen oder anderen Dingen – zu verstehen. Die Antworten sind mehrdeutig und führen zu einem komplexen Bild unserer Problemstellung. Schelers Idealismus mündet in der Rechtfertigung der Person als Einheit des Erlebens, der er die Kraft eines schöpferischen Weltentwurfs zuspricht. Eine solchermaßen radikale Individualität, die nur ihre Welt mitsamt ihrer Wahrheit kennt, steht in einer merkwürdigen Korrelation: die Person ist unabhängig von allen gegebenen Weltbezügen, jedoch die Welt ist abhängig von der Person, weil sie ihr nur als Entwurf begegnet. Das meint Scheler mit Korrelation. So ist es konsequent, dass Scheler von Gott als Person im eigentlichen Sinn spricht. Nur in einem reinen, göttlichen Schöpfungsakt findet eine wahrhafte Korrelation von Person und Welt statt. Schelers Anthropologie mündet in eine Theo-Anthropologie. Der Prozess der Menschwerdung wird als Befreiung des empirischen Menschen von seiner Umwelt hin zur Schaffung einer Welt verstanden, die seiner personalen Würde korreliert. Es geht um nicht weniger als um die Gottwerdung des Menschen (vgl. Scheler 1927).[23]

Hartmann stellt der Konzeption Schelers eine realistische Position entgegen. Nicht um die äußersten Möglichkeiten des Menschseins geht es ihm, sondern um die Wirklichkeit des Menschen. Nach Hartmanns Auffassung bedeutet die Selbstmanifestation des Menschen als Person nicht eine Überwältigung der Welt, sie impliziert vielmehr die Zuversicht, dass sich in der Teilhabe an den Prozessen des Lebens etwas an Wert und Sinn zeigt. Statt von einer Transzendenz der Umwelt in einem schöpferischen Akt zu sprechen, mahnt er an, die Quellen der Lebensführung im realen Lebenszusammenhang des Menschen und seinem Leben mit anderen freizulegen. Die Tatsache, „daß es eine personale Welt überhaupt

---

[23] Vgl. dazu Hartung 2003, 112–115. Siehe auch Henckmann 2018.

gibt" (Plessner) und dass wir „auf eine erlebende Art um Personen" (Hartmann) wissen, verweist auf einen fundamentalen Zusammenhang: Wir Menschen nehmen an Lebensprozessen teil, die wir einerseits im Erkennen und Handeln gestalten, deren Strukturen uns andererseits aber auch in unserer Existenz tragen. Person *ist* nach Hartmanns Auffassung die Möglichkeit des Sich-Erlebens in einer Ganzheit und Einheit trotz aller Widersprüchlichkeit und Mehrdeutigkeit des Lebens. Auch wenn der empirische Mensch in seiner Halbheit diese Möglichkeit nicht realisiert, so ist sie doch in der menschlichen Lebenswirklichkeit angelegt. Sie ist eine Vorbedingung der Sphäre menschlicher Existenz.

Pannenbergs theologische Anthropologie stimmt im operativen Feld mit den philosophischen Theorien überein. Auch sie spricht von einer fundamentalen Differenz, aus der sich die menschlichen Existenzkonflikte ableiten lassen; auch sie ist weit davon entfernt, sich in die seichte Rede von Lebensidealen und der Treue des Menschen zu sich selbst zu verflüchtigen. Aber Pannenberg erkennt in Schelers Denkfigur der Selbsttranszendenz des Menschen und Hartmanns stoischer Forderung der Selbstüberwindung unter den Bedingungen von Weltimmanenz Formen von Anmaßung und Überforderung. Um diesen Zumutungen zu begegnen, lenkt die theologische Anthropologie den Blick darauf, dass „der Mensch erst dadurch Person ist, dass er Gott als Person sich gegenüber findet" (Pannenberg 1961, 232). Weil der Mensch sich aus eigener Kraft nicht selbst überwinden kann, wie Scheler meint, und weil er sich nicht durchsichtig ist noch jemals sein wird, ist der Mensch unfestgestellt und zugleich offen dafür, durch den Anderen, ‚letztlich' Gott angesprochen zu werden. Das Faktum des Angesprochenseins durch Gott ist die eigentliche Vorbedingung der Sphäre menschlicher Existenz.

Für Pannenberg ist offensichtlich, dass durch alle lebensweltlichen Verhältnisse hindurch die Elementarität der menschlichen Bezugnahme auf Gott zu erleben ist. In jedem Umgang mit Anderen – Personen, Dingen, in Situation – ist ein Angewiesensein auf *den* Anderen, gemeint ist ein Angesprochensein durch Gott zu erleben.[24] Ohne diese existentielle Vorbedingung ist eine Distanzierung des Menschen von sich Selbst und von Welt nicht zu begreifen, denn damit das Angesprochensein als Person durch andere nicht bloße Illusion und somit grundlos ist, bedarf es einer letzten Rücksichtnahme. Das ist der Sinn des Satzes, dass Menschsein ohne Religion für uns Menschen nicht voll durchsichtig wird.

---

24 Für eine Auseinandersetzung mit der philosophischen und theologischen Anthropologie vor dem Hintergrund der Frage, wie sich Leben und Tod hinsichtlich des Angesprochenseins als Person auswirken, siehe Scholz 2021.

Ob nun die personhafte Spannung, in der die Zweideutigkeit des Lebens zum Ausdruck kommt, nur sinnvoll zu deuten ist, wenn wir in den Abgrund einer uns zwar tragenden aber für uns gleichgültigen ‚Welt' schauen *oder* wenn wir ein Angesprochensein durch Gott als letzten Grund unseres erlebenden Umgangs mit ‚Welt' voraussetzen – die Debatte zwischen philosophischer und theologischer Anthropologie ist noch lang nicht an einem Ende angekommen.

Anmerkung

Dieser Text geht auf einen Vortrag zurück, den ich u. a. in Heidelberg im Philosophischen und Theologischen Seminar gehalten habe. Frühere Überlegungen sind in andere Publikationen zur „Biologie der Person" und zur „Anthropologie der Religiosität" eingegangen.

Literatur

Bermes, Christian (2004): ‚Welt' als Thema der Philosophie. Vom metaphysischen zum natürlichen Weltbegriff, Hamburg.
Da Re, Antonio (2019): Person, Gesamtperson und Geistiges Sein. Nicolai Hartmann im Vergleich mit Max Scheler, in: Kalckreuth, Moritz von / Schmieg, Gregor / Hausen, Friedrich (Hg.): Nicolai Hartmanns Neue Ontologie und die Philosophische Anthropologie. Menschliches Leben in Natur und Geist, Berlin / Boston, 153–172.
Dennett, Daniel (1978): Conditions of Personhood. In: Ders.: Brainstorms. Philosophical Essays in Mind and Psychology, Cambridge (MA), 267–285.
Dilthey, Wilhelm (1968): Das geschichtliche Bewußtsein und die Weltanschauungen. In: Ders.: Weltanschauungslehre. Abhandlungen zur Philosophie der Philosophie, Gesammelte Schriften, Bd. 8, Stuttgart / Göttingen 1968.
Gehlen, Arnold (1997): Der Mensch. Seine Natur und seine Stellung in der Welt, Wiesbaden.
Hartmann, Nicolai (1933): Das Problem des geistigen Seins. Untersuchungen zur Grundlegung der Geschichtsphilosophie und der Geisteswissenschaften, Berlin / Leipzig.
Hartmann, Nicolai (1949): Ethik, Berlin.
Hartung, Gerald (1998): Die Naturrechtsdebatte. Geschichte der Obligatio vom 17. bis 20. Jahrhundert, Freiburg.
Hartung, Gerald (2003): Das Maß des Menschen. Aporien der philosophischen Anthropologie und ihre Auflösung in der Kulturphilosophie Ernst Cassirers, Weilerswist.
Hartung, Gerald (2008): Philosophische Anthropologie. Stuttgart.
Heinrichs, Johannes (1996): Person. Philosophisch. In: Theologische Realenzyklopädie, Bd. XXVI. Berlin / New York, 220–225.
Henckmann, Wolfhart (2018): Einleitung, in: Max Scheler: Die Stellung des Menschen im Kosmos. Kritische Neuausgabe, Hamburg, *11–*302.

Herms, Eilart (2003): Person. IV. Dogmatisch. In: Religion in Geschichte und Gegenwart. Bd. 6, 1120–1128.
Husserl, Edmund (2002): Ideen zu einer reinen Phänomenologie und phänomenologischen Philosophie. Allgemeine Einführung in die reine Phänomenologie, Tübingen.
Kalckreuth, Moritz von (2019): Expansivität, Objektivität und Aktualität des Betroffenseins. Nicolai Hartmanns Theorie der Person, ihre Verortung in seiner Ontologie geistigen Seins und ihr Verhältnis zur Phänomenologie, in: Horizon 8 (1), 211–229.
Kalckreuth, Moritz von (2021): Philosophie der Personalität. Syntheseversuche zwischen Aktvollzug, Leiblichkeit und objektivem Geist, Hamburg.
Kant, Immanuel (1968): Anthropologie in pragmatischer Hinsicht. In: Ders.: Akademie-Textausgabe [AA] Bd. 7, Berlin / New York, 117–333.
Mauss, Marcel (1968): Die Gabe. Form und Funktion des Austauschs in archaischen Gesellschaften, Frankfurt a. M.
Pannenberg, Wolfhart (1961): Person. In: Religion in Geschichte und Gegenwart, (3. Auflage) Bd. 5, 230–235.
Pannenberg, Wolfhart (1983): Anthropologie in theologischer Perspektive, Göttingen.
Pannenberg, Wolfhart (1991): Systematische Theologie, Bd. 2, Göttingen.
Pannenberg, Wolfhart (1995): Was ist der Mensch? Die Anthropologie im Licht der Theologie, Göttingen.
Plessner, Helmuth (1975): Die Stufen des Organischen und der Mensch. Einleitung in die philosophische Anthropologie, Berlin / New York.
Polke, Christian (2021): Expressiver Theismus. Vom Sinn personaler Rede von Gott, Tübingen.
Quante, Michael (2007): Person, Berlin.
Scheler, Max (1927): Die Sonderstellung des Menschen im Kosmos, in: Keyserling, Graf H. von (Hg.): Der Leuchter. Weltanschauung und Lebensgestaltung. Achtes Buch: Mensch und Erde. Darmstadt, 161–254.
Scheler, Max (2014): Der Formalismus in der Ethik und die materiale Wertethik. Neuer Versuch der Grundlegung eines ethischen Personalismus, Hamburg (kritische Neuausgabe).
Scholz, Anna (2021): Name und Erinnerung. Anthropologische und theologische Perspektiven auf Personalität und Tod, Leipzig.
Stock, Konrad (1996): Person. Theologisch, in: Theologische Realenzyklopädie, Bd. XXVI. Berlin / New York, 225–231.
Strawson, Peter (1959): Individuals, London.
Theunissen, Michael (1966): Skeptische Betrachtungen über den anthropologischen Personbegriff. In: Rombach, Heinrich (Hg.): Die Frage nach dem Menschen. Aufriss einer philosophischen Anthropologie (Festschrift für Max Müller zum 60. Geburtstag), Freiburg / München, 461–490.
Trendelenburg, Friedrich Adolf (1908): Zur Geschichte des Wortes Person. In: Kant-Studien 13, 1–17.
Welker, Michael (2000): Person, Menschenwürde und Gottebenbildlichkeit. In: Jahrbuch für Biblische Theologie 15, 247–262.
Welker, Michael (2002): Ist die autonome Person eine Erfindung der europäischen Moderne? In: Köpping, Klaus-Petter u. a. (Hg.): Die autonome Person – eine europäische Erfindung? München, 9–13.

Wunsch, Matthias (2013): Stufenontologien der menschlichen Person, in: Wunsch, Matthias / Römer, Inga (Hg.): Person. Anthropologische, phänomenologische und analytische Perspektiven, Münster, 237–256.
Wunsch, Matthias (2014): Fragen nach dem Menschen. Philosophische Anthropologie, Daseinsontologie und Kulturphilosophie, Frankfurt a. M.
Wunsch, Matthias / Römer, Inga (Hg.) (2013): Person. Anthropologische, phänomenologische und analytische Perspektiven, Münster.

Einzelnachweis

Der vorliegende Beitrag erschien bereits als: Person und Welt. Zum Verhältnis philosophischer und theologischer Anthropologie, in: Gruevska, Julia / Liggieri, Kevin (Hg.): Vom Wissen um den Menschen. Philosophie, Geschichte, Materialität, Freiburg / München: Alber 2017, 27–45.

Evrim Kutlu
Eine ‚neue' Metaphysik
Das Verhältnis von Mensch und Gott in Max Schelers Spätphilosophie

Abstract: This paper is about Max Scheler's understanding of a "new metaphysics". With this conception of metaphysics, Scheler overcomes his early philosophy of religion. The concept of a "becoming God" (werdender Gott), based on Scheler's theory of material values, ascribes a new dignity to human: human plays an essential role as God's "co-worker" (Mitarbeiter) in the realization process of the becoming God as the reality of the world. Metaphysics and philosophical anthropology cannot be considered separately. Such a new metaphysics, which in its emphasis on "becoming being" (Werdesein) is at the same time metarial, cosmic and value-oriented, and which regards the historical world as the place of realisation of the becoming God and human beings as his co-workers, can be made fruitful in relation to today's challenges, especially in the field of ecological ethics.

Keywords: Max Scheler, philosophical anthropology, metanthropology, person, material value ethics, metaphysics, becoming God, ecological ethics

Einleitung

Die Frage nach dem Verhältnis von Religion, Metaphysik und Anthropologie hat Max Scheler durch sein gesamtes Lebenswerk begleitet und dabei verschiedene Wandlungen durchgemacht. Ich möchte in diesem Beitrag der Frage nachgehen, wie Scheler in seiner Spätphilosophie das Verhältnis von Mensch und Gott, bzw. von Mensch- und Gottwerdung bestimmt. Dies ist ein besonderes Wechselverhältnis, das auch wesentliche Folgen für die Ethik hat. Um die Frage nach diesem Verhältnis klären zu können, werde ich zunächst auf Schelers Wertethik eingehen, die er in seinem Hauptwerk, *Der Formalismus in der Ethik und die materiale Wertethik* ausarbeitet. (1) Im zweiten Abschnitt (2) werde ich mich mit Schelers Philosophischer Anthropologie beschäftigen. Die schelersche Philosophische Anthropologie unterscheidet sich wesentlich von der gehlenschen oder plessnerschen Anthropologie, da Scheler das Wesen und die Sonderstellung des Menschen in seiner metaphysischen Verankerung sieht. Daher ist Schelers Philosophische Anthropologie nicht ohne seine Metaphysik und seine Metaphysik nicht ohne seine Philosophische Anthropologie zu verstehen. In seiner Spätphilosophie entwickelt Scheler ein neues Metaphysikverständnis, dessen Grundlage die Lehre des „werdenden Gottes" ist, der sich in und durch den Menschen in der Welt realisiert. Dies ist das Thema des 3. Abschnittes. Dieses neue Metaphysikkonzept bietet meines Erachtens Anschlussmöglichkeiten auch für heutige Herausforderungen. Am Schluss und als Ausblick (4) werde ich daher die These wenigstens kurz skizzieren, dass wir die schelerschen Ansätze auch für die Beschäftigung mit den heutigen Herausforderungen (wie die ökologische Frage nach dem Klimawandel und die Frage nach einer neuen ökologischen Ethik) fruchtbar machen können.

1 Materiale Wertethik: Werte und Werteverwirklichung

Wenn man sich Max Schelers Spätphilosophie anschaut und die erheblichen Wandlungen in religiöser und metaphysischer Hinsicht betrachtet und vor allem sich seine Kritik am Theismus und Pantheismus vor Augen führt, so stellt sich unweigerlich die Frage, warum er in seiner Spätphilosophie auf Gott nicht verzichten konnte. Welche Funktion hat der veränderte Gottesbegriff im Hinblick auf das Anliegen in seiner Spätphilosophie?

Meine erste These lautet, dass sich diese Frage nur dadurch beantworten lässt, dass Scheler auch in seiner Spätphase vor allem als Wertedenker zu verstehen ist und die Bedeutung der Werte auch für die Spätphilosophie, vor allem für die Lehre vom „werdenden Gott", in den Blick genommen werden muss. Meine zweite These lautet, dass die späte Metaphysik im Grunde eine Vervollkommnung und Weiterentwicklung der Wertethik darstellt und wir darin und von der Metaphysik ausgehend ein Indiz für die vielerorts bemängelte Einheit des Gesamtwerks sehen können.[1]

Ich möchte zuerst die relevanten Überlegungen aus Schelers Wertethik darlegen. Die Wertethik stellt zunächst einmal eine Ethik dar, die Scheler in seiner Auseinandersetzung mit Kants formaler Ethik auf der Basis materialer Wertbestimmungen entwickelt. Seine Wertethik versteht er dabei nicht als einen Gegenentwurf, sondern eher als eine Ergänzung zur kantischen Ethik: „als materiale Erweiterung des Apriorismus, nicht als ein allgemeingültiges imperatives ethisches Modell." (Sander 2001, 43) Die inhaltlichen materialen Werte, die in einer bestimmten Rangordnung stehen, leiten das menschliche Handeln. Nach Scheler

---

[1] Für eine ausführliche Darlegung dieser Thesen vgl. Kutlu 2019a, 15 ff.

gibt es verschiedene Modalitäten und eine Rangordnung von Werten und dieser Rangordnung entsprechend auch eine Rangordnung der Gefühle, durch die diese Werte erfasst werden.[2]

Hier ist darauf hinzuweisen, dass Scheler die Werte wesentlich an die Vollzugsformen bindet. Er schreibt: „Überhaupt muß ich einen von Wesen und möglichem *Vollzug* lebendiger geistiger *Akte* ganz ‚unabhängig' bestehen sollenden Ideen- und Werthimmel [...] prinzipiell schon von der *Schwelle* der Philosophie zurückweisen." (Scheler 2014, XIX).

Wir können bezüglich Schelers Wertetheorie feststellen, dass nach Scheler Werte „materiale Qualitäten" sind, die in einer taxonomischen Ordnung zueinander stehen und apriorisch erkannt werden können, insofern sie Gegenstände des „intentionalen Fühlens" (Wertnehmen) sind (vgl. ebd., 14–40).[3] Alles was ist, ist nach Scheler durch Werte gekennzeichnet. Er spricht von der Zusammengehörigkeit und Gleichursprünglichkeit der drei Kategorien: „*Dasein*", „*Sosein*" und „*Wertsein*" (vgl. Scheler 1979, 60; Herv. i. O. – EK). Erkenntnistheoretisch ist zuerst das Wertsein zugänglich, während uns ontologisch als Erstes das Dasein zugänglich sei (vgl. ebd.).[4] Werte ermöglichen aufgrund der ihrer Erkenntnis zugrunde liegenden Fühlungsintention einerseits einen konkreten Zugang, andererseits aber zielen sie auf eine Wertewirklichkeit in der Werteerkenntnis. Erst durch die Akte des „Wertnehmens", haben wir zugleich Wesenserkenntnis. Wir

---

2 Nach Angelika Sander behaupte Scheler „weder ein ‚ideales Sein' oder ‚Gelten' von Werten, noch, daß man aus Werten allgemeingültige handlungsleitende Normen ableiten könnte. Allgemeingültigkeit schreibt er nicht den Werten selbst, sondern formal gedachten Vorzugsgesetzen zwischen als Wert erfaßten Gegebenheiten zu." (Sander 2001, 43). Wolfhart Henckmann weist darauf hin, dass es Scheler von Anfang an interessierte, „auf welche Weise sich die verschiedenen Wertklassen auf ein einheitliches, die verschiedenen Wertarten miteinander verbindendes Wertbewußtsein zurückführen lassen" und darüber hinaus, „ob die Religion als die gesuchte einheitsstiftende Grundlage zu verstehen sei." (Henckmann 1998, 100) Es zeigt sich, dass sich die schelersche Untersuchung in der Spätphilosophie insofern gewandelt hat, als er in der Religion nicht mehr die einheitsstiftende Grundlage sehen konnte, sondern eher die Metaphysik immer mehr in den Mittelpunkt rückte. Zugleich stehen in der Spätphilosophie die Werte in einem Bezug zur Gottverwirklichung, ohne dass sie eigens ausgearbeitet werden.
3 Die religiösen Heilswerte sind die höchsten Werte, die durch das religiöse Fühlen erfasst werden. An manchen Stellen spricht Scheler auch von metaphysischen Werten. Hiernach folgen die geistigen Kulturwerte, die in drei Gruppen unterteilt werden: die erkenntnistheoretischen Werte des Wahren und Falschen, die sittlichen Werte des Guten und Bösen und die ästhetischen Werte des Schönen und Hässlichen. Auf der vorletzten Stufe haben wir die Vitalwerte des Edlen und Gemeinen, die durch das Lebensgefühl erfasst werden und auf der letzten, also untersten Stufe haben wir nach Scheler die sinnlichen Werte des Angenehmen und Unangenehmen die durch das sinnliche Fühlen zugänglich sind. Vgl. Scheler 2014, 104–107.
4 Vgl. dazu Zhang 2011, Kutlu 2019a, 65 ff.

erkennen nach Scheler das Wesen eines Seienden nur dann, wenn wir dessen Wert erkannt haben. Zugleich impliziert Werterkenntnis also immer auch Werteverwirklichung. Hier muss folgendes festgehalten werden: Eine handlungsleitende Funktion besitzen die Werte potentiell immer, aber mit der Notwendigkeit der Verwirklichung des werdenden Gottes in der Spätphilosophie, verändert sich auch die Zieldimension der Werteverwirklichung. Der werdende Gott ist einerseits ein Kosmosprinzip, eine Ganzheit, innerhalb der die Wertverwirklichung steht und andererseits wird dadurch eine andere Verantwortlichkeit der Person aufgerufen.

Bezüglich der Realisierung von Werten spielen die Vorbilder und Wertpersonen eine besondere Rolle. Dass in der Vorbildperson bestimmte Werte realisiert werden, ist für den Nachfolger und seinen Realisierungsakt von Werten wesentlich. Wichtig zu betonen ist, dass Vorbilder mit der Gesinnung der Person konnotiert sind. Während der ‚Leader' oder der ‚Führer' nur unseren Willen bewegt, bestimmen und beeinflussen die Vorbilder noch tiefer die „hinter dem Wollen liegende *Gesinnung*" (Scheler 1986, 267). Die Vorbilder „formen das Personzentrum ehe es dieses oder jenes will. Die Vorbilder bestimmen also den Spielraum unseres *möglichen* Wollens und Handelns." (ebd., 267f.)

Während in der mittleren Phase das Wertproblem bezüglich der Ethik behandelt wurde, rücken in der Spätphilosophie eher metaphysische und geschichtsphilosophische Fragestellungen in den Mittelpunkt. Die Lehre der „reine[n] Persontypen" (Scheler 2014, 108) bzw. „Wertpersontypen" (Scheler 1968, 158), die Scheler in seiner mittleren Phase ausgearbeitet hat, bekommt in der Spätphase eine politisch-soziale und metaphysische Dimension. Denn die Wertpersontypen haben die Aufgabe als „Vorbilder" und als die neue „Elite" ein neues Ethos, das sich gemäß der Werteeinsicht neu gestaltet, zu begründen und herrschen zu lassen. All dem liegt die Auffassung vom werdenden Gott zugrunde, der einen besonderen Einsatz des Menschen als Person verlangt.

Auf der höchsten Stufe verortet der mittlere Scheler die religiösen Vorbilder. Als den wesentlichen Typus nennt er den Heiligen. Für die Frage der Verwirklichung Gottes ist dieses Vorbild von besonderer Bedeutung, weil es sich hier im Gegensatz zu anderen Vorbildern vor allem um das „personhafte Vorbild" (Scheler 1986, 275) handelt, wodurch die Person in ihrem Sein deutlich in den Mittelpunkt rückt.[5] Scheler betont, dass die religiösen Vorbilder in der Rangord-

---

5 Interessant ist, dass Scheler auf die Vorbilder später nicht mehr eingeht. Entweder lag es an dem frühen Tod, sodass er nicht mehr dazu kam, oder aber er glaubte das Thema im *Formalismusbuch* und in seiner Schrift *Vorbilder und Führer* hinreichend behandelt zu haben und dass ihre Bedeutung sich in der Spätphase nicht geändert hat.

nung die höchsten sind und alle anderen Vorbilder von den religiösen Vorbildern abhängig sind. Dies hat mehrere Gründe.

Die Höherstufigkeit vor allem des Heiligen hat ihren Grund einerseits in dem „personale[n] Moment" (ebd., 277).[6] Und andererseits zeigt sich die Höherstufigkeit darin, dass die religiösen Vorbilder sich im Gegensatz zu den anderen Vorbildern auf Erkenntnisquellen berufen, die die Vernunft übersteigen, nämlich auf *„Offenbarung, Gnade, Erleuchtung"* (ebd., 278; Herv. i. O. – EK). Sie berufen sich auf „eine göttliche Mitteilung der *Substanz* Gottes (Christus), oder auf eine göttliche Mitteilung vom Inhalt des göttlichen Willens, Wissens (Propheten)." (ebd.; Herv. i. O. – EK) Hier ist Scheler noch gänzlich in der katholischen Phase.

Auch wenn der Heilige in der Spätphilosophie zumindest begrifflich nur wenig thematisch wird, liegt seine Bedeutung meines Erachtens auf der Hand: der Heilige bleibt in der Spätphilosophie als der höchste Wertpersontyp bestehen, aber in einer veränderten Funktion: Als Vorbild zeigt der Heilige seiner Gefolgschaft den Weg zur Verwirklichung Gottes. Er verkörpert den metaphysischen Grund und Kern für jenes Streben der Person zur Verwirklichung von Werten. Der Heilige zeigt darin, dass die Verwirklichung der Werte letztendlich die Verwirklichung Gottes ist. Denn Gott ist in der Spätphilosophie nicht ein fertiger, sondern ein werdender Gott.

> Die Person im Menschen ist eine *individuelle einmalige Selbstkonzentration* des göttlichen Geistes. Daher sind auch die Vorbilder nicht Gegenstand der Nachahmung und der blinden Unterwerfung [...]. Sie sind nur Wegbereiter zum Hören des Rufes *unserer* Person; sie sind nur anbrechende Morgenröte des Sonnentages unseres individuellen Gewissens und Gesetzes. (Scheler 2008b, 106; Herv. i. O. – EK)

In diesem Zitat wird einerseits die Bedeutung der Person im Menschen für den Gottverwirklichungsprozess hervorgehoben und andererseits wird das Verhältnis von Person und Vorbildern in diesem Prozess verdeutlicht. Zwar steht nun die Person im Mittelpunkt und ist verantwortlich für die Gottwerdung, aber sie kann dennoch ihr Sein verfehlen, deshalb gibt es Wegbereiter, also die Vorbilder, die uns zum „Hören des Rufes *unserer* Person" leiten (ebd.; Herv. i. O. – EK). Sie machen uns nach Scheler „frei zu unserer Bestimmung und zur vollen Ausladung unserer Kraft." (ebd.)

Da Gottwerdung an die Menschwerdung als Personwerdung selbst geknüpft wird, verwirklicht der Mensch Gott, insofern er sich selbst als Mensch, d.h. wesentlich als Person verwirklicht. Bei diesem Gottverwirklichungsprozess steht

---

6 Moritz v. Kalckreuth hat untersucht, inwiefern die besondere Anziehungskraft religiöser Vorbilder selbst ‚numinosen' Charakter hat. Siehe Kalckreuth 2019.

eigentlich die Werteverwirklichung im Mittelpunkt. Genau hier liegt die wesentliche Bedeutung der Vorbilder.

2 Philosophische Anthropologie: Die Sonderstellung des Menschen

Schon in der 1914 erschienen Schrift „Zur Idee des Menschen" macht Scheler deutlich, dass diese Bestimmung der Stellung des Menschen der „Ausgangspunkt" jeglicher philosophischer Betrachtung ist. Diese Schrift beginnt mit einem Satz, der exemplarisch für Schelers Spätphilosophie sein könnte: „In einem gewissen Verstande lassen sich alle zentralen Probleme der Philosophie auf die Frage zurückführen, was der Mensch sei und welche metaphysische Stelle und Lage er innerhalb des Ganzen des Seins, der Welt und Gott einnehme." (Scheler 1972, 173)

Auch stellt er die Frage nach Sein und Einheit des Menschen und die Bedeutung seines Bezugs zu Gott, um diese Einheit zu konstituieren. Brauchen wir dafür die Idee Gottes, wie die älteren Philosophen annahmen, oder haben wir es hier selbst nur mit einem „Gleichnis und Gemächte des Menschen?" (ebd.) zu tun, fragt sich Scheler.

Die reduktiven Auffassungen vom Menschen ablehnend, geht Scheler davon aus, dass es nicht einfach ist, den Menschen in seiner Ganzheit zu definieren. Er spricht daher von *Undefinierbarkeit*. Um dies zu verstehen, müssen wir folgende Bestimmungen berücksichtigen: Zum Wesen des Menschen gehört seine Dynamik, die es verhindert, einen statischen Definitionsbegriff zugrunde zu legen. Als ein sich zwischen Gott und Tier befindendes Wesen, ist der Mensch durch eine solche Mannigfaltigkeit bestimmt, die in Definitionen nicht vollkommen erfasst werden kann (vgl. ebd., 175). Darüber hinaus ist der Mensch ein offenes Wesen, weil er nicht nur abstrakt, sondern auch konkret handelnd frei ist. In dieser mittleren Phase ist die Bestimmung des Menschen wesentlich noch religionsphilosophisch fundiert, die aber auch für die Spätphase wichtig bleibt.[7] Der Mensch ist das Wesen, das „*alles* Leben und in ihm sich selbst *transzendierende Wesen* ist oder werden kann" (ebd.). Der Mensch kann als das einzige Lebewesen das Hier-Jetzt-Sosein transzendieren.[8]

---

[7] Vgl. dazu auch Fischer 2008, 28. Auf die Eigenschaft des Transzendieren-könnens geht Scheler auch in seiner Spätphilosophie ein. Vgl. dazu vor allem Scheler 2018.
[8] Das bringt Scheler schon in seinem *Formalismusbuch* zur Sprache: „Der ‚*Mensch*' als das ‚*höchstwertige*' irdische Wesen und als sittliches Wesen betrachtet, wird selbst faßbar und phä-

In dieser mittleren Phase expliziert Scheler den Menschen auch als „die Intention und Geste der ‚Transzendenz' selbst" (ebd.). Der Begriff der Transzendenz wird offensichtlich personifiziert und mit Gott gleichgesetzt.⁹ Mit Transzendierung ist eine Bewegung gemeint, die das Hinaus-Sein und Sich-Hinausschwingen-Können mitimpliziert. Um die Transzendierungsbewegung des Menschen bildhaft und dadurch verständlicher zu machen, vergleicht Scheler die Menschen mit dem Fluss und den Gott mit dem Meer. „Er ist das Meer, sie sind die Flüsse. Und von ihrem Ursprung an fühlen die Flüsse schon das Meer voraus, dahin sie fließen." (Scheler 1972, 186) Schließlich wird diese Bestimmung folgendermaßen erweitert und gewinnt weitere religionsphilosophische Züge: „der Mensch ist das Wesen, das betet und Gott sucht." (ebd.) Damit ist die Richtung der Transzendierungsbewegung angegeben, es ist etwas, „das den Namen ‚Gott' hat." (ebd.)

Scheler zieht letztlich die Konsequenz, dass die Idee des Menschen nur von der Bestimmung des Menschen als „Gottsucher" zu einer Einheit zu bringen ist. Scheler sieht, dass

> der ‚Mensch' nicht von seinem terminus a quo, sondern nur von seinem terminus ad quem aus zur Einheit einer Idee zu bringen [ist], d.h. als der ‚Gottsucher' und als Durchbruchspunkt einer allem sonstigen Natur-Dasein überlegenen Sinn-, Wert- und Wirkform, der ‚Person'. (ebd., 189)

Scheler setzt dieses Dasein des Gottsuchers, der „in sich ruhende[n] Existenz", die er als „Philister" (ebd.) näher bestimmt, entgegen. Pathetisch betont er: „Das Feuer, die Leidenschaft über sich hinaus – heiße das Ziel ‚Übermensch' oder ‚Gott' – das ist seine einzige wahre ‚Menschlichkeit'" (ebd., 195). Die Veränderung hin zur Spätphilosophie bahnt sich meines Erachtens schon in dieser Schrift an, wenn Scheler in Bezug auf den Menschen betont: „‚er sucht nicht Gott' – er ist das lebendige X, das Gott sucht!" (ebd., 186) Wird das Relativpronomen „das" als *genitivus objectivus* verstanden, so sucht auch Gott den Menschen. Man kann sagen, dass der Mensch sich in Schelers Spätphilosophie vom Gottsucher zum Gottesmitarbeiter und Gottesmitwirker entwickelt hat.

---

nomenologisch erschaubar erst unter Voraussetzung und ‚unter dem Lichte' der Idee Gottes! [...] Er *ist* richtig gesehen nur die Bewegung, die *Tendenz*, der *Übergang* zum *Göttlichen*. Er ist das leibliche Wesen, das Gott intendiert und das Durchbruchspunkt des Reiches Gottes ist, in dessen zugehörigen Akten sich erst das Sein und der Wert der Welt konstituiert. [...] Sein Wesenskern [...] ist eben jene Bewegung, jener geistige Akt des Sichtranszendierens!" (Scheler 2014, 298 f.; Herv. i. O. – EK)

9 Zum Begriff der Transzendenz, der Transzendierung und besonders der Selbsttranszendierung, wodurch die Person wesentlich bestimmt wird, vgl. Cusinato 2012, 81 ff.

Auch in der Spätphilosophie geht es Scheler wesentlich um einen einheitlichen Begriff des Menschen, den Scheler dadurch erreicht, dass er die Stellung des Menschen in die Gesamtheit des Seins und v. a. in einen bestimmten Bezug zu Gott stellt. Um den Menschen in seinem Wesen und seiner „Stellung" im Sein und im Ganzen neu zu bestimmen, geht Scheler zunächst phänomenologisch vor. Es geht darum herauszufinden, was den Menschen in seinem Wesen ausmacht und nicht sein äußerliches oder organologisch-morphologisches Sein. Bei dieser Wesensbestimmung greift Scheler zugleich die aktuellen Ergebnisse der Naturwissenschaften, vor allem der Entwicklungsbiologie, Verhaltensforschung und der Zoologie auf.[10]

Nach der Feststellung, dass wir keine einheitliche Bestimmung des Menschen haben, und dass „zu keiner Zeit der Geschichte *der Mensch sich so problematisch geworden ist*" (Scheler 2018, 14; Herv. i. O. – EK), leitet Scheler daraus die Notwendigkeit einer philosophischen Anthropologie ab. Um ein einheitliches Bild und Wesensbestimmung vom Menschen geben zu können, ordnet Scheler den Menschen in das Gesamtsein des Seienden, d. h. des Kosmos ein. Eine solche Standortbestimmung kann in Schelers Perspektive letztlich nur die Metaphysik als die Wissenschaft der absoluten Wirklichkeit leisten. Die menschliche Sonderstellung wird durch seine metaphysische Verankerung begründet, eine These, die von vielen früheren Scheler-Anhängern nicht geteilt wurde.[11]

Der Mensch darf nicht isoliert betrachtet werden, sondern als ein Teil in diesem gesamten Aufbau selbst. Scheler gliedert das Reich des Lebendigen in vier Stufen, wobei er diese von dem Anorganischen trennt. Die Stufe des Geistes wird als das *„neue Prinzip"* (Scheler 2018, 46; Herv. i. O. – EK) wesentlich von den anderen Stufen abgetrennt, und kann sich nicht aus den unteren Stufen evolutionär entwickelt haben. Dieses neue Prinzip „Geist" ist nach Scheler „eine echte neue Wesensstufe" (ebd.), die „nicht auf die ‚natürliche Lebensevolution' zurückgeführt werden" kann, sondern „nur auf den obersten einen Grund der Dinge selbst [...]: auf denselben Grund, dessen *eine* große Manifestation das ‚Leben'

---

10 Vgl. dazu Fischer 2008, Henckmann 1998. Scheler ist der Auffassung, dass auch die empirischen Wissenschaften einen wesentlichen Beitrag zur Erfassung des menschlichen Wesens leisten können, nur können sie nicht eine Einheit dieser Wesensbestimmungen herstellen, was die Aufgabe der Philosophie, v. a. der Philosophischen Anthropologie ist. Hans Rainer Sepp weist in seinen Vorlesungsmanuskripten zu Schelers Metaphysik darauf hin, dass die Bedeutung der Wissenschaften für Scheler v. a. als „Metaszienzien" gerade darin liegt, dass auch sie uns Wesenswissen geben und so einen „wesentlichen Einstieg in die Zweite Philosophie, die Metaphysik [liefern]" (Vgl. dazu Sepp 1993, 11). Ich danke Herrn Sepp herzlich, dass er mir seine unveröffentlichten Manuskripte zur Verfügung gestellt hat.

11 Es sei nur darauf hingewiesen, dass andere Vertreter der philosophischen Anthropologie wie Plessner und Gehlen eine Anthropologie entwickeln, ohne auf die Metaphysik zurückzugreifen.

ist." (ebd.) Dieses neue Prinzip *Geist* hat seinen Grund in dem *Ens a se* als dem obersten Grund aller Dinge. Mit seinem neu verstandenen Geistbegriff geht Scheler insofern über den griechischen Vernunftbegriff hinaus, als er auch den Anschauungsbegriff, die Anschauung der Urphänomene und Wesensgehalte einbezieht. Wie bestimmt nun Scheler den Menschen im Spannungsfeld von Geist und Drang? Durch seine Geistigkeit hat der Mensch die Fähigkeit zur Selbsttranszendierung und zur Askese, zur Vergegenständlichung alles Seienden und sogar von sich selbst. Durch diese Geistigkeit und die emotionalen Akte hat er Zugang zu den Werten, die er durch die Kraft des Drangs verwirklichen kann. Diese beiden Attribute kommen auch dem *Ens a se* zu.[12]

Der Mensch ist aufgrund seiner Geistigkeit und Akte als Person bestimmt. Anlehnend an das *Formalismusbuch* wird die Person auch in der *Kosmosschrift* als eine „Akteinheit", d. h. als eine Einheit von Akten, als ein „Aktzentrum" verstanden.[13] „Das *Aktzentrum* aber, in dem Geist innerhalb endlicher Seinssphären erscheint, bezeichnen wir als ‚*Person*'" (ebd., 47; Herv. i. O. – EK). Wichtig ist, dass die Person als Aktzentrum streng unterschieden ist von „allen funktionellen Lebenszentren, die nach innen betrachtet auch ‚seelische' Zentren heißen." (ebd.; Herv. i. O. – EK) Es ist die Person, in der der Geist innerhalb der endlichen Sphäre überhaupt erscheint. Das bedeutet, dass sich also der Geist in der Person als Aktzentrum zugleich konkretisiert und manifestiert und damit überhaupt sichtbar wird. Für die Auffassung von Person ist die rechte Auffassung von Akten wesentlich. Wichtig ist, dass Scheler hier auch von der Aktkorrelation spricht. Damit ist Folgendes gemeint: Die jeweiligen Akte haben einen gesetzmäßigen Bezug und eine Korrelation zu bestimmten Gegenstandsklassen und ermöglichen, dass wir an dem Anderen, seien es Gegenstände, Ideenordnungen oder Fremdpersonen, Anteil gewinnen und sie auch erkennen können. Der Mensch kann nach Scheler auch „an den Akten jenes *einen* übersingulären Geistes [...] nur durch *Mitvollzug* teilgewinnen" (ebd., 59; Herv. i. O. – EK).

---

[12] Es ist wichtig hervorzuheben, dass für Scheler ‚Geist' (so wie auch der ‚Drang') *nur je ein Attribut von unendlich vielen Attributen des Absoluten* oder der göttlichen Substantia ist. Allerdings können wir in diesem Universum, in dem wir existieren und in der Weise, wie es sich uns darbietet, nur diese zwei Attribute, Geist und Drang, erfahren. Die dahinter stehende ‚Hermeneutik' würde also lauten: Wir können mittels „transzendentaler Schlußweise" das *Ens a se* nur auf das hin entwerfen und verstehen, was uns in dieser kosmischen Welt zugänglich ist, d. h. entsprechend dieser beiden Attribute, so wie das Welt-Werden (das Werden des uns bekannten Universums) eine Aktualisierung ‚nur' dieser beiden Attribute ist. Diese Gedanken werden v. a. in der *Kosmosschrift* ausgeführt.
[13] Zu Schelers Philosophie der Person siehe die kürzlich erschienene Studie: Kalckreuth 2021.

Auf welche Akte kommt es an? Scheler hebt insbesondere drei Grundaktarten hervor: Erkennen, Lieben und Wollen. Erkennen ist auf die Ordnung von Wesenheiten, also auf die Wesensordnung bezogen; Lieben ist auf die Ordnung von Werten, also auf eine „Wertordnung" (Scheler 2008a, 82) und Wollen ist auf die Ordnung des „Weltprozesses" also auf die Handlungen in der konkreten Welt bezogen. Wie schon erwähnt, sind Geist und Drang auch die Attribute des *Ens a se*, des Weltgrundes. Erst im Menschen sind die beiden Attribute des *Ens a se* „lebendig aufeinander bezogen" und in ihm wird der „Logos, ‚nach' welchem die Welt gebildet ist, *mit*vollziehbarer Akt" (Scheler 2018, 111; Herv. i. O. – EK). Der Mensch, als einziger Verwirklichungsort des Geistes und des Drangs, hat somit eine wesentliche Bedeutung und Funktion auch für das Werden und die Verwirklichung Gottes. Dieser Auffassung liegt der Gedanke zugrunde, dass weder Gott noch der Mensch schon fertig sind, da beide durch die Attribute Geist und Drang bestimmt sind, die im Werden sind und sich durchdringen müssen. Sowohl Gott als auch der Mensch *werden* erst durch die Geschichte des Menschen und die Evolution des Lebens. Hervorzuheben ist, dass nach Scheler Mensch- und Gottwerdung wesentlich *„aufeinander angewiesen"* (ebd.; Herv. i. O. – EK) sind. Dieser Gedanke war der eigentliche Anlass von Schelers Bruch mit der katholischen Kirche, weil die Idee eines auf Menschen angewiesenen, werdenden Gottes mit dem katholischen Dogma nicht vereinbar ist.

Dieses gegenseitige aufeinander Angewiesensein von Mensch und Gott besteht darin, dass der Mensch zu seiner Wesensbestimmung nicht gelangen kann, „ohne sich als Glied jener beiden Attribute des obersten Seins und dieses Seins sich selbst einwohnend zu wissen", und ebensowenig „das *Ens a se* ohne Mitwirkung des Menschen" (ebd.). Dieses *Ens a se* ist die ideale Seinsweise Gottes, die sich als real setzen muss, wozu der Mensch einen wesentlichen Beitrag leistet.

2.1 Die wechselseitige Angewiesenheit von Mensch- und Gottwerdung: Der Mensch als Mitarbeiter Gottes

Die schelersche Anthropologie ist dadurch gekennzeichnet, dass der Mensch seine Bestimmung und Sonderstellung durch seine metaphysische Bedeutung erhält. Der Mensch gewinnt bei Scheler eine neue Würde, da er am Werden der Gottheit wesentlich und konstitutiv mitbeteiligt ist. Dieser besonderen Rolle und seiner Würde, die durch sein *„Mitkämpfertum"* (ebd., 112; Herv. i. O. – EK) begründet ist, wird der Mensch erst „im *Laufe* seiner Entwicklung und seiner wachsenden Selbsterkenntnis" (ebd.; Herv. i. O. – EK) bewusst. In seiner Unmündigkeit wird er noch nach Bergung und d.h. nach Religion streben. Darin zeigt sich, dass Scheler die religiöse Gläubigkeit mit Unmündigkeit zusammenfallen lässt und die Mündigkeit und Aufgeklärtheit mit der Metaphysik, in der der Mensch zum Bewusstsein seiner Sonderstellung als „Mitwirker" und „Mitkämpfer" für das Werden Gottes kommt.

Deshalb ist es für Scheler wichtig, dass die Beziehung des Menschen zur Gottheit neu gedacht wird. Es ist nicht mehr eine „*kindlich[e], halb schwächlich[e]*" Beziehung zur Gottheit, „wie sie in den *objektivierenden* und darum ausweichenden Beziehungen der Kontemplation, der Anbetung, des Bittgebetes gegeben sind", sondern es geht um „den elementaren *Akt des persönlichen Einsatzes* des Menschen für die Gottheit" (ebd.; Herv. i. O. – EK). Wir sehen hier einen Wechsel von der passiven, empfangenden Haltung zum aktiven und gestaltenden Einsatz des Menschen für die Gottheit, was natürlich auch ethisch-praktisch elementar ist. Unter diesen Akt des persönlichen Einsatzes versteht Scheler „die *Selbstidentifizierung* mit ihrer [Gottheit – EK] geistigen Aktrichtung" (ebd.; Herv. i. O. – EK). Das bedeutet, dass der Mensch die geistigen Akte vollzieht, die als solche auch der Gottheit zukommen, was die guten und wertvollen Akte impliziert.

Da das Sein des „durch sich Seienden nicht gegenstandsfähig" ist, ist es folgerichtig, dass man nach Scheler an seinem Leben „*nur durch Mitvollzug*, nur durch den *Akt des Einsatzes* und der tätigen Identifizierung" teilhaben kann (ebd., 112 f.; Herv. i. O. – EK). Das absolute Sein ist nicht da, um die Schwächen oder Bedürfnisse des Menschen zu ergänzen, oder sie zu stützen. Gegenüber der Frage, wie der Mensch denn einen unfertigen, werdenden Gott ertragen kann, hat Scheler auch eine Antwort parat: „Meine Antwort darauf ist, daß Metaphysik keine Versicherungsanstalt ist für schwache, stützungsbedürftige Menschen. Sie setzt bereits einen *kräftigen*, *hochgemuten* Sinn im Menschen voraus." (ebd., 112; Herv. i. O. – EK) Nach Scheler gibt es höchstens eine „Stützung" für uns, nämlich „das *gesamte* Werk der Wertverwirklichung der *bisherigen* Weltgeschichte, soweit es das Werden der ‚Gottheit' zu einem ‚Gotte' bereits gefördert *hat*" (ebd., 113; Herv. i. O. – EK). Auch der von seiner neuen Würde überzeugte Mensch braucht eine Stützung und vielleicht einen Trost, die in dem Werk der Werteverwirklichung in der Weltgeschichte gesehen wird. In Schelers Auffassung von Metaphysik wird ein ‚mutiger', ‚kräftiger' Mensch, der des persönlichen Einsatzes fähig ist, gefordert und zugleich als möglich vorausgesetzt. Allerdings ist der Mensch dies nicht von Anbeginn an, sondern er muss sich dazu erst entwickeln. Genau darin sieht Scheler die Bildung und die Menschwerdung des Menschen. Der Mensch ist sich selbst eine Aufgabe. Denn das, was er ist, und was er werden soll, liegt noch nicht fest, sondern wird in dem Werde-Prozess entschieden. Der Mensch ist kein fertiges, abgeschlossenes „Ding", sondern „er ist eine Richtung der Bewegung des Universums selbst." (Scheler 2008c, 151)

Wenn der Mensch seine Menschwerdung als Aufgabe sieht, so wird er in diesem Selbstverwirklichungsprozess auch mit Notwendigkeit Gott verwirklichen, und sich für das Werden der Gottheit einsetzen. Interessant ist, dass Scheler besonders hervorhebt, dass man hier nie theoretische Gewissheit suchen darf, die dem menschlichen Selbsteinsatz vorhergehen würde, denn neben Teilhaben geschieht auch Wissen und Erkennen erst im und durch den Selbsteinsatz des Menschen als Person: „Erst *im Einsatz der Person* ist die Möglichkeit *eröffnet*, um das Sein des durch sich Seienden auch zu ‚*wissen*'." (Scheler 2018, 113; Herv. i. O. – EK) Somit hat der Mensch nicht die Wahl, sich eine Metaphysik zu bilden oder nicht zu bilden, sondern er hat nach Scheler „nur die Wahl, sich eine gute und vernünftige, oder eine schlechte und vernunftwidrige Idee vom Absoluten zu bilden" (Scheler 2008a, 76). Wir sehen, dass dadurch nicht nur der Mensch aufgewertet wird, sondern auch die Geschichte, deren verschiedene Epochen als Bausteine der werdenden Gottheit verstanden wird. Scheler ist der Auffassung, dass jede Epoche, jedes Zeitalter „die Gottheit im Stadium einer bestimmten Vermittlung der beiden Prinzipien Drang und Geist zu zeigen" (Henckmann 2002, 89) hat. Wenn Scheler von einer steigenden Durchdringung von Geist und Drang spricht, so hat es den Anschein, dass es in der Geschichte einen Fortschritt bezüglich der Gottverwirklichung gibt. Dennoch ist Scheler kein Fortschrittsgläubiger in dem Sinne, dass er einen sukzessiven Fortschritt in der Geschichte sieht, sondern es gibt immer auch Rückschläge und Rückschritte. In seinem gleichnamigen Text spricht Scheler von einem kommenden „Weltzeitalter des Ausgleichs", in dem diese Durchdringung von Geist und Drang gänzlich vollführt und jegliche Spannungen und Antagonismen sich im Sinne einer Wertsteigerung harmonisiert und ausgeglichen haben werden (vgl. Scheler 2008c).[14]

3 Eine „neue" Metaphysik: Der werdende Gott

Wie schon mehrfach angesprochen spielt Religion in Schelers Spätphilosophie als Produkt des „*Phantasieüberschusses*" (Scheler 2018, 108; Herv. i. O. – EK) keine tragende Rolle mehr. Dagegen steht in der Spätphase eine ‚neue', ‚moderne' Metaphysik, die über die „Metaszienzien" und durch die „Metanthropologie" vermittelt, erreicht wird.[15] Ohne auf die genealogische Entwicklung der meta-

---

[14] Vgl. dazu Kutlu 2019b.
[15] Nach Henckmann ist Scheler ein Denker, „der seine Auffassung von Wesen und Aufgabe der Metaphysik in einer jahrelangen Auseinandersetzung mit dem geistigen Leben seiner Zeit gewonnen und schließlich, nach einigen nicht unwesentlichen Modifikationen seiner Lehre, die Metaphysik als sein persönlichstes Anliegen verstanden hat." (Henckmann 2011, 72).

physischen Anschauungen von Scheler einzugehen, möchte ich mich nur auf die Spätschriften, vor allem auf die *Kosmosschrift* und den Nachlassband zur *Erkenntnislehre und Metaphysik* beziehen.[16] In seiner *Kosmosschrift* geht Scheler auf die Entstehung von Religion und Metaphysik ein. Indem der Mensch sich als Geist über alles Seiende emporhebt und hinaus schwingt, und sich selbst und alle Dinge gegenständlich macht,

> wendet er sich gleichsam erschauernd um und fragt: ‚Wo stehe ich denn *selbst*? Was ist denn *mein* Standort?' [...]. Der Mensch *muß* den eigenartigen *Zufall*, die Kontingenz der Tatsache, ‚daß überhaupt Welt ist und nicht vielmehr *nicht* ist' und ‚daß er selbst ist' und *nicht vielmehr nicht ist*', mit *anschaulicher* Notwendigkeit in demselben Augenblicke *entdecken*, wo er sich überhaupt der ‚Welt' und seiner selbst bewußt geworden ist. (Scheler 2018, 106 f.; Herv. i. O. – EK)

Diese Frage, und das heißt, die Entdeckung seines „welt*exzentrisch* gewordenen Seinskerns" (ebd., 108; Herv. i. O. – EK) und die Erfahrung der Weltkontingenz, die Verunsicherung und der Blick ins „Nichts" führen ihn dazu, sich in zweierlei Weise mit dieser Verunsicherung zu beschäftigen. Hier liegen nach Scheler die Ursprünge der Metaphysik einerseits und der Religion andererseits. Der Mensch kann sich mit der Frage nach dem Sein und Nichts so beschäftigen, dass er aufgrund der Verunsicherung nach Schutz und Bergung sucht. Aus diesem „unbezwinglichen *Drang* nach Bergung" kann der Mensch diese absolute Seinssphäre

> mit beliebigen Gestalten bevölkern, um sich in deren *Macht* durch Kult und Ritus *hineinzubergen*, um etwas von *Schutz und Hilfe* ‚hinter sich' zu bekommen, da er im Grundakt seiner Naturentfremdung und Naturvergegenständlichung [...] ins pure *Nichts* zu fallen schien. (ebd., 108 f.; Herv. i. O. – EK)

Diese Art der „Überwindung dieses Nihilismus in der Form solcher Bergungen und Stützungen ist das, was wir ‚*Religion*' nennen." (ebd., 109; Herv. i. O. – EK) Der Mensch kann aber auch in einer philosophischen Haltung sich mit dieser Frage beschäftigen und sich darüber „*verwundern* (θαυμάζειν) und seinen erkennenden *Geist* in Bewegung setzen, das Absolute zu erfassen und sich in es einzugliedern – das ist der *Ursprung der Metaphysik* jeder Art" (ebd., 108; Herv. i. O. – EK).[17] Henckmann weist drauf hin, dass Scheler in dieser Spätphase seines Denkens die Religion nur noch als geschichtliche Größe gelten lässt (vgl. Henckmann 1998,

---

16 Vgl. zur genealogischen Entwicklung seiner Metaphysik Henckmann 2011, 72 ff.; Henckmann 2018, 179 ff.; Sepp 1993, 4 ff.; Kutlu 2019a, 201 ff.
17 Scheler zählt Religion und Metaphysik zum festen Bestandteil der Menschwerdung selbst. Vgl. Scheler 2018, 107–113.

217). Wie bei Hegel erscheinen auch bei Scheler die verschiedenen Religionen taxonomisch, ohne dass er diese als eine Höher- oder Niedrigerstufung klassifiziert, denn der Mensch hat sich vom „Sklaven" und „Diener Gottes" zum „Kind Gottes" hoch entwickelt. Schelers ablehnende Haltung zur Religion wird deutlich, wenn er sagt, dass wir solche religiösen Ideen

> für *unsere* philosophische Betrachtung des Verhältnisses des Menschen zum obersten Grunde *zurückweisen* [müssen]; müssen es schon darum, weil wir die theistische Voraussetzung leugnen: ‚einen geistigen, in seiner Geistigkeit allmächtigen persönlichen Gott'. (Scheler 2018, 110; Herv. i. O. – EK)[18]

In der zweiten Form der Begegnung mit der Weltkontingenz, nämlich in der philosophischen Verwunderung, dem „Wissensdurst" und dem Anteil-haben-wollen an diesem Absoluten liegt die Entstehung der Metaphysik. Jede Metaphysik wolle die „Teilhabe des Menschen am absolut Wirklichen durch spontane Vernunfterkenntnis" (Scheler 1979, 11).

Es gibt mehrere Zugänge zur Metaphysik: Erstens die Wesenserkenntnis, die vornehmlich durch phänomenologische Reduktion erreicht wird, und zweitens die Philosophische Anthropologie, die sich mit der Bestimmung des Menschen beschäftigt, der als ein „Mikrokosmos" alle Wesensbereiche des Seins in sich hat (ebd., 53). Von der Wesensbestimmung des Menschen kann durch die „transzendentale Schlussweise" ein Schluss gezogen werden „auf die wahren Attribute des obersten Grundes aller Dinge" (Scheler 2008a, 82). Diese beiden Zugänge zur Metaphysik – Wesenserkenntnis und philosophische Anthropologie,

> stecken nicht nur genau den Bereich ab, von wo aus der spekulative Zugriff erfolgt, sondern regeln auch seinen Vollzug. Damit suchen sie eine erste wichtige Frage der Metaphysik zu beantworten, die Frage nämlich, welche Evidenz vom *Ens a se* der Mensch gewinnen kann; die weiteren Fragen betreffen dann die Seinsart des *Ens a se* selbst und schließlich die Frage nach seinen Attributen. (Sepp 1993, 15)

Auf diese einzugehen, würde zu weit führen; für uns ist es wichtig, welche Grundattribute des obersten Seins Scheler aus dem bisher Gesagten ableitet: erstens „ein ideenbildender unendlicher *Geist*", „*Vernunft*" und zweitens ein „das irrationale Dasein und zufällige Sosein setzender [...] irrationaler *Drang*", das „*Leben*" (Scheler 2008a, 81). Diese beiden Grundattribute müssen sich wechsel-

---

18 Um die Tragweite dieser Position zu ermessen, müsste man sich viel genauer mit Schelers Religionsverständnis und der Entwicklung seiner Auffassungen von Religion beschäftigen, was allerdings im Rahmen dieses Beitrags nicht möglich ist. Verwiesen sei daher auf folgende Arbeiten: Geyser, 1924; Fries 1949; Gabel 1998; Duplá 2010; Becker/Orth 2011.

seitig durchdringen. Deshalb wird dieser Durchdringungsprozess als das Ziel des Geschichtsprozesses verstanden. „Eine steigende *Durchdringung* dieser beiden Tätigkeitsattribute des obersten Seins bildet dann den *Sinn* jener Geschichte in der Zeit, die wir die ‚Welt' nennen." (ebd.; Herv. i. O. – EK) Diese Durchdringung ist einerseits eine „*wachsende Vergeistigung* des ursprünglich für Ideen und höchste Werte blinden schöpferischen *Dranges*" (ebd.; Herv. i. O. – EK) und andererseits eine „*wachsende Macht- und Kraftgewinnung* des ursprünglich ohnmächtigen, nur Ideen entwerfenden unendlichen *Geistes*." (ebd.; Herv. i. O. – EK) Der wesentliche Ort der Durchdringung dieser beiden Attribute ist der Mensch und die menschliche Geschichte,

> in der nur sehr langsam Ideen und sittliche Werte dadurch eine gewisse „Macht" gewinnen, daß sie sich mit Interessen und Leidenschaften und alledem, was an Institutionen auf ihnen beruht, zunehmend verflechten. (ebd.)

Die Besonderheit der schelerschen „neuen" Metaphysik ist, dass sie eine „materiale Metaphysik" (Scheler 1979, 14) ist, d. h., dass sie einen wesentlichen Bezug zum konkreten Leben selbst haben muss. Dieser Bezug zum Leben wird vornehmlich über den Menschen ausgetragen, weshalb der Mensch in der späten Metaphysik Schelers eine Zentralstellung innehat.

Der Bildungsprozess des Menschen ist der erste Zugang zur Metaphysik des einen und absoluten Seins. Da wir den ersten Zugang zur Metaphysik nur durch und über den Menschen haben, spricht Scheler deshalb von einer Verschmelzung von Metaphysik und Anthropologie, die er als „Metanthropologie" bezeichnet.[19] Teilhabe am „absolut Wirklichen" aber bedeutet, dass der Mensch dann am absolut Wirklichen teilhat, wenn er erstens den Weltgrund als absolut Reales erkennt und zweitens, wenn alles Reale und Wirkliche zugleich im absolut Realen, also im Weltgrund verwurzelt angesehen wird. „Zur Metaphysik gehört die In-

---

19 Hier zeigen sich zwei Interpretationsansätze: nach Guido Cusinatos These kehrt Scheler in seiner Spätphilosophie durch die „philosophische Anthropologie der Bildung" – und das bedeutet zugleich durch die „Personwerdung des Menschen", die sich nur „dank des Vorbildes der zweiten Schöpfung vollziehen kann" – wieder zurück zum Christentum, „von dem er sich gleichzeitig durch seine Metaphysik des ohnmächtigen Geistes immer mehr zu distanzieren suchte" (Cusinato 2012, 88). Henckmann dagegen betont, dass bei Scheler die Metaphysik zu einer „Philosophie des Absoluten ohne Glauben" (Henckmann 1998, 214) wird. Deshalb wäre zu fragen, inwiefern wir hier eine Rückkehr zum Christentum sehen können, wenn doch das Wesentliche, nämlich der Glaube, verabschiedet wird. Henckmann weist darauf hin, dass die Metaphysik als spontane Vernunfterkenntnis „ein ursprüngliches Wissen dar[stellt], das unabhängig von aller Religion besteht." (ebd., 218) Insofern sei es nicht notwendig, auf den Glauben zurückzugreifen.

tention, das absolut Reale zu wissen. Die Behauptung, Metaphysik sei ‚Begriffsdichtung', ist daher jedenfalls sinnlos" (Scheler 1979, 32)[20].

Da es sich bei der Metaphysik um Realerkenntnis handelt, ist die Verwurzelung des Wirklichen im absolut Wirklichen zu untersuchen, weshalb hierdurch die Aufgaben der „Metaszienzien" entstehen, die u. a. als Metabiologie, Metahistorie, Metamathematik oder Metapsychologie usw. jeweils diese Erkenntnisaufgabe zu erfüllen suchen. Im Gegensatz zu diesen Einzelwissenschaften ist Metaphysik auch „Totalitäts- und Universalerkenntnis" (ebd., 12). Wie und in welcher Art und Weise

> der Mensch am absolut Wirklichen teilgewinne, und wie an seinen verschiedenen Seiten, sei es durch Denken, Sinneswahrnehmung, Intuitio, durch Gefühl, Trieb, Wille, ob mittelbar oder unmittelbar (mystisch irrationaler Metaphysik, z. B. Schopenhauer), ferner durch welche Praxis und Technik des Lebens und seines geistigen Verhaltens: das muß am Anfang der Metaphysik noch ganz dahingestellt sein. (ebd.)

Es zeigt sich, dass der Mensch nur als Ganzes und dieses sein Teilhabeversuch an dem Absoluten ein wesentlicher Gegenstand der Metaphysik ist. Wie aber das absolut Wirkliche diese Teilhabe an sich „gewähre, was der Mensch dazu tun und lassen müßte, welche Geistestätigkeiten er in welcher Ordnung zu diesem Ziele einsetzen müßte, das liegt ja ausschließlich an der Natur und Sosein dieses Wirklichen selbst." (ebd., 13)

Wie bereits angedeutet, ist der Mensch in Schelers Metaphysik erster Zugang und der „erste Gegenstand" (ebd., 53), von dem aus alle anderen Fragen und die Untersuchungen des einen und absoluten Seins ausgehen.

> Die Bestimmung seines [des Menschen – EK] Wesens und seines Ursprungs ist die Frage der Metaphysik, in der sich alle anderen begegnen. Er [der Mensch – EK] ist wirklich im Wesenssinne alles – ‚Mikrokosmos', wie der alte tiefe Begriff sagt. *Homo est quodammodo omnia.* Er ist Zählendes und Zählbares, er ist ebenso ein Fall der Mechanik, der Physik, der Chemie, der Biologie, der Psychologie, der Geschichte und der Ethnologie, und in gewissem Sinne auch der Theologie, soweit ein Göttliches, Gotthaftes in ihm ist. (ebd.)

Deshalb betont Scheler, dass die „metaphysische Anthropologie" somit der „Mittelpunkt der Metaszienzien" (ebd.) ist. Aufgrund der großen Bedeutung des Menschen ist für Scheler „die Wesensanthropologie von allen eidetischen Disziplinen, soweit sie der metaphysischen Erkenntnis dienen, die zentralste Wesen-

---

20 Für Scheler ist die Metaphysik zugleich als ein „Wagnis" zu verstehen. Sie sei „das stets nur *persönlich* und mit allen persönlichen Wesenskräften des Menschen zu verantwortende *Wagnis der Vernunft, ins absolut Reale vorzustoßen.*" (Scheler 1980, 87; Herv. i. O. – EK)

sontologie, die für die Metaphysik in Frage kommt" (ebd.).²¹ Scheler spricht daher auch von einer *„personalistischen* Metaphysik" (Scheler 1979, 263).

3.1 Personalistische Metaphysik als „idealer Panentheismus"

In der späteren Ausgabe von *Wesen und Formen der Sympathie* um 1923 hat Scheler selbst eine „eventuell panentheistische" Metaphysik in Betracht gezogen (Scheler 1973, 77). Ebenso im Jahre 1922 schrieb er in der zweiten Vorrede zu *Vom Ewigen im Menschen* folgendes: Seine Metaphysik und seine Thesen über eine „neue Religion" seien aufgestellt „ausdrücklich nur für die *Voraussetzung* der Annahme eines personalistischen Theismus oder Panentheismus" (Scheler 1968, 9; Herv. i. O. – EK). Dazu findet man in seinen Nachlassschriften folgenden Satz: „Meine Metaphysik ist personalistisch – idealer Panentheismus emanatistischer Artung. Emanation: Gott ließ die Welt aus sich hervorgehen – durch sich." (Scheler 1979, 263) In Auseinandersetzung mit der traditionellen Metaphysikauffassung kommt Scheler zu dem Schluss, dass Metaphysik „nicht nur Ideenerkenntnis, Ordnungslehre usw." ist, sondern „sie ist auch Realerkenntnis, ja Erkenntnis des Grundes und der Wurzel aller Realität." (ebd., 265) Falls wir bei dieser Realerkenntnis ausschließlich auf das „zufällige Sinneszeugnis oder auf die Erkenntnis dessen, was in den Grenzen des idealobjektiv Wesensmöglichen real ist" (ebd.), angewiesen wären, so wäre nach Scheler die Metaphysik gleichfalls „unmöglich". Die Sache stehe eher „umgekehrt". Hier wird auch Schelers Auffassung von Widerstandserlebnis wichtig.²²

3.2 Die Welt als Ort der „Selbstrealisierung" Gottes

Die Besonderheit der schelerschen Metaphysik lässt sich am Begriff des „Werdeseins" herausarbeiten. „Werdesein" ist eine wesentliche Kategorie in Schelers spätem Metaphysikverständnis. Während Scheler den theistischen Gott wesent-

---

21 Joachim Fischer weist auf die Bedeutung der Philosophischen Anthropologie für die späte Metaphysik bei Scheler hin, wenn er schreibt: „Die weltimmanente Rekonstruktion der ‚Stellung des Menschen im Kosmos' als einer offenen Immanenz weist also die Möglichkeit und Unhintergehbarkeit (der Fragen) von Metaphysik und Religion als menschlichen Monopolen auf" (Fischer 2008, 68). Und folgert aus dem Gesagten, dass in Schelers Darlegung die Philosophische Anthropologie „insofern jeder bestimmten Metaphysik des Menschen und jeder spezifischen Theologie des Menschen voraus[geht]" (ebd.).
22 Zum Begriff des Widerstands bei Scheler vgl. Sepp 2015, 199 ff.

lich als fertig, vollkommen und allmächtig versteht, stellt er in seiner Spätphilosophie dieser Gottesauffassung seine eigene Gottesauffassung entgegen, wonach Gott nicht fertig und nicht vollkommen ist, sondern zuallererst diese noch wird. „Ich lehre den Gott, der – leidet, ringt, aber in der Überwindung seiner Leiden seliger ist als ein vollkommener Gott." (Scheler 1979, 263) Dieses Werden Gottes geschieht in der Manifestation der Geschichte. Da das Werden noch nicht abgeschlossen ist, ist auch das Leiden nicht abgeschlossen. Scheler spricht von einem Gott, der die Welt „riskierte" (ebd., 203) und „in Kauf" (ebd., 220, 267) nahm, um sich zu realisieren. Sepp fasst diesen Prozess folgendermaßen zusammen:

> Das Ziel von Gott als Geist, das Weltwerden zuzulassen, ist 1. Selbst-Macht zu gewinnen und 2. das Leben zu vergeistigen, und dies in einem Prozeß allmählicher Steigerung, so daß am Ende aller Zeit die Selbstrealisierung des *Ens a se* als Geist erreicht und abgeschlossen ist. Weltwerden und Gottwerden sind somit zwei nicht voneinander zu trennende Seiten ein und desselben Prozesses. (Sepp 1993, 24)

Für Scheler ist Metaphysik „Panentheismus der Welt, – aber des Werdens" (Scheler 1979, 264), denn Gott enthüllt „sein Wesen in der Geschichte, indem er sich selbst realisiert." (ebd.)[23] Das bedeutet, dass die

> Welt als Historia [...] eine Phase [ist], ein Schicksal, eine Epoche des göttlichen Selbstwerdens – eine Werkgestaltung, in der und durch das der Werkmeister wächst und zu seinem Wesen – es realisierend – gelangt. Die Welt emaniert aus Gott –, wenn Gott es zuläßt. (ebd.)

Weil Gott als Geist ohnmächtig ist, zerfällt somit die Schöpfungsidee. Der religiösen Schöpfungsidee setzt Scheler eine ewig andauernde Schöpfung als *creatio continua* entgegen.[24]

> Die Welt ist keine freie Schöpfung des Geistes. (Aus Nichts wird nichts und Gott als Geist – fehlte der positive Wille, die Allmacht). Sie ist aber ebenso wenig Wirkung eines blinden fiat des göttlichen Willens. (Scheler 1979, 203)

---

23 Wichtig ist hier, dass es nicht um Historismus geht. So wie Husserl und auch andere seiner Zeitgenossen ist auch Scheler gegen den Historismus im Sinne einer geschichtlichen Relativierung von Wesensgesetzlichkeiten.

24 Hier ist zu betonen, dass Scheler zwar den traditionellen Begriff *creatio continua* verwendet, darunter aber etwas anderes, nämlich ein zeitlich geschichtliches Werden versteht. Das nachfolgende Zitat soll das verdeutlichen: „*Es ist ein und dasselbe* dynamische und zugleich bilderproduzierende Prinzip (als Attribut des *Ens a se*), das den Erscheinungen und Bildern (zufälligem Dasein und Sosein) der toten und lebendigen Natur (Körper und Organismus) zugrunde liegt und sie immer aufs neue hervorbringt (creatio continua): Wir nennen es den bilderschaffenden ‚Drang' (‚Natur in Gott')." (Scheler 1979, 179; Hervorhebungen u. Klammern im Orig. – EK)

Da nur der Drang etwas bewirken kann, muss der von Hause aus ohnmächtige Geist versuchen, diesen Drang in seine Dienste zu stellen. Denn bewirken kann nur der Drang und bekommt seine Richtung erst selbst vom Geist, indem das *fiat* des Drangs zugelassen oder gehemmt wird. Damit ist auch die Willensmacht Gottes beschränkt auf das Zulassen oder Hemmen des Drangs. „Der göttliche Wille ist nur mögliche Hemmung des zweiten Attributs [also des Drangs – EK]." (ebd., 203.) Damit ist Gott im Grunde nur verantwortlich für „das Weltwerden, da er es zuließ (dem Dasein nach), nicht aber verantwortlich für das So-sein der Welt (Selbst-verantwortung)" (ebd.; Klammern i. O. – EK). Wie und was aus der Welt werden würde, wusste Gott nach Scheler nicht. Da das Sosein der Welt nicht von vornherein vorherbestimmt ist, bleibt es an den Menschen, dieses Sosein der Welt aktiv mitzugestalten. Diese aktive Mitgestaltung der Welt, gehört ebenso zu Schelers Auffassung von *creatio continua* und folgt im Grunde der Entscheidung zwischen Zulassen und Nicht-Zulassen. Denn

> [h]ielte ich die Welt für das Werk eines „allweisen, allgütigen, allmächtigen Gottes" – ich würde nicht wagen zu atmen, geschweige sie zu verändern – um das Werk des Höchsten und Heiligen durch meine unziemliche Handlung nicht zu verletzen! (ebd., 204)

Da aber die Welt nicht das Werk eines allmächtigen Gottes ist, sondern ein im Werden begriffenes und nur durch Zulassen entstandenes Gebilde ist, muss der Mensch qua Person in der Welt wirken, d. h. das Werden mitvollziehen.

Scheler versucht ausführlich und eindringlich deutlich zu machen, warum Gott die Welt überhaupt braucht und inwiefern Er aber zugleich unabhängig von der Welt ist:

> Gott hat die Welt nicht nötig, um vollendeter Geist, vollendete Allwissenheit, vollendete Gütigkeit zu sein; wohl aber um sich zu realisieren. Denn als Geist ist Gott zugleich auch nur Wesen und Idee – respektive kraftloser ‚Akt'. (ebd., 203)

Durch die Zulassung des wirkmächtigen, aber zugleich „wertindifferente[n] Drang[es]" hat Gott die Welt als eine Mischung auch von Gut und Böse in Kauf genommen, um das zu werden, was er im Wesen war und was „*im Bilde seiner Liebe gelegen war*", musste er auch diese Welt von Übeln riskieren (ebd., 203; Herv. i. O. – EK). Gott braucht die Welt nicht nur zu seiner Selbstverwirklichung, sondern auch bezüglich des Wissens seiner selbst. Zwar ist Gott ein Wissen von allem, aber er weiß sich selbst noch nicht, weshalb die Welt als Ort dieses Selbstwissens und Selbstbewusstseins erscheint. Selbstwissen, Selbstbewusstsein und Selbstverwirklichung sind die Gründe dafür, dass Gott die Welt zuließ und sie in Kauf nahm. In der Selbstverwirklichung liegt, dass Gott sich als Dasein gewinnt. „Das Selbstwerden *bedurfte* einer Ursache, da jedes Wesen einer Ursache bedarf, daß es mehr da-sei als nicht da-sei. Auch Gott – keine Ausnahme. Aber – dabei wurde *Welt*." (ebd.)

Zusammenfassend können wir festhalten, dass für Scheler „Metaphysik" folgendes heißt: „Sich in die ewige und zeithafte Produktion der Natur und Geschichte selbst *hineinversetzen* und alles Gewordene nach- und mitzuerzeugen." (ebd., 90; Herv. i. O. – EK)

4 Ausblick: Scheler heute

Wie deutlich geworden ist, können bei Scheler philosophische Anthropologie und Metaphysik nicht voneinander getrennt betrachtet werden. Aufgrund der Bedeutung des Menschen im Kontext dieser ‚neuen', auf Werten basierenden Metaphysik, seiner besonderen Rolle als Mitarbeiter des werdenden Gottes, ergeben sich viele Konsequenzen für eine praktische Philosophie – u.a. in Bezug auf die heutigen Herausforderungen im Bereich der ökologischen Ethik: Diese neue Metaphysik ist erstens werteorientiert, sie ist material und nicht formal und zweitens kosmisch orientiert und das bedeutet, dass die eingeschränkte egozentrische Sichtweise des Menschen überwunden werden kann. Genau diese beiden Punkte können für uns in Bezug auf die ökologischen Herausforderungen leitend sein.[25]

Literatur

Avé-Lallemant, Eberhard (1975): Die Nachlässe der Münchener Phänomenologen in der Bayerischen Staatsbibliothek, Wiesbaden.
Becker, Ralf / Orth, Ernst Wolfgang (2011): Religion und Metaphysik als Dimensionen der Kultur, Würzburg.
Brenk, Bernd (1975): Metaphysik des einen und absoluten Seins. Mitdenkende Darstellung der metaphysischen Gottesidee des späten Max Scheler, Meisenheim am Glan.
Cusinato, Guido (2012): Person und Selbsttranszendenz. Ekstase und Epoché des Ego als Individuationsprozesse bei Schelling und Scheler, Würzburg.
Duplá, Leonardo Rodriguez (2010): Gotteserkenntnis und natürliche Religion bei Max Scheler. In: Jahrbuch für Religionsphilosophie 9, 95–128.

---

[25] Diese hier auszuführen würde den Rahmen dieses Beitrags übersteigen, verwiesen sei daher auf einige Artikel von mir, in denen ich den Beitrag der schelerschen Philosophie zur Entwicklung einer tiefgreifenden ökologischen Ethik dargelegt habe. Siehe Kutlu 2019a; Kutlu 2019b; Kutlu 2020 und Kutlu 2021.

Fischer, Joachim (2008): Philosophische Anthropologie. Eine Denkrichtung des 20. Jahrhunderts, Freiburg / München.
Fries, Heinrich (1949): Die katholische Religionsphilosophie der Gegenwart. Der Einfluß Max Schelers auf ihre Formen und Gestalten. Eine problemgeschichtliche Studie, Heidelberg.
Gabel, Michael (1998): Religion als personales Verhältnis. Max Schelers religionsphilosophischer Entwurf. In: Brose, Thomas (Hg.): Religionsphilosophie. Europäische Denker zwischen philosophischer Theologie und Religionskritik, Würzburg, 257–280.
Gehlen, Arnold (1975): Rückblick auf die Anthropologie Max Schelers. In: Good, Paul (Hg.): Max Scheler im Gegenwartsgeschehen der Philosophie. Bern / München, 179–188.
Geyser, Joseph (1924): Max Schelers Phänomenologie der Religion, Freiburg.
Henckmann, Wolfhart (1998): Max Scheler, München.
Henckmann, Wolfhart (2011): Schelers Metaphysik im Horizont der obersten Wissensformen, in: Becker, Ralf / Orth, Ernst Wolfgang (Hg.): Religion und Metaphysik als Dimensionen der Kultur, Würzburg, 72–108.
Henckmann, Wolfhart (2018): Einleitung, in: Max Scheler: Die Stellung des Menschen im Kosmos. Kritische Neuausgabe, Hamburg, *11–*302.
Hölzen, Edmund (1953): Liebe und Sein. Zum Problem der Metaphysik in der Emotionalphilosophie Max Schelers, Heidelberg.
Kalckreuth, Moritz von (2019): Wie viel Religionsphilosophie braucht es für eine Philosophie der Person?", in: Neue Zeitschrift für systematische Theologie und Religionsphilosophie 61 (1), 67–83.
Kalckreuth, Moritz von (2021): Philosophie der Personalität. Syntheseversuche zwischen Aktvollzug, Leiblichkeit und objektivem Geist, Hamburg.
Kutlu, Evrim (2019a): Person – Wert – Gott. Das Verhältnis von menschlicher Person und werdendem Gottes im Hinblick auf die Werteverwirklichung in der Spätphilosophie Max Schelers, Nordhausen.
Kutlu, Evrim (2019b): Max Schelers Auffassung vom „Weltalter des Ausgleichs" als Beitrag zu einer ökologischen Ethik. In: Gutland, C. / Yang, X. / Zhang, W. (Hg.): Scheler und das asiatische Denken im Weltalter des Ausgleichs, Nordhausen, 102–115.
Kutlu, Evrim (2020): Max Schelers Beitrag zu einer veränderten Ökologischen Ethik, in: Sepp, Hans Rainer (Hg.): Phänomenologie und Ökologie, Würzburg, 115–131.
Kutlu, Evrim (2021): Max Schelers Wertetheorie und die Anforderungen einer veränderten ökologischen Ethik, in: Dzwiza-Olsen, Erik-Norman / Speer, Andreas (Hg.): Philosophische Anthropologie als interdisziplinäre Praxis, Paderborn, 347–363.
Mader, Wilhelm (1980): Max Scheler, Reinbeck.
Sander, Angelika (2001): Max Scheler zur Einführung. Hamburg.
Scheler, Max (1968): Gesammelte Werke, Bd. 5. Vom Ewigen im Menschen, Bern.
Scheler, Max (1972): Zur Idee des Menschen, in: Ders.: Gesammelte Werke, Bd. 3. Vom Umsturz der Werte, Bern, 171–195.
Scheler, Max (1973): Gesammelte Werke, Bd. 7. Wesen und Formen der Sympathie, Bern.
Scheler, Max (1979): Gesammelte Werke, Bd. 11. Schriften aus dem Nachlaß, Bd. II. Erkenntnislehre und Metaphysik, Bonn.
Scheler, Max (1980): Gesammelte Werke, Bd. 8. Die Wissensformen und die Gesellschaft, Bonn.

Scheler, Max (1986): Vorbilder und Führer, in: Ders.: Gesammelte Werke, Bd. 10. Schriften aus dem Nachlaß, Bd. I. Zur Ethik und Erkenntnislehre, Bonn, 255–344.
Scheler, Max (2008a): Philosophische Weltanschauung, in: Ders.: Gesammelte Werke, Bd. 9. Späte Schriften, Bonn, S. 75–84.
Scheler, Max (2008b): Die Formen des Wissens und die Bildung, in: Ders.: Gesammelte Werke, Bd. 9. Späte Schriften, Bonn, 85–119.
Scheler, Max (2008c): Der Mensch im Weltalter des Ausgleichs, in: Ders.: Gesammelte Werke, Bd. 9. Späte Schriften, Bonn, 145–170.
Scheler, Max (2014): Der Formalismus in der Ethik und die materiale Wertethik. Neuer Versuch der Grundlegung eines ethischen Personalismus, Hamburg.
Scheler, Max (2018): Die Stellung des Menschen im Kosmos. Kritische Neuausgabe, Hamburg.
Sepp, Hans Rainer (1993):Schelers Metaphysik. Unveröffentlichtes Vorlesungsmanuskript.
Sepp, Hans Rainer (2015): Über die Grenze. Prolegomena zu einer Philosophie des Transkulturellen, Nordhausen.
Zhang, Wei (2011): Prolegomena zu einer materialen Wertethik. Schelers Bestimmung des Apriori in Abgrenzung zu Kant und Husserl, Nordhausen.

Wolfgang Gantke
Der lebensphilosophische Unergründlichkeitsgedanke und seine Bedeutung für die philosophische Anthropologie

Abstract: The aim of this paper is to maintain the importance of the principle of unfathomability for a philosophical anthropology. Although philosophical anthropology is often associated with the idea of presenting some 'nature' of man, authors like Helmuth Plessner or Otto Friedrich Bollnow develop forms of anthropology that are suitable for understanding man as an 'open question' which also means a fundamental openness to the future. My discussion focuses on the implications for a religious ecology and an intercultural philosophy of religion. Recognizing the fact that nature is fundamentally unfathomable, we should be aware of our limitations. Against this background it is shown that there are interesting connections between the discussion about the ecology and the discussion about the holy. It raises the fundamental question of the position of man in the cosmos.

Keywords: unfathomability; hermeneutics; philosophy of life; history; interculturality; ecology; philosophical anthropology; holy

1 Die Fragestellung

In den in starkem Maße von der Lebensphilosophie inspirierten Betrachtungsweisen von Denkern wie Wilhelm Dilthey, Georg Misch, Helmuth Plessner und Otto Friedrich Bollnow spielt der Gedanke der Unergründlichkeit des Lebens eine zentrale Rolle. Die Zielsetzung meines Beitrages liegt nun darin, in lebenshermeneutisch um eine Sinnmitte kreisender Weise in verschiedenen Kontexten die bleibende Bedeutung des Prinzips der Unergründlichkeit des Lebens für eine möglichst universal orientierte philosophische Anthropologie aufzuzeigen. Dabei werde ich insbesondere auf das m. E. unausgeschöpfte Potenzial des Unergründlichkeitsgedankens für die gegenwärtige religionsökologische Diskussion und für eine interkulturell orientierte Philosophie der Religionen hinweisen. Als ein die Religionen auch aus religiösen Gründen erforschender Religionswissenschaftler scheint mir die Möglichkeit einer religiösen Interpretation, wie sie sich schon beim russischen Religionsphilosophen Semen L. Frank findet, der die

Unergründlichkeit in die Nähe des Heiligen rückt, besonders hervorhebenswert (vgl. Frank 1995). Das Unergründliche *kann*, aber es muss nicht religiös gedeutet werden. Ein Verbindlichnehmen der Unergründlichkeit bedeutet allerdings, dass auf jede Form von transzendentalphilosophischen, fundamentalontologischen und strukturanthropologischen Begründungsprogrammen, mithin auf jede Form von Rest-Essentialismus, verzichtet werden muss.[1]

Jeder anthropologische Universalitätsanspruch, der von einem eindeutig bestimmten Menschenbild ausgehen zu können glaubt, wird durch die Anerkennung der Unergründlichkeit und der Geschichtlichkeit des Menschen von vornherein ausgeschlossen. In der heutigen, multikulturellen Weltgesellschaft haben wir es mit einer Pluralität zumeist eindeutig religiös oder profan festgelegter Menschenbilder zu tun, die nicht selten im Kampf um die Vormachtstellung der eigenen Denk- bzw. Lebenskultur fremde Betrachtungsweisen des Menschen auszublenden geneigt sind. Es ist nun das Geschichtlichkeits- und damit auch das Vergänglichkeitsbewusstein, das zu einer Entfanatisierung in den sich gegenwärtig zuspitzenden ideologischen und religiösen Auseinandersetzungen beitragen und der fundamentalistischen Versuchung entgegenwirken kann. Da wir nicht wissen, was aus dem Menschen in Zukunft noch werden kann, sollte die philosophische Anthropologie auf eine Vorfestlegung des Menschenbildes verzichten.

Die bis in die Gegenwart vergleichsweise zurückhaltende Rezeption des lebensphilosophisch interpretierten Unergründlichkeitsgedankens dürfte auch damit zusammenhängen, dass der Mensch zur Selbstvergewisserung in geschlossenen Weltbildern tendiert. Entsprechend scheint die Relativierung des eigenen Standpunktes aufgrund der starken Gebundenheit an die eigenen Erkenntnisformen und Werthaltungen, die gleichsam durch die jeweiligen Lebensgemeinschaften ständig rückbestätigt werden, nur schwer realisierbar zu sein. Die Anerkennung der Unergründlichkeit des Menschen und des Lebens impliziert die Unmöglichkeit eines Ausgangs von einem sicheren, archimedischen Punkt in der Erkenntnis und somit die Relativierung aller machtförmigen Erkenntnisformen, die jene unbewegliche, feste Grundlage voraussetzen müssen, die das immer bewegte Leben nicht zu bieten vermag (vgl. Dilthey 1958; Bollnow 1970).[2]

Dies mag ein Grund dafür sein, dass die hermeneutische Lebensphilosophie, die aufgrund ihrer Tendenz zur Lebensimmanenz grundsätzlich keine überzeitlichen Verankerungen und transzendenten Setzungen erlaubt, nach wie vor gerne

---

[1] Vgl. dazu Schürmann 2011.
[2] Siehe auch Giammusso 2012, 11–40.

in die Nähe des Irrationalismus gerückt wird.[3] Die Anerkennung von Unergründlichkeit bedeutet jedoch keineswegs einen irrationalen Verzicht auf Begriffe, wie Misch in seinen hochkomplexen Überlegungen zu einem Aufbau der Logik auf dem Boden der Lebensphilosophie gezeigt hat (vgl. Misch 1994). Es sind nach Misch die nicht zu vereindeutigenden, beweglichen, hermeneutischen Begriffe, die dem nie stillstehenden Leben im Unterschied zur unbewegten Logik-Ontologie gerecht zu werden vermögen (vgl. ebd.). Die schöpferische Leistung des Lebens liegt im ununterbrochenen Sichgestalten aus dem Grenzen- und Formlosen und dies gilt auch für die aus dem Leben hervorgegangenen und mit ihm verbunden bleibenden Lebensbegriffe, die sich in der Zeit verändern und mit der Zeit durchaus zu näherer, aber niemals zu endgültiger Bestimmtheit gebracht werden können. Die Lebensbegriffe „Mensch" und „Religion" werden sich also auch in Zukunft niemals eindeutig definieren lassen und daher im Rahmen einer dynamischen hermeneutischen Lebensphilosophie stets „offene Fragen" bleiben.

2 Implikationen des Unergründlichkeitsgedankens für die Philosophische Anthropologie

Die Unergründlichkeit ermöglicht eine Offenheit für neue und fremde Lebenserfahrungen, die alle geschlossenen Systeme sprengt und auf diese Weise Horizonterweiterungen fördert. In anthropologischer Perspektive bedeutet das Prinzip der Unergründlichkeit, dass der Mensch nicht als fertige Antwort, sondern als eine offene Frage betrachtet wird: Wir wissen nicht, was der Mensch ist und was aus ihm in der Zukunft noch werden kann. Daher wird der Mensch als ein unergründliches, zukunftsoffenes, geschichtliches Wesen betrachtet, von dem man sich kein festes Bild machen darf (vgl. Plessner 1983). In dieser Unergründlichkeit und Nichtfestgelegtheit des Menschen liegt für die hermeneutische Lebensphilosophie im Sinne Mischs, Plessners und Bollnows, auf die ich mich im Folgenden in einer ihre Positionen etwas vereinheitlichenden und dadurch notgedrungen vereinfachenden Weise beziehe, seine Würde, seine Freiheit, seine Einmaligkeit

---

3 Für eine klassische, pauschalisierende Darstellung der Lebensphilosophie als Irrationalismus vgl. Schnädelbach 1983, 174. Derartige Vorurteile sind mittlerweile aber weitestgehend korrigiert worden. Siehe Schürmann 2011; Giammusso 2012; Krüger 2015.

und seine Unaustauschbarkeit.[4] Entsprechend dient auch die Einbeziehung von Naturphilosophie und Verhaltensforschung nicht etwa dazu, ein positives Wesen des Menschen zu bestimmen, sondern zur Herausarbeitung von biologischen „Ermöglichungsbedingungen" (Krüger 2017, 15), die erfüllt sein müssen, um den Menschen als offene Frage verstehen zu können (vgl. Plessner 1975, 26).

Der Mensch, der sich als geschichtliches Wesen begreift, muss bereit sein, alle traditionsbedingten Sicherheiten zu relativieren, sich seine Unbestimmtheit einzugestehen und sich dadurch gleichsam freizusetzen und zu riskieren. Dies ist eine wichtige, freilich unbequeme Einsicht für eine auf der Höhe der Zeit argumentierende philosophische Anthropologie.[5] Das Leben ohne feste Gehäuse und Geländer wird dadurch zu einem Abenteuer, das gelingen, aber auch scheitern kann. Der noch unfertige Mensch bleibt gewissermaßen stets unterwegs. Durch den Verzicht auf die unbewegte Zentralperspektive und unhaltbare Universalitätsansprüche gewinnt er allererst die Offenheit für einen erweiterten Erfahrungshorizont und die damit verbundenen neuen schöpferischen Möglichkeiten. Aus dieser Perspektive zeigt sich die Bedeutung des Unergründlichkeitsgedankens für eine möglichst universale Philosophische Anthropologie, die ihr Ideengut aus verschiedenen Traditionen zu schöpfen bereit ist und dadurch kulturzentrische Engführungen vermeidet. Diese Offenheit für die Fülle und Breite der unterschiedlichen Auffassungen vom Menschen stellt m. E. eine bisher zu wenig beachtete Stärke dieser lebensphilosophischen Betrachtungsweise dar.[6]

In diesem, das alles uneingeschränkt begründen wollende Denken verunsichernden Kontext zeigt sich aber auch die Ambivalenz des Unergründlichkeitsgedankens und das Doppelgesicht des freigesetzten Menschen, der diesen durch sein Nicht- Festgelegtsein gewonnenen Zugewinn an Offenheit und Freiheit durchaus auch als Belastung empfinden kann und sich nach Entlastung, Geborgenheit und Sicherheit sehnt. Der Zugewinn an Freiheit kann zudem auch in humanegoistischer Weise dergestalt ausgenutzt werden, dass der Mensch die ihm durch die natürliche Mitwelt gesetzten Grenzen nicht (mehr) anzuerkennen bereit ist. Auch das grenzenlos Böse wurzelt letztlich im Unergründlichen. Die Anerkennung des Unergründlichen impliziert auch die Anerkennung von Grenzen des Fremd- und Selbstverstehens.

---

4 Zur Philosophischen Anthropologie als einer Philosophie der Würde siehe Schürmann 2013. Zur Theorie der Person und zur Verknüpfung von Unergründlichkeit und Einzigartigkeit von Personen siehe Kalckreuth 2019.
5 Vgl. Krüger 2015; Krüger 2017. Gesa Lindemann hat hervorgehoben, dass aus der Betrachtung des Menschen als offene Frage auch folgt, dass Fragen der Würde, der Zugehörigkeit usw. immer wieder neu sozial ausgehandelt werden müssen. Vgl. Lindemann 2002.
6 Vgl. auch Giammusso 2012, 143–155.

Das Prinzip der Unergründlichkeit durchkreuzt jedenfalls das natürliche Sicherheitsbedürfnis des Menschen, das sich auch im neuzeitlichen Methodendenken verbirgt, das nach Gadamer dazu tendiert, seine eigene Geschichtlichkeit zu vergessen (vgl. Gadamer 1975). Auch dies mag eine Erklärung dafür sein, dass der keineswegs selbstverständliche Gedanke des Grundseinkönnens des Subjekts, der allererst das methodisch disziplinierte, objektivierende Denken ermöglicht, vom Unergründlichkeitsgedanken bisher nicht ausgehebelt werden konnte.

3 Die Bedeutung der Unergründlichkeit des Lebens für die Religionsökologie

Erst durch die immer spürbar werdenden unerwünschten ökologischen Folgen des in die Natur machtförmig eingreifenden objektivierenden Denkens kann heute die Zukunftsbedeutung des Unergründlichkeitsgedankens in seiner vollen Tragweite eingeschätzt werden, denn seine Anerkennung würde einem gleichermaßen geschichts- und naturvergessenen objektivierenden Denken unüberschreitbare Grenzen setzen. Die Anerkennung der Unergründlichkeit des menschlichen und des nichtmenschlichen Lebens ist in dieser Perspektive kein frommer, romantischer Wunsch, der sich vergeblich gegen die Realität des unaufhaltsamen naturwissenschaftlichen Fortschritts zur Wehr zu setzen versucht, sondern umgekehrt: die Unergründlichkeit des Lebens setzt einem besinnungslosen technokratischen Fortschritts- und Machbarkeitsdenken unüberschreitbare Grenzen. Im ökologischen und bioethischen Kontext könnte in Zukunft das Prinzip der Unergründlichkeit des Lebens in verstärktem Maße gegen die andauernden Tendenzen zu einer weiteren „Entzauberung der Welt" (Max Weber) ins Feld geführt werden.[7]

Vor diesem Hintergrund kann behauptet werden, dass die Anerkennung der Unergründlichkeit wichtige religionsökologische Implikationen besitzt, zumal sich erstaunliche Berührungspunkte zwischen einer lebensphilosophisch inspirierten Religionsökologie und der philosophischen Anthropologie ergeben. Unter Religionsökologie wird im lebensphilosophischen Kontext nicht mehr nur verstanden, wie die „Umwelt" die Religionen beeinflusst, sondern vielmehr auch, wie religiöse Vorstellungen unseren Umgang mit der „Mitwelt" beeinflussen.[8] Eine

---

7 Zur Entzauberung der Entzauberung in einem anderen Kontext mit anderer Akzentuierung vgl. Joas 2017. Zur Diskussion um das Heilige vgl. Colpe 1977; Gantke 1998; Gantke/Serikov 2015; Schreijäck/Serikov 2017.
8 Vgl. auch Gantke 2018.

lebensphilosophisch inspirierte Religionsökologie untersucht daher grundsätzlich das Verhältnis von Mensch und Natur in den Weltreligionen und weicht auch der Frage nach möglichen religiösen Gründen für die heutige ökologische Krise nicht aus (vgl. Gerlitz 1998). Somit stellt sich im heutigen, veränderten Kontext erneut die lange übersprungene Grundfrage nach der „Stellung des Menschen im Kosmos" sowie damit eng verbunden die religiös interpretierbare Frage, ob der moderne Mensch möglicherweise seine Stellung im Kosmos überschätzt hat und ob es auf Erden überhaupt ein Maß gibt (vgl. Marx 1983). Die das moderne Fortschrittsdenken leitende „humanegoistische Anthropozentrik" (K. M. Meyer-Abich) stößt heute jedenfalls allerorten an Grenzen.[9]

Auch Plessner denkt ähnlich, wenn er den durch Unergründlichkeit und Fraglichkeit vermittelten Zugang zur Natur als einen Zugang, der die Welt gerade *nicht* als ein verfügbares „*ens creatum*" (König/Plessner 1994, 179) – eine Schöpfung Gottes (Vormoderne) oder des Menschen (Moderne, Anthropozän) fasst, sondern als etwas, das als etwas Eigenständiges und Unverfügbares betrachtet wird: „Setzen wir die Welt wieder in ihre Rechte" (ebd., 177).[10] Die ökologische Überlebenskrise zwingt den Menschen geradezu, vertieft über „Maß und Vermessenheit" eines Wesens nachzudenken, das sich, erdgeschichtlich betrachtet, innerhalb kürzester Zeit die Fähigkeit zur totalen Selbst- und Weltzerstörung erworben hat. Diese „schöpferische" Möglichkeit zur Selbstvernichtung der Gattung verdeutlicht in erschreckender Weise wiederum die Janusköpfigkeit des unergründlichen und unheimlichen Menschen und stellt die Philosophische Anthropologie vor neue Herausforderungen, die schon Günther Anders mit seiner umstrittenen These von der „Antiquiertheit des Menschen" deutlich benannt hat (Anders 1956; Anders 1980). Die Anerkennung der Unergründlichkeit kann also einerseits geschlossene Fundamentalismen jeglicher Art verhindern, andererseits kann sie Kräfte freisetzen, die sich der modernen Kontrollrationalität vollkommen entziehen und überlebenswichtige Sicherheitsgarantien leichtfertig aufs Spiel setzen.

Noch einmal: Die Anerkennung der Unergründlichkeit des Lebens impliziert keineswegs einen absoluten Irrationalismus, für den es keinerlei wohl begründeten Teilwahrheiten und eine auf nachvollziehbare Gedankenmäßigkeit zielende Lebenslogik geben kann, sondern sie legt vielmehr ein polares Ausgleichsdenken nahe, das sich stets zwischen den Polen des Ergründbaren und des Unergründbaren bewegt, ohne dabei eine Seite zu verabsolutieren, was an den philoso-

---

9 Die Frage, inwiefern der spätmoderne Fortschrittsglaube unter der Hand auf einer religiösen Geschichtsdeutung als „Heilsgeschehen" beruht, kann hier nicht ausführlich diskutiert werden. Siehe dazu den nach wie vor lesenswerten Klassiker von Karl Löwith (Löwith 1983).
10 Plessner an Josef König, Brief vom 22. Februar 1928.

phischen Taoismus erinnert. Das Nichtanerkennenwollen der Unergründlichkeit des Lebens wäre eine einseitige Blickbeschränkung auf jene Lebensbereiche, die der Mensch vollständig erklären und beherrschen kann. Die Lebenshermeneutik erkennt diese Einseitigkeit im die Welt entzaubernden okzidentalen Rationalismus und dem aus ihm hervorgegangenen Naturalismus, den der Philosoph Holm Tetens als „das metaphysische Vorurteil unserer Zeit" bezeichnet hat (Tetens 2013). Es geht ihr um eine genauere, aber niemals endgültige, in der Zeit bewegliche Bestimmung des komplizierten Verhältnisses von Ergründbarem und Unergründbarem, Ordnung und Chaos, Freiheit und Schicksal, Transzendenz und Immanenz, Heiligem und Profanem. Letztlich geht es um die das Leben in den verschiedenen Kontexten auszeichnende immerwährende Gestaltwerdung aus dem zunächst noch ungestalteten Grenzenlosen.

Nach Bollnow besitzt die Lebenswahrheit im Unterschied zur eindeutigen Erkenntniswahrheit ein Doppelgesicht, das es auszuhalten gilt:

> So ist uns die Tiefe des Lebensgrundes in unaufklärbarer, uns tief beunruhigender Zweideutigkeit gegeben. Es ist der tragende Grund, aus dem sich in schöpferischer Bewegung alles Leben entfaltet, und es ist zugleich die chaotische Macht, die den Menschen mit sich fortzieht und aus deren Verstrickungen er sich zu befreien versuchen muss. Der Widerspruch ist, so weit wir auch sehen, unauflösbar. In jeder der beiden Seiten gründet eine berechtigte und notwendige, vom Leben selber geforderte Betrachtungsweise mit ihrer eigenen, nicht aufhebbaren Wahrheit. Wir stoßen hier, in der Tiefe des Lebens selber, wieder auf das unheimliche Doppelgesicht der Wahrheit, das wir, ohne zu resignieren, aushalten müssen. (Bollnow 1975, 165)

Diese wiederum stark an das taoistische Polaritätsdenken erinnernde Anerkennung der unaufklärbaren Zweideutigkeit der Lebenswahrheit hat bedeutende Konsequenzen für eine philosophische Anthropologie, die sich nicht an das auf Widerspruchsfreiheit und Eindeutigkeit zielende Verstandesdenken binden, sondern den Menschen in seiner widersprüchlichen Ganzheit erfassen will.

4 Die Bedeutung der Unergründlichkeit für die interkulturelle Philosophie

Der ganzheitliche Blick auf den Menschen kann nur dann gelingen, wenn man sich nicht auf die bereits bekannten, jeweils traditionsimmanenten Bilder vom Menschen beschränkt, sondern wenn man sich auch für fremde und neue Auslegungsformen des Menschen und seiner Stellung im Kosmos offenhält. Hier geht es um eine interkulturelle Horizonterweiterung, wie sie schon früh von hermeneutischen Lebensphilosophen wie Misch, Plessner und Bollnow gefordert wurde. So postuliert etwa Plessner: „Die vom Abendland errungene Weite des Blicks erfordert die Relativierung der eigenen Position gegen die andere Position" (Plessner 1979, 294). Eine der großen Stärken dieser hermeneutischen Lebensphilosophie liegt zweifellos in der Offenheit für neue und fremde Lebenserfahrungen, die wiederum eine geeignete Ausgangsposition für eine interkulturell erweiterte Philosophie sein kann, die in kreativer Weise ihre Vorstellungen vom Menschen aus verschiedenen religiösen und philosophischen Traditionen schöpft.[11] Eine den lebensphilosophischen Unergründlichkeitsgedanken zugrunde legende „philosophische Anthropologie" muss zwar auf jeden Universalitätsanspruch verzichten, aber sie vermag im Unterschied zu allen kulturzentrisch geschlossenen Anthropologien die gesamte Breite und Fülle der unterschiedlichen religiösen, philosophischen und wissenschaftlichen Menschen- und Weltbilder zu berücksichtigen. Der gemeinsame Bezugpunkt dieser integralen „philosophischen Anthropologie" ist das an keine kulturellen und religiösen Grenzen gebundene, unergründliche Leben selbst.

Es ist eigentlich überraschend, dass die Bedeutung der religiösen Lebensphilosophie für eine interkulturell orientierte Philosophie der Religionen und eine möglichst universale religiöse Anthropologie meines Erachtens bisher nicht die ihr gebührende Aufmerksamkeit gefunden hat. Möglicherweise liegt dies daran, dass der Unergründlichkeitsgedanke sich kaum für rein innerweltliche Partikularinteressen instrumentalisieren lässt. Im Gegenteil: Er verhindert geradezu machtförmige Denkformen, die in ihrer Einseitigkeit und Eindeutigkeit zu einem Ausschließlichkeitsdenken verführen, das alles Fremde und Unbekannte ignorieren zu dürfen glaubt.

Eine die Verbindlichkeit des Unergründlichen ernstnehmende, interkulturell offene religiöse Anthropologie könnte durchaus ein geeigneter Ausgangspunkt für einen gelingenden Dialog der Religionen und Kulturen sein, in dem keine Position vorschnell verabsolutiert wird. Die Anerkennung der Unergründlichkeit des Menschen bedeutet im interkulturellen Kontext, die eurozentrische Überlegenheitsstellung und damit die „Uniformierung des Fremden nach eigenem Wesenszuschnitt" (Plessner 1979, 295) zu überwinden. Im weiten Horizont einer möglichst universalen anthropologischen Betrachtungsweise ist die abendländische Perspektive nur eine unter vielen möglichen Perspektiven auf Mensch und Welt.

Eine Konsequenz des anthropologischen Prinzips der Unergründlichkeit bzw. der „offenen Frage" liegt für Plessner im „Verzicht auf die Vormachtstellung des eigenen Wert- und Kategoriensystems" (ebd., 318). Es kann an dieser Stelle natürlich zurückgefragt werden, ob dieser Verzicht, gerade auch in immer stärker

---

11 Vgl. auch Giammusso 2012, 143–148.

multikulturell geprägten Gesellschaften, nicht zu einer Selbstaufgabe und zu einem Identitätsverlust führen muss. Wäre es nicht auch die Aufgabe einer philosophischen Anthropologie, eine klare, bestimmte Antwort auf die Wesensfrage zu geben, um dem Sicherheits- und Entlastungsbedürfnis des Menschen entgegen zu kommen? Trägt nicht das Prinzip der Unergründlichkeit nur zu einer weiteren Verunsicherung des in der globalisierten Welt ohnehin schon zunehmend orientierungsloser werdenden Menschen bei?

Bleibt hier wirklich nur die Wahl zwischen Selbstaufgabe oder Selbstbehauptung, Versicherung oder Entsicherung, oder gibt es einen Mittelweg zwischen der Unvermeidlichkeit des mitgebrachten kulturbedingten Vorverständnisses und der Offenheit für das Neue und Fremde? Für Plessner ist es jedenfalls von entscheidender Bedeutung, dass der Mensch die Frage nach seiner Bestimmung nicht voreilig beantwortet und sich in seinem jeweiligen Vorverständnis ein- und gegenüber fremden Positionen verschließt, sondern dass er sich stets für die schöpferischen Möglichkeiten, die sich durch die Begegnung mit dem Fremden ergeben, offenhält, was durch die prinzipielle Anerkennung der Unergründlichkeit des Menschen gewährleistet ist.

5 Ausblick

Die lebensphilosophische Hermeneutik legt ihren Schwerpunkt auf die kreativitätsermöglichende Offenheit. Daher ist die Frage, was der Mensch ist, nicht auf der festen Grundlage einer eindeutigen unbewegten Wesensbestimmung, sondern nur auf dem brüchigen Boden der bewegten geschichtlichen Erfahrung zu beantworten. Letztlich gilt hier die Diltheysche Einsicht, dass der Mensch nur durch die Geschichte erfahren kann, was er ist. Die Geschichte, die trotz all unserer anthropozentrischen Entmächtigungsversuche eben nicht nur uns gehört, ist aber niemals abgeschlossen. Die Anerkennung der Geschichtlichkeit des Menschen verhindert, dass der Mensch sich in bestimmten, liebgewonnen, kultur- und zeitbedingten Positionen versteift und führt zu der für eine möglichst integrale philosophische Anthropologie wichtigen Erkenntnis der grundsätzlichen Grenzen menschlicher Machtentfaltung auf Erden.

Die Unergründlichkeit und Rätselhaftigkeit des Lebens ist die nicht zu leugnende, „ursprüngliche" Wahrheit, alles andere sind dann religiöse oder profane Interpretationen dieser doppelgesichtigen Lebenswahrheit, die uns Menschen einerseits er- und umgreift und die wir Menschen andererseits bis zu einem gewissen Grade in schöpferisch- machtvoller und hoffentlich verantwortlicher Weise mitzugestalten vermögen. Dass die Zukunft der Menschheit nicht festgelegt ist, sondern offen und ein neuer Anfang immer möglich bleibt, ist ein befreiender

Gedanke der vielleicht zu früh verabschiedeten Lebensphilosophie. Im durch die ökologische Krise veränderten Kontext einer gefährdeten Menschheit könnte den alten, am unergründlichen Leben selbst maßnehmenden und keineswegs überholten Gedanken einer dynamischen Lebensphilosophie wieder neues Leben eingehaucht werden.

Literatur

Anders, Günther (1956): Die Antiquiertheit des Menschen. Band I: Über die Seele im Zeitalter der zweiten industriellen Revolution, München.
Anders, Günther (1980): Die Antiquiertheit des Menschen. Band. II: Über die Zerstörung des Lebens im Zeitalter der dritten industriellen Revolution, München.
Bollnow, Otto Friedrich (1970): Philosophie der Erkenntnis. Das Vorverständnis und die Erfahrung des Neuen, Stuttgart.
Bollnow, Otto Friedrich (1975): Das Doppelgesicht der Wahrheit, Stuttgart.
Colpe, Carsten (Hg.) (1977): Die Diskussion um das Heilige, Darmstadt.
Dilthey, Wilhelm (1958): Gesammelte Schriften, Bd. VII. Der Aufbau der geschichtlichen Welt in den Geisteswissenschaften, Stuttgart / Göttingen.
Frank, Semen L. (1995): Das Unergründliche. Ontologische Einführung in die Philosophie der Religion, Freiburg / München.
Gadamer, Hans Georg (1975): Wahrheit und Methode. Grundzüge einer philosophischen Hermeneutik, Tübingen.
Gantke, Wolfgang (1998): Der umstrittene Begriff des Heiligen. Eine problemorientierte religionswissenschaftliche Untersuchung, Marburg.
Gantke, Wolfgang (2018): Religion und Ökologie. Die ökologische Krise als Thema der Religionen und der Religionsökologie. In: Zeitschrift für Missions- und Religionswissenschaft 102 (1–2), 41–49.
Gantke, Wolfgang / Serikov, Vladislav (Hg.) (2015): Das Heilige als Problem der gegenwärtigen Religionswissenschaft, Frankfurt a. M.
Gerlitz, Peter (1998): Mensch und Natur in den Weltreligionen. Grundlagen einer Religionsökologie, Darmstadt.
Giamusso, Salvatore (2012): Hermeneutik und Anthropologie, Berlin.
Joas, Hans (2017): Die Macht des Heiligen. Eine Alternative zur Geschichte von der Entzauberung, München.
König, Josef / Plessner, Helmuth (1994): Briefwechsel 1923–1933, Freiburg / München.
Kalckreuth, Moritz v. (2019): Wie viel Religionsphilosophie braucht es für eine Philosophie der Person? In: Neue Zeitschrift für Systematische Theologie und Religionsphilosophie 61 (1), 67–93.
Krüger, Hans-Peter (2015): Die Unergründlichkeit des geschichtlichen Lebens. In: Internationales Jahrbuch für Philosophische Anthropologie 5 (1), 15–32.
Krüger, Hans-Peter (Hg.) (2017): Einführung in Die Stufen des Organischen und der Mensch. Einleitung in die philosophische Anthropologie, in: Ders. (Hg.): Helmuth Plessner: Die Stufen des Organischen und der Mensch. Klassiker auslegen, Berlin / Boston, 1–22.

Lindemann, Gesa (2002): Die Grenzen des Sozialen. Zur sozio-kulturellen Konstruktion von Leben und Tod in der Intensivmedizin, München.

Löwith, Karl (1983): Weltgeschichte und Heilsgeschehen. Die theologischen Voraussetzungen der Geschichtsphilosophie, in: Ders.: Sämtliche Schriften, Bd. 2. Weltgeschichte und Heilsgeschehen. Zur Kritik der Geschichtsphilosophie, Stuttgart, 7–239.

Marx, Werner (1983): Gibt es auf Erden ein Maß? Grundbestimmungen einer nichtmetaphysischen Ethik, Hamburg.

Misch, Georg (1994): Der Aufbau der Logik auf dem Boden der Philosophie des Lebens, Freiburg / München.

Plessner, Helmuth (1975): Die Stufen des Organischen und der Mensch. Einleitung in die philosophische Anthropologie, Berlin / New York.

Plessner, Helmuth (1979): Zwischen Philosophie und Gesellschaft. Ausgewählte Abhandlungen und Vorträge, Frankfurt a. M.

Plessner, Helmuth (1983): Homo absconditus, in: Ders.: Gesammelte Schriften, Bd. VIII. Conditio humana, Frankfurt a. M., 353–366.

Schnädelbach, Herbert (1983): Philosophie in Deutschland 1831–1933, Frankfurt a. M.

Schreijäck, Thomas/Serikov, Vladislav (Hg.) (2017): Das Heilige interkulturell. Perspektiven in religionswissenschaftlichen, theologischen und philosophischen Kontexten, Ostfildern.

Schürmann, Volker (2011): Die Unergründlichkeit des Lebens. Lebens-Politik zwischen Biomacht und Kulturkritik, Bielefeld.

Schürmann, Volker (2013): Leibhaftige Personen – antastbare Würde, in: Wunsch, Matthias / Römer, Inga (Hg.): Person. Anthropologische, phänomenologische und analytische Perspektiven, Münster, 383–404.

Tetens, Holm (2013): Naturalismus: Das metaphysische Vorurteil unserer Zeit?, in: Information Philosophie 2013 (3), 8–17.

Personenverzeichnis

Adair-Toteff, Christopher   10
Adam, Thomas   220
Althoff, Gert   204
Anders, Günther   278
Angenendt, Arnold   3
Anselm, Reiner   218
Antila, Anssi   169
Apostolescu, Iulian   33
Apsel, Benjamin   212
Aristoteles   2, 13, 101, 184, 189
Assmann, Jan   3
Auerochs, Bernd   114
Avé-Lallemant, Eberhard   270

Barth, Hans-Martin   10
Barth, Karl   2, 10 f, 211, 214 f., 223, 242
Bataille, Georges   118
Bayer, Oswald   12
Becker, Patrick   4
Becker, Ralf   9, 187, 264
Beckmann, Beate   56, 70 f.
Bek, Thomas   129 f., 132, 137, 141, 143 – 145, 148 f., 153
Bellah, Robert   3, 82, 109 f
Bennett, Brian P.   4, 204
Berendsen, Desiree   52
Bermes, Christian   200, 202, 236
Berninger, Anja   82
Bienert, Maren   3, 10 f.
Blume, Anna   7
Bochinger, Christian   3, 156, 161 f.
Bogusz, Tanja   3
Böhnert, Martin   17
Bohr, Jörn   3
Bollnow, Otto Friedrich   87, 273 – 275, 279
Brandom, Robert   77
Brentano, Franz   41
Breul, Martin   227
Buddha   109, 175
Bulkeley, Kelly   4
Bultmann, Christoph   4, 196, 204
Bultmann, Rudolf   6, 10 f., 214
Burkert, Walter   2, 118

Caillois, Roger   118
Cashman, Tyrone   109
Cassirer, Ernst   9, 106, 215
Cataldi, Sue   39 f.
Christian, William A.   79, 89
Colpe, Carsten   98, 113, 277
Conrad-Martius, Hedwig   71
Crane, Tim   46
Crary, Alice   228
Cusinato, Guido   257, 265

Da Re, Antonio   237
Dalferth, Ingolf   2, 108
De Monticelli, Roberta   7
De Sousa, Ronald   47
Deacon, Terrence   109
Deane-Drummond, Celia   227
Delitz, Heike   3
Demmerling, Christoph   183, 186
Dennett, Daniel   5, 232
Descartes, Rene   2, 13, 101, 236 f.
Deuser, Hermann   3, 5 f.
Dewey, John   5, 85, 87, 185
Diefenbach, Natalia   83
Dietz, Thorsten   80
Dietz, Walter   128, 132 – 138
Dilthey, Wilhelm   2 f., 15, 236, 273 f., 281
Dobrokhotov, Alexander   56
Döring, Sabine   82
Douglas, Mary   118
Duplá, Leonardo R.   264
Durkheim, Émile   2 f., 122, 195
Dworkin, Ronald   77 f., 82, 89

Ebeling, Gerhard   217
Edinger, Sebastian   18
Eisenstadt, Shmuel   123
Ekman, Paul   83
Elkana, Yehuda   108
Elliott, James   79
Elsas, Christoph   88
Engelbrecht, Martin   160 – 162
Eßbach, Wolfgang   3, 5, 9, 116, 185

Fahrenbach, Helmut 128, 132, 134f., 142f., 149
Feldman, Cecelia 4, 196
Felgenhauer, Katrin 16
Ferrarello, Susi 33
Feuerbach, Ludwig 127f., 137
Fischer, Hermann 214
Fischer, Joachim 13, 15, 17, 129, 157, 212f., 219, 256, 258, 267
Fischer, Johannes 217
Foucault, Michel 18
Frank, Semen 273f.
Frese, Matthias 216
Freud, Sigmund 117
Fries, Heinrich 264
Fritz, Martin 12
Fuchs, Martin 3
Fuchs, Thomas 19, 98, 104, 116
Fuentes, Augustin 227
Führding, Steffen 77

Gabel, Michael 5, 7, 264
Gadamer, Hans Georg 215, 277
Gantke, Wolfgang 6, 9, 23, 77, 193, 277
Gardiner, Mark 77
Gebhardt, Winfried 160–162
Geertz, Clifford 75
Gehlen, Arnold 13, 128, 211f., 219–222, 241, 243, 251, 258
Geiger, Moritz 32, 42
Gerhardt, Volker 221
Gerlitz, Peter 278
Geyser, Joseph 264
Giammusso, Salvatore 274–276, 280
Giordano, Magda 78
Goldie, Peter 46, 81, 84
Graf, Friedrich Wilhelm 3
Großbölting, Thomas 224
Guardini, Romano 11

Haas, Willy 38
Habermas, Jürgen 2
Halbfass, Wilhelm 89
Halbig, Christoph 184, 186
Hammer, Felix 128, 130, 145, 147–150, 152
Hansen, Katia 22
Harkins, Jean 84

Hartmann, Nicolai 23, 182, 190, 231, 234, 237–244, 246f.
Hartung, Gerald 9, 12f., 23, 204, 207, 233, 240, 246
Hegel, Georg Friedrich Wilhelm 2, 129, 131, 137, 141, 146, 264
Heidegger, Martin 70, 84, 90f., 215, 242
Heinrichs, Johannes 243
Henckmann, Wolfhart 14, 246, 253, 258, 262f., 265
Herms, Eilart 243
Hero, Markus 163
Höllinger, Franz 9
Horgan, Terence 45
Horkheimer, Max 18
Hunsiker, Andreas 2
Hunsinger, George 99
Husserl, Edmund 55, 58, 60, 62, 66f., 79, 236, 268

Jacob, Joachim 115
James, William 5f., 8, 60, 69, 161, 164f., 167, 174, 185, 195
Järveläinen, Petri 49
Jaspers, Karl 3, 216
Jesus 10, 38, 109, 131, 215, 245
Joas, Hans 3, 5–12, 19, 80, 87, 102, 122, 156, 184f., 187, 195f., 199, 277
Johnson, Mark 100, 104
Jung, Matthias 5, 10, 19, 101, 108, 185f., 199

Kalckreuth, Moritz von 3, 7f., 18, 20, 52, 85, 88, 121, 188, 194f., 200f., 221, 231, 233, 235, 238, 240, 255, 259, 276
Kalinna, Georg 5, 10–12, 19, 21, 23
Kant, Immanuel 2, 91, 100, 115, 132, 149, 152, 193, 200, 213, 231–236, 243, 252
Kaufmann, Thomas 218
Keller, Barbara 9
Keller, Thomas 201
Kelly, Eugene 194, 200
Kessler, Hans 80
Kierkegaard, Sören 22, 127–144, 148f., 151, 153, 165
Kleinert, Markus 3f., 98
Knoblauch, Hubert 156, 161f.

Köchy, Kristian 17, 104f.
Kohl, Karl-Heinz 4, 196, 204
Kolnai, Aurel 35–37
Koltsov, Aleksandr 22, 58
Konacheva, Svetlana 57
König, Josef 129f., 278
Krech, Volkhard 98, 112, 117, 119
Kreuzer, Johann 116
Krüger, Gerhard 189f.
Krüger, Hans-Peter 13–21, 52, 105, 157f., 189, 275f.
Kutlu, Evrim 15, 23, 252f., 262f., 270

Lakoff, George 104
Landweer, Hilge 35, 63, 81
Langenfeld, Aaron 212
Lasch, Alexander 4, 163f., 172
Latour, Bruno 161
Laube, Johannes 99
Lauster, Jörg 6, 11, 41
Lauterbach, Johanna 7, 85, 87
Leibniz, Gottfried Wilhelm 2
Lerch, Magnus 212
Levi, Kater 8
Levinas, Emmanuel 161, 172
Liebert, Wolf-Andreas 4, 22, 156, 159–163, 165, 167, 172, 174f.
Lipps, Theodor 32
Luckmann, Thomas 161f., 166, 215
Luhmann, Niklas 3, 99, 111
Luther, Martin 2, 88, 217f.

Machoń, Henryk 80, 86
Mäder, Marie-Therese 4
Maitzen, Stephen 79
Markschies, Christoph 19
Martern, Harald 193
Marx, Werner 278
Mauss, Marcel 233
McDowell, John 184
McIntosh, Esther 83
McNamara, Patrick 78
Mendonça, Dina 38, 50
Mensching, Gustav 92
Meyer-Hansen, Ralf 16, 128–130, 132, 138, 144–152
Michaels, Axel 9, 182

Millikan, Ruth 80
Misch, Georg 273, 275, 279
Mitscherlich, Olivia 129f., 140f., 145f., 148–151
Moebius, Stephan 118
Mohammed 109
Moos, Thorsten 20
Morgan, David 4
Moser, Claudia 4, 196
Moxter, Michael 212
Müller, Ernst 115
Müller, Hans-Peter 3
Müller, Tobias 76f.
Mulligan, Kevin 36

Niebuhr, H. Richard 10, 12
Nietzsche, Friedrich 2, 100, 202
Nightingale, Andrea 109

Oevermann, Ulrich 97
Ortega y Gasset, José 35, 37
Orth, Ernst Wolfgang 9, 264
Ottati, Douglas 217
Otto, Rudolf 2, 5–12, 16, 22, 41, 75f., 79–82, 86–88, 90–92, 138, 153, 171f., 193
Overbeck, Franz-Josef 212

Pannenberg, Wolfhart 11, 17, 23, 211–226, 231, 234, 241–247
Paulus 38, 214, 245
Pfänder, Alexander 40, 43f., 47, 79
Pitschmann, Annette 85, 87
Plato 2, 109, 181, 199, 200, 202
Plessner, Helmuth 13–23, 104f., 107, 127–132, 137–153, 156–160, 162f., 165, 167, 171, 174–176, 211f., 216, 219–221, 238, 240, 243, 247, 251, 258, 273, 275f., 278–281
Polke, Christian 3, 5, 9, 11, 19, 196, 243
Prothero, Stephen 88, 90
Proudfoot, Wayne 100–102
Puchta, Jonas 7
Pugmire, David 37f.
Putnam, Hilary 101
Pylaev, Maxim 57
Pyysiäinen, Ilkka 77

Quante, Michael 232 f., 246
Quepons, Ignacio 48

Rahner, Karl 11, 84 f., 245
Rappaport, Roy 111
Ratcliffe, Matthew 8, 81, 84 f., 87
Raulet, Gérard 15, 18
Raz, Joseph 183
Reinach, Adolf 22, 42, 55–72, 79, 87
Remplein, Heinz 162
Rescher, Nicholas 186
Ricken, Norbert 128–133, 136–139, 142
Riis, Ole 83
Ritschl, Albrecht 2
Ritter, Joachim 24, 126
Roberts, Robert C. 49
Rölli, Marc 18
Rosa, Hartmut 6 f., 21, 161
Rossano, Matt 4
Royce, Josiah 5, 227
Runge, Philipp Otto 115 f.
Rüpke Jörg 3, 98

Salice, Alessandro 41
Sander, Angelika 252 f.
Sayre-MacCord, Geoffrey 190
Schaede, Stephan 20
Scheler, Max 1, 6–8, 13 f., 16, 18, 20 f., 23, 25, 33, 35–37, 40, 46, 48, 58, 70, 79, 84, 121, 128, 139, 146, 183 f., 188, 192–196, 199–206, 211 f., 219–221, 231, 234–237, 240 f., 246 f., 251–270
Schellenberg, John L. 79
Schildt, Axel 216
Schirrmacher, Freimut 16
Schleiermacher, Friedrich 2, 58, 66, 68, 87, 112 f., 115, 139, 214
Schlitte, Annika 196
Schloßberger, Matthias 7, 14, 18, 200
Schmidt, Thomas 76 f.
Schmidt-Leukel, Perry 90
Schmiedel, Michael 81
Schmitz, Hermann 6–8, 10, 39 f., 85
Schnädelbach, Herbert 213, 275
Schneider, Hans-Julius 4
Scholz, Anna 12, 20, 242, 247
Schreijäck, Thomas 277

Schuhmann, Karl 71
Schürmann, Volker 16, 18, 274–276
Schüz, Peter 41, 86, 91
Schweighofer, Astrid 58
Schweizer, Albert 82
Seibert, Christoph 5, 7, 9
Sepp, Hans Rainer 258, 263 f., 267 f.
Serikov, Vladislav 6, 9, 22, 76, 80, 88, 91, 277
Sigmund, Steffen 3
Silva Santos, Bento 70
Simmel, Georg 3, 67
Singer, Peter 228
Sizer, Laura 47
Slaby, Jan 84
Slenczka, Notger 41
Smith, Barry 71
Solomon, Robert C. 46
Starbuck, Edwin D. 162
Stausberg, Michael 77
Stavenhagen, Kurt 31, 33, 40–45, 50 f., 79, 87, 89
Stein, Edith 33, 35, 37, 46, 58, 60
Steinbock, Anthony 6, 33
Stock, Konrad 243
Stollberg-Rilinger, Barbara 3, 196
Strawson, Peter 232
Streib, Heinz 9, 99
Stuckrad, Kocku von 156
Suddendorf, Thomas 225 f.

Taeger, Jens-Wilhelm 99
Tajfel, Henri 227
Taylor, Charles 3, 79, 115, 120, 184
Tetens, Holm 2, 5, 279
Theunissen, Michael 234, 241
Thies, Christian 220
Thomas von Aquin 2
Tienson, John 45
Tietjen, Ruth Rebecca 31
Tillich, Paul 11 f., 22, 190, 214
Tolle, Eckhart 155, 168–172, 174–177
Tomasello, Michael 4, 17, 211, 226
Trendelenburg, Friedrich Adolf 233
Tripold, Thomas 9
Troeltsch, Ernst 2 f., 10–12, 22
Tugendhat, Ernst 102

Uerlings Herbert 113
Uexküll, Jakob Johann v. 104 f.
Ulmer, Bernd 164–166

Vendrell Ferran, Íngrid 7, 22, 46, 48 f., 63, 79, 81, 84–86
Vietta, Silvio 113
Vogt, Markus 228
Voigt, Friedemann 3

Walther, Gerda 33
Weber, Edmund 80, 91
Weber, Max 3, 122, 187, 207, 277
Welker, Michael 232, 242
Wendt, Alexander Nicolai 200
Wenzel, Knut 79, 84 f., 92

Wierzbicka, Anna 83 f., 88, 90
Wilwert, Patrick 16, 139, 143, 145 f., 148, 152
Wittekind, Folkert 10
Wittgenstein, Ludwig 4, 87
Wittrock, Björn 108
Wokart, Norbert 99
Wolf, Susan 184
Woodhead, Linda 83
Wunsch, Matthias 9, 14, 17, 18 f., 221, 226, 231, 234, 238, 277
Wynn, Mark 85, 87

Zhang, Wei 253
Zinser, Hartmut 2
Zinzendorf, Nikolaus Ludwig Graf von 2

Sachverzeichnis

absolut 2, 11, 16, 19f., 33, 38, 40–42, 44, 50f., 58, 63–65, 67–72, 76, 78–82, 86–92, 103, 108f., 116, 122, 128–131, 138f., 141, 145–153, 156, 158f., 162f., 167, 170f., 175, 192f., 196–198, 200, 234, 236f., 258f., 261–266, 278
Achtsamkeit 21
Akt 2, 6, 8, 14, 18, 35, 41, 57, 60–72, 77, 138f., 149, 172f., 194, 197, 199, 201f., 235f., 241, 246, 253, 257–261, 263, 269
Anerkennung 69, 78, 102, 120f., 135, 137, 148, 177, 274–281
Anschauung 42, 239, 259, 263
Anthropologie 5, 12–23, 99–101, 127f., 130, 132, 143f., 150, 156f., 161, 166, 211–228, 231, 234, 241–248, 251f., 256, 258, 260, 262, 264–267, 270, 273–281
anthropologisch 13, 68, 83, 97–102, 113, 117, 121, 128, 132, 135, 139, 143, 150, 157f., 175f., 213–215, 222–225, 233–236, 239f., 242, 245f., 274f., 280
Artefakt 181, 203f., 206
Artikulation 7, 9f., 12, 19, 21f., 76, 80, 82, 86–92, 101, 114f., 122, 166f., 172, 176f., 185, 193, 195f., 232, 244
Atheismus 130, 150f., 161f.
atheistisch 78, 92, 117, 150, 155, 159f.
Autonomie 239

Bedingtheit 67, 120, 132, 145, 245
Biologie 4, 14, 100, 102, 105, 213, 248, 258, 266
biologisch 1, 13–17, 78, 97, 100, 102, 104, 144, 186, 220–223, 225f., 276
Böses 167, 253, 269, 276
Buddhismus 9, 82, 87–90, 173, 175

Christentum 9, 11, 49, 56f., 62, 70, 83, 87f., 90f., 98–101, 113, 116, 127, 130–139, 149, 155f., 159, 165, 197, 212, 214–218, 222–227, 244f., 265

Daoismus 82
Dasein 131–136, 141f., 144, 147, 149, 158, 162, 222f., 241–245, 253, 257, 264, 268f.
demokratisch 78
Demut 7, 202
Deutungsmacht 116
Dharma 90, 175
Diesseits 42, 196, 198, 206, 241
Ding 4, 6, 36, 62, 64f., 91, 129, 138, 142f., 146, 159, 174, 183f., 186, 188f., 192, 196–202, 204, 234f., 236, 238, 246f., 258f., 261, 263f.
Dualismus 101, 128–133, 137, 237
dualistisch 101, 109, 129

Ehrfurcht 7, 71, 79, 82, 90, 99, 114, 119, 193, 200, 202
Emotion 18, 31, 34, 36f., 39–41, 44–51, 75f., 81, 83–87, 89f., 101, 198, 235
emotional 11, 14, 18, 23, 31–35, 38–40, 45, 48–51, 76, 78, 83, 87, 119, 201, 231, 235f., 259
Entfremdung 80, 128, 139, 153, 161–163
Erfahrung 2, 5f., 8–24, 31–40, 44–49, 51, 56–58, 61–66, 68, 70–72, 78–80, 82, 84–87, 92, 97, 100–104, 106f., 110–115, 119f., 131, 138f., 146f., 152f., 155, 161–166, 169–172, 177, 184–187, 191–200, 204–206, 214, 219, 222, 239, 263, 275f., 280f.
Erkenntnis 1f., 42, 56–58, 60–66, 69, 71f., 89, 91, 102, 115, 127, 136, 144, 149, 151, 157f., 168, 171, 185, 200, 212f., 215, 225f., 237–242, 253–255, 260, 264–267, 274, 279, 281
Erleben 1, 6–9, 12, 20, 32–34, 37–42, 44f., 51f., 58, 61–64, 66, 71, 82, 120f., 128, 132, 138, 141, 152, 158, 167, 183, 186–188, 192–195, 201, 235f., 239, 241, 244, 246–248
Erlebnis 2, 4f., 7f., 11f., 19, 21–23, 31, 33, 38, 40, 43–45, 51, 55, 57–72, 81, 87,

119f., 152, 155, 162f., 165, 167f., 193, 197f., 236, 239, 267
Erwachen 5, 22, 38, 50, 131, 152, 157, 162, 164–177
Ethik 19–21, 23, 35, 63f., 82, 89, 92, 119, 134, 137, 143, 149, 190, 193, 202, 218, 228, 231, 234–237, 251f., 254, 261, 270, 277
Evolution 4, 100, 159, 213, 220, 224–228, 258, 260
ewig 12, 86, 91, 132, 139, 144f., 160, 187, 202, 267f., 270
Ewigkeit 39, 130, 133, 152
Exzentrizität (siehe auch: Positionalität) 129, 142–151, 217, 219

Fähigkeit 102–104, 106f., 109, 221f., 226, 231f., 259, 278
Freiheit 127f., 131–139, 142–149, 151–153, 188f., 216–218, 238, 240, 244, 275f., 279
Fühlen 1, 36, 45, 48, 60, 62–64, 72, 85, 186, 199, 201, 235, 238, 240, 253, 257

Ganzheit 7, 15, 84, 152, 184, 194, 235f., 239–244, 247, 254, 256, 279
Gefühl (siehe auch Emotion) 2, 4, 6–8, 10, 12f., 16, 19, 21f., 33–41, 48f., 63–66, 71, 75f., 79–92, 119f., 152f., 158, 165, 169–174, 188, 194, 198, 200, 235, 240, 244, 253, 266
Gegenstand 36, 41, 43, 57, 59–62, 64–71, 79, 98, 112, 116, 118, 158, 183, 186, 196, 199, 204, 253, 259, 261, 263, 266
Gehirn 4, 18, 78
Geist 1f., 7f., 10, 13–16, 18, 21, 45, 48, 56, 64, 99, 101, 116, 129–134, 136, 141f., 144–150, 152, 159, 183, 191, 193, 195–197, 200f., 206, 215–217, 220, 237–244, 253, 255, 257–269
Geisteswissenschaft 101, 224, 238
Geltung 77, 79, 101f., 109, 113, 118–120, 147, 189, 193, 202–204, 218, 224, 232, 235f., 242, 253
Gemeinschaft 5, 15–18, 21, 75, 90, 110f., 114, 117–119, 122, 163, 188, 195, 197, 217, 228, 244f., 274

Geschichte 2–4, 10f., 15f., 18f., 21, 55, 59, 77, 100, 111–113, 116, 129f., 145, 152, 158f., 169, 175, 190, 204, 207, 216, 226f., 245, 250, 258, 260–262, 265f., 268, 270, 281
geschichtlich 3, 9f., 15–18, 56f., 100, 102f., 129, 187, 189–191, 195f., 201, 205, 215, 233, 236, 244f., 263, 268, 274–281
Geschichtsphilosophie 10, 18, 150, 190, 207, 238, 254
Gesellschaft 1, 3f., 15, 17f., 21, 77, 116f., 121f., 143, 161f., 175, 185, 191, 200, 203–205, 216–218, 224, 227, 274, 281
Gesinnung 40–51, 184, 188, 200f., 204, 254
Glaube 2, 6–8, 10–13, 16, 19, 22, 55–58, 61–72, 84f., 88, 99, 137–140, 146–152, 159, 165, 174, 176, 194, 196–198, 217f., 224, 227, 240, 265
Gott 1f., 6–8, 10f., 15f., 21, 31f., 43, 46, 49–51, 58, 61f., 63, 65–72, 79, 82, 86–91, 98f., 112f., 115, 120, 127–129, 132–139, 146, 148–152, 158f., 162f., 172, 183, 192–199, 205, 214f., 217f., 221–228, 240, 242–248, 251–258, 260–264, 267–270, 278
göttlich 2, 6–8, 57, 62, 66, 68f., 71, 79, 87, 98f., 115f., 132, 141, 158, 160, 192–198, 205, 217, 223, 240, 243, 246, 255, 257, 259, 266, 268f.
Gut (moralisch) 79, 88f., 167, 253, 261f., 269
Güter 7, 120–122, 188, 194, 196, 198, 200–204, 206

Handlung 79–82, 85, 87, 89, 99f., 107f., 110–112, 114, 118, 122, 134–138, 144, 148, 181–187, 189, 192–194, 196–203, 205, 221, 238, 240f., 244, 247, 252–254, 256, 260, 269
Hass 14, 35, 37, 41, 43, 47, 86, 194, 201, 235
heilig 4–10, 21–23, 31, 35f., 72, 76, 86, 90–92, 97–103, 110–122, 138, 156, 163, 169, 174, 176f., 183, 192–199, 204–206, 254f., 269, 274, 277, 279

Sachverzeichnis

Hermeneutik 9, 19, 23, 55, 59, 162f., 167, 259, 273–275, 279–281

Ideal 8, 79–82, 86, 88f., 110f., 121, 134, 184, 187, 194f., 233, 246f., 253, 260, 267
Individuum 7, 76, 80–82, 122, 205, 234f., 238, 242
Instinkt 219
Institution 78, 113, 116f., 155f., 161–163, 165, 169, 176f., 197, 224, 227, 265
intentional 17, 22, 31, 33f., 36, 39f., 44–51, 60–63, 67–72, 75f., 79–82, 85, 90, 131, 137f., 143, 152, 201, 226, 232, 236, 253
Intuition 20, 23, 56, 66, 72, 84, 119, 129, 182–184, 186, 189f., 194, 198, 266

Karma 88f.
Katholizismus 9, 11, 49, 255, 260
kausal 18, 186, 198
Konfession 9, 16, 182, 195, 205, 217, 227
Konfuzianismus 82
Konversion 38, 55f., 61, 68, 71f., 92, 119, 164f.
Körper 35, 45, 81, 101–104, 121, 130, 133, 140–142, 171, 175, 177, 233, 237f., 268
Kultur 1–4, 9–16, 18, 21, 75–77, 80–92, 98, 100–103, 109f., 115, 144–151, 158, 160, 162, 164, 167, 170, 174, 183, 187–207, 213, 219, 221f., 224f., 227, 231–233, 236, 244, 253, 273f., 276, 279–281
Kulturphilosophie 9, 190, 207
Kulturwissenschaft 4, 77, 167, 183, 203, 231
Kunst 4, 113–116, 197–201, 216

Leben 1–3, 6–10, 12–21, 23, 35f., 42, 46, 48, 50, 55, 63, 68, 76, 82, 84–92, 102, 108, 110, 115, 119f., 122, 129, 139f., 142, 144–151, 158f., 161–166, 169–176, 181, 183–185, 188f., 192–196, 202–206, 216f., 222f., 228, 232–244, 246–248, 253, 256, 258–262, 264–266, 268, 273–282
Lebendigkeit 14f., 17, 35f., 139, 174

Lebensform 9f., 12, 19, 21f., 87, 97f., 100, 109, 111, 117f., 121, 137, 142–144, 146, 158, 196, 198, 234
Lebensphilosophie 273–282
Lebenswelt 14, 72, 147, 170, 205, 234, 244, 246f.
Lebewesen 15, 17f., 36, 40, 87, 90, 140, 144, 186, 200, 221, 256
Leib 35, 84, 128, 136, 140f.
leiblich 7f., 15, 18, 26, 39, 45, 81, 84, 101, 104, 122, 141f., 233, 257
Leiblichkeit 14, 32, 34f., 39f., 49, 134, 231
Liebe 1, 6, 14, 20, 31f., 35, 40–44, 47–51, 79, 86–91, 174, 188f., 193f., 200f., 218, 227, 235, 260, 269

Mensch 1f., 4, 6, 8f., 12–23, 32f., 42–44, 49f., 62–68, 76, 80, 82, 85, 88, 92, 97–111, 114–117, 121f., 126–153, 156, 158f., 162f., 171f., 175, 185, 194, 201, 203, 212–228, 231–235, 238–247, 251–267, 269f., 274–281
Metaphysik 2, 15, 18, 23, 70, 130, 161f., 187f., 192, 219, 240, 251–253, 258, 261–268, 270
metaphysisch 6–8, 14, 71f., 110, 135, 150f., 192f., 196, 227, 251–256, 258, 260, 263, 266, 279
Mitvollzug 194, 201, 259–261, 269
Moderne 9, 13, 57, 116, 122, 129, 136, 139, 151, 156f., 160–169, 173, 176f., 202, 216, 222, 262, 278
Moral 18, 100, 104, 122, 182, 184f., 190, 195, 200–204, 240

Natur 15, 17, 23, 64, 66, 100f., 129f., 141–146, 152, 159, 175, 188f., 205, 212, 216, 219, 224, 228, 240, 242f., 245, 257f., 266, 268, 270, 276–278
Naturalismus 5, 100, 186f., 220, 279
Naturwissenschaft 4f., 14, 17f., 58, 62f., 65, 100, 186f., 212, 215, 258, 277
normativ 21, 76f., 150, 185, 191, 202f., 233
Numinoses 6–11, 16, 21f., 76, 80–82, 86f., 89, 91f., 128, 153, 166, 172–174, 176, 197, 255

Objektivität 64, 120
Ökologie 23, 220, 252, 270, 273, 277f., 282
Ontologie 5, 7, 23, 33, 40, 55, 60f., 66f., 69, 185–190, 196, 217, 237–239, 242, 253, 266f., 274f.
Organismus 103–106, 195, 268

Pantheismus 71, 252, 267f.
Person 6–8, 10, 14–23, 32, 35, 37, 42, 46–48, 69f., 78f., 81, 83–91, 98f., 109, 116, 118, 122, 147, 151, 158, 176, 183–186, 188, 192–203, 221, 226, 231–248, 251, 254f., 257, 259, 262, 265, 267, 269, 276
Phänomen 1, 3–6, 10f., 14, 18, 20f., 23, 31–34, 36, 40–42, 44–47, 49, 52, 57–60, 67, 78, 80, 84, 87, 91, 99f., 107, 112, 115f., 119f., 130, 149f., 152f., 182–186, 190, 192, 198, 201, 203, 206f., 227, 234f., 246, 259
Phänomenologie 5f., 12, 18, 22, 32–35, 38f., 41f., 46, 55–71, 76f., 79, 81, 84f., 92, 119, 131, 148f., 152, 183f., 194, 199, 203, 206, 236, 257f., 264
Philosophische Anthropologie 12–22, 128, 132, 143, 150, 156f., 161, 211–213, 215–223, 242, 244–248, 251f., 256, 258, 260, 264–267, 270, 273–281
physisch 17, 20, 100f., 141, 237f.
Politik 5, 9, 18, 75–77, 109, 185f., 189–191, 194, 200, 203f., 207, 215f., 254
Positionalität (siehe auch Exzentrizität) 15, 127–129, 139f., 142f., 152, 158, 160, 162, 164, 172
Pragmatismus 5, 60, 87, 185, 199, 220
Protestantismus 4, 9–11, 216f.
psychisch 34f., 37, 42, 141, 237f.
psychologisch 14, 59, 62, 66, 80, 82f., 111, 128, 131, 150, 155f., 173, 176, 224, 227, 238, 242f., 266

Qualität 34, 37f., 43, 45, 58, 80, 85, 119, 162, 183f., 187, 192f., 197, 200f., 206, 242, 253
qualitativ 63, 86, 119, 187, 192, 220f., 242f.
quantitativ 63, 172, 204

Rangordnung 35f., 72, 202f., 252f., 255
rational 2f., 18, 32, 56f., 63–66, 92, 101, 112, 122, 147, 182, 186f., 231f., 278f.
Rationalismus 18, 60, 228, 279
Realismus 58–61, 63, 66–69, 80f., 85, 155f., 190, 199, 246
Recht 78, 104, 122, 231
Reduktion 17, 57, 59, 71, 100, 112, 214, 233, 264
Reduktionismus 5, 59f., 101f., 128, 137, 150, 221
Religionskultur 9f., 21f., 75f., 80–82, 86–92, 160
Religionslinguistik 155–157
Religionsphilosophie 5–7, 10, 12, 16, 22, 41, 55f., 61–66, 78, 80, 113, 139, 156, 183, 192, 194, 206, 219, 256f., 273
Religionssoziologie 3, 9f., 97, 156f., 185
Religionswissenschaft 10f., 22, 75, 77, 83, 155–157, 204, 273
Ritual 3, 111, 163, 181, 195f., 198, 204

Seele 89, 128, 130, 133, 136, 141, 237, 259
Selbstbewusstsein 127, 131, 232f., 239, 269
Sinn 7, 12, 15f., 58–60, 62, 66, 79, 91, 109f., 115f., 134f., 149, 151f., 162f., 170, 176, 185, 194, 240f., 246, 257, 273
sittlich 6, 253, 256, 265
Solidarität 80, 83, 188f., 202, 228
Sollen 86, 142, 166, 191, 193
sozial 2, 9, 12, 15f., 76–78, 80, 82f., 87, 92, 97, 99f., 118, 134, 156, 175f., 182, 186, 195, 203f., 207, 218, 224, 226–228, 233, 236, 244, 254, 276
Sozialwissenschaft 77, 205f., 212, 215, 224
Staat 5, 75, 199, 203
Subjekt 33, 37f., 42–44, 47, 50f., 66, 68, 70f., 76, 80, 85, 87, 105, 108, 113, 118, 128f., 133, 140f., 145, 152, 162f., 232f., 237f., 277
subjektiv 39, 68f., 118, 122
Subjektivität 68, 129, 131, 139, 231, 236f.
Substanz 76, 128, 133, 140, 172, 234f., 255
Symbol 1, 9f., 15, 19, 97, 102f., 106, 108–117, 121f., 159, 192, 198f., 201, 204, 217, 227

Sachverzeichnis — 295

Technik 172, 176, 216, 266
teleologisch 88–90, 167
Theismus 19, 79, 92, 99, 109 f., 159, 222, 243, 252, 264, 267
Theologie 2, 4–12, 16, 19–23, 55–57, 65, 68–72, 78, 85 f., 117, 127, 133, 151, 165, 182, 190, 211–228, 231, 234, 242–248, 266 f.
Theologische Anthropologie 20, 23, 128, 153, 211–215, 217, 224–227, 231, 234, 241, 243, 247 f.
Tier 17, 104–106, 133, 140 f., 143 f., 219–228, 239, 256
Tradition 49, 75, 88, 114, 116, 118, 162–164, 172, 185, 189, 200, 204 f., 232, 276, 279 f.
transzendent 42, 50, 60, 66, 79, 82, 84, 89, 99, 104–108, 111, 137, 139, 144, 147, 152, 159 f., 163, 165–167, 172, 175–177, 259, 264, 274
Transzendenz 8, 22, 33, 38, 40, 76, 79–83, 86, 88–92, 97–99, 102–116, 121 f., 127 f., 138 f., 146 f., 149, 151 f., 171, 196 f., 221, 244, 246 f., 257, 279
Tugend 184, 188, 200 f., 203 f.

übersinnlich 114, 198
überweltlich 6, 99, 111, 152
Umwelt 38, 80, 101, 103–106, 110, 138, 140, 142–144, 219 f., 222 f., 229, 236, 239, 246, 277
Universalismus 77, 189, 196, 221, 223, 233, 273 f., 276, 280

Verantwortung 12, 20 f., 234, 240, 246, 254, 269, 281
Vernunft 1 f., 14, 56, 128, 231, 235, 255, 259, 264–266
Verstehen 57, 59, 163, 276
Vorbild 88, 194, 197 f., 201, 206, 254–256, 265
Vorzugsordnung 18, 199, 201 f., 253

Wahrnehmung 46, 51, 105, 107, 174, 183, 235, 266
Welt 2, 5–8, 11, 14–16, 20 f., 23, 37, 40, 42–48, 56, 60, 62 f., 66, 76, 81, 85, 87, 99, 103–110, 114, 116–118, 121, 139, 141, 143–147, 151 f., 158 f., 162, 170, 173–175, 183, 185, 189, 193 f., 200, 202, 206, 213, 216–225, 231, 235–240, 244, 246–248, 250, 252, 256 f., 259 f., 263, 265, 267–270, 277–281
Weltanschauung 2, 7, 78, 151, 192, 194
Weltgrund 15, 146, 158, 162, 260, 265
Wert 23, 34–37, 47–51, 59, 63, 76, 78–92, 104, 118–122, 181–207, 233, 235, 240 f., 246, 251–270, 274, 280
Wertphilosophie 23, 120, 182–185, 187 f., 190 f., 204, 206 f., 199
Wissenschaft 1–6, 11–14, 17–19, 22, 57–59, 61–65, 77 f., 97, 100–102, 117, 145, 152, 160, 186 f., 211–215, 223, 225, 258, 266, 277, 280
Würde 16, 18, 21, 122, 181, 189, 220, 232, 244, 246, 260 f., 275 f.

Zweck 57, 76, 80, 168, 187

www.ingramcontent.com/pod-product-compliance
Lightning Source LLC
Chambersburg PA
CBHW020223170426
43201CB00007B/293